군사과학총서 1

총포와 기동무기

이진호(李振鎬)

ROTC 24기 병기 장교로 임관 후 경북대학교에서 기계공학 박사를 취득하였다. 1988년부터 육군3사관학교 기계공학과 교수로 재직 중이며, 충성대연구소장을 겸직하고 있다. 저서로는《무기체계》,《미래 전쟁》,《무기 공학》,《차량 공학》등 다수가 있으며, 저격용 소총, 차기 대공포, 차륜형 전투차량 OMS/MP, 차륜형 장갑차 화기 탑재 방안 연구, 군 가상교육체계 등 연구과제와 국내 유일의 탄약 기능시험장을 설계하였다. 학술논문은 〈K7 소음기관단총〉, 〈전자장비 냉각〉, 〈광센서 설계〉 등 국내외 학술지에 다수를 게재하였다.

군사과학총서 1
총포와 기동무기

2020년 12월 30일 초판1쇄 발행
2023년 08월 30일 초판2쇄 발행

지은이 이진호 | **펴낸이** 이찬규 | **펴낸곳** 북코리아
등록번호 제03-01240호 | **전화** 02-704-7840 | **팩스** 02-704-7848
이메일 ibookorea@naver.com | **홈페이지** www.북코리아.kr
주소 13209 경기도 성남시 중원구 사기막골로 45번길 14 우림2차 A동 1007호
ISBN 978-89-6324-727-4 93390

값 35,000원

군사과학총서 1

총포와 기동무기

이진호 지음

북코리아

머리말

군사학은 전쟁의 본질과 현상, 안보정책, 군사력 운용, 군사력 건설과 유지 등을 연구하는 종합적인 학문이다. 우리나라의 경우, 군사학 분야는 본격적으로 연구되지 않은 미개척 학문 분야이다.

창군 이후 우리나라의 군사학은 남다른 사명감과 전문성을 갖춘 훌륭하신 사관학교 교수들이 중심이 되어 개발한 병기공학, 무기체계 등의 전용교재를 통해 초석이 마련되었다. 그 결과 최근 일반대학에서도 군사 관련 학과개설이 급증하였고 다양한 교과목이 개설되었다. 하지만 양적인 급성장에 비해 군사전문가를 양성하기 위한 교재개발과 전문성 있는 교수양성은 상대적으로 미흡한 실정이다. 특히 학교 교육에 핵심요소인 교육체계, 시설, 교수 중에서 체계적인 교육체계 정립과 전문성을 갖춘 교수가 부족한 실정이다.

필자는 30여 년간 사관학교에 재직하면서 교육의 시작은 양질의 교재이며, 이는 군사전문가를 양성하는 데 가장 중요한 첫걸음이라는 것을 절감하였다. 오랜 군 생활을 통한 다양한 경험만으로는 군사전문가가 될 수 없다. 군사전문가가 되기 위해서는 사관학교처럼 양성과정에서부터 꾸준히 전문지식을 습득하면서 다양한 경험이 있어야 할 것이다. 현재 우리는 현대과학기술이 성숙기 접어든 4차 산업혁명 시대와 3차 세계대전이라고 부를 정도로 인류에게 엄청난 충격으로 다가온 'COVID-19 전염병 대유행 시대'를 살고 있다. 이런 위기와 변화의 시대에서 생존하기 위해서는 혁신의 주역이 되어야 한다. 이는 무기체계 등 군사 분야에도 예외는 아닐 것이다. 하지만 코로나바이러스로부터 우리의 건강을 지키려면 개인위생이 가장 중요하듯이 군사전문가가 되려면 기초 이론과 원리를 학습하는 것이 그 무엇보다도 중요하다. 따라서 필자는 군사과학에 관심이 있는 초심자들에게 조금이나마 보탬이 될 수 있도록 기초 이론과 원리 그리고 응용 분야를 총 망라하여 서술한 교재를 집필하게 되었다. 그 첫 단계로《군사과학총서 1: 총포와 기동무기》에서는 총포, 전차 그리고 대공포에 대해 중점적으로 다루었다. 향후 군사과학총서 시리즈에서는 '전술 차량과 장갑차', '로켓과 미사일', '로봇과 비살상 무기' 등 다양한 무기체계를 소개할 계획이다.

본 서에서는 무기 중에서 가장 기본이 되는 총과 화포 그리고 화기를 활용한 전차, 자주포, 대공포의 설계 이론, 작동원리, 응용 사례 발전추세 등에 대해 상세히 기술하였다. 특히 초심자도 이해하기 쉽게 기술하려고 노력하였으나 중언부언하는 내용이 있다면 독자의 넓은 양해를 부탁드린다.

끝으로 바쁜 가운데 원고를 교정해주신 기계공학과 정영진 교수, 항상 최고의 양서를 고집하는 북코리아 출판사 이찬규 대표님과 직원 여러분, 늘 서로 사랑하는 아내와 아들에게 감사드린다. 부족하나마 본 서가 '爲國獻身 軍人本分'을 가슴에 새기며 조국의 안보를 지키는 대한민국 국군의 발전에 조금이라도 보탬이 되었으면 하는 마음이다.

2020년 11월

저자 드림

차례

머리말 5

제1장 군사과학과 무기

제1절 과학기술의 발전과 무기 13
1. 과학기술의 발전과정 13
2. 무기체계의 발전추세 15
제2절 현대 전쟁의 양상 16
제3절 미래 전쟁의 양상 19
1. 전투 영역의 확장 19
2. 전쟁 양상의 변화 22
제4절 무기의 일반 특성 24
■ 연습문제 26

제2장 소구경 화기

제1절 구식 소총 29
1. 수포 29
2. 화승총 29
3. 수석총 30
4. 충격식 총 31

제2절 현대식 소구경 화기 ········· 34
1. 종류와 주요 구성품 34
2. 소구경 탄약 35
3. 소구경 화기의 특성과 작동원리 44

제3절 강외 탄도학 ········· 68
1. 탄자 속도 측정방법 68
2. 소총의 작동과 운동학 이론 71
3. 총구 폭풍과 앙등 현상 74
4. 탄도의 영향 요소와 총의 정밀도 78

제4절 군사용 폭발물 ········· 95
1. 화약의 발전과정 95
2. 군사용 폭발물 96
3. 폭발물의 주요 시험법 102

■ 연습문제 ········· 109

제3장 기계식 대포와 화포

제1절 기계식 대포 ········· 113
1. 발리스타 113
2. 투석기 115
3. 탄도학 이론 116

제2절 화약식 대포 ········· 124
1. 초기 화포 시대 124
2. 활강포 시대 125
3. 강선포 시대 126

제3절 현대식 화포 ········· 131
1. 화포의 분류와 특징 131
2. 화포의 발전과정 133
3. 현대식 화포의 작동기구 138
4. 화포의 사격절차와 명중률 147

제4절 탄도의 영향 요소와 이론 해석 ···· 164
1. 포탄의 탄도해석 164
2. 포탄의 탄체 설계 179
3. 강외 탄도학 해석 185
4. 최종 탄도학적 해석 192
제5절 포탄의 폭발 이론과 발전추세 ···· 198
1. 폭발성 탄약 198
2. 포탄의 발전추세 202
■ 연습문제 ···· 204

제4장 전차

제1절 전차와 장갑차량 ···· 209
1. 전투차량의 분류와 특성 209
2. 전차와 일반 장갑차량의 활용과 위협 209
제2절 전차의 특성과 설계 ···· 215
1. 전차의 운용과 기술적 특성 215
2. 전차의 설계 시 고려 요소 216
제3절 현대 전차 ···· 235
1. 전차의 발전과정 235
2. 전차의 구성과 제어 시스템 239
3. 전차의 주포 241
4. 사격 통제시스템 249
5. 보호 장갑과 방호장치 279
6. 전차포 탄약 286
7. 포탑과 차체 제어장치 294
제4절 전차의 발전추세 ···· 310
1. 현대 전차 310
2. 미래 전차 312
■ 연습문제 ···· 315

제5장 자주포와 대공포

제1절 자주포 ········ 319

1. 자주포의 구조와 특성 319
2. 특수 유도형 포탄 322
3. 자주포의 발전추세 332

제2절 대공포 ········ 333

1. 대공포의 발전과정 333
2. 자주대공포의 구조와 작동원리 335
3. 탐지 및 추적시스템 338
4. 자주대공포의 발전추세 347

■ 연습문제 ········ 349

참고문헌 351

찾아보기 353

Military science

제1장 군사과학과 무기

제1절 과학기술의 발전과 무기

제2절 현대 전쟁의 양상

제3절 미래 전쟁의 양상

제4절 무기의 일반 특성

제1절 과학기술의 발전과 무기

1. 과학기술의 발전과정

인류 문명의 역사는 과학기술의 발전과 맥을 같이하고 있으며, 18세기를 기점으로 급속히 발전하였다. 이를 학자들은 산업혁명으로 설명하고 있다. 1784년 수력과 증기기관에 의한 생산 기계를 개발함으로써 1차 산업혁명이 일어났다. 1870년에는 노동력과 전기에너지를 사용한 대량생산이 가능해져서 2차 산업혁명이 일어났다. 이후 1969년에는 정보통신기술을 이용한 자동화 생산시스템이 개발되어 생산능력이 급격히 증가한 3차 산업혁명이 일어났다. 이들 세 차례 산업혁명을 거치면서 인류의 삶의 질도 크게 향상되었다. 하지만 이와 동시에 과학기술로 만든 무기의 살상력도 지수 함수적으로 커졌고 인류의 생존을 위협하였다. 이러한 경향성은 서막에 불과할 정도로 과학기술은 가속적으로 발전하고 있다.

21세기 초반부터 사물인터넷(IoT, Internet of Things), 인공지능(Artificial Intelligence), 센서(sensor) 등이 연결된 지능화된 스마트공장이 출현하게 되었

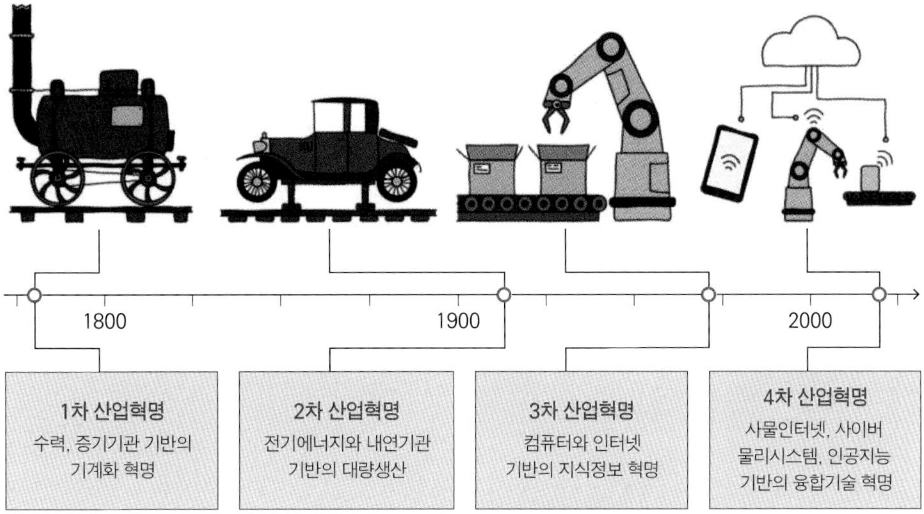

그림 1.1 현대 과학기술의 발전과정

다. 이는 4차 산업혁명의 시대에 접어들고 있음을 예고한 것이다. 4차 산업혁명은 정보통신기술(ICT, Information and Communication Technology)의 융합으로 이루어낸 혁명 시대를 말한다. 여기서 사물인터넷은 인터넷을 기반으로 모든 사물을 연결하여 사람과 사물, 사물과 사물 간의 정보를 상호 소통하는 지능형 기술 및 서비스이다. 유선통신을 기반으로 한 인터넷이나 모바일 인터넷보다 진화된 단계로서 인터넷에 연결된 기기가 인간의 개입 없이 상호 간에 스스로 정보를 교환하여 처리할 수 있는 시대가 열린 것이다. 이는 더 나아가 사물은 물론이고 현실과 가상세계의 모든 정보와 상호작용하는 개념으로 진화되고 있다.

한편 인공지능 기술 역시 급격히 발전하고 있다. 이 기술은 인간의 지능으로 할 수 있는 사고, 학습 등을 컴퓨터가 인간의 지능적인 행동을 모방할 수 있다. 이뿐만 아니라 전통적인 대량생산 제조업을 맞춤형 생산체제로 전환된 스마트공장(Smart Factory)도 출현하였다. 스마트공장은 설계와 개발, 제조, 유통과 물류 등 모든 생산과정에 정보통신기술을 적용하여 생산성과 품질 그리고 고객만족도 등을 높인 지능형 공장이다. 예를 들어, 사이버 물리시스템(Cyber Physical Systems)을 이용하여 실제와 똑같이 제품설계와 개발을

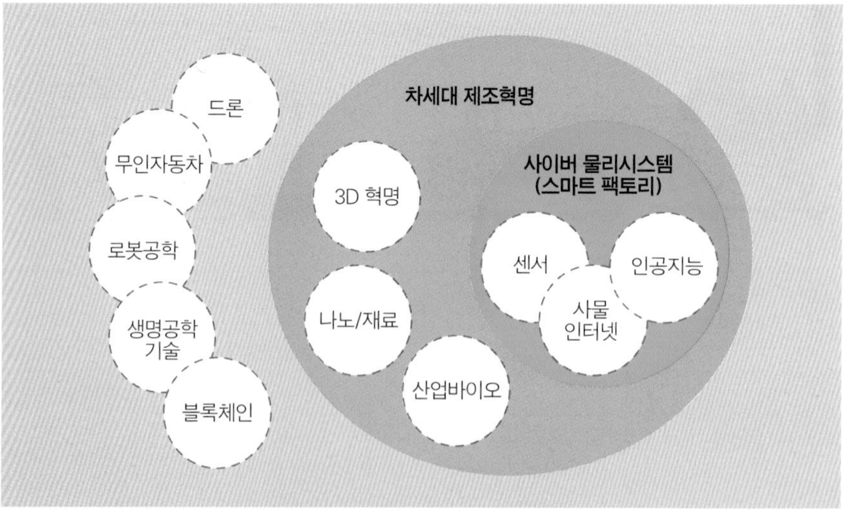

그림 1.2 4차 산업혁명의 핵심 기술

시뮬레이션으로 대체함으로써 자산을 최적화하고, 공장 내 각종 설비와 기기 간에 사물인터넷으로 연결한 시스템이다. 그 결과, 실시간 정보를 교환하여 생산성을 높이고 안전사고는 최소화할 수 있으며 제품의 위치, 재고량 등을 자동으로 감지하여 인적 및 물적인 자원을 절감하는 등 고효율 신개념 공장이 늘어나고 있다.

결론적으로 4차 산업혁명은 스마트공장과 3D, 4D 프린팅 기술혁명, 나노기술, 산업 바이오 기술 등을 적용하며 드론, 무인 자동차, 로봇, 가상화폐 등에 응용하는 블록체인(Block Chain) 기술 등이 인류의 삶을 획기적으로 변화시키는 것이다. 이러한 혁신적 변화는 군사 분야에도 예외가 아닐 것이다. 역사적으로 과학기술 수준과 무기의 치명성의 상관관계가 높다. 특히 많은 4차 산업혁명과 관련된 기술들이 성장기에 접어들었다. 이는 현재 사용 중인 현대무기와 비교하기 어려울 정도로 고성능 무기체계들이 전장에 등장할 것을 예고하고 있다.

2. 무기체계의 발전추세

군사과학기술 발달은 무기체계는 물론이고 전쟁 목표, 전쟁 수행개념 및 방식 등에 영향을 미치고 있으며, 전쟁에 대한 패러다임을 변화시키고 있다. 무기체계는 소형화, 지능화되고 있으며, 정밀 유도 및 장거리 타격이 보편화 추세로 발전되고 있다. 그리고 기술의 발전은 지휘 및 통제 기능 및 정찰 그리고 감시와 연계한 복합 타격체계(C4I-SR+PGM) 운용을 가능하게 하였다. 특히 미래에는 정보통신기술의 발전으로 네트워크 중심의 작전환경이 조성되어 실시간 정보를 공유하여 상황인식과 지휘 통제를 쉽게 할 수 있을 것이다.

여기서 복합타격체계(Command, Control, Communications, Computers, Intelligence, Surveillance And Reconnaissance + Precision Guided Munition)란 지휘, 통제, 통신, 컴퓨터, 정보, 감시, 정찰 및 정밀 유도 무기로 탐지체계에서 타격체계까지 연결하는 자동화 체계와 감시 및 정찰 정보체계와 정밀 타격체계, 지휘 통제체계를 실시간 디지털로 연동된 무기체계를 말한다.

제2절 현대 전쟁의 양상

1차 세계대전(1914~1918)은 지상전 위주의 재래식 전쟁이었다. 개전 초기에는 사진이나 망원경 등을 이용하여 전장을 감시할 수 있었다. 이후 무선통신이 개발되어 다소 신속하게 전장을 통제할 수 있었다. 전쟁 후반기에는 수소를 이용한 대형 기구를 통하여 독일군이 런던 폭격을 진행하였으며 기관총으로 무장한 프랑스 전투기가 등장하였다. 하지만 당시 전쟁은 지상전 대량포격 위주의 2차원 참호전투가 주를 이루었다.

2차 세계대전(1939~1945)에서는 레이더와 핵무기가 최초로 사용되었고, 항공기, 로켓, 잠수함 등 신무기가 등장하였다. 이뿐만 아니라 다양한 통신수단이 지휘 통제 수단으로 활용되었다. 특히 레이더와 통신장비를 활용한 전자전과 신호, 암호, 보안장비를 활용한 정보전을 할 수 있었으며, 각종 무기체계가 소형화되고 다기능화 및 자동화가 가능하게 되었다.

제4차 중동전쟁(1973)부터 부분적으로 현대전과 유사한 전쟁이 벌어지기 시작한 전쟁이었다. 예를 들어 항공기와 미사일이 핵심 전력으로 등장하여 육 · 해 · 공군 합동의 통합전투 양상이 나타나기 시작하였다. 또한, 전자전과 정보전이 승패의 결정적인 전쟁요소로 작용하게 되었다. 이러한 전쟁을 수행하기 위해 등장한 무기체계는 컴퓨터 공학, 마이크로 전자공학, 기계공학 등을 기반으로 계속 발전되었다. 그 결과 무기체계는 지능화, 자동화, 고성능 · 다기능화, 정밀화가 가속되었다.

걸프전(1990)과 이라크전쟁(2003~2011)은 첨단 정밀무기와 과학적인 전쟁 수행 능력이 전쟁의 승패를 좌우한 첨단과학기술 전쟁이었다. 특히 신속하고 정확한 정보가 전쟁을 주도하는 정보전과 기존의 화력 및 기동력과의 대결이 이루어졌다. 그리고 적군의 통신과 전장 감시, 그리고 지휘 통제 기능을 교란하여 유도무기를 무력화시키는 전자전이 등장하였다. 지상과 해상 그리고 공중의 전투력이 통합되어 모든 전장에서 동시에 전투력을 발휘할 수 있는 동시통합작전이 가능하게 되었다. 여기서 동시통합작전이란 다차원, 광역 및 분산 전장에서 거의 동시에 발생 또는 수행하는 작전 형태이다. 이 작전은 네트워크 중심 작전환경 속에서 다차원 시간과 공간상에서 제반 능력과 활동을 유기적으로 연동시켜 전력 운용의 승수효과(시너지) 달성을 추구하는 작전 수행방식이다.

한편 이들 전쟁의 특징은 군사력과 외교력 그리고 정치력, 경제력, 민간참여가 더해져 총체적인 전쟁 수행이 이루어졌다는 것이다. 당시 전쟁은 크게 3단계로 진행되었다. 1단계는 전자전 무기를 통해 통신과 정보 그리고 유도무기를 무력화시킨 후 주요 지휘 통제와 군사 시설을 폭격하였다. 2단계는 전과 확대를 위한 군사 및 산업시설을 폭격하면서 부분적으로 지상전을 수행하였다. 끝으로는 공군의 지원을 받으면서 지상전을 수행하였다.

미국은 걸프전쟁과 이라크전쟁에서 단기간에 최대의 전과를 올렸으나 완전한 승리는 아니었다. 물론 미국은 공식적으로 종전을 선언하였으나 2014년부터 이슬람국가(Islamic State)라는 테러단체와 새로운 양상의 전쟁을 치르고 있다. 이 새로운 전쟁은 최첨단 무기로 무장한 최강의 군대와 재래식 무기로 무장한 테러리스트들의 대결인 비대칭 전쟁이다.

지금까지 살펴본 바와 같이 이 같은 전면전과 국지전에 대한 위협은 미래에도 여전히 존재할 것이다. 그리고 과학기술의 발달로 세계화 추세가 가속화되고 있어 국가 간, 지역 간 상호의존성이 커질 것이다. 더불어서 국경의 개념이 약해지면서 세계 여러 지역에서 발생하는 특정 문제도 우리의 안보에 직간접적으로 영향을 미치게 될 것이다. 특히 테러, 재해재난 등 다양한 초국가적이고 비군사적 위협의 등장으로 전통적인 적과 위협에 대한 개념을 바꾸어 놓았다. 이와 더불어 전시와 평시에 지속적인 국가 기능 및 질서유지를 위한 국내에서의 안정작전 소요와 우리의 국력에 부응하는 국제차원의 역할 수행을 위한 국외에서의 평화작전 소요도 점차 증가할 것이다.

한편 최근 걸프전쟁, 아프가니스탄전쟁, 이라크전쟁 등에서는 합동성, 동시성, 통합성에 기초한 새로운 전쟁 수행개념의 효율성이 입증되고 있다. 예를 들어 걸프전쟁은 공-지 전투(Air-Land Battle) 개념을 적용한 신속 기동작전의 효과가 입증되었다. 여기서 공-지 전투란 대규모의 적군의 지상 전력의 운용 특성에 대응하여 모든 전장에서 적을 지상과 공중에서 집중적으로 공격하여 적과 아군의 전력비율을 아군에게 유리하게 역전시키며, 전투 전반에 걸쳐 주도권을 확보하는 전투행위를 말한다. 한편 아프가니스탄전쟁은 특수작전 부대와 장거리 정밀타격 전략을 결합한 정보전의 효과가 입증되었다. 이라크전쟁에서는 네트워크 중심의 작전환경에서 대규모 공중 정밀타격과 지상전을 병행함으로써 최단 시간 내 전쟁 목적을 달성하려는 신속 결정 작전과 불필요한 대량파괴를 최소화하면서 설정된 작전목표를 달성하기 위한 효과 중심작전으로 조기에 주요 작전을 종결할 수 있었다.

이처럼 최근 전쟁에서 볼 수 있듯이 정밀타격무기 발전에도 불구하고 산악 및 도로 지역과 같은 작전환경에서는 여전히 전문화된 인간의 전투기술에 의지하고 있다. 그러므로 미래에는 효과 위주의 작전이 강조될 것이다. 하지만 특수작전 등 병력 위주의 전쟁 수행방식도 여전히 필요할 것이다. 따라서 미래전은 5차원 전장 공간에서 유무인 복합무기체계, 사이버전 등의 첨단무기를 동원한 전쟁과 재래식 무기를 활용한 전쟁이 혼재할 것이다.

제3절 미래 전쟁의 양상

1. 전투 영역의 확장

전통적으로 사용된 '전장(battle field)'이라는 용어를 '전투공간(battle space)'이라는 용어로 대체하게 된 것은 현대 전쟁에서 복잡성이 증가하고 있기 때문이다. 전장은 지상 기반의 지상작전의 우위를 강조하는 용어이다. 최근 미국군 교리에는 '전투공간'이라는 중립적인 용어로 사용하고 있다. 미래 전쟁의 전투공간은 지상, 해상, 공중, 우주 그리고 이들 공간 모두에서 벌어지는 사이버 전투공간이며, 이를 5차원 전투공간이고 정의하고 있다. 참고로 〈그림 1.3〉은 네트워크화 작전환경하에서 무기체계의 전투공간을 나타낸 그림이다.

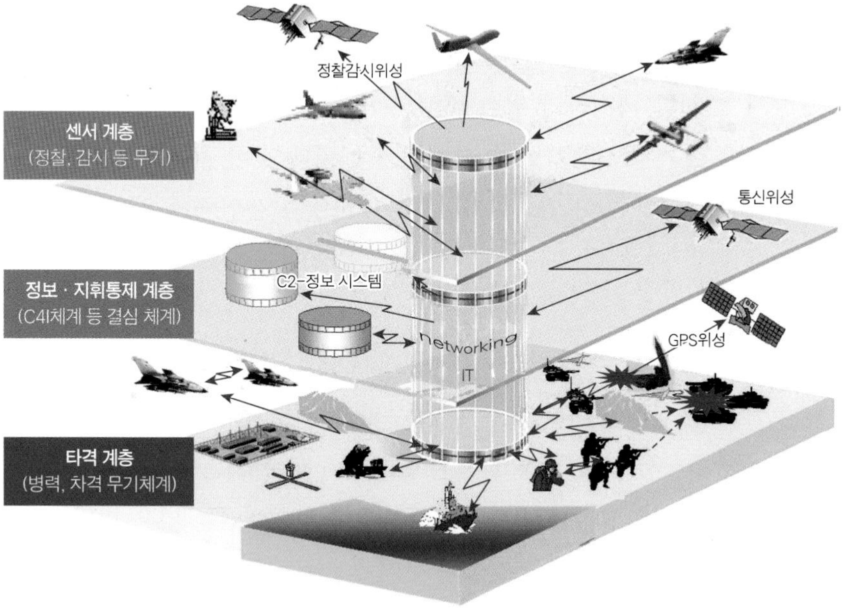

그림 1.3 네트워크화된 현대 무기체계와 전투공간 개념도

(1) 지상 영역

지상 영역은 주로 지상에서 발생하는 군사 작전의 영역이다. 이 영역은 다양한 지형과 기상 환경에서 수행되는 전투기술, 무기체계, 전투 요원으로 분류할 수 있다. 고대 전쟁에서는 거의 훈련되지 않은 대규모 병력이 밀집하여 정면 전투를 벌였다. 하지만 현대 전쟁에서는 다양한 조직과 무기 그리고 정보를 사용하는 고도로 훈련된 정규군이 다양한 전략, 작전, 전투기술로 전투를 한다.

(2) 공중 영역

공중 영역이란 군용 항공기와 다양한 비행체를 이용한 군사 작전의 영역이다. 여기에는 적의 집중 또는 전략적 목표를 공격하는 폭격기, 공역 통제를 목적으로 교전하는 전투기, 지상 목표물에 근접항공지원을 하는 공격기, 해상과 인근 지상 목표물에 대해 비행하는 해군 항공, 글라이더, 헬리콥터 및 기타 공수 부대를 수송하는 수송기 등이 활동하는 전투공간이다.

한편 공중 영역에서 활동하는 무기는 포병 관측 요원을 수송하는 비행체, 도시를 폭격하기 위한 비행선(기구를 이용한 비행체), 다양한 유형의 정찰, 감시, 조기경보용 항공기, 카메라와 레이더 장비, 폭격기, 추락한 조종사 구출용 항공기 등이 있다. 최근에는 미사일과 무인 항공기 등도 이에 포함된다. 한편 지상군은 대공 무기로 적의 공중 활동에 대응하고 있다.

(3) 해상 영역

해상 영역은 바다, 또는 큰 호수와 넓은 강과 같은 기타 주요 수상과 수중에서의 군사 작전의 영역이다. 현대 해군의 전술은 2차 세계대전 이후에 개발된 전술적 교리를 기반으로 한다. 해상 함대에는 넓은 바다가 가장 유리한 전투공간이다. 해군 전술과 무기체계는 적군의 유형에 따라 분류할 수 있다. 대공전은 항공기와 미사일 운용에 따라서 달라진다. 수상전은 수상 전함을 공격하고 방어하는 데 중점을 둔다. 대잠수함전은 적 잠수함의 탐지와 파괴를 다룬다. 특히 수심이 얕은 근해에서는 잠수함과 기뢰 탐지가 문제가 된다. 해상 영역에서 전투는 1971년 인도-파키스탄 해군 전쟁과 포클랜드 전쟁을 제외하고는 2차 세계대전 이후 거의 없었다.

(4) 우주 영역

우주 영역은 우주, 즉 대기 밖에서 일어나는 전투를 포함한다. 따라서 우주 전투 영역에는 위성을 공격하는 지상-우주 전쟁, 위성에서 위성을 공격하는 우주-우주 전쟁이 포함된다. 하지만 정찰, 감시, 위성 통신을 위한 인공위성은 우주 전투용 자산에 해당하지 않는다.

역사적으로 우주 전투의 실제 전투사례는 아직 없으나 훈련 임무를 수행하면서 벌어진 사건은 있다. 1980년대 중반, 미국의 F-15 전투기 조종사가 555km 궤도에 있던 P78-1 통신 위성을 격추하였다. 그리고 2007년 중국이 폐기용 인공위성을 미사일로 파괴하였다. 또한, 2008년 미국도 오작동하는 USA-193 인공위성을 역시 미사일로 파괴하였다. 현재까지 우주 충돌로 인한 인명 피해는 없었다. 하지만 미국, 중국, 러시아 등에서 우주 무기를 개발하고 있다. 따라서 미래의 전투 영역은 우주 영역까지 확장될 것이다.

(5) 사이버 영역

사이버 영역은 컴퓨팅 노드뿐만 아니라 서로 다르고 종종 겹치는 네트워크로 구성된다. 모든 노드와 네트워크가 전 세계적으로 연결되거나 작동이 가능한 것은 아니지만 사이버 공간은 점점 더 상호 연결되고 있다. 예를 들어, 네트워크 서버는 지상 기반의 데이터 센터나 전함에 탑재하여 해상에서 상주할 수 있다. 그리고 무선 네트워크 전송은 공중과 우주, 심지어 수중을 통한다. 사이버 공간에서의 활동은 물리적 영역을 초월할 수 있다.

미국은 2011년부터 사이버 영역을 군사 작전의 영역으로 통합하였으며, 세계 각국은 사이버 영역에서 벌어질 사이버전 전력을 증가하고 있다. 특히 초연결 사회에 진입한 21세기에는 사이버전의 중요성이 더욱더 커지고 있다.

2. 전쟁 양상의 변화

미래 전장에서는 정보에 대한 의존성이 증가하고 있다. 이 때문에 전쟁 목표 또한 물리적 파괴나 영토 확보 개념에서 적의 정보, 네트워크 능력을 파괴하여 전쟁의 통제능력을 마비시키는 개념으로 변화될 것이며, 이러한 미래 전쟁의 양상을 요약하면 다음과 같다.

첫째, 네트워크 기반의 작전환경이 조성될 것이다. 지상군의 전통적인 전쟁이 플랫폼별 독자적인 탐지-타격수단을 이용한 형태로 수행되어 왔다면 미래에는 플랫폼뿐만 아니라 다양한 작전요소를 네트워크로 링크시켜 실시간 정보를 공유할 수 있을 것이다. 이에 따라 복합 타격체계(C4I-SR+PGMs) 운용이 보편화될 것이다. 이러한 환경하에서는 여러 작전요소가 넓은 영역에 분산된 상황에서도 전장 정보를 상호공유 함으로써 지휘관의 의도를 신속하게 구현할 수 있다. 그 결과 작전의 목적을 달성을 위한 전투력을 동시에 통합적으로 운용할 수 있게 될 것이다.

둘째, 지식과 지능정보 기반의 작전 형태가 될 것이다. 미래 전쟁에서도 기동과 화력의 중요성은 여전히 중요할 것이다. 더불어서 적과 아군, 그리고 작전환경에 대한 사용자 중심의 지능정보의 우위 달성 여부가 승리의 관건이 될 것이다. 정보 우위 및 공유를 통해서 지휘관은 적보다 신속한 의사결정과 지휘 결심의 완전성을 보장받게 된다. 이러한 제반 지식과 정보를 지휘관 및 부대가 공유하며 작전을 수행함으로써 상대적인 전투력 우위를 달성할 수 있을 것이다.

셋째, 효과 위주의 작전을 수행할 것이다. 지상군이 지식정보를 공유하고, 작전 수행 방법과 기능을 동시에 통합적으로 운영하여, 정보 우위와 정밀타격능력을 기반으로 핵심 목표를 먼저 타격함으로써, 최소의 희생으로 최대의 효과를 달성하기를 추구할 것이다.

넷째, 인명을 중시하는 작전 형태가 될 것이다. 미래에는 도시화와 인구의 집중으로 작전환경이 변화되고, 무기체계가 고도로 발달함에 따라 단기간 내에 많은 인명 피해가 발생할 수도 있다. 그러나 대중 언론매체의 발달로 인해 물리적인 대량살상이나 민간피해 발생 시 실시간으로 전파됨에 따라서, 전쟁을 반대하는 여론이 조성되어 국내 및 국제적인 지지를 얻을 수 없을 것이다. 그리고 아군의 피해 역시 반전여론이나 사기에 영향을 미칠 것이다. 이처럼 미래전은 인명을 중시하고 피해를 최소화하는 개념으로 변화할 것이다.

다섯째, 승수효과(multiplier effect) 달성을 위한 동시통합 전투가 벌어질 것이다. 네트워크 기반 작전환경의 작전 수행은 제반 능력과 활동을 유기적으로 연동시켜 전력 운용의 승수효과를 달성하는 형태로 발전하고 있다. 여기서 승수효과란 개개의 군사 작전(전략타격, 고속 기동, 정치 심리, 적극방어)을 연계하여 작용한다.

여섯째, 사이버전과 전자전이 확대될 것이다. 사이버 공격은 정보통신 기반체계인 컴퓨터 시스템과 인공위성 등까지 그 대상이 확대되고 있다. 그에 따라 컴퓨터, 통신망, 그리고 이것을 잇는 프로토콜 등이 공격대상이 되고 있다. 특히 정보통신망에는 위성 회선, 광케이블, 전통적인 통신선 등을 물리적으로 공격하거나 방해전파를 통한 방해 또는 기만 공격이 예상된다. 통신회선의 물리적 공격은 폭격에 의한 파괴나 레이저빔 조사 또는 강력한 전자기펄스를 발생시켜 전자장비의 회로를 파괴하는 등으로서 이러한 물리적 공격은 점차 증가할 것이다. 이러한 사이버 공격은 저가의 비용으로 막대한 피해를 주는 효과적인 방법이다.

일곱째, 코로나바이러스의 뼈아픈 경험으로 알 수 있듯이 생화학 무기와 방호수단인 백신과 치료제를 활용한 새로운 개념의 전쟁이 발생할 가능성이 크다.

끝으로 유인 및 무인 전투가 확대될 것이다. 특히 고도화된 무인 무기체계의 활용이 확대될 전망이다. 현재 무인 무기는 주로 특수작전이나 정찰, 감시 또는 제한된 폭격을 목적으로 활용되고 있다. 그러나 기술 발전에 따라 2020년대 이후 일반적인 군사 작전의 임무에도 무인 무기체계의 활용이 급격히 증가할 것으로 보인다. 이라크전쟁에서 미군이 활용한 제한적인 범위가 아닌 유인체계와 동등한 수준의 임무를 수행하는 사례가 증가할 것이다.

제4절 무기의 일반 특성

무기의 일반 특성과 발전추세를 요약하면 다음과 같이 요약할 수 있다.

첫째, 무기의 다양성이다. 과거의 무기는 주로 고유한 임무 하나만을 수행할 수 있도록 개발하였다. 따라서 주어진 표적을 타격할 경우 "어떤 무기를 사용하여 그 목적을 달성할 것인가?"는 깊게 생각할 필요가 없었다. 하지만 최근 첨단 과학기술을 활용한 무기개발로 하나의 무기에 기능과 역할이 다양화되었다. 그리고 특정한 군사적 임무를 수행할 수 있는 대체 무기 또는 대체 무기의 조합의 수가 현저히 증가하였다.

둘째, 무기의 복잡성이다. 과학기술의 발전은 무기의 성능이 혁신적으로 향상되고 있다. 무기의 사거리, 정확도, 파괴력이 향상되자 이에 대응하는 무기는 계속 추가적인 장치를 장착함으로써 체계의 기능이 확장되고 복잡하게 되었다. 특히 항공기, 미사일, 핵무기, 전자통신 및 전장 감시장비, 사격 제어장치 등의 분야에서 획기적인 발전이 이루어지고 있다. 예를 들면 전투기, 폭격기, 정찰기 등 항공기는 방공무기의 발달로 피격확률이 높아지자, 이를 회피하기 위하여 전자공격 장치를 발전시켰다. 그러자 또다시 방공무기의 성능이 더욱더 향상되었고, 이에 대응하는 항공기는 전자방호 장치를 추가하면서 시스템이 더욱 복잡해지고 있다.

셋째, 무기의 가격이 비싸지고 있다. 무기는 복잡하고 다양해지고 성능이 계속 향상되면서 획득 비용이 늘어나고 있다. 그리고 부수 장비, 시설비용, 운용유지비, 조작 요원의 훈련비용 등이 급격히 증가하고 있다.

넷째, 무기의 평균수명 단축이다. 과학기술 발전의 속도가 가속화되면서 무기체계의 평균수명이 대폭 단축되고 있다. 어떤 무기는 연구되어 야전에 배치되기까지 수년간의 기나긴 시간과 비용이 투입되었으나 신기술 도입으로 퇴역하거나 개발 도중에 포기하는 사례도 있다.

다섯째, 무기의 생존을 위해 스텔스 기능을 추가하는 추세이다. 특히 선진국을 중심으로 스텔스기술을 확보하기 위해 집중하고 있다. 예를 들어, 미국은 스텔스기술을 발전시키기 위해 신호 제어기술 연구와 확보된 기술을 보호하기 위해 노력하고 있다. 신호제어기술은 적군에게 탐지될 가능성이 큰 전자 신호, 적외선 신호, 음향 신호, 광학 신호 제어 등의 위협 신호 등이 있다. 이들 기술은 무기의 생존 확률을 높이는 중요한 기술이다. 따라서 개인 병사의 위장, 전차, 장갑차, 군함, 전투기 등 대부분의 무기에 스텔스기술이 적용될 것이다.

끝으로 극한 기술을 적용한 무기개발의 가속화 추세이다. 예를 들어, 극초음속 미사일, 초공동 잠수함, 지향성 에너지 무기 등이 증가할 것이다.

연 / 습 / 문 / 제 EXERCISE

1. 18세기 이후 과학기술의 발전과 무기 발전에 산업혁명이 미친 영향에 대해 논하시오.

2. 제4차 산업혁명이란 무엇이며 무기체계의 발전에 미칠 영향에 대해 논하시오. 그리고 지능정보와 지식 정보의 차이점을 설명하시오.

3. 인공지능 기술과 3D 프린팅 기술의 군사적 활용 방안에 대해 논하시오. 그리고 3D프린팅 기술과 4D 프린팅 기술의 차이점을 설명하시오.

4. 사이버 물리 시스템의 개념과 군사적 활용 분야를 간략히 설명하시오.

5. 복합 타격체계의 구성과 특성에 대해 현재 전력화되어 사용 중인 무기체계의 사례를 들어서 설명하시오.

6. 걸프전과 이라크전쟁을 중심으로 현대 전쟁의 양상에 대해 간략히 설명하시오.

7. 미래 전쟁의 양상과 무기의 발전추세에 대해 예를 들어 설명하시오. 그리고 전장과 전투공간의 개념의 차이를 5차원 영역으로 구분하여 설명하시오.

8. 무기의 스텔스 기능이란 무엇을 의미하는가? 스텔스 무기의 특성과 개발 사례를 간략히 설명하시오.

9. 무기의 일반 특성 중 평균수명의 단축사례를 조사하여 설명하시오.

10. 극한 기술을 적용한 무기의 개발 사례와 전쟁에 미칠 영향에 대해 논하시오.

11. 지향성 고에너지 무기란 무엇이며 이 무기의 장단점 그리고 활용사례를 조사하여 설명하시오.

Military science

제2장 소구경 화기

제1절 구식 소총

제2절 현대식 소구경 화기

제3절 강외 탄도학

제4절 군사용 폭발물

제1절 구식 소총

1. 수포

소총의 기원이라 할 수 있는 수포(hand cannon)는 14세기 말에 북유럽에서 발명되었다. 이 총은 〈그림 2.1〉 ❶에서 보는 바와 같이, 총통의 뒷부분은 막혀 있으며, 탄자와 화약이 총구로 장전되고 약실의 윗부분에 있는 구멍에 불을 붙여 발사하는 방식을 사용한다. 수포의 개발 초기에는 혁신적인 무기였으나 화살이나 창, 검 등과 같은 전통적 무기와 비교해보면 성능은 그다지 우수하지 못했다. 이후 수포를 계속 개량하여 15세기에는 소형화된 수포가 탄생하였다.

2. 화승총

화승총(matchlock gun)은 1500년경 독일에서 개발되어 유럽에 널리 사용되었다. 이 총은 〈그림 2.1〉 ❷에서 보는 바와 같이, 사수가 노끈(화승)에 불을 붙여 추진제인 흑색 화약을 점화시켜 탄자를 발사하는 방식을 사용한다. 발

❶ 수포의 사격 준비 모습

❷ 화승총의 사격 모습

그림 2.1 수포와 화승총

사과정을 살펴보면, 먼저 총구 쪽으로 흑색 화약과 탄자를 넣은 후, 방아쇠를 당기면 불이 붙은 노끈이 약실에 장입된 추진제를 연소시켜 탄자를 발사한다. 이 총은 항상 불씨를 갖고 다녀야 하고, 비가 오거나 강풍이 불면 사용할 수 없었다.

1480년경에 직선형 강선이 파인 총열이 개발된 후, 1500년대에 이르러서는 대부분 총에 강선이 적용되었다. 이 강선에 의한 탄자의 회전을 통해 소총탄의 비행안정성을 개선하였다.

3. 수석총[1]

화승총을 개량하여 만든 수석총(flintlock gun)은 1550년에 영국에서 발명되었다. 이후 이 총은 미국의 남북전쟁 등에서 300여 년 동안 사용되었다. 수석총은 부싯돌과 강철(steel)로 만든 부시쇠를 서로 충돌시켜 발생한 불꽃으로 추진제를 점화시키는 방식이었다. 이 총은 화승총의 격발기구를 획기적으로 개선한 총이다.

수석총의 격발기구와 작동원리는 〈그림 2.2〉에서 보는 바와 같다. 주요 구성품은 〈그림 2.2〉 ❶에서 보는 바와 같이, 방아쇠, 공이치기(hammer), 누름나사, 가죽패치(leather patch), 부싯돌, 부시쇠, 부시쇠 스프링, 팬으로 구성되어 있다. 가죽 패치는 공이치기를 작동할 때 미끄러지지 않도록 하는 기능을 한다. 또한, 공이치기가 회전하면서 부싯돌과 부시쇠 사이에 적당한 충격이 발생하도록 부시쇠 스프링을 설치하였다.

수석총의 작동과정은 〈그림 2.2〉 ❷에서 보는 바와 같다. 먼저 공이치기에 누름 나사로 부싯돌을 고정한 후, 발사하기 전에 공이치기를 콕에 걸릴 때까지 완전히 세운다. 이 상태에서 방아쇠를 당기면, 공이치기가 회전하면서 부싯돌과 부시쇠가 충돌한다. 이때 마찰과 충격으로 발생한 불꽃이 약실에 있는 흑색 화약을 점화시켜 발생한 가스의 압력으로 탄자를 발사하게

1 http://www.howstuffworks.com(2019.10)

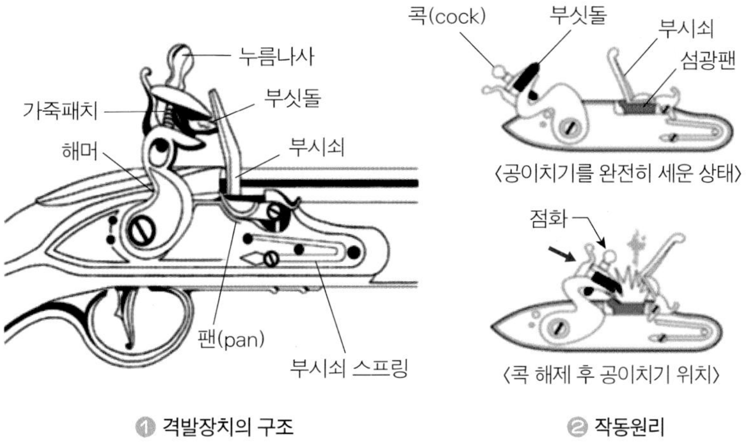

그림 2.2 수석총의 구조와 작동원리

되어 있다. 수석총은 초기에는 총구에서 탄약을 장전하는 방식이었으나 점차 총열의 후방에서 장전하는 후장식 총으로 발전하였다. 후장식 총(breech loading gun)은 전장식 총(muzzle loading gun)보다 사격속도를 크게 높일 수 있었다. 또한, 후장식 총을 사용하면서 전투 시 엎드리거나 적을 보면서 탄약을 장전할 수 있게 되었다. 이러한 이유로 후장식 수석총을 현대 소총의 시조라고도 부르고 있다.

4. 충격식 총[2]

1807년 영국에서 수석총의 단점을 보완한 충격식 총(percussion gun)이 발명되었다. 〈그림 2.3〉에서 보는 바와 같이, 충격식 총은 폭분(gunpowder)을 약실과 유사한 화구(fuel intake)에 밀어 넣고, 이것을 격침으로 충격을 가해 추진제를 발화시키는 방식의 총이다. 그 후 1821년 영국의 웨스틀리 리처드(Westley Richard)가 발명한 뇌관을 사용한 충격식 총이 개발되었다.

충격식 총은 다양한 종류로 발전하였다. 대표적으로 1853년 영국의 엔

2 이홍주, 《총과 탄도학》, 도서출판 청문각, 2001.

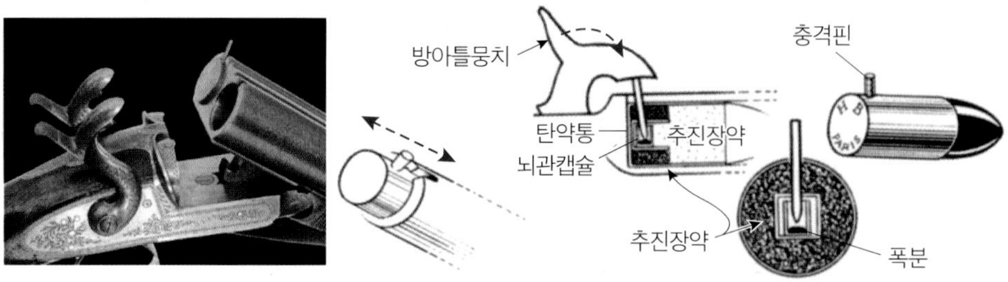

① 총의 구조와 탄약 장전 방법　　② 충격식 탄약의 구조와 격발원리

그림 2.3 충격식 총의 구조와 작동원리

필드 머스킷 총(En Field Musket Rifle)이 있다. 이 총은 강선이 없는 총열을 사용하는 총이었다. 하지만 현대식 소총의 전신이라고 부를 정도로 현대식 소총과 비슷한 구조를 가진 혁신적인 총이다. 이 총의 뇌관은 뇌홍(질산수은, $Hg_2(NO_3)_2$)을 구리로 감싼 캡슐로 구성되어 있다. 격발과정은 다음과 같다. 먼저 공이치기가 뇌관 컵에 충격을 가하면, 수은과 염소산칼륨에 황(sulfur)이나 안티몬(antimony)을 혼합한 혼합물이 폭발하면서 발화된다. 이 화염이 추진제인 흑색 화약을 점화시켜 탄환(구(球)형 납탄)을 발사한다. 이처럼 탄약의 격발방법이 종전의 총에 비해 획기적으로 개선되면서 장전속도가 매우 빨라졌다. 이 총의 장전방식은 〈그림 2.4〉와 같이, 총구 장전방식이었지만

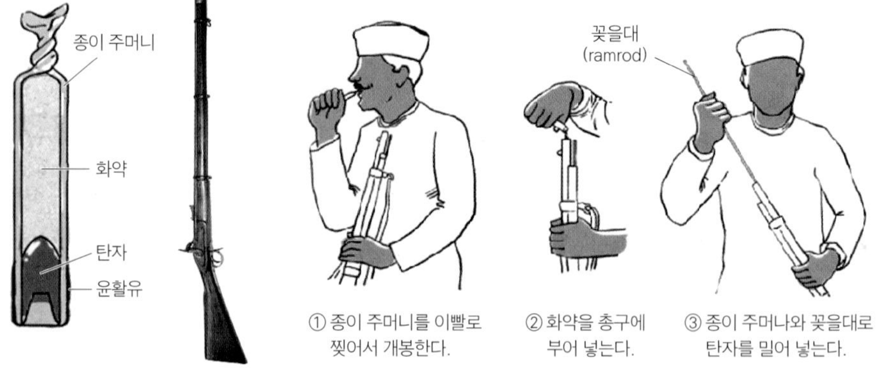

그림 2.4 머스킷 총의 장전과정

종전 방식보다 화약을 일정하게 장전시킬 수 있었고 장전이 편리해졌다. 그 결과 기존 전장식 소총은 분당 최대 3발을 사격할 수 있었으나 이 총으로는 분당 5~6발을 사격할 수 있게 되었다.

이후 1830년대에는 프랑스의 에틴 미니에가 납으로 만든 원뿔형과 원통형 탄환을 개발하여 소총의 살상력이 향상되었다. 이 탄약을 미니에 탄이라 한다. 또한, 총열에 강선을 적용할 수 있게 됨으로써 정확성이 높아진 머스킷 총이 대량으로 보급되었다. 머스킷 총은 앤필드 머스킷 총과 스프링 필드 머스킷 총이 있다. 이들 소총은 미국의 남북전쟁 그리고 비슷한 시기에 벌어진 영국, 브라질, 덴마크 등의 전쟁에서 사용되었다. 당시에 사용하였던 머스킷 총의 재원은 다음과 같다. 구경은 약 14.5mm, 무게는 약 4kg, 총열 길이는 84cm, 흑색 화약의 무게는 4.4kg, 최대 사거리는 약 1.14km이었다.

제2절 현대식 소구경 화기

1. 종류와 주요 구성품

일반적으로 소구경 화기란 구경이 20mm 미만인 총을 말하며 소화기(small arms)라고도 한다. 예를 들어 권총, 소총, 기관총 등이 있다. 이들 화기는 비록 종류는 다르나 작동원리와 형상, 그리고 구성품 등은 비슷하다. 주요 구성품은 총열, 손잡이, 개머리판, 탄알집, 복좌 스프링, 노리쇠, 공이, 가늠자, 가늠쇠, 공이치기 등이 있다.[3]

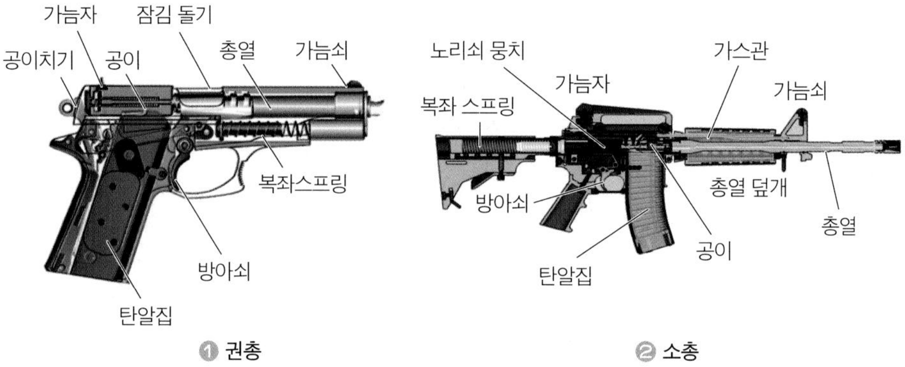

그림 2.5 일반적인 소구경 화기의 형상과 구성품

3 ATP 3-21.8, "The Infantry Rifle Platoon and Squad of the Infantry Brigade Combat Team", U.S Army, 2016. 4.; MIL-STD-709D, "Department of Defense Criteria Standard: Ammunition Color Coding", 2009. 3.; MIL-STD-1913, "Military Standard Dimensioning of Accessory Mounting Rail for Small Arms Weapons", 1995. 2.; TC 3-22.12, "M26 Modular Accessory Shotgun System", 2014. 11.

2. 소구경 탄약

(1) 탄약의 구조 및 작동과정

대표적인 소화기 탄약은 권총탄, 소총탄, 기관총탄 등이 있다. 이들 탄약의 구조와 작동원리는 거의 비슷하다. 다만 같은 화기에 사용되는 탄약이더라도 탄약의 용도에 따라 탄자의 형상과 크기 또는 충진 물질(filling material)이 차이가 있을 뿐이다.

일반적인 소구경 탄약의 구조는 〈그림 2.6〉에서 보는 바와 같다. 권총탄과 소총탄의 구조는 〈그림 2.6〉 ①과 같다. 이들 탄약은 탄자, 탄피, 추진제, 뇌관으로 구성되어 있다. 그리고 격발과정을 살펴보면, 먼저 탄약을 장전한 후 방아쇠를 당기면 공이가 뇌관에 충격을 가하게 된다. 그 결과 뇌관에서 폭발한 화염에 의해 추진제가 폭발하면서 다량의 가스가 발생한다. 이때 생긴 고압의 추진가스에 의해 탄자가 가속되면서 총구를 이탈하여 날아간다. 추진가스는 추진제의 성분에 따라 차이가 난다. 소총탄에 사용되는 추진제는 흑색 화약, 무연 추진제(smokeless propellant), 혼합형 추진제(composite propellant) 등이 있다. 여기서 무연 추진제란 연소 시에 연기가 거의 발생하지 않는 화약을 의미한다. 이 추진제는 연소 시 잔여물이 너무 많이 나오는 흑색 화약을 개량하기 위해 만들어졌다.

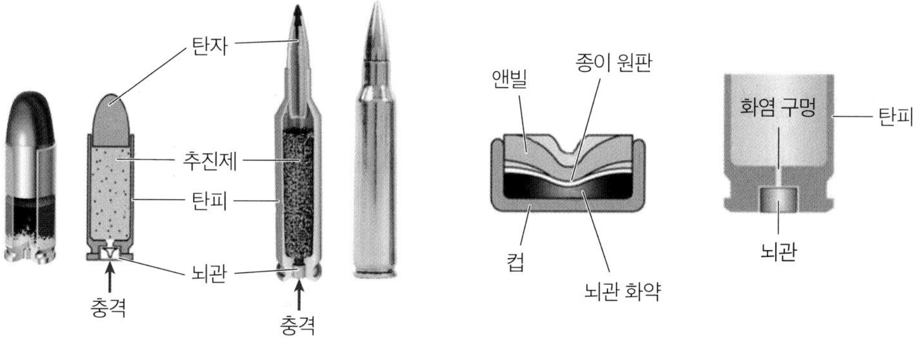

① 권총탄과 소총탄 ② 뇌관의 구조

그림 2.6 일반적인 소구경 탄약의 구조

오늘날 소구경 탄약에는 주로 무연 추진제를 사용한다. 무연 추진제는 단기 추진제(single base propellant), 복기 추진제(double base propellant), 삼기 추진제(triple base propellant)가 있다. 일반적으로 소구경 화기는 나이트로셀룰로스(nitrocellulose)를 이용한 단기 추진제 또는 총구 속도를 증대시키기 위해 단기 추진제에 나이트로글리세린(nitroglycerine) 첨가한 복기 추진제를 사용하고 있다. 이들 추진제는 연소속도가 빠르다. 또한, 탄피에 이들 추진제는 흑연을 피복시켜 유동성을 좋게 하면서 탄피와의 정전기 발생을 억제하도록 만들었다. 하지만 대구경 포탄에는 복기 추진제 또는 복기 추진제에 나이트로구아니딘(nitroguanidine, $CH_4N_4O_2$)을 첨가한 삼기 추진제를 많이 사용하고 있다. 이처럼 화기의 종류에 따라 추진제를 달리해야 하는 이유는 추진제의 연소율, 연소 가스의 발생량, 폭발 온도, 포신 또는 총열과의 부식 여부, 경제성, 사용 및 저장환경 등을 고려해야 하기 때문이다.

(2) 뇌관의 구조 및 작동원리

소구경 탄약이 발전하면서 다양한 방식의 뇌관이 개발되었다. 이중 가장 많이 채택하고 있는 방식은 〈그림 2.6〉 ❷에서 보는 바와 같다. 소구경 탄약에 들어 있는 뇌관은 크게 컵(cup), 뇌관 화약, 앤빌(anvil), 종이 원판(paper disk)으로 구성되어 있다. 뇌관 화약은 가벼운 충격으로도 폭발하는 고성능 폭발물을 사용하고 있다. 대표적인 뇌관 화약은 뇌홍, 아지드화납(lead azide, $Pb(N_3)_2$), DDNP(Diazo Di Nitro Phenol, $C_6H_2N_4O_5$) 등이 있다.

한편 뇌관의 작동과정은 다음과 같다. 먼저 공이에 의해 컵이 충격을 받으면 앤빌과 컵 사이에 들어 있는 뇌관 화약이 폭발한다. 이때 생긴 화염이 컵과 앤빌 사이의 틈새와 화염 구멍을 통과하여 추진제에 전파되면서 추진제를 폭발시키게 된다.

(3) 탄피의 구조와 탄피 설계

현대식 소총이나 기관총, 대공포 등과 같이 소구경 화기는 〈그림 2.7〉 ❶에 제시된 그림과 같은 구조로 되어 있다. 화기의 종류에 따라 약간의 차이

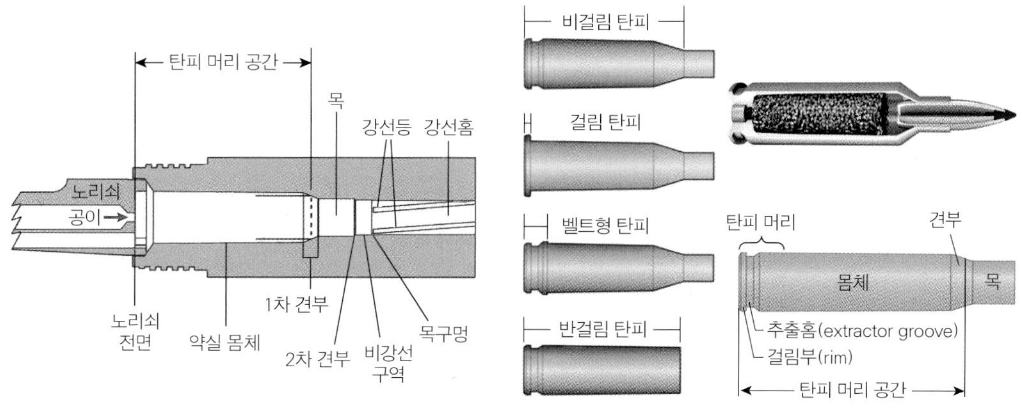

❶ 소총의 약실 구조와 탄피 후미공간

❷ 탄피의 종류 및 소총탄의 탄피 구조

그림 2.7 약실과 탄약의 종류와 형상

는 있으나 근본적인 구조와 구성품은 유사하다. 소구경 화기의 약실 구조는 탄약의 외형과 비슷한 공간으로 설계되어 있다. 또한, 소구경 화기는 〈그림 2.7〉 ❷에 제시된 소총탄처럼 탄자와 탄피가 고정된 고정탄약을 사용하고 있다.

현대 소총탄의 탄피는 음료수 병의 모양과 비슷하게 생긴 병목형이다. 그리고 탄약이 약실에 모두 삽입되는 비걸림탄피(rimless case)를 사용하고 있다. 하지만 탄피가 개발되기 시작한 초기에는 걸림탄피(rimmed case), 벨트형 탄피(belt case), 반걸림탄피(semi-rimmed case) 등 다양한 종류의 탄피를 사용하였다.

한편, 탄피 머리 공간(CHS, Cartridge Head Space)은 총기에서 가장 중요한 설계 요소 중 하나이다. CHS는 〈그림 2.8〉 ❶에서 보는 바와 같이 정의한다. 즉, CHS는 약실의 잠금 볼트 면에서 견부(shoulder)까지 거리이다. 즉, 탄약이 약실에 장전되면서 전진하는 것을 정지시키는 거리이다. 이 공간이 너무 크면 불발이 발생하거나 탄피가 후방으로 튕겨 나올 위험이 있다. 일반적인 소총의 발사과정을 살펴보면, 먼저 사수가 방아쇠를 당겨서 격발하면, 탄피 내부에 고온 고압의 추진가스가 다량으로 발생한다. 추진가스는 탄피를 팽창하였다가 압력이 낮아지면, 노리쇠가 있는 후방으로 밀려 나온다. 이때 탄피의 이동 거리만큼 뒤로 밀린다. 여기서 노리쇠와 약실의 전면 사이의 거리는

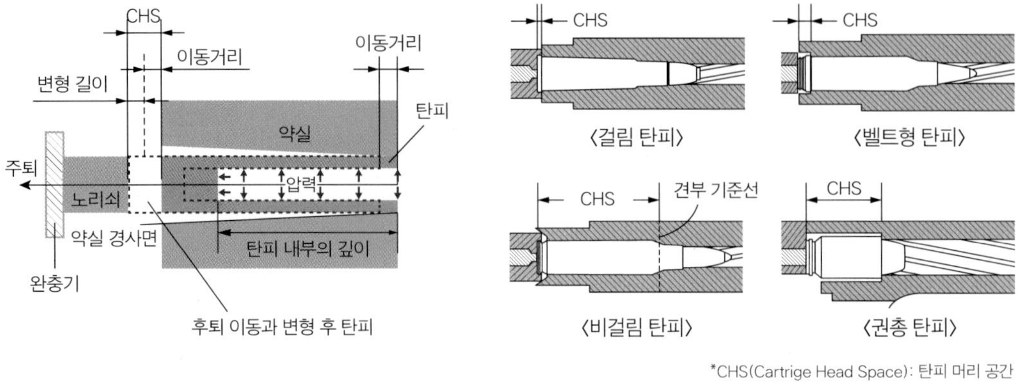

❶ 탄피 머리 공간(CHS)의 정의 ❷ 탄피의 종류와 CHS 비교

그림 2.8 격발과정 시 탄피의 변형과정

CHS 길이만큼 이격이 된다. 따라서 탄피는 추진가스가 누출되지 않도록 내부 압력에 견딜 수 있다. 따라서 CHS의 크기를 작게 설계해야 약실 압력을 높일 수 있다.

〈그림 2.8〉 ❷와 같이, 탄피의 종류에 따라서 CHS의 값은 차이가 있다. 예를 들어, 반자동 권총 탄약의 경우에는 탄피 머리부에서 약실의 융기부까지 거리이다. 그리고 병목형 비걸림탄피를 사용할 경우, 탄피 머리에서 탄피의 어깨가 약실 내벽에 있는 견부에 닿는 위치까지이다. 한편 뇌관이 탄피 속에 있는 추진제가 점화되면, 수만 psi의 압력이 발생하여 탄피가 약실 벽면까지 팽창하고 약실 내부가 밀폐된다. 그 결과 탄환이 총구에서 빠져나오기 전까지 추진가스는 누출되지 않는다. 동시에 탄피의 두부가 확장되어 노리쇠 전면에 닿는다. 따라서 CHS가 너무 크면, 탄피가 부풀어 오르거나 균열이 발생한다. 또한, 탄피의 두부가 분리되거나 탄피의 목이 분리될 수 있으며 뇌관에 가하는 충격이 약해지거나 격발 불능이 발생할 수도 있다. 이러한 이유로 너무 큰 CHS는 약실의 수명이 단축될 수 있는 원인이 될 수 있다. 특히 탄피가 파열되어 탄피의 파편이 총에서 이탈하여 사수나 주변에 있는 사람에게 치명적인 피해를 줄 수도 있다.

(3) 소구경 탄약의 특징

1 소총 탄약

20세기 중반, 세계 주요 국가는 구경 7.5mm에서 8mm 범위의 단일 탄약을 노리쇠 작동방식 소총에 사용하였다. 이 탄약은 소총에서 최대의 위력을 발휘하도록 제작되었고, 완전위력(full power) 탄약이라고도 부른다. 이후 2차 세계대전 중에 독일군은 소위 '중간 구경' 탄약을 처음 사용하였다. 이 탄약은 권총과 기관단총에서 발사된 탄약과 소총으로 발사된 탄약 사이의 크기, 무게 및 위력이 중간급인 중(中)구경 탄약이다. 중구경 탄약의 규격은 7.62×39mm이며, 1943년에 채택되어 AK 계열 자동장전식 소총에 사용되었다.

오늘날 세계 주요 국가의 소총과 기관총용 탄약은 〈표 2.1〉에서 보는 바와 같다. 이들 탄약의 채택과정과 특성을 살펴보면 다음과 같다. 1960년대 미국은 소구경 탄약을 5.56×45mm 탄약으로 최초로 채택했다. 이 탄약은 유효사거리가 길고 이전의 소구경 탄약보다 가볍다. 이 탄약은 AR-15(미군 전력화에서 M16 소총으로 지정)와 함께 채택되었다. 이후 1980년에 NATO는 5.56×45mm 탄약과 7.62×51mm 탄약을 표준탄약으로 선정하였다. 오늘날 NATO 국가는 물론이고, 우리나라를 비롯하여 여러 국가에서 사용하고

표 2.1 세계의 주요 소총과 기관총 탄약의 제원

탄약 규격	국가	탄약 무게 [g]	탄자 무게 [g]	총구 속도 [m/s]	총구 에너지 [J]	형상 비교
7.62×54Rmm	러시아	24.0	9.5	845	3,400	e
7.62×51mm	미국	24.0	9.5	838	3,340	b
7.62×39mm	러시아	16.5	7.9	715	2,020	c
5.80×42mm	중국	12.8	4.6	790~970	1,920	f
5.56×45mm	미국	12.0	4.0	875~950	1,530~1,800	a
5.45×39mm	러시아	10.5	3.4	900	1,417	d

있다.[4]

중구경 탄약이 광범위하게 채택됐음에도 불구하고 소총에는 완전위력 탄약이 여전히 사용되고 있다. 오늘날 대부분 국가에서는 보병의 기본화기인 소총과 기관총의 구경은 이원화 체계로 운용하고 있다. 일반적으로 완전위력 소총탄을 범용 기관총과 특수 정밀소총에 사용하고 있다. 그리고 중구경 탄약은 표준 소총과 경기관총에 사용하고 있다. 대표적인 사례로는 NATO 국가에서 사용 중인 5.56×45mm와 7.62×51mm 탄약이 있다. 또한, 1995년 바르샤바조약국이 채택한 표준탄약 규격인 5.8×42mm 탄약도 있다. 최근 탄약의 설계와 개발 추세는 이원화된 구경을 하나로 통합한 단일 구경의 탄약을 개발하고 있다. 하지만 최근까지 단일화된 다목적 탄약으로 전환한 사례는 밝혀진 사례가 없다. 참고로 완전위력 탄약은 총구 에너지는 2,020J에서 3,400J이다. 하지만 중구경 탄약은 1,417J에서 1,920J 범위이다. 그리고 중구경 탄약은 권총탄보다 총구 에너지가 2~3배 정도 크다. 〈표 2.1〉에 제시된 탄약들의 실제 크기와 형상을 비교한 것이 〈그림 2.9〉이다. 그림 'e'는 러시아의 7.62×54R mm 탄약이다. 이때 'R'은 '걸림탄피'라는 뜻이다.

그림 2.9 〈표 2.1〉에 제시된 탄약 형상 비교

4 "Light Machine Gun M249 Series", TC 3-22.249, Headquarters, Department of the Army, 2017. 5.

2 기관총 탄약

일반적으로 기관총 탄약의 구조는 〈그림 2.10〉에서 보는 바와 같다. 소총탄과 같은 구조이며, 걸림탄피를 많이 사용하고 있다. 기관총 탄약도 소총탄처럼 탄자, 탄피, 뇌관, 추진제로 구성되어 있다. 여기서 탄자란 총열과 맞물리는 원통형의 납 또는 금속 합금으로 된 발사체이다.

대표적인 기관총 탄약 사례로 미국에서 개발한 경기관총용 M855A1 탄약이 있다. 이 탄약은 구리 슬러그와 강철탄심으로 구성로 되어 있다. 탄자의 재질은 납 또는 납 합금을 사용한다. 또는 외피에는 구리합금을 사용하고 납이나 강철을 관통자로 사용하고 있다. 여기서 외피는 사격 시 탄자가 강선을 따라가지 않고 뭉개져서 전진하거나 외피가 벗겨져서 도약하는 현상을 방지한다. 강철탄심은 대구경 전차 포탄의 관통자와 비슷한 기능을 한다. 탄자에 사용하는 납은 주석, 안티몬(antimony, Sb) 또는 이들 물질과 납을 혼합한 합금을 사용하고 있다.

일반적으로 외피가 있는 탄약은 반자동이나 자동식 화기에 더 적합하다. 외피의 재질은 길딩 금속(gilding metal, 구리 95~97%, 아연 3~5% 합금), 길딩 금속으로 피복시킨 강철, 구리로 도금한 강철 등이 있다. 그리고 탄자는 종류에 따라서 최종탄도를 고려하여 구성 요소를 다르게 하거나 화학 물질을 사

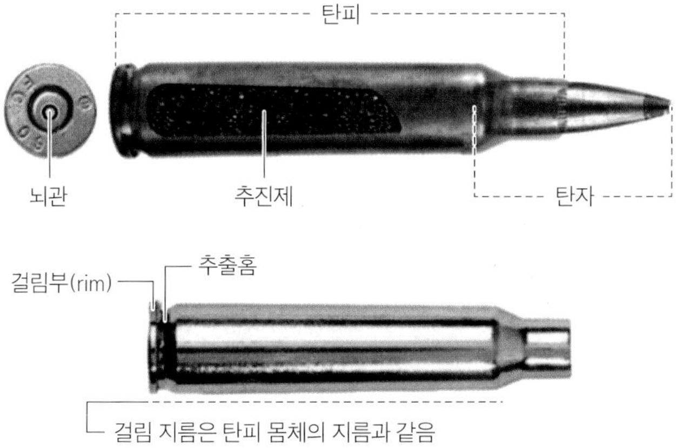

그림 2.10 기관총 탄약의 형상과 구성

용하고 있다. 따라서 어떤 탄자는 플라스틱, 왁스와 플라스틱 접착제(binder), 금속 분말을 사용하거나 둘 이상의 금속 분말이나 다양하게 조합한 탄약을 사용하고 있다.

오늘날 대표적인 기관총 탄약 중 하나로 미국의 M249 경기관총 탄약이 있다. 이 탄약의 종류로는 전투와 훈련하기 위해 보통탄, 철갑탄, 예광탄, 공포탄, 근접전투 임무용 탄약, 모의 탄약이 있다. 이들 탄약은 종류에 따라 서로 다른 기능과 특성이 있다. 이들 탄약의 구조와 특성을 살펴보면 다음과 같다.

첫째, 보통탄은 〈그림 2.11〉 ①에서 보는 바와 같이, 구조와 재질이 단순하다. 탄자는 일반 전투나 훈련에 적합하도록 금속 외피와 납 슬러그로만 구성되어 있다. 이 탄약은 대인 살상이나 장갑으로 보호되지 않은 표적에 피해를 줄 목적으로 사용되고 있다. 둘째, 철갑탄은 인원이나 경장갑으로 보호된 표적 그리고 콘크리트 건물 표적에 사용하도록 설계되었다. 〈그림 2.11〉 ②에서 보는 바와 같이, 외피는 금속이고 탄심은 경화된 강철 합금이다. 그리고 외피와 탄피 사이에 납으로 만든 탄두 충진물과 탄저 충진물이 들어 있다. 여기서 탄두 충진물은 탄자가 표적에 충돌하는 순간에 튕겨 나가지 않도록 도와주며, 밀도가 높아서 충돌에너지가 크다. 셋째, 예광탄은 〈그림 2.11〉

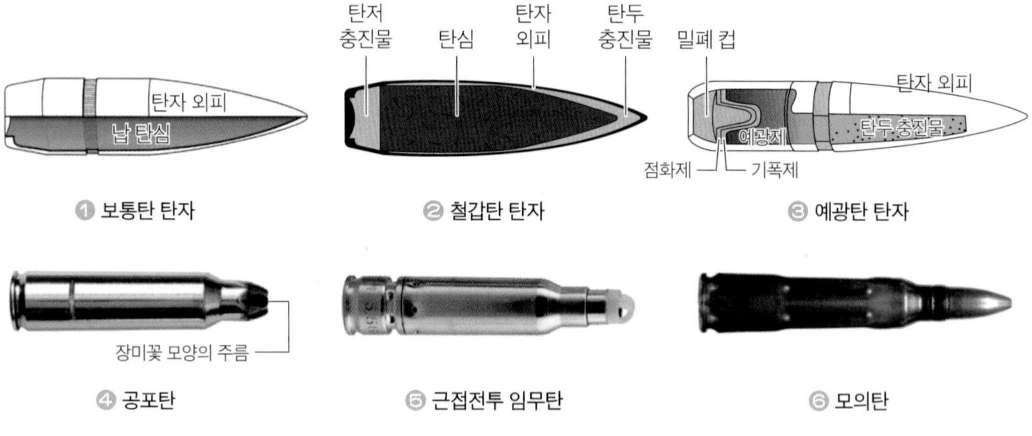

그림 2.11 M249 기관총 탄약의 종류

③에서 보는 바와 같이, 보통탄이나 철갑탄보다 더 길고 구조가 복잡하다. 이 탄약은 밀폐 컵 속에 있는 점화제와 기폭제가 탄이 발사되는 순간에 예광제를 발화시켜서 탄저에서 밝은 불꽃을 발생한다. 이 탄약은 표적을 지시하거나 가연성 물질을 발화시킬 때 사용하기에 적합하다. 넷째, 공포탄은 탄자가 없이 추진제만 있으며, 사격술 훈련이나 각종 의식행사용에 적합하다. 이 탄약은 〈그림 2.11〉 ④에서 보는 바와 같이, 탄피 끝부분이 장미꽃 모양의 주름이 있다. 그리고 탄피의 중간부에 홈이 파여져 있어서 다른 탄약과 쉽게 구별할 수 있다. 또한, 보통탄이나 철갑탄 등과 같은 탄약과 다르게 탄자 대신에 종이뭉치로 탄피 끝부분을 밀폐시켰다. 다섯째, 근접전투 임무용 탄약은 〈그림 2.11〉 ⑤에서 보는 바와 같이, 훈련용으로만 사용할 목적으로 제작한 탄약이다. 이 탄약은 M249 기관총의 노리쇠만 교체하면 사용할 수 있다. 안전성이 우수하여 근접전투 훈련에 적합하다. 여섯째, 모의탄은 〈그림 2.11〉 ⑥에서 보는 바와 같이, 탄피에 세로 주름이 있어서 기존 탄약과 쉽게 구별할 수 있다. 주로 사격술 훈련에 사용하며, 탄피와 탄자만 있다. 탄피 속은 비어 있는 비활성 탄약이다.

3 권총 탄약

20세기 세계 각국은 소총탄보다 구경이 큰 권총탄을 사용하였으며, 다양한 구경의 권총탄을 표준규격으로 채택하였다. NATO 국가들은 9×19mm 탄약과 .45 ACP(Automatic Colt Pistol) 탄약을 표준탄약으로 채택하였다. 바르샤바조약국은 9×18mm 탄약을 표준탄약으로 채택하였다. 하지만 일부 권총과 기관단총에는 벨기에의 5.7×28mm FN 탄약을 표준탄약으로 채택하였다.

오늘날 주요 국가에서 사용하고 있는 권총탄의 제원은 〈표 2.2〉에서 보는 바와 같다. 권총탄은 소총탄보다 구경과 탄자 무게의 차이가 크다. 권총은 소총이나 기관총보다 총열의 길이가 짧고 전술적 사용 목적에 따라 다양하게 총이 설계되었기 때문이다. 이는 권총탄의 탄피와 탄자의 형상과 크기를 비교한 〈그림 2.12〉에서도 알 수 있다.

표 2.2 세계의 주요 권총 탄약의 제원

탄약 규격	국가	탄자 무게 [g]	총구 속도 [m/s]	총구 에너지 [J]	형상 비교
.45 ACP	미국	14.9	280	584	e
9 × 19mm	독일	8.0	440	774	a
9 × 18mm	러시아	6.1	310	348	b
.38 special	미국	9.7	270	366	d
7.62 × 25mm	러시아	5.5	540	802	c
5.7 × 28mm	벨기에	2.0	715	511	f
4.6 × 30mm	독일	2.0	720	520	g

그림 2.12 〈표 2.2〉에 제시된 탄약의 형상

3. 소구경 화기의 특성과 작동원리

총은 작동기구에 따라 수동식, 반자동식, 완전 자동식이 있다. 먼저 수동식 또는 수동식 노리쇠 방식(bolt-action type)은 총을 사람이 직접 작동하는 방식이고, 자동식은 최초 사격 시 사람이 탄약을 장전한 후 격발을 제외한 모든 과정이 총기 자체의 작동기구에 의해 자동으로 이루어지는 방식이다. 자동식은 반자동식과 완전 자동식으로 구분한다. 자동(semi-auto burst type)은 방아쇠를 당길 때만 한 발씩 발사되는 총이다. 완전 자동식(full-auto burst type) 총은 반자동식 기능과 방아쇠를 당기고 있으면 탄이 계속 발사되는 방식을 말한다. 이 방식은 단발 기능, 연발 기능, 그리고 방아쇠를 당기면 2~3발이 동시에 발사되는 점사 기능이 있다.

수동식 총보다 자동식 총은 짧은 시간에 화력을 집중시킬 수 있다. 하지만 수동식 총보다 구조가 복잡하고 내구성이 낮으며 작동기구의 차이에 의해 사격 시 내부 구동부에 의해 정확도가 낮다. 이러한 구조적인 문제 때문에 높은 정확도가 요구되는 저격 소총에는 수동식을 많이 채택하고 있다.

(1) 수동식 소총

수동식 소총은 〈그림 2.13〉에서 보는 바와 같이 작동과정이 단순하다. 소총의 구조와 탄약을 장전하는 방법은 약간 다르나 기본적인 작동과정은 같다. 수동식 총은 사수가 볼트를 이용하여 노리쇠를 후퇴시킨 후 탄약을 장전한다. 그리고 볼트를 이용하여 노리쇠를 전진시키면 격발 준비상태가 된다. 이어서 사수가 방아쇠를 당기면 총이 발사된다. 끝으로 볼트를 이용하여 노리쇠를 후퇴시키면, 〈그림 2.13〉 ❷에서 보는 바와 같이, 탄피가 약실에서 추출된 후 방출시킬 수 있다.

이처럼 수동식 소총은 사수가 소총의 작동과정을 수행한다. 따라서 소총

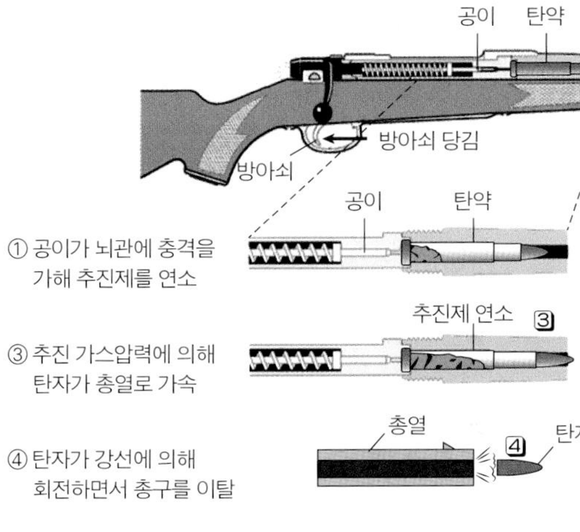

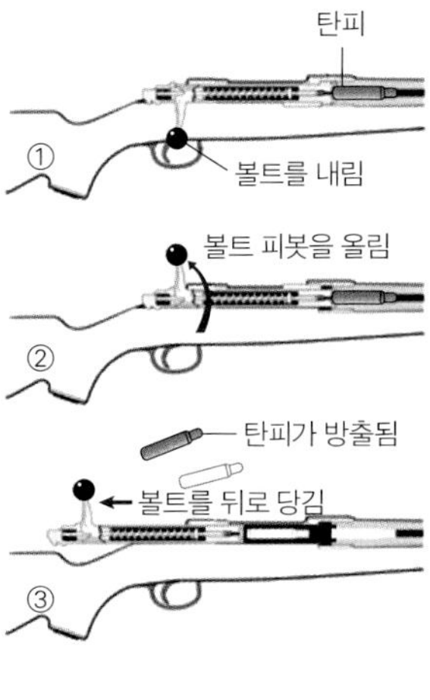

그림 2.13 수동식 소총의 구조와 작동과정

의 부품 수와 구조가 단순하여 고장이나 유지 및 보수가 쉽다. 또한, 사격 시 소총의 내부 구성부품이 움직이지 않는다. 따라서 오늘날에도 저격 소총처럼 정밀사격을 하거나 사냥총에는 수동식 총이 많이 사용되고 있다.

(2) 자동식 권총[5]

1 리볼버와 피스톨

권총은 크게 장전방식에 따라서 회전식 탄알집을 사용하는 리볼버(revolver)와 자동식 권총인 피스톨(pistol)로 분류한다. 권총은 길이가 짧은 총이라고 해서 단총(short gun)이라고도 불렀다.

리볼버 권총은 회전식 탄알집(연뿌리 모양의 실린더)에 탄약을 장전한 후, 발사할 때마다 수동 또는 자동으로 탄알집을 회전시키면서 발사할 수 있다. 18세기 중엽까지는 발사할 때 공이치기(hammer)와 탄알집을 수동으로 작동시켜야 했다. 하지만 1835년 미국인 Samuel Colt가 수동으로 코킹(cocking, 공이치기를 후퇴하여 고정하는 작동과정)하면 탄알집이 회전하는 싱글 액션(single action) 장치를 개발하였다. 이후 1855년에는 영국에서 방아쇠를 당기면 공이치기가 자동으로 세워지고 탄알집이 돌면 다시 공이치기가 뇌관에 충격을 가해서 격발되는 동작을 한꺼번에 이루어지는 더블 액션(double action) 장치가 발명되었다. 당시 개발된 이 작동기구들은 오늘날 대부분이 권총에 사용되고 있다.

한편 리볼버 권총은 탄알집과 약실을 공유하고 있다. 그리고 한번 방아쇠를 당기거나 코킹을 할 때마다 탄알집이 회전하면서 다음 탄약을 발사 위치에 놓이게 한다. 이 방식은 통상 6발을 장전할 수 있는 회전식 탄알집이 있으며, 재장전 시간이 오래 걸리는 단점이 있다. 하지만 탄알집과 공이치기 등 부품들이 방아쇠를 당기는 손가락 힘으로 작동되어, 총의 구조가 단순하고 고장률이 낮으며 취급하기 쉬운 장점이 있다.

---

5 TC 3-23.35, "Pistol", US. Army, 2003.; FM 3-23.35, "Combat Training with Pistols, M9 and M11", US. Army, 2003.

피스톨 권총은 16세기 중엽에는 소형 화기를 지칭하는 '피스톨'이라 불리었다. 이 권총은 소총과 작동방식과 구조가 매우 유사하다. 리볼버 권총은 총몸에 회전식 탄알집이 있으나 피스톨은 소총처럼 스프링식 탄알집이 있어서 탄알집을 교환할 수 있다. 단지 총의 크기가 작을 뿐이다. 초기에 개발된 피스톨 권총은 오늘날 사용하는 권총에 비해 크기가 매우 컸으나 당시에는 창을 든 기마병과 대적하는 경우에는 매우 유용한 무기였다. 특히 17세기 유럽에서는 피스톨 권총을 사용한 독특한 전술이 활용하였다. 대표적인 전술 중 하나인 Caracoles 전술(일명 달팽이 전술)이 있다. 피스톨로 무장한 병력이 종대대형으로 적에게 돌격하면서 공격하는 방법인데 전투원의 사기가 낮은 부대에 적용하였다. 이 전술은 적의 방어 화력으로부터 피해를 줄이고 동시에 적에게 끊임없이 화력을 투사하는 전술이었다. 이 전술은 피스톨에 그치지 않고 소총으로 무장한 병력이 적을 공격하는 전술로 발전하였다.

이 전술은 17세기 초기에 종교의 갈등으로 유럽에서 벌어진 30년 전쟁(1618~1648)에서 사용된 전술이다. 당시 스웨덴의 국왕이었던 구스타프 아돌프가 고안한 돌격 공격방법이다. 당시 스웨덴 부대는 적의 화력으로부터 그

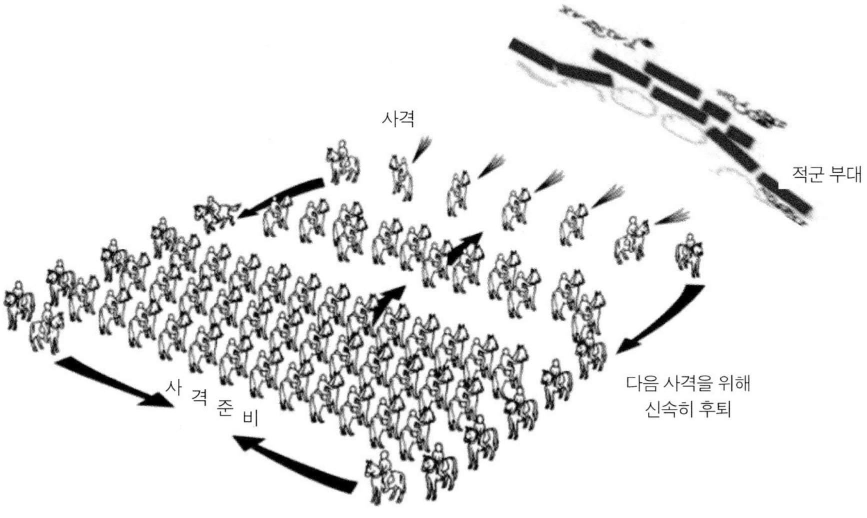

그림 2.14 기마병의 Caracoles 전술

들의 피해를 줄이기 위하여 3열 횡대로 돌격하여 적진에서 2열이 소총을 발사하고 나머지 병력은 백병전으로 하였다. 이후에도 다양한 전술이 등장하였다. 참고로 〈그림 2.14〉는 기마병이 Caracoles 전술로 공격하는 과정을 나타낸 그림이다.

2 작동기구의 발전과정

권총의 역사는 14세기에 개발된 수포(hand cannon)를 소형으로 제작한 것이 시초이다. 이에 따라 화승총과 거의 유사하게 발전하였다. 하지만 당시에 개발된 권총은 발화방식이 불편하고 어려워서 군사용으로는 널리 사용되지 못했다. 16세기 중엽에 이르러 톱니바퀴 방식 발화장치를 장착한 차륜식 방아틀 권총(wheel lock handgun)이나 부싯돌 방식 발화장치를 장착한 수석 권총(flint lock handgun)이 출현하였다. 이들 권총은 프랑스 기병이 처음으로 사용하였고 포르투갈과 스페인 상인들이 호신용으로 사용하였다. 19세기 초기 뇌관식 격발장치를 장착한 뇌관 권총(percussion lock handgun)이 발명됨으로써 총의 성능이 획기적으로 향상되었다. 그리고 미국 남북전쟁(1861~1865)에서 사용되면서 여러 종류의 뇌관식 권총이 단기간에 기술적 진보를 이루었다.

3 현대 권총의 작동기구

오늘날 군사용으로 많이 사용하고 있는 피스톨 권총의 작동원리는 역류방식(blow back system) 소총과 비슷하다. 〈그림 2.15〉는 단(短) 주퇴 방식(short recoil system)인 미국의 M9 계열 권총의 구조와 구성부품을 나타낸 그림이다. 피스톨 권총은 대부분이 구조와 구성부품 그리고 작동원리가 비슷하다. 다만 총의 반동력이나 사용자의 편리성 그리고 조준장치나 소음기 등만 차이가 있을 뿐이다.

미국의 M9 계열 권총은 탄알을 약실에 공급하기 위한 탄알집과 격발을 위한 공이치기(hammer)가 있다. 그리고 발사 후 탄피를 방출시키기 위한 갈퀴(extractor)와 차개(ejector)가 있다. 또한 사격 시 총의 반동력을 흡수하기 위한 복좌 스프링과 이 스프링을 안내하는 복좌 스프링 가이드(recoil spring guide)

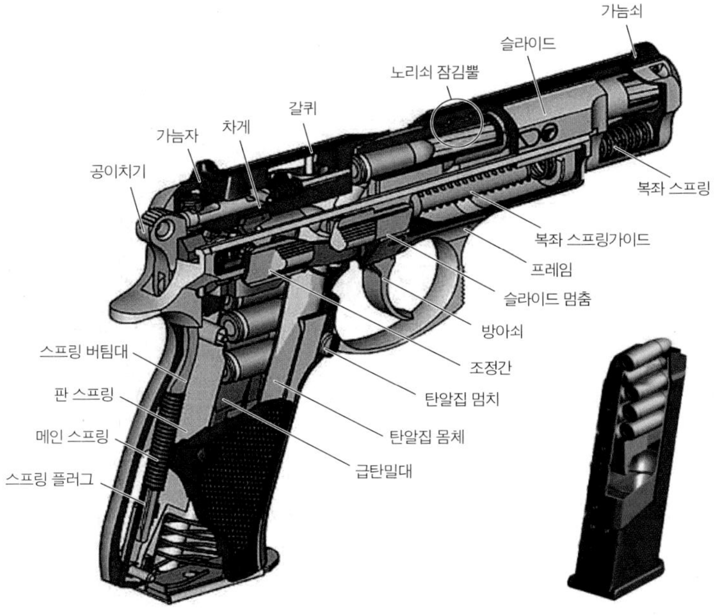

그림 2.15 M9 계열 권총의 주요 구성부품

가 있다. 또한, 탄약을 장전한 후 노리쇠와 약실이 결합되어 있다가 발사 후 탄피를 추출하는 데 필요한 슬라이드와 노리쇠 잠김 뿔(bolt locking lugs)이 있다. 이때 슬라이드를 후퇴시킨 후 슬라이드 멈치(slide stop)로 고정한 뒤 탄알집을 총에 결합한 후 사격을 할 수 있다. 메인 스프링과 스프링 버팀대는 공이치기를 작동할 때 필요하다. 조정간(safety lever)은 공이치기를 작동시키며, 가늠자와 가늠쇠는 사격 시 조준장치이다.

한편 피스톨 권총의 기능 8단계를 세부적으로 살펴보면 다음과 같으며, 매우 짧은 시간에 일어난다. 또한, 연속사격 시에는 작동이 순환과정으로 이어진다.

① 1단계 : 송탄 작용

송탄 작용이란 탄알집 속에 있는 권총탄이 발사하기 위해 약실로 공급되는 과정을 말한다. 〈그림 2.16〉 ❶에서 메인 스프링의 팽창력에 의해 슬라이드가 총구 방향으로 전진하면서 탄알집에 있는 탄약을 슬라이드와 함께 전

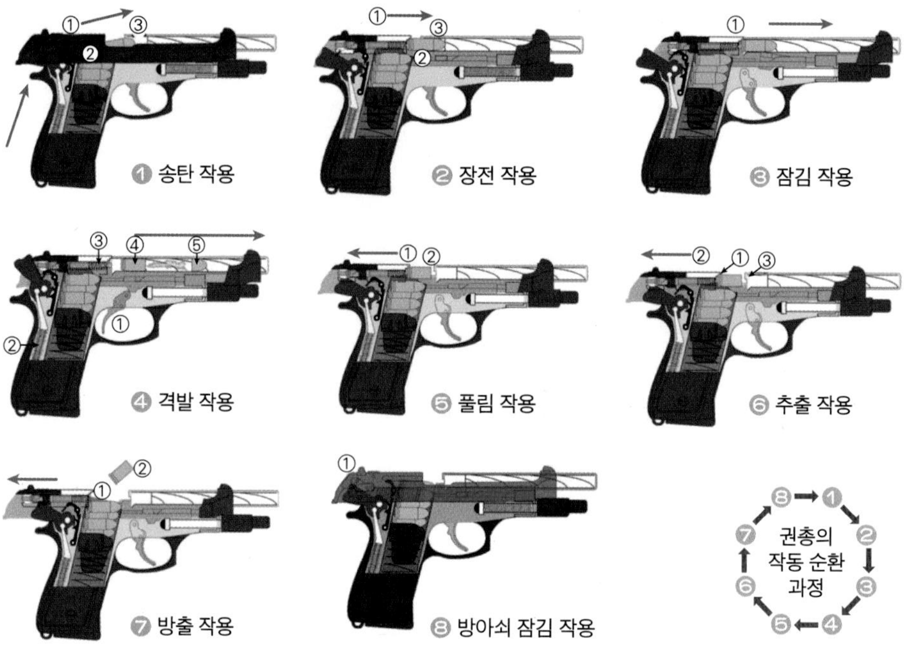

그림 2.16 권총의 작동과정 8단계

진하는 노리쇠 전진 노상에 올려놓는다. 이때 슬라이드는 사수의 물리적인 힘 또는 연속사격 시 복좌 스프링의 팽창할 때 발생하는 힘으로 동작한다.

② 2단계 : 장전 작용

장전 작용은 탄약을 약실(chamber)에 밀어 넣는 과정이다. 이 과정은 〈그림 2.16〉 ❷에서 보는 바와 같이 슬라이드가 전진하면서 탄약을 약실의 경사면인 램프에 의해 약실로 밀려 들어간다. 이때 탄약은 약실의 견부 또는 견부 벽면(shoulder area)에 완전히 밀착될 때까지 들어간다. 약실의 자세한 구조는 다음 절에서 제시된 '소총의 작동과정' 내용을 참고하면 쉽게 이해가 될 것이다.

③ 3단계 : 잠김 작용

잠김 작용은 슬라이드가 완전히 전진하면서 노리쇠 전면(front face)과 약실이 완전히 밀착하여 발사 준비상태에 되는 과정이다.

④ 4단계 : 격발 작용

격발 작용은 다음과 같은 과정을 말한다. 먼저 사수가 방아쇠를 당기면 공이치기가 회전하면서 공이(firing pin)에 충격을 가한다. 충격을 받은 뇌관은 뇌관 속에 있는 뇌관 화약과 탄피 속에 있는 추진제가 연쇄적으로 폭발하면서 다량의 추진가스가 발생한다. 이 추진가스의 팽창력에 의해 탄자가 고속으로 가속된다.

⑤ 5단계 : 풀림 작용

슬라이드의 무게와 스프링의 팽창력은 약실의 압력이 충분히 낮아질 때까지 슬라이드의 후퇴 운동을 지연시킨다. 약실의 압력에 의해 총열과 슬라이드가 약간 이격이 된 상태를 풀림 작용이라 부르고 있다.

⑥ 6단계 : 추출 작용

추출 작용은 탄피를 약실에서 꺼내는 작용이다. 먼저 갈퀴가 탄피의 걸림 돌기(rim)를 잡은 후 슬라이드와 함께 후퇴하면서 추진가스 압력에 의해 팽창된 탄피를 약실에서 끌어낸다. 그리고 탄피가 약실에서 완전히 빠져나올 때까지 진행된다.

⑦ 7단계 : 방출 작용

방출 작용은 탄피를 총에서 완전히 이탈시키는 과정을 말한다. 즉 슬라이드가 후퇴하면서 차개 막대가 탄피를 방출시키는 작용이다.

⑧ 8단계 : 방아쇠 잠김(cocking) 작용

코킹 작용은 슬라이드가 후퇴하면서 공이치기를 후퇴시킨다. 공이치기는 후퇴하여 회전하면서 멈치(bolt catch)에 의해 고정된다. 동시에 방아쇠는 원래의 위치로 복귀한다. 이러한 작용은 기구학적으로 설계된 부품이 작동하면서 일어난다.

(3) 자동식 소총

1 가스작용방식 소총[6]

가스작용방식이란 총강 내에 고압의 추진가스를 재장전에 필요한 에너지 공급원으로 활용하는 방식을 말한다. 이 방식은 이들 부품이 완전히 체결된 상태에서 격발한다. 이 때문에 노리쇠 뭉치는 크기가 작아도 된다. 주로 돌격 소총, 경기관총에 적용하고 있다.

이 방식의 작동과정은 크게 〈그림 2.17〉에서 보는 바와 같다. 먼저 격발시 발생한 추진가스의 일부를 가스관을 통해 노리쇠 뭉치에 전달한다. 그리고 이 가스의 팽창압력으로 노리쇠 뭉치를 후퇴시키면서 복좌 용수철을 압축시킨다. 동시에 공이치기와 방아쇠 단발자를 최초 위치로 복귀시키고 다

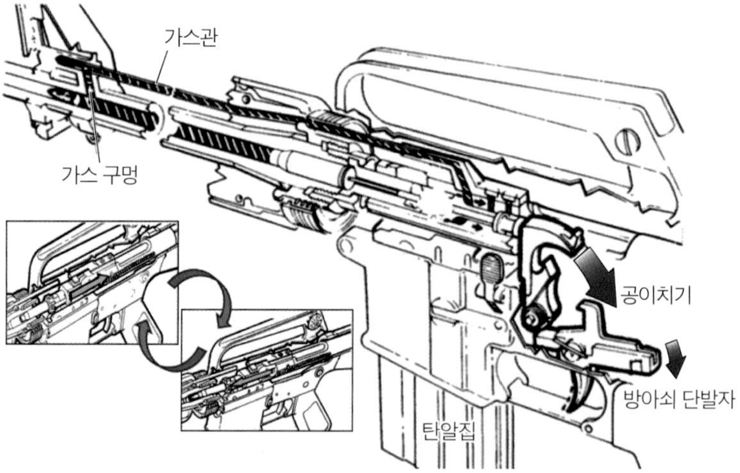

그림 2.17 가스작용방식 소총의 작동 개념도

---

6 Headquarters, U.S. Army Materiel Command, "Engineering Design Handbook", 1970. 2.

음 사격을 할 수 있도록 하는 방식이다. 이와 같은 작동은 매우 짧은 시간에 이루어지며, 다음과 같이 8단계 작동과정으로 나눌 수 있다.

① 1단계 : 송탄 작용

송탄 작용은 장전 손잡이를 뒤로 당겨서 노리쇠 뭉치를 후퇴시키면, 탄알집 속에 있는 스프링의 복원력에 의해 탄약 1발이 노리쇠 뭉치의 전진로에 올라오는 과정을 말한다. 연속사격을 하는 경우, 노리쇠 뭉치가 약실 쪽으로 전진하면서 탄알집 속에서 밀려 나온 탄약을 〈그림 2.18〉 ❶에서 보는 바와 같이, 잠김 램프(locking ramp) 위에 올려놓는다. 이때 노리쇠 멈치(bolt catch)는 사수가 물리적으로 해제시키거나 소총이 작동할 때 해제된 상태로 돌아간다.

② 2단계 : 장전 작용

장전 작용은 압축되어 있던 복좌 용수철의 복원력으로 노리쇠 뭉치가 전진하면서 장전 램프 위에 놓인 탄약을 약실로 밀어 넣는 과정을 말한다. 이때 〈그림 2.18〉 ❷에서 보는 바와 같이, 탄피의 견부와 약실 내벽의 견부가 서로 밀착될 때까지 탄약을 밀어 넣는다.

③ 3단계 : 잠김 작용

잠김 작용은 노리쇠 뭉치가 탄약을 약실로 밀고 들어가 약실에 밀착시키는 작용을 말한다. 〈그림 2.18〉 ❸은 잠김 작용 시 노리쇠 뭉치가 약실 쪽으로 전진할 때 부품의 움직임을 나타낸 그림이다. 가스피스톤이 가스 키(gas key)를 밀면 동시에 노리쇠 뭉치 결합체가 약실 쪽으로 전진한다. 이때 노리쇠 결합체가 회전하면서 잠김 돌기(locking lugs)와 약실의 입구에 있는 돌기(chamber lugs)가 결합한다. 그리하여 열차가 연결되듯이 노리쇠와 약실이 하나가 되는 작동과정이다.

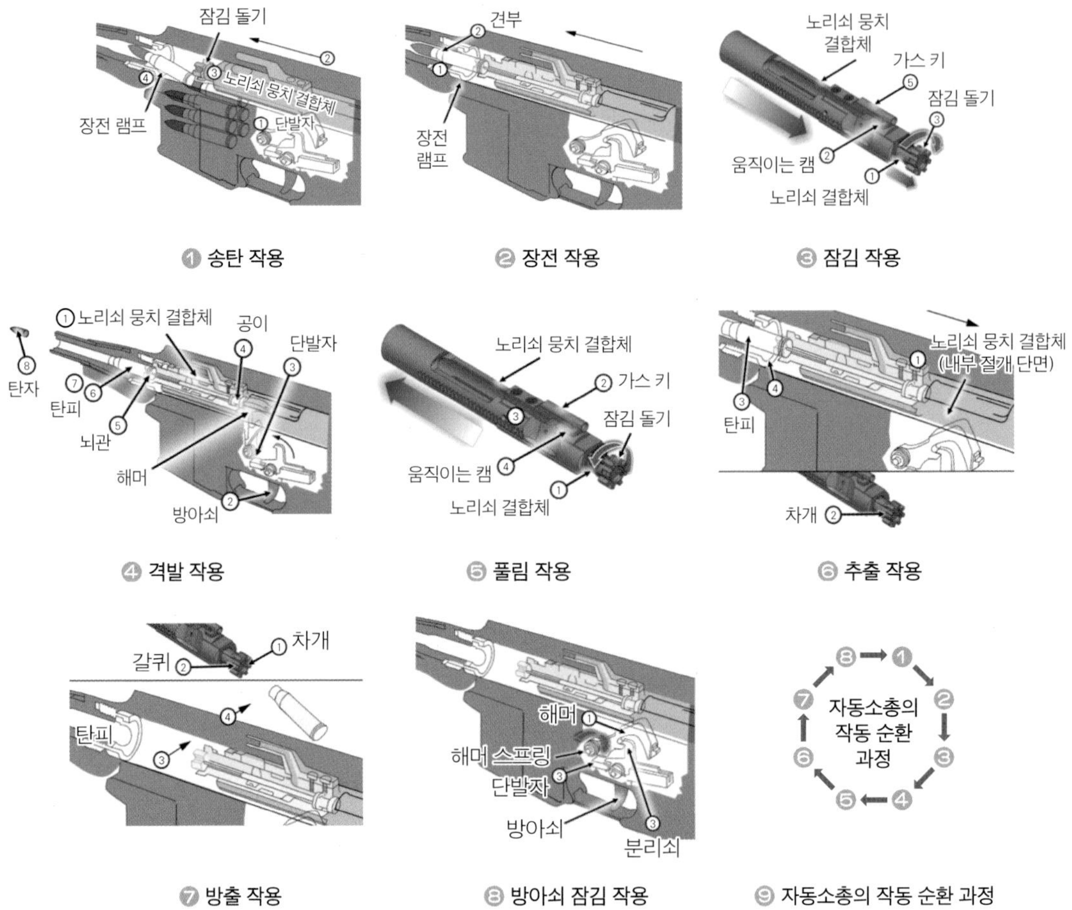

그림 2.18 가스작용방식 소총의 작동과정

④ 4단계: 격발 작용

격발 작용은 〈그림 2.18〉 ④와 같으며, 다음과 같은 과정으로 이루어진다. 먼저 사수가 방아쇠를 당기면, 공이치기(해머)가 공이를 때린다. 공이는 노리쇠 뭉치 속에 있는 구멍을 통해 전진하면서 뇌관에 충격을 가하여 뇌관 화약을 폭발시킨다. 이때 발생한 화염이 추진제에 전파되어 추진제가 폭발하면서 추진가스를 발생시킨다. 이 가스의 압력에 의해 탄자가 발사된다. 여기서 단발자는 방아쇠 장치가 풀릴 때까지 격침 또는 공이치기를 위로 제쳐져 있게 하는 자물쇠 기능을 하는 부품이다.

⑤ 5단계 : 풀림 작용

풀림 작용은 〈그림 2.18〉 ❺에서 보는 바와 같이, 노리쇠 뭉치(결합체)가 격발 작용으로 생성된 가스압력으로 후퇴하면서 잠김 돌기와 약실 입구에 있는 돌기가 풀리는 것을 말한다. 그 결과 노리쇠 뭉치가 후방으로 밀릴 수 있다.

⑥ 6단계 : 추출 작용

추출 작용은 〈그림 2.18〉 ❻에서 보는 바와 같이, 노리쇠 뭉치가 후퇴하면서 노리쇠 전면에 있는 갈퀴가 약실에 있는 탄피를 후방으로 빼내는 과정이다.

⑦ 7단계 : 방출 작용

방출 작용은 〈그림 2.18〉 ❼에서 보는 바와 같이, 약실에서 추출된 탄피를 차개에 의해 총몸 밖으로 튕겨 나오게 하는 과정이다.

⑧ 8단계 : 방아쇠 잠김(cocking) 작용

방아쇠 잠김 작용은 〈그림 2.18〉 ❽에서 보는 바와 같이, 송탄 작용에서 방출 작용까지 거친 후, 방아쇠는 사격 이전의 상태로 복귀하게 된다. 만일 연속사격을 하게 되면 방아쇠는 당길시 단발자에 의해 잠기지 않고 자동으로 공이치기가 공이를 때리게 된다. 그리고 자동사격을 할 경우, 〈그림 2.18〉 ❾에 보는 것처럼 계속 순환하면서 작동을 하게 되어 있다.

2 추진가스의 역류(blow back)를 이용한 작동방식

가스작용방식은 회전 노리쇠가 있어서 총의 구조가 약실과 노리쇠의 구조가 복잡하며 부품이 많다. 이 방식은 작동과정에서 노리쇠가 회전과 왕복운동을 한다. 이에 비해 추진가스의 역류를 이용한 작동방식(블루우 백 시스템이라고도 칭함)은 작동과정에서 유일하게 노리쇠만 왕복운동을 한다. 이 때문에 부품 수가 적고 구조는 단순하나 탄도학적 특성이 다르다. 따라서 어느 방식이 우월하다고 판단하기는 곤란하다. 사용하고자 하는 소화기의 요구 사항에 부합된 작동방식을 선택하는 것이 합리적인 해결방법이다.

한편, 역류방식은 단순 역류방식(simple blow back system), 발화 진각 역류방식(advanced primer ignition blow back system), 지연 역류방식(retard blow back system)으로 구분한다. 이들 방식의 원리와 특성은 다음과 같다.

① 단순 역류방식

단순 역류방식은 발사 시 노리쇠 뭉치의 관성력으로 탄피의 후퇴를 억제하고 이때 얻은 노리쇠 뭉치(화포에서는 폐쇄기 뭉치를 뜻함)의 운동에너지로 재장전을 시키는 방식이다. 이 방식은 구조가 단순하고 부품 수가 적어서 유지보수가 쉽다. 이 방식은 탄피의 후퇴를 억제할 수 있도록 〈그림 2.19〉 ❶에서 보는 바와 같이, 노리쇠 뭉치와 복좌 용수철이 있다. 탄약이 장전된 상태에서 탄피에는 복좌 용수철의 팽창력과 노리쇠 뭉치의 정지 관성력을 합한 힘이 작용한다. 그러나 실제 탄피의 후퇴를 억제하는 힘은 노리쇠 뭉치가 맡는다.

단순 역류방식의 작동과정은 〈그림 2.19〉 ❶에서 보는 바와 같다. 먼저 사수가 방아쇠를 당겨서 탄을 발사시키면, 노리쇠 뭉치가 후퇴하면서 복좌 용수철을 수축시켜 작동 에너지를 저장한다. 이어서 다음 사격을 위해 수축이 되었던 복좌 용수철이 팽창하면서 노리쇠 뭉치를 전진시킨다. 그리고 노리쇠 뭉치는 약실 쪽으로 전진하면서 탄약을 약실에 밀어 넣는다. 이때 화기

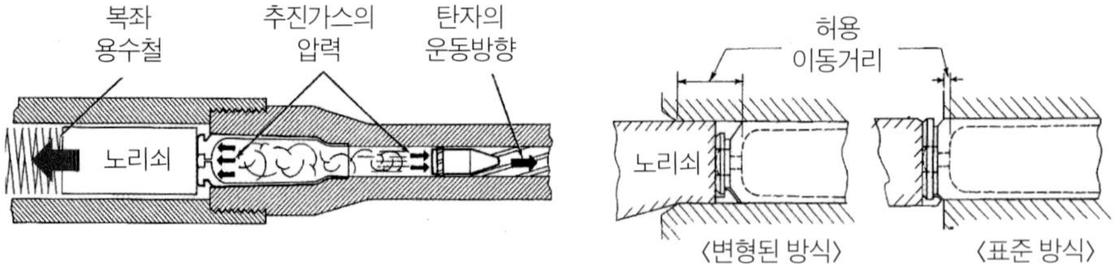

❶ 작동 개념도 ❷ 노리쇠의 허용 이동거리

그림 2.19 단순 역류방식

가 발사되면 탄이 출발하는 순간에 노리쇠 뭉치도 후퇴한다. 그러나 노리쇠 뭉치는 탄피가 파열을 버티기 어려운 가스압력에 도달할 때까지 탄피를 지지할 수 있어야 한다. 따라서 총강 내에서 추진가스의 압력이 고압으로 유지되는 시간을 줄일 필요가 있다. 이 때문에 단순 역류방식은 총열의 길이를 짧아도 되는 권총, 기관단총 등에 적합하다. 이 방식은 직선형 탄피를 사용하며 무거운 노리쇠 뭉치가 필요하다. 이 무거운 노리쇠 뭉치는 사격 간 총기의 무게중심이 이동함에 따라 안정성이 떨어지게 하는 원인이다.

〈그림 2.19〉 ❷는 역류방식을 적용하는 총의 노리쇠의 허용 이동 거리를 나타낸 그림이다. 표준방식은 약실의 후미와 노리쇠의 선단이 밀착된 상태에서 격발이 이루어질 수 있게 되어 있다. 따라서 격발 시에 추진가스 압력에 의해 탄피가 노리쇠 선단을 밀면 탄피가 약실을 빠져나게 된다. 이때 탄피가 약실에서 나오면서 노출된 탄피는 내부의 추진가스 압력에 의해 팽창하게 된다. 만일 내부 압력이 탄피를 파열시킨다면, 작동에 심각한 문제가 생긴다. 따라서 허용 이동 거리가 매우 짧다. 이러한 문제를 해결하기 위해, 〈그림 2.19〉 ❷의 왼쪽에 표시된 변형된 방식을 적용한다. 이 방식은 노리쇠 선단부가 약실 내부까지 삽입될 수 있다. 그리하여 추진가스에 의해 탄피가 후퇴하더라도 허용 이동 거리 범위 내에서는 탄피를 약실 벽면이 지지해준다. 이 때문에 총열 길이가 길어져 짧은 총열을 갖는 총에 비해 상대적으로 긴 시간 동안 노리쇠가 탄약을 지지할 수 있다. 하지만 약실 후단부의 경사면에서 장전 작용의 신뢰성이 표준방식에 비해 어렵고 다음 사격을 위한 사격주기가 상대적으로 느린 단점이 있다.

한편 추진가스에 의한 충격운동량은 주퇴부의 운동량과 같다. 이를 식으로 표현하면 식 [2-1]과 같다. 단 주퇴 운동 시에 마찰저항은 없다고 가정하자.

$$\int_{t_1}^{t_2} F_{gas}\,dt = M_{bolt}V_{free} \qquad [2\text{-}1]$$

여기서 t_1과 t_2는 각각 격발 시작과 종료된 시간을 의미하며, F_{gas}는 추진 가스 압력에 의한 힘, M_{bolt}은 노리쇠 뭉치의 질량, V_{free}는 자유 주퇴 속도, dt은 시간 차이를 의미한다. 따라서 주퇴부의 운동에너지 E_{recoil}는 식 [2-2]와 같다.

$$E_{recoil} = \frac{1}{2} M_{bolt} V_{free}^2 \quad \text{[2-2]}$$

만일 주퇴부에 가한 평균 힘 F_{ave}가 기구학적인 효율 η에 의존한다고 가정하면, η는 식 [2-3]과 같다.

$$\eta = \frac{F_{ave} \cdot L}{E_{recoil}} \quad \text{[2-3]}$$

식 [2-3]에서 L은 주퇴 거리이고, 만일 실험을 통해 η값을 구하면 주퇴 거리를 계산할 수 있다. 그리고 이를 총기 설계에 반영할 수 있다.

② 발화-진각 방식

발화-진각 방식은 첫 번째 탄이 격발된 후, 노리쇠가 후퇴한 후 복귀하면서 탄약이 완전히 장전되기 직전에 노리쇠의 복기하는 힘(returning force) 중 일부를 흡수하는 방식이다.

격발기구는 〈그림 2.20〉 ❶에서 보는 바와 같이 단순 역류방식보다 약간 복잡하다. 하지만 주퇴 거리를 짧게 하고 작동기구를 가볍게 제작할 수 있다. 이 방식은 주로 기관단총에 많이 적용하고 있다. 이 방식은 공이가 뇌관에 충격을 가하는 시간이 매우 중요하다. 너무 조기에 뇌관에 충격을 가하면 탄피가 파손될 수 있으며, 반면 너무 늦으면 탄피가 파손되거나 약실에 끼어서 기능이 정지할 수 있다. 이러한 문제는 추진가스 압력이 낮은 저속 탄자인 경우에는 적게 발생하나 고속 탄자를 사용하는 총기에는 심각한 문제가 된다. 이러한 특성 때문에 단순 역류방식보다 정밀하게 제작되며 유지 보수

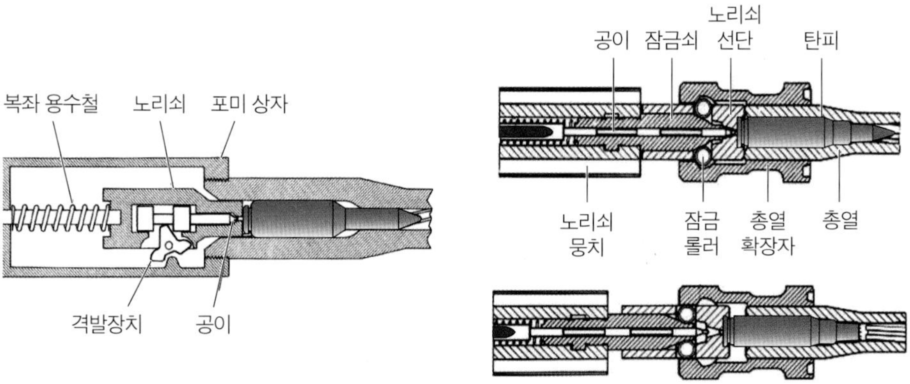

❶ 발화-진각 역류방식 ❷ 지연 역류방식

그림 2.20 발화-진각 방식과 노리쇠 후퇴 지연방식

에 주의가 필요하다.

한편 공이가 작동하려면 격발장치에 있는 캠을 통과해야 뇌관에 충격을 가할 수 있다. 이러한 기구설계를 함으로써 탄피가 약실에 완전히 장전된 후 또는 노리쇠 뭉치가 전방으로 움직이는 순간에만 격발장치가 작동한다. 이 때문에 단발 사격 시 총의 안정성이 떨어지며 명중률이 낮아질 수 있다.

③ 노리쇠 후퇴 지연방식

노리쇠 후퇴 지연방식은 추진가스 압력이 저압이 될 때까지 탄약을 지지할 수 있도록 노리쇠 뭉치가 후퇴를 지연시키는 방식이다. 이 때문에 노리쇠 뭉치가 약실과 밀착되고 정지한 상태에서만 사용될 수 있다. 그러므로 정확한 단발 사격을 위해 이 방식을 사용하는 것이 유리하다.

이 방식의 작동과정은 〈그림 2.20〉 ❷에 제시되어 있다. 그림에서 위에 있는 그림은 탄약이 장전된 상태이고, 아래에 있는 그림은 격발 후 추진가스 압력에 의해 후퇴하는 탄피에 의해 노리쇠를 후퇴시키는 장면이다. 발사 전에는 잠금 롤러에 의해 잠금쇠와 약실과 노리쇠 선단이 결합한 상태에서 격발이 이루어진다. 그리고 격발 후에는 노리쇠 선단과 약실 전면이 벌어지면서 충격을 일부 완충시킬 수 있는 방식이다.

④ 연식 주퇴장치

연식 주퇴장치(soft recoil) system)는 중구경 자동화기나 대구경 화포의 발사속도는 높이고 반동력을 줄일 목적으로 개발되었다. 일반 주퇴장치는 〈그림 2.21〉 ❶에서 보는 바와 같이, 정지된 상태에서 탄이 발사되면 주퇴부가 후방으로 움직인다. 이후 복좌 운동과 복좌 완충작용을 거치면서 주퇴부는 최초의 위치로 복귀한다. 하지만 연식 주퇴장치는 〈그림 2.21〉 ❷에서 보는 바와 같이, 주퇴부가 총구 방향으로 가속될 때 발생하는 운동량을 이용하여 주퇴력과 주퇴 거리를 감소시키는 방법이다. 일반적으로 연식 주퇴장치는 일반 주퇴장치보다 반동력을 75% 정도 감소시키면서도 발사속도를 크게 높일 수 있다.

참고로 연식 주퇴장치는 1906년 프랑스의 65mm Montagon 화포에 최초로 적용하였다. 그 결과 분당 18발을 6.5km까지 사격할 수 있었다. 이후 1956년 미국의 M101 견인포에 적용되었다. 1990년대 중반에는 ER(Electro-Rheological) 유체를 이용한 완충기(damper)가 장착된 연식 주퇴장치가 개발되었다.

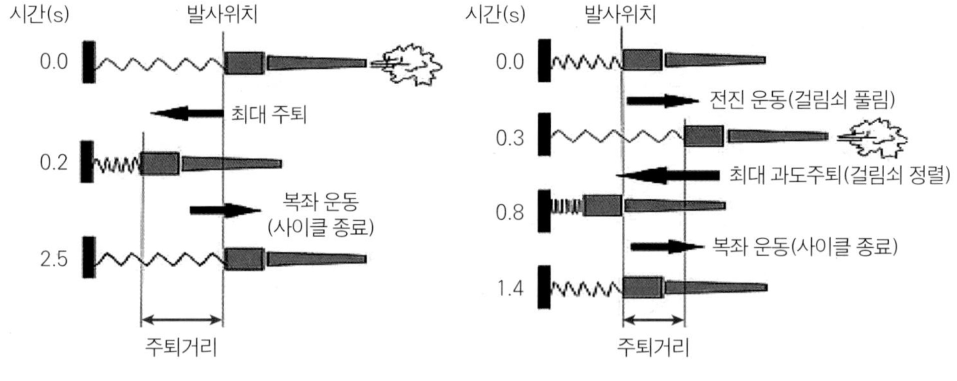

❶ 일반 주퇴장치 ❷ 연식 주퇴장치

그림 2.21 일반 주퇴장치와 연식 주퇴장치 비교

3 주퇴 작용을 이용한 작동방식[7]

추진가스 압력이 작용하는 탄피는 기본적으로 역류방식 무기를 기반으로 설계되었다. 소총이 발사되면 순간적으로 고압의 추진가스가 탄피와 총강 내에서 발생하며 동시에 총강 중심축을 기준으로 전방으로는 탄자를 후방으로 탄피를 밀어내는 힘이 작용한다. 이때 탄피에 작용하는 힘은 노리쇠에 전달된다. 탄피는 발사하는 순간에 약실 내벽과의 마찰에 의한 저항력과 노리쇠의 정지 관성력이 추진가스 압력이 작용하는 방향과 반대 방향으로 작용하게 된다. 하지만 이들 힘은 탄피가 후방으로 움직이려는 힘에 비해 매우 약하다. 결국에는 탄피가 후방으로 밀려 나오면서 노리쇠 뭉치가 후퇴하게 된다. 이러한 현상을 '주퇴 작용(recoil action)'이라고 부르고 있다.

일반적으로 총이 발사되면 〈그림 2.22〉와 같이 순간적으로 추진가스 압력이 급격히 증가한 후 감소한다. 탄약의 종류에 따라 추진가스 압력-시간

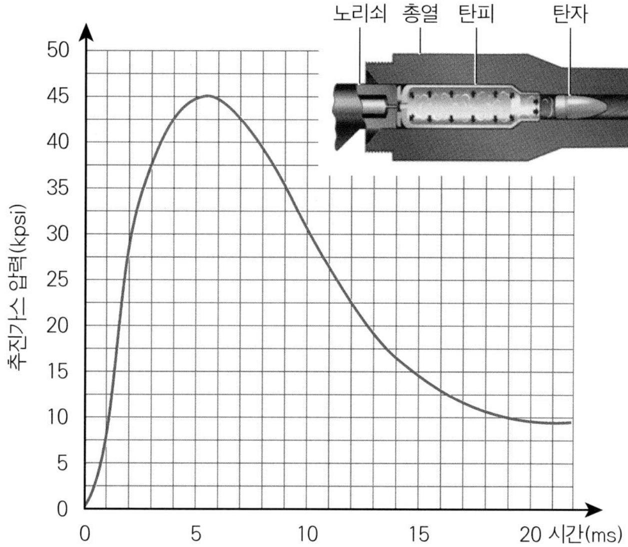

그림 2.22 소총의 추진가스 압력-시간 선도

---

7 A.K. Roy, "Present and Futuristic Trends in Weapon System", Defence Science Journal, Vol. 67, pp. 401-406, No.4, 2017.7.

그래프의 차이가 있으나 거의 비슷하다. 따라서 그림에서 제시된 데이터를 이용하여 약실에 작용하는 압력과 응력의 관계를 제시할 수 있다.[8]

그림에서 추진가스 압력은 0.5ms 후에 최대 압력 45kpsi(≒310.26Mpa)에 도달하였다. 이때 단순하게 해석하기 위해서 추진가스 압력이 선형적으로 최대 압력에 도달하였다고 가정하면, 압력과 시간은 식 [2-4]와 같다.

$$p=(\frac{310.3\mathrm{MPa}}{0.0005\mathrm{s}})\times \mathrm{t}=62.1\times \mathrm{t} \quad \text{[2-4]}$$

여기서 탄피와 노리쇠를 후방으로 움직이게 하는 주퇴력 F는 식 [2-5]와 같다. 이 식에서 총강의 단면적 A_{bore}는 1[m^2], 압력상승 기울기 6.21GPa은 상수 K로 가정하자.

$$F=pA_{bore}=62.1\mathrm{t}\times \mathrm{A_{bore}}=\mathrm{Kt} \quad \text{[2-5]}$$

이때 노리쇠의 질량 M_{bore}는 일정하므로, 노리쇠의 가속도를 a라고 하자. 그러면 주퇴력 F는 다음 식 [2-6]과 같다. 여기서 노리쇠의 무게 W는 1kg, 중력가속도는 g(≒9.81m/s^2)라고 가정하자.

$$F=M_{bore}a \quad \text{[2-6]}$$

$$a=\frac{F}{M_{bore}}=\frac{Kt}{(W/g)}=Kgt \quad \text{[2-7]}$$

만일, 주퇴력에 의해 후방으로 움직이는 노리쇠의 이동(주퇴) 거리를 S, 주퇴 속도 V이라면, $a=\frac{d^2S}{dt^2}=Kgt$ 또는 $\frac{d}{dt}(\frac{dS}{dt})=\frac{dV}{dt}=Kgt$가 된다. 그리고 이 식을 적분하면 식 [2-8]과 같이 나타낼 수 있다.

---

8 U.S Army, "Engineering Design Handbook Automatic Weapons", 1970.

$$\int dV = Kg \int t\,dt \quad \Rightarrow \quad V = \frac{1}{2}Kgt^2 + C_1 \quad \cdots\cdots \quad [2\text{-}8]$$

식 [2-8]에서 적분상수 C_1을 구하기 위해 초기 조건인 $t=0$일 때 $V=0$의 조건을 대입하면 $C_1=0$이 된다. 따라서 식 [2-8]은 $V=(1/2)Kgt^2$가 된다. 이 식을 적분하면 식 [2-9]와 같다.

$$\int dS = \frac{1}{2}Kg \int t^2 dt \quad \Rightarrow \quad S = \frac{1}{6}Kgt^3 + C_2 \quad \cdots\cdots \quad [2\text{-}9]$$

식 [2-9]에서 적분상수 C_2는 초기 조건인 $t=0$일 때 $S=0$를 대입하면, $C_2=0$이 된다. 따라서 노리쇠의 이동 거리 $S=(1/6)Kgt^3$이다.

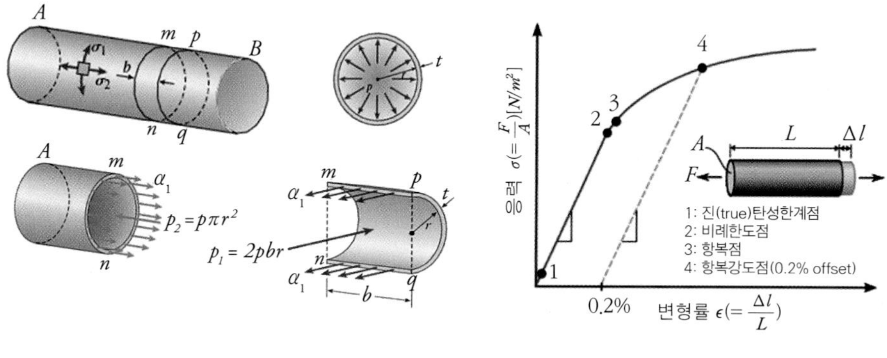

❶ 총열의 인장응력

❷ 총열의 응력-변형률 선도

그림 2.23 총열에 작용하는 응력과 변형률의 관계

2.1
exercise

〈그림 2.23 ❶〉에서 약실의 외경은 1.5인치이고, 벽의 두께는 0.05인치이며, 재료의 항복강도는 50kpsi(≒344.737MPa)인 총열의 허용 인장강도와 최대허용 인장강도에 도달하는 시간을 구하시오. 이 시간 동안 탄피와 노리쇠가 이동한 거리는 얼마인가? 단, 탄피와 약실 사이의 간격은 없으며, 항복강도까지 탄피와 약실이 동시에 팽창하고 있다고 가정하시오.

풀이

첫째, 허용 인장강도 σ_1은 탄피에 작용하는 힘의 관계를 고려하여 계산할 수 있다.

$\sigma_1 = \dfrac{pd}{2t}$ 이므로,

$p_u = \dfrac{2\sigma_1 t}{d} = \dfrac{\sigma_1 t}{r} = \dfrac{(344.737\,\text{MPa} \times 0.05\,\text{inch})}{0.725\,\text{inch}} = 23.775\,\text{MPa}$ 이다.

그리고 축 방향의 허용 인장 응력 $\sigma_2 = \dfrac{p\pi r^2}{2\pi rt} = \dfrac{pr}{2t}$ 이다.

둘째, 최대허용 인장강도에 도달하는 데 걸린 시간을 구하려면, [2-5]를 t에 대해 풀면 구할 수 있다.

즉, $t = \dfrac{p_u}{K} = \dfrac{23.775 \times 10^6}{62.1 \times 10^9} = 0.383\text{ms}$ 이다.

셋째, t시간 동안 탄피와 노리쇠가 이동한 거리 S는 식 [2-9]를 적용하면 구할 수 있다.

즉, $S = \dfrac{1}{6}Kgt^3 = \dfrac{1}{6}(62.1 \times 10^9\text{Pa} \times 9.81\text{m/s}^2 \times (0.383 \times {}^{-3}\text{s})^3)$ 이다.

따라서 $S = 0.0057m \ll 0.0254m$ 이다.

(4) 기관총

사수가 탄띠의 첫 번째 탄약을 트레이 홈에 놓은 후 방아쇠를 당기면, 기능 8단계 순환과정이 시작된다. 멈치쇠는 방아쇠에 의해 당겨져 작동 통로의 바닥에 있는 멈치쇠 노치에 의해 분리되고 복좌 스프링이 팽창하는 힘으로 노리쇠 뭉치가 전진 운동을 시작한다. 사수가 방아쇠를 놓으면 멈치쇠가 작동한다. 동시에 1개 이상의 다음 작동과정이 발생할 수 있다.

소총처럼 기관총도 다음과 같이 8단계 기능이 순차적 작동한다. 작동과정의 순서는 송탄 작용, 장전 작용, 잠김 작용, 격발 작용, 풀림 작용, 추출 작

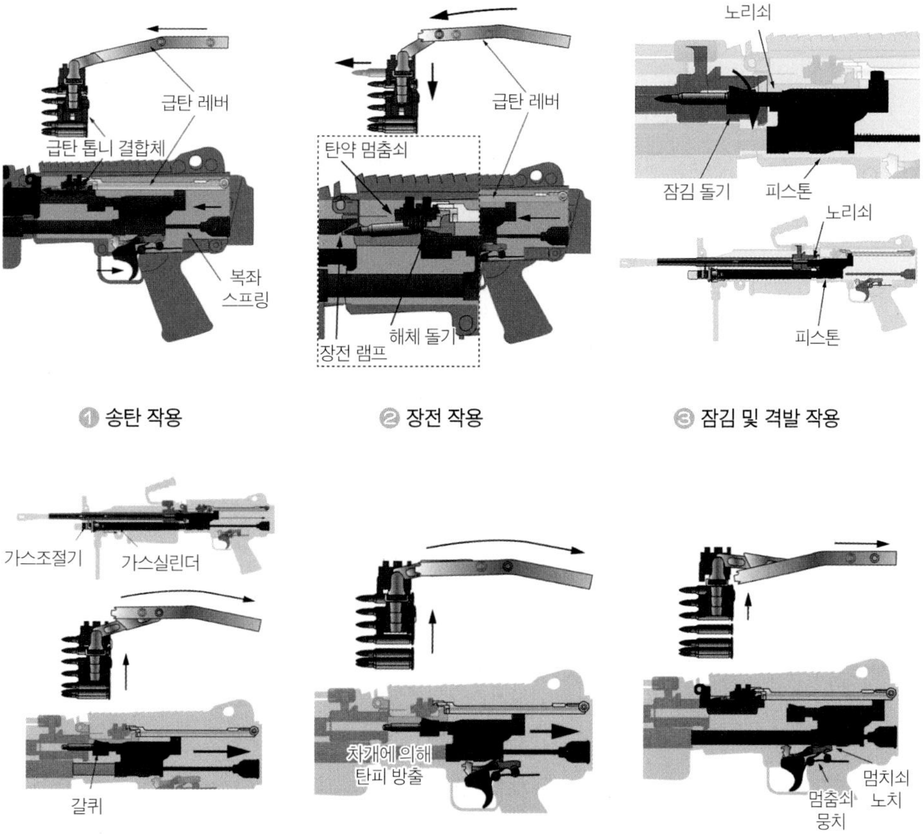

❶ 송탄 작용 ❷ 장전 작용 ❸ 잠김 및 격발 작용

❹ 풀림 및 추출 작용 ❺ 방출 작용 ❻ 방아쇠 잠김 작용

그림 2.24 기관총의 기능 8단계

용, 방출 작용, 방아쇠 잠김 작용 순이다. 이들 작동과정은 〈그림 2.24〉를 보면 쉽게 이해할 수 있다. 기관총에 따라서 형상과 구조는 약간의 차이가 있으나 대체로 비슷하다. 이 그림은 미국의 M249 기관총의 작동과정을 나타낸 그림이다. 기관총은 격발 시 발생하는 추진가스의 일부를 이용하여 가스 피스톤을 움직여서 기능 8단계가 이루어진다. 기능 8단계를 구체적으로 살펴보면 다음과 같다.

첫째, 송탄 작용(〈그림 2.24〉 ❶)은 노리쇠가 전진 운동을 시작함에 따라 급탄 레버(feed lever)가 오른쪽으로 밀려 들어가면, 급탄 톱니 결합체(feed pawl assembly)가 반대 방향으로 회전한다. 급탄 레버가 오른쪽으로 이동함에 따라 급탄 톱니 결합체를 탄띠의 다음 탄약을 강제로 밀어 넣는다. 급탄 톱니 결합체는 후속 작동이 다시 발생할 때, 다음 탄약을 트레이 홈(tray groove)에 넣을 준비를 하게 된다. 사격 후 노리쇠가 후방으로 움직이면, 급탄 롤러가 급탄 레버를 왼쪽으로 밀게 된다. 그 결과 트레이 홈에 탄약이 위치하게 된다. 이러한 기능이 송탄 작용이다.

둘째, 장전 작용(〈그림 2.24〉 ❷)은 노리쇠가 전방으로 이동함에 따라 해체 돌기(stripping lug)가 탄피에 있는 걸림(rim)과 맞물리게 된다. 이때 톱니가 앞과 뒤에 있는 탄약에 적당한 장력을 유지하도록 당기게 된다. 동시에 앞에 있는 탄약이 탄띠에서 벗어난다. 그리고 이 해체 돌기가 약실로 탄약이 전진 운동하게 한다. 장전 램프는 탄약의 코가 약실 내로 향하게 한다. 탄약이 약실에 완전히 장착되면 갈퀴가 탄피의 걸림에 걸리며, 차개는 눌러진 상태로 있다.

셋째, 잠김과 격발 작용(〈그림 2.24〉 ❸)이다. 잠김 작용은 탄약이 장전되면 노리쇠가 총열 소켓으로 들어간다. 잠금 돌기는 총열 내부의 노리쇠 캠 표면에 닿아 노리쇠를 시계 반대 방향으로 회전시키게 한다. 이때 피스톤이 전진함에 따라 노리쇠를 회전시켜 총열과 잠금 돌기가 결합이 완료되면 회전이 완료된다. 이어서 격발 작용이 진행된다. 격발 작용은 다음과 같다. 노리쇠가 완전히 전진하고 잠긴 후에 피스톤은 노리쇠와 독립적으로 약간 더 전진한다. 그리고 슬라이드 결합체는 공이를 노리쇠 면을 통과시켜서 공이가 탄약의 뇌관에 충격을 가하게 한다. 이러한 작동기능이 격발 작용이다.

넷째, 풀림과 추출 작용(〈그림 2.24〉 ❹)이다. 먼저 풀림 작용은 다음과 같이 일어난다. 탄이 발사되고 탄자가 가스 구멍을 통과하면 팽창하는 가스 중에서 일부가 가스 조절기로 들어간다. 그리고 급속히 팽창하는 추진가스는 가스 조절기에서 가스 실린더로 들어가 피스톤을 뒤쪽으로 밀어낸다. 피스톤이 계속 뒤쪽으로 이동함에 따라 슬라이드 결합체도 뒤쪽으로 이동하면, 노리쇠가 시계방향으로 회전이 시작된다. 노리쇠 감금 돌기는 총열 내부의 노리쇠 캠의 표면과 접촉한다. 노리쇠가 뒤쪽을 향함에 따라 회전이 완료된다.

뒤쪽으로 회전과 직선운동을 하면서 총열 소켓에서 노리쇠의 잠금이 해제된다. 이러한 작동기능이 풀림 작용이다. 이어서 추출 작용이 일어난다. 이 작용은 풀림 작용이 일어나면서 동시에 시작된다. 피스톤과 노리쇠가 뒤쪽으로 이동한다. 동시에 노리쇠에 있는 갈퀴가 약실에 있던 탄피를 끌어당겨서 탄피를 추출하게 되는데 이 기능이 추출 작용이다.

다섯째, 방출 작용(〈그림 2.24〉 ⑤)이다. 탄피가 약실에서 당겨지면서 노리쇠가 차개를 통과하게 된다. 이때 노리쇠가 차개를 노리쇠 면에 닿게 하면, 탄피가 차개에 충돌하면서 탄피가 강제로 배출되면서 다음 탄약을 장전할 수 있다.

여섯째, 방아쇠 잠김(cocking) 작용(〈그림 2.24〉 ⑥)은 다음과 같은 과정을 거친다. 먼저 주퇴 피스톤 결합체는 슬라이드와 공이를 후퇴시켜 잠금을 해제한 후 노리쇠가 약실 쪽으로 되돌아갈 수 있도록 한다. 기관총은 방아쇠가 후면에 고정되어 있는 한 자동으로 기능 8단계를 계속 이루어진다. 만일 방아쇠를 풀고 멈치쇠가 피스톤 결합체의 멈치쇠 노치에 맞물리면 작동주기는 멈춘다. 이러한 기능이 방아쇠 잠김 작용이다.

제3절 강외 탄도학

강선방식 총이나 강선방식 화포에서 발사되는 탄자는 추진가스 압력에 의해 총열에서 가속되면서 회전과 직선운동을 한다. 그 후 총구를 이탈하여 회전 및 직선 관성력에 의해 공기 중을 날아가게 된다. 이때 탄자에 작용하는 외력은 중력과 공기에 의한 저항력이 있다. 이러한 외력들은 탄도에 영향을 주게 되는데, 이러한 문제를 연구하는 분야가 강외 탄도학(exterior ballistics)이다.

소구경 화기의 탄도는 탄자 속도와 형상에 따른 공기저항, 회전속도, 대기의 상태(온도, 습도, 바람 등) 등에 따라서 영향을 받는다. 이 중 특히 탄자 속도와 바람에 의한 영향이 크다.

1. 탄자 속도 측정방법

탄자 속도를 측정하는 방법에는 탄도진자 측정법, 고속카메라를 이용한 측정법, 간섭계를 이용한 방법, 그림자 영상 측정법(shadow imaging method) 등 다양한 방법이 있다. 이들 측정법 중에서 최근에 개발된 그림자 영상 측정법에 대해 알아보자.

〈그림 2.25〉는 빔 스크린과 신호처리기를 이용한 탄자 속도 측정장치이다. 이 장치는 2개의 신호처리기와 신호 데이터를 획득하여 처리할 수 있는 컴퓨터로 구성되어 있다.[9]

한편 이 장치의 작동원리는 비교적 간단하다. 먼저 총에서 발사된 탄자가 2개의 레이저 빔 스크린(laser beam screen)을 통과하면서 신호처리기 1, 2를 통해 통과 여부를 탐지할 수 있다. 이때 얻어진 신호 데이터를 데이터처리장치에 전송하여 탄자가 스크린 사이를 통과한 시간 t를 계산한다. 그리고 시

9 Wenbo Chu etc, “Research on Target Deviation Measurement of Projectile Based on Shadow Imaging Method in Laser Screen Velocity Measuring System”, 2020.1.

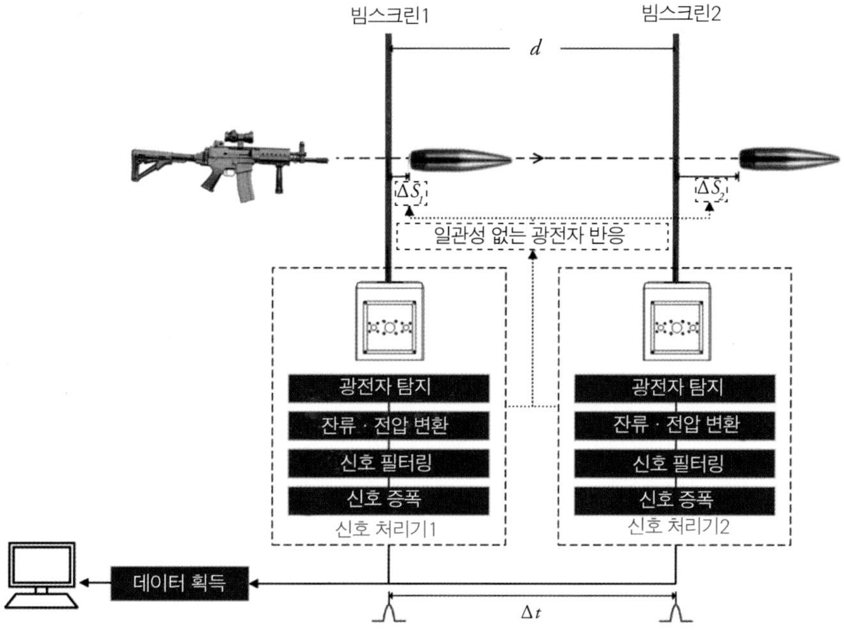

그림 2.25 탄자 속도 측정장치의 구성도

스템 설치 시 측정한 빔 스크린 사이의 거리 d와 t의 관계를 식 [2-10]을 적용하면, 스크린 사이에서 탄자의 평균속도를 계산할 수 있다.

$$V = \frac{d}{t} [\mathrm{m/s}] \qquad [2\text{-}10]$$

하지만 이 방법은 스크린을 통과하는 순간 일관성이 없는 광전자 반응이 발생으로 인해 측정된 탄자의 위치의 편차가 존재한다. 만일 첫 번째 스크린을 통과할 때 탄자의 위치 편차를 ΔS_1, 두 번째 스크린에서 편차 ΔS_2를 라고 한다면, 식 [2-11]과 같이 Δd 만큼 위치 편차를 고려할 수 있다.

$$\Delta d = \Delta S_2 - \Delta S_1 \qquad [2\text{-}11]$$

따라서 스크린 사이를 통과할 때 탄자의 평균속도는 식 [2-12]를 적용해

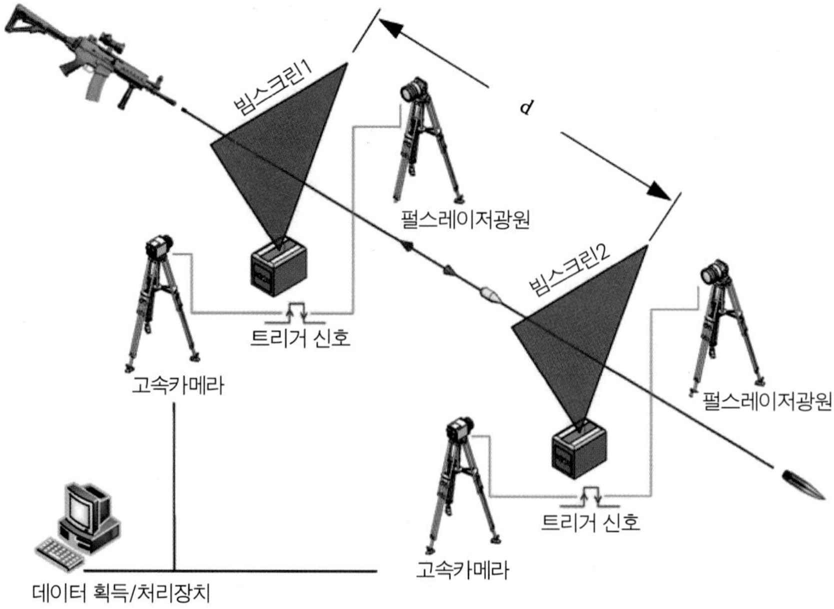

그림 2.26 탄자의 위치 편차 측정 원리 개념도

야 한다.

$$\therefore \quad V = \frac{d - \Delta d}{t} [\mathrm{m/s}] \qquad \text{[2-12]}$$

식 [2-11]에서 제시된 탄자의 위치 편차를 측정하기 위해서는 〈그림 2.26〉과 같이, 적외선 펄스레이저 광원(infrared pulse laser source)과 고속카메라가 추가로 필요하다. 측정원리를 살펴보면, 먼저 적외선 펄스레이저 빛이 2개의 빔에 각각 조사한다. 그리고 탄자가 각각의 스크린을 통과할 때를 적외선 펄스레이저 빔과 고속카메라가 탐지하여 ΔS_1와 ΔS_2의 값을 측정함으로써 위치 편차를 계산할 수 있다.

2. 소총의 작동과 운동학 이론

질량이 m인 어떤 물체에 힘 F가 작용하여 V 속도로 움직였다면, 뉴턴의 운동 법칙을 적용하면 식 [2-13]과 같이 표현할 수 있다.

$$F(t) = \frac{d(mV)}{dt} \qquad \text{[2-13]}$$

여기서 mV는 질점에 작용하는 선형운동량이다. 이 식의 좌변과 우변에 각각 dt를 곱하고, 시간 t_1에서 t_2시간까지 적분하면 식 [2-14]와 같다.

$$\int_{t_1}^{t_2} F(t)dt = m_2 V_2 - m_1 V_1 \qquad \text{[2-14]}$$

여기서 t_1은 힘을 가하기 시작한 최초의 시간이고, t_2는 종료된 시간이고, 질량 m_1과 m_2는 시간 t_1, t_2일 때이다.

한편 식 [2-14]는 총기의 사격 시 반동력을 계산하는 데 적용할 수 있다. 따라서 〈그림 2.27〉과 같이, 탄자가 발사될 때 운동량의 관계를 위 식을 적용하면 식 [2-15]와 같이 표현할 수 있다. 이때 m_{gun}는 총기의 질량, V_{gun}는 발사 직후 총의 속도, m_b는 탄자의 질량, V_b는 발사 직후의 탄자 속도이다.

$$\int_{t_1}^{t_2} F(t) = m_{gun} V_{gun} + m_b V_b \qquad \text{[2-15]}$$

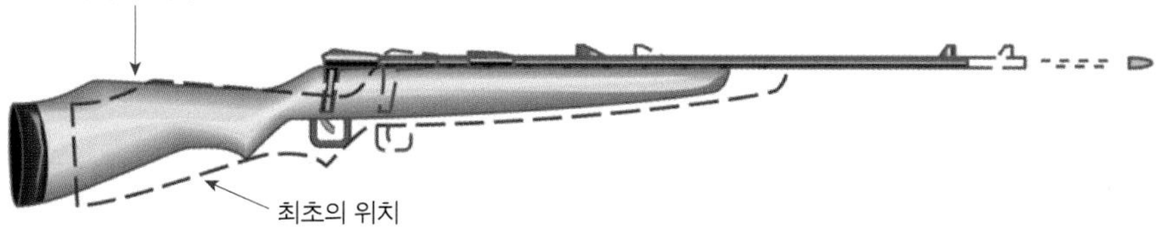

그림 2.27 사격 시 반동력의 발생 개념

한편 총기에 외력이 없이 총기 내부에서 발생한 추진가스 압력에 의해 탄자가 발사되었다면, $F(t)=0$이다. 따라서 식 [2-16]과 같이 나타낼 수 있다.

$$m_{gun} V_{gun} + m_b V_b = 0 \qquad [2\text{-}16]$$

한편 실제 사격 시 총기의 반동력이 작용한다. 따라서 실제 사격하는 경우에는 식 [2-17]과 같이 표현할 수 있다.

$$\int_0^{t_r} F_r(t)dt = -m_{gun} V_{gun} = m_b V_b \qquad [2\text{-}17]$$

여기서 t_r은 사수가 주퇴 운동을 억제하기 위해 가한 힘인 반동력(counter recoil force)이 작용하는 시간이다. 그리고 $F_r(t)$은 발사 후 작용하는 시간에 따른 주퇴력(recoil force) 이다. 따라서 시간에 따른 반동력 $F_{cr}(t)$는 식 [2-18]과 같다.

$$\int_0^{t_{cr}} F_{cr}(t)dt = -m_{gun} V_{gun} = m_b V_b \qquad [2\text{-}18]$$

식 [2-18]에서 $F_{cr}(t)$은 사수가 총기의 반동력을 억제하기 위해 t_{cr}시간 동안 가한 힘의 합이다. 만일 t_{cr}시간 동안 $F_r(t)$이 일정하다면 총기에 외력이 가해진 않은 조건에서는 다음과 같이 쓸 수 있다. 즉 $t_r \ll t_{cr}$이면 $F_r(t) = -F_{cr}(t)$이다.

2.2
exercise

〈그림 2.28〉과 같이, 직육면체의 큰 나무토막에 질량(m) 3.2g인 탄자를 연속해서 8발을 수평으로 사격하였다. 이때 나무토막에 박힐 때 탄자 속도(V)는 900m/s이고, 나무토막의 질량(m)은 10kg이다. 이때 8발의 탄자가 나무토막에 박힌 후에 나무토막의 속도(V_{wood})는 얼마인가? 단, 나무토막과 지면에 마찰저항은 없다고 가정하시오.

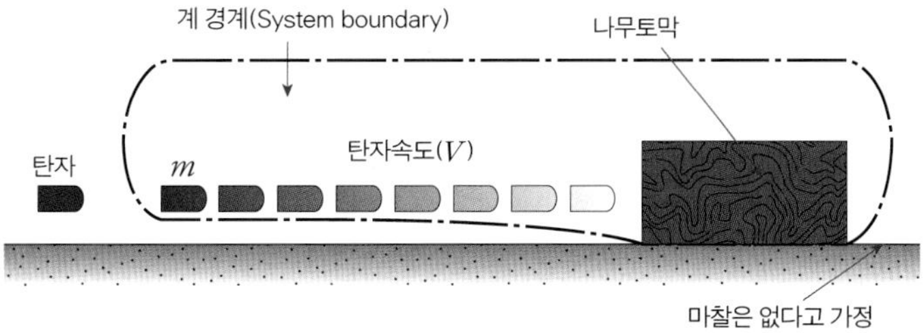

그림 2.28 나무토막과 탄자의 운동량의 관계

풀이

주어진 조건을 계 경계 내에 운동량의 변화를 운동량 보존방정식을 적용하면,

즉 $\int_{t_1}^{t_2} F(t)dt = m_2 V_2 - m_1 V_1 = P_2 - P_1$이다.

그리고 계 경계면에서 외력이 작용하지 않으므로 $F(t)=0$이 된다. 또한, 최초의 운동량 P_1은 나무토막의 개수를 N이라 하면 $P_1 = N(mV)$이 된다. 그리고 N개의 탄자가 나무토막에 모두 박힌 후에 나무토막의 운동량 $P_2 = (M+N \cdot m)V_{wood}$이 된다.
따라서 $P_1 = P_2$이므로 $N(mv) = (M+N \cdot m)V_{wood}$이다.
결국 V_{wood}에 대해 풀면 다음 식과 같이 계산할 수 있다.

$$\therefore V_{wood} = \frac{N(mv)}{(M+N \cdot m)} = \frac{8 \times (3.2 \times 10^{-3} kg \times 900 m/s)}{(10kg + (8 \times 3.2 \times 10^{-3} kg)} = 2.298 m/s$$

3. 총구 폭풍과 앙등 현상

(1) 총구 폭풍 현상

총구 폭풍(muzzle blast)이란 탄자가 총구를 이탈할 때 공기 제트의 뒤쪽 측면에서 발생하는 충격파와 추진가스가 공기 제트의 마하 디스크(mach disk)를 관통하여 지나가면서 발생하는 충격파를 가리킨다. 이 현상으로 총구에서 소음이 발생하며 〈그림 2.29〉 ❶에서 보는 바와 같은 현상이 발생한다. 그리고 〈그림 2.29〉 ❷와 같이 총구 부근에서 충격파의 주위 공기로 전파되면서 총구 소음이 발생한다. 총구 소음은 다음과 같이 크게 세 가지 요인이 있다.

첫째, 탄자가 총열 내에서 총구까지 이동할 때 탄자의 앞쪽에 있는 공기를 압축하면서 총구를 이탈한다. 이때 압축된 공기가 총구에서 분출하면서 전조 충격파(precursor shock wave)가 발생한다. 이 충격파는 시간이 지나면서 지수 함수적으로 세기가 약해지게 된다. 둘째, 탄자가 총구를 이탈한 후 추진가스가 팽창하면서 팽창 충격파가 발생한다. 이 충격파는 초기에는 탄자에 비해 앞서 전파된다. 하지만 곧 음속에 가까운 속도로 빠르게 감속한다. 소총의 경우에 총구로부터 수 cm 내에 위치에서 탄자가 팽창 충격파(expansion shock wave)를 추월한다. 셋째, 초음속 탄자에 의해 음속 폭음(sonic boom)이 발

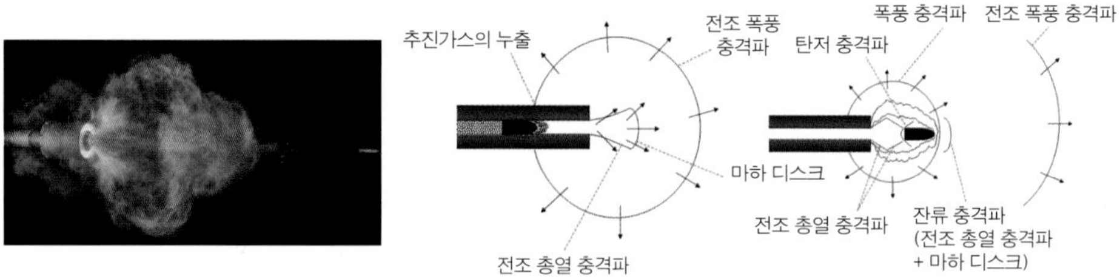

❶ 소총의 총구 폭풍 현상 ❷ 총구 충격파의 발생과정

그림 2.29 총구 폭풍의 현상과 발생과정

생한다. 이 폭음의 원인은 탄자가 음속을 돌파하면서 발생하는 소음이다.[10]

(2) 총구 제동기와 소염기

탄자가 총열 내에서 추진가스 압력에 의해 가속되고 총구를 이탈하는 순간에 반동력이 발생한다. 이 힘을 총과 화포에서는 탄자와 반대 방향으로 달리는 힘이라 하여 '주퇴력(recoil force)'이라고 부른다. 소총의 경우 이 힘은 사수에게 전달되며 이를 견뎌야 안정된 사격을 할 수 있다. 따라서 사격 시 발생하는 주퇴력을 효과적으로 흡수할 수 있으면서도 다음 사격이 신속하게 이루어지며 총의 무게중심 이동을 최소화할 수 있는 작동기구를 설계하는 것이 소총에 있어 매우 중요하다. 주퇴력을 근본적으로 줄이는 방법은 탄자의 총구 에너지를 감소시켜야 한다. 하지만 이는 소총의 구경이나 총구 속도를 줄여야 하므로 적용하기 힘들다. 그에 따라 주퇴력을 줄이기 위해 구경이 7.62mm급 이상 소구경 화기는 총구에 〈그림 2.30〉 ❶과 같이 총구 제동기를 장착하는 방법을 주로 적용하고 있다. 총구 제동기는 총구 부분에 설치된 제동장치이다. 이 장치는 총열 끝부분에 체결하며, 측면에 총의 특성에 따라 다양한 형태의 가스 구멍이 있다. 이 구멍을 통해 추진가스가 분출되면서 발생하는 공기에 의한 저항력 중에서 총구 방향으로 작동하는 힘, 즉 총구제동력을 발생시켜 총열이 후방으로 움직이는 것을 방해한다. 또한, 총구 제동기는 사격 시 충격을 감소하는 기능뿐 아니라 추진가스의 팽창압력을 분산시켜 총구 폭풍(muzzle blast)과 섬광을 감소시켜준다. 또한, 〈그림 2.30〉 ❷의 위쪽에 제시된 AK-74 소총의 경우처럼 'A' 위치에 있는 구멍은 사격 시 총구가 들리는 앙등 현상(muzzle jumping)을 억제하고, 'B' 위치에 있는 구멍은 주퇴 제동력을 발생시킴으로써 사격 시 총의 안정성을 높이고 충격을 감소하게 하는 기능이 있다.

---

10 빈종훈, "폭발파에 의한 음향파 생성과 메커니즘의 수치적 연구", 한국소음진동학회 논문집 제19권 제10호, pp. 1053~1061, 2009.

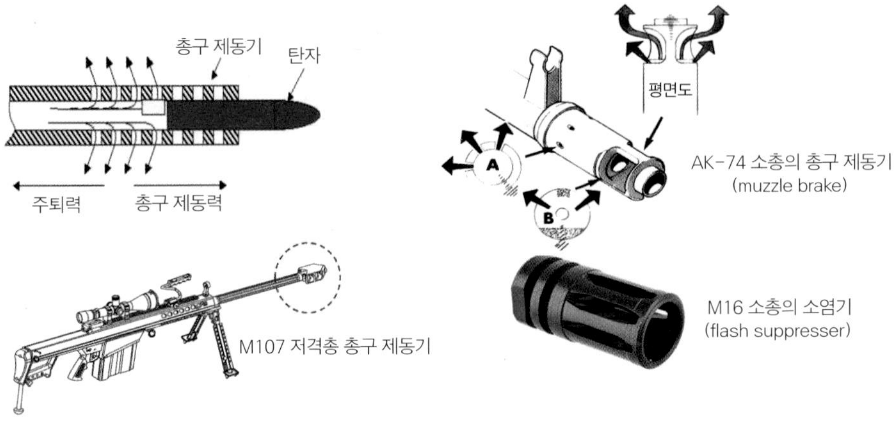

① 총구 제동기의 작동 원리 ② 총구 제동기와 소염기

그림 2.30 총구 제동기와 소염기

한편 구경 5.56mm급 소총은 사격 시 발생하는 주퇴력이 비교적 약해서 총구 제동기보다는 소염기를 장착한다. 이 장치는 총구 제동기와 달리 주퇴 제동력은 발생하지 않는다. 하지만 총구의 앙등 현상을 억제하고 동시에 총구 폭풍과 섬광을 감소시킨다. 참고로 총구 폭풍은 탄자가 총구를 빠져나올 때, 추진가스가 대기 중을 팽창하면서 생기는 폭풍을 말한다. 통상적으로 사격 시 탄자는 초음속으로 비행하면서 충격파를 발생시키고 추진가스의 팽창에 의한 입사충격파도 발생하게 된다. 이 충격파들은 사격 음압을 결정하는 주요 요소이며, 이를 감소시키려면 소음기를 장착할 필요가 있다.

총구의 앙등 현상은 〈그림 2.31〉에서 보는 바와 같이, 추진가스 압력에 의해 총이 후퇴하려는 주퇴력에 의해 발생한다. 소총의 경우에는 사수는 주로 어깨에 개머리판을 지지한 후 사격하기 때문에 주퇴력과 반대 방향의 반동력이 작용한다. 따라서 두 힘의 작용점 간의 거리를 R이라 하면, 견착면의 중심에서 시계 반대 방향으로 회전모멘트 ΣM_{rotate}가 작용하게 된다. 이러한 현상을 총구의 앙등 현상이라 한다. 이 현상을 줄이려면 총의 무게중심이나 R을 짧게 할 수 있도록 설계해야 한다. 참고로 우리나라의 K2C1 소총처럼, 사수가 총을 어깨에 견착한 상태에서 소총 손잡이를 잡아 반동력 일부를

그림 2.31 총구의 앙등 현상 개념도

분산시켜 회전모멘트를 감소시키는 방법도 있다.

일반적으로 권총은 소총보다 총의 길이가 짧고 견착 없이 손으로 잡고 사격한다. 따라서 〈그림 2.32〉에서 보듯이 질량중심의 축의 이동과 파지 방법에 따라서 작용하는 힘의 방향과 크기가 다르다. 예를 들어, 〈그림 2.32〉 ❷의 왼쪽과 같이 비교적 수평으로 사격하는 경우에 비해, 〈그림 2.32〉 ❷의 오른쪽 그림에 제시된 경우처럼 총구가 들린 상태에서는 질량중심이 더 많이 움직인다. 따라서 권총 손잡이에 작용하는 힘이 주퇴력 방향과 일치하지 않으면, 총구의 앙등 현상이 더 심하게 발생할 수 있다. 권총을 설계할 때 이와 같은 질량중심의 이동 경로를 고려하여 설계해야 구조적으로 사격 간 안정성을 높일 수 있다.

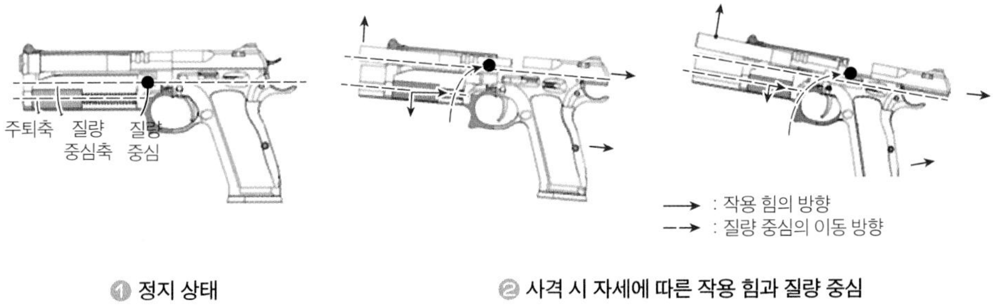

그림 2.32 권총 사격에 따른 작용 힘

2.3 exercise

〈그림 2.31〉에서 탄자의 질량이 5.2g이고 총구 속도가 920m/s이다. 그리고 R이 12cm일 때 총구가 들리는 주퇴력 F_{recoil}은 얼마인가? 단, 공기저항은 없으며 총구에서의 탄자의 운동에너지는 모두 총에 전달하였다고 가정하시오.

풀이 총이 발사될 때 모든 힘이 어깨에 전달되며 어깨는 강체(rigid body)라고 가정하면 회전모멘트는

$\Sigma M_{rotate} = \frac{1}{2} m V_{m\mu zzle}^2 = F_{recoil} \times R$이 된다.

따라서 주퇴력

$F_{recoil} = \frac{1}{2}(\frac{m}{R}) V_{m\mu zzle}^2 = \frac{1}{2}\frac{(5.2 \times 10^{-3} kg)}{(12 \times 10^{-2} m)}(920 m/s)^2 = 19.93 N$

이다.

4. 탄도의 영향 요소와 총의 정밀도

(1) 탄도에 미치는 영향 요소

탄자는 대기 중을 날아가면서 〈그림 2.33〉 ❶의 위쪽에서 보는 바와 같이 여러 가지 외력을 받는다. 이는 탄도의 변화에 영향을 주게 요인이 된다. 그리고 탄자는 회전하면서 직선으로 날아가기 때문에 회전 및 직선 관성력이 존재한다. 동시에 공기의 압력과 마찰에 의한 저항인 항력(drag force)과 양력(lift force)이 작용하게 된다. 또한, 지구의 중력과 회전에 의한 매그너스 힘(magnus force)이 작용한다. 탄자가 안정된 탄도를 유지하기 위해서는 무게중심(C.G, Center of Gravitation)과 압력 중심(C.P, Center of Pressure)의 위치가 복원모멘트가 작용할 수 있는 범위 내에 있어야 한다. 만일 C.G 위치가 C.P 위치보다 뒤에 있으면 양력에 의해 탄자는 비행 중에 전복이 된다. 하지만 이와 반대인 상태이면, 앞쪽으로 텀블링(tumbling) 현상이 발생하게 된다. 따라서 안정된 탄도를 유지하려면, 힘의 균형과 C.G와 C.P의 위치와 관계된 탄자

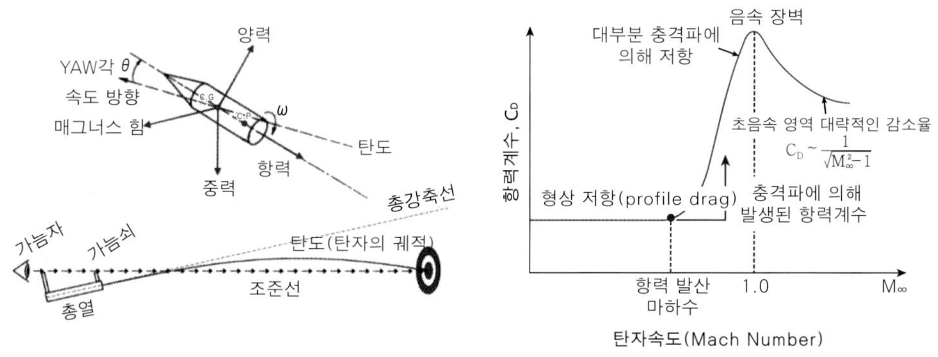

❶ 탄자에 작용하는 힘과 조준 원리 ❷ 초음속 운동체의 항력계수 변화

그림 2.33 소총탄의 탄도에 미치는 영향

의 형상과 크기, 밀도 분포(재질), 표면 거칠기 그리고 회전속도를 고려한 최적 설계가 필요하다. 또한, 탄도는 바람과 강우, 대기압력, 습도 등 기상조건에 따라 영향을 받는다.

일반적으로 탄자는 〈그림 2.33〉 ❶의 아래쪽 그림처럼 포물선 형태로 날아간다. 총알(탄자)은 이 포물선의 기울기가 포탄보다 매우 완만하다. 사수는 가늠자와 가늠쇠로 본 조준선과 실제 탄도를 일치시켜 사격해야 표적을 명중시킬 수 있다. 즉 조준선 정렬이 사격에서 중요하다.

한편 권총이나 소총과 같은 소구경 탄자는 대부분 초음속으로 날아가도록 설계한다. 이 때문에 충격파가 발생하며 아음속 상태보다 훨씬 더 큰 공기저항이 작용하게 된다. 공기의 저항력, 즉 항력 F_D는 식 [2-19]와 같이 계산할 수 있다.

$$F_D = C_D \frac{\rho_{air} A_s V_{bullet}^2}{2} \qquad [2\text{-}19]$$

여기서 ρ_{air}는 공기의 밀도, A_S는 진행 방향에 수직인 탄자의 단면적, V_{bullet}는 탄자 속도, C_D는 항력계수(drag coefficient)이다. 항력계수는 공기와 탄자의 상대속도, 탄자의 형상, 표면 거칠기에 따라 다르며, 실험을 통해 얻을 수 있다. 그리고 공기 밀도는 해수면 기준으로 1기압 15℃일 때 약 1.225kg/m^3이다.

한편 공기의 저항 때문에 탄자 속도 V_{bullet}가 감소할 때, C_D값도 영향을 받는다. C_D는 〈그림 2.33〉 ❷에서 보는 바와 같이, 아음속 구역 경우에는 탄자의 형상에 따라 공기의 저항력이 결정된다. 하지만 초음속 상태인 경우, 충격파에 의해 저항력이 크다. 이때 충격파는 탄자가 공기 중에서 음속보다도 빨리 움직일 때 탄자가 만들어 내는 음파의 파면이 겹쳐지면서 에너지가 축적되어 발생한다. 따라서 충격파가 발생하면 주위 공기보다 밀도가 크기 때문에 공기의 저항력이 크다. 이러한 이유로 음속을 기점(음속 장벽)으로 C_D값이 급격히 증가하게 된다. 일반적인 소구경탄의 총구 속도는 음속보다 2에서 3배 정도 빠르다. 그러나 총구에서 멀어질수록 탄자 속도는 음속에 가까운 속도로 감속된다. 이 때문에 일정 거리까지 탄자 속도가 급격히 감소한다. 탄자 속도는 음속보다 빨라서 주로 음속을 기준으로 표시한 마하수로 표현하고 있다. 만일 V_{sound}는 음속이고, V_{bullet}는 탄자 속도라 하면, 마하수는 식 [2-20]과 같이 표현할 수 있다.

$$M = \frac{V_{bullet}}{V_{sound}} \quad \text{[2-20]}$$

여기서 음속이란 음파가 전달되는 속도이며, 음파란 매질을 따라 전달되는 역학적 파동을 말한다. 따라서 음파의 속도는 매질의 탄성적 특성과 관성적 특성에 의해 속도가 결정된다. 만일 매질이 공기이면 음파의 속도는 약 340m/s이다. 공기와 같은 기체는 온도가 상승하면 밀도가 작아져서 음속이 증가한다. 따라서 음속은 식 [2-21]과 같은 경험공식에 대입하면 쉽게 계산할 수 있다. 이 식에서 T_{air}는 공기 온도[℃]이다.

$$V_{sound} \simeq 331.5 + (0.61 \times T_{air}) \ \text{[m/s]} \quad \text{[2-21]}$$

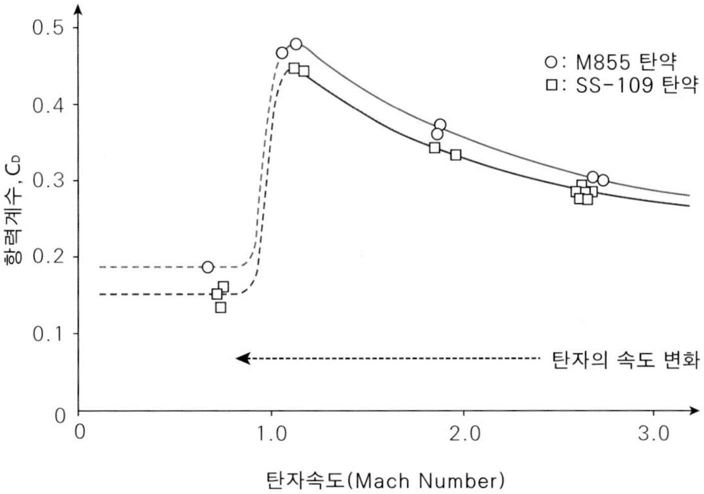

그림 2.34 미국의 M16 계열 소총탄의 항력계수

끝으로 실제 소총탄의 항력계수를 측정한 사례는 〈그림 2.34〉에서 보는 바와 같다. 이 그림은 미국의 M855 탄약과 SS-109 탄약의 속도에 따른 항력계수를 측정한 값이다. 이 소총탄의 총구 속도는 대략 마하 2.7이고, 항력계수는 약 0.3이다. 하지만 탄자가 총구에서 멀어질수록 공기속도가 느려져서 항력계수가 최대 약 0.47까지 커진다. 따라서 총구에서 멀어질수록 속도 감소율은 증가하다가 급격히 감소한다. 또한, 아음속 구간에서는 M855 탄약이 SS-109 탄약보다 형상 저항이 크다. 하지만 초음속 구간에서는 그 편차가 작다. 따라서 초음속 탄약을 개발할 경우, 사용 목적에 따라 형상과 거리별 속도 감소율을 고려한 설계가 중요하다.

(2) 편류 현상과 풍향/풍속 측정법

1 편류 현상

총구를 이탈한 탄자는 대기 중을 날아가면서 〈그림 2.35〉 ❶에서 보는 바와 같이 바람에 의해 포물선 모양으로 탄도가 휘어진다. 이러한 현상을 탄도의 편류 현상이라 한다. 사수는 사격하기 전에 바람의 속도와 방향을 고려한

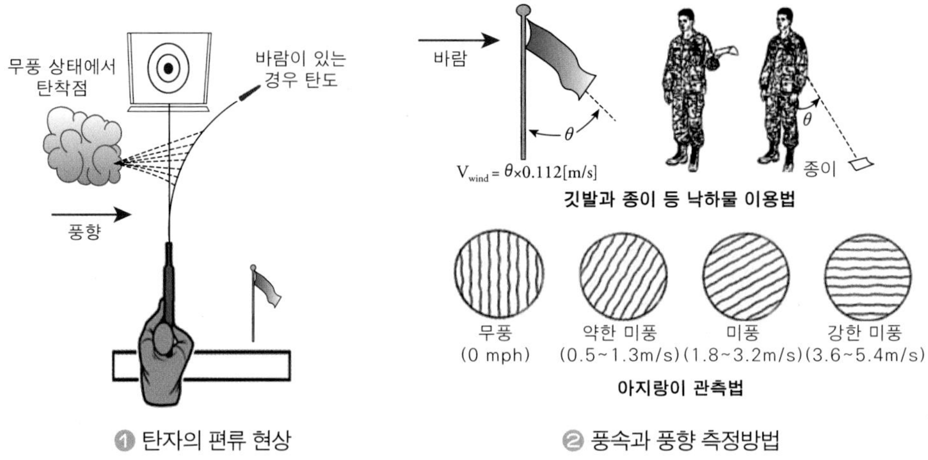

그림 2.35 편류 현상과 풍향과 풍속 측정법

조준을 해야 표적에 대한 명중률을 높일 수 있다.

일반적으로 사수로부터 원거리에 있는 표적일수록 편류 현상을 고려해야 한다. 그리고 거리별로 풍향과 풍속이 다른 경우가 많이 있다. 따라서 정밀사격을 하는 저격수는 바람과 강우 등 기상 제원을 정확하게 획득하는 데 많은 다양한 방법을 동원해야 한다.

2 풍향과 풍속 측정법

풍속과 풍향을 측정하는 방법에는 깃발의 펄럭이는 각도와 방향을 측정하는 방법, 종이나 나뭇잎을 떨어뜨려서 낙하하는 방향과 각도를 측정하는 방법, 풍속계를 이용하는 방법, 사람의 피부에 닿는 바람을 육감으로 느껴서 예측하는 방법, 나뭇가지나 풀잎의 흔들림의 정도나 주기를 측정하는 방법 등 다양한 방법이 있다. 이들 중에서 야전에서 간단하게 적용할 수 있는 방법은 다음과 같다.

① 깃발과 종이 등 낙하물 이용법

이 방법은 〈그림 2.35〉 ❷의 위쪽 그림과 같이 깃발이나 종이 또는 낙엽과 같은 가벼운 물건을 지면으로 떨어뜨려서 각도를 낙하각도 θ를 측정하여 경험공식에 대입하여 계산하는 방법이다. 이 방법은 오랫동안 미군이 이용한 방법이다. 바람의 속도는 낙하각도에 4로 나누면 바람의 속도(V_{wind})가 몇 mph인지 계산할 수 있다. 이 경험공식은 식 [2-22]와 같다.

$$V_{wind} = \frac{\theta}{4}[\text{mph}] \qquad [2\text{-}22]$$

그리고 식 [2-22]에서 바람 속도를 m/s 단위로 변환시키려면, 식 [2-23]을 적용하면 쉽게 구할 수 있다.

$$V_{wind} = \theta \times 0.112[\text{m/s}] \qquad [2\text{-}23]$$

② 아지랑이 관측법

아지랑이 현상을 통해 풍속을 계산하는 방법은 주로 조준경이 장착된 소총으로 사격하는 경우에 이용한다. 아지랑이란 햇빛이 강할 때 공기가 공중에서 아른아른 움직이는 현상을 말한다. 이 현상을 관찰하는 방법은 눈금이 새겨진 조준경을 이용해야 한다. 아지랑이는 바람의 속도와 방향에 따라 다르게 나타난다. 이를 간략하게 알아보면 〈그림 2.35〉 ❷의 아래쪽 그림과 같다. 이 방법 역시 대략적인 방법이어서 주변 환경에 따라 차이가 발생한다. 따라서 사수는 평소에 실제 풍속계에 의한 측정값과 이 방법으로 얻은 풍속을 비교하는 훈련을 많이 해야 한다. 그래야 풍속계를 사용할 수 없는 경우에도 이 방법으로 풍속과 풍향을 정밀하게 측정할 수 있다.

③ 자연관찰에 의한 방법

이 방법은 사람이 자연에 있는 풀이나 나무 등 다양한 식물이나 바람에 의해 펄럭이는 인공물 등의 움직임을 통해 풍향과 풍속을 측정하는 방법이다. 따라서 정밀사격을 해야 하는 저격수는 풍속계와 같은 계측기는 물론이고 이 방법을 많이 응용하고 있다.

일반적으로 바람의 세기에 따라 다섯 가지로 구분하며 그 현상은 다음과 같다. 첫째, 무풍 상태는 바람이 전혀 없는 경우이다. 둘째, 미풍은 바람이 약 0.3~3.3m/s이고, 얼굴에 바람이 감지되며 작은 나뭇잎이 흔들린다. 셋째, 약풍은 3.4~5.4m/s이고 깃발이 가볍게 휘날리며 가는 나뭇가지가 흔들린다. 넷째, 중풍은 바람이 5.5~7.9m/s이고 호수에 흰 물결이 흔들리며 가는 나뭇가지가 쉴새 없이 흔들린다. 다섯째, 강풍은 바람이 8m/s 이상인 경우로 나뭇가지가 흔들리며 풍절음이 많이 생긴다.

2.4 exercise

〈그림 2.35〉 ❷의 위쪽 그림에서 깃발이 9시 방향에서 3시 방향으로 60°의 각도로 일정하게 펄럭이고 있는 것을 관찰하였다. 이때 대략적인 바람의 속도는 얼마인가? 그리고 사수가 바람의 영향을 고려하여 사격한다면 어느 쪽으로 오조준 사격을 해야 하는가?

풀이 바람의 속도 V_{wind}는 다음과 같이 구할 수 있다.

즉, $V_{wind} = \frac{\theta}{4}[\text{mph}] = \frac{60}{4} \times 0.447[\text{m/s}] \fallingdotseq 6.71\text{m/s}$ 이다.

따라서 사수는 12시 방향보다 왼쪽으로 바람의 속도만큼의 편류 현상에 의한 편차를 고려하여 조준해야 한다.

(3) 총의 정밀도와 유효사거리

1 총의 정밀도

총구를 이탈한 탄자는 공기 중을 비행하면서 공기저항과 풍력 그리고 회전에 의한 매그너스 힘과 지구의 자전에 의한 영향을 받으며 이에 따라 탄도

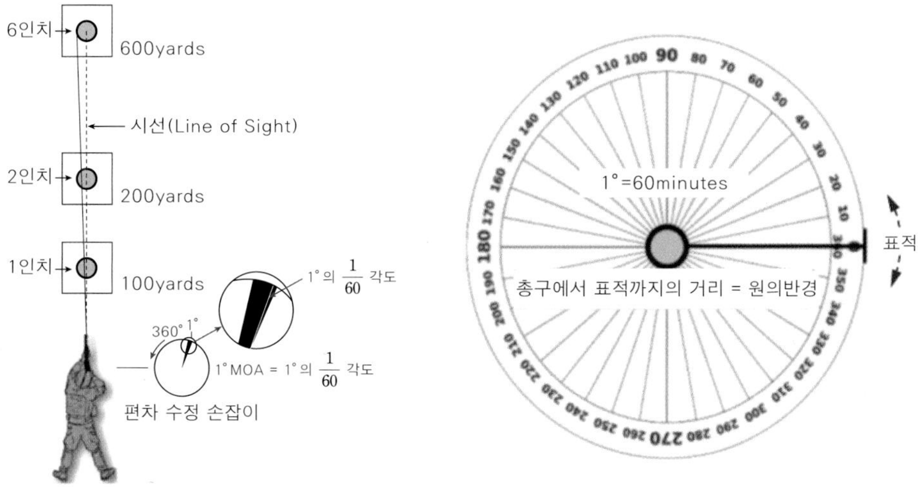

그림 2.36 MOA의 개념

가 달라진다. 소총의 경우, 사거리가 짧아서 지구의 자전효과는 거의 무시할 정도로 영향을 적게 받는다. 따라서 소화기의 명중률은 총의 정밀도와 탄도의 안정성에 따라서 결정된다. 소총의 명중률을 결정하는 객관적인 척도는 정확도이다.

정확도의 척도의 단위는 MOA(Minute Of Arc) 값으로 표현하고 있다. MOA의 개념은 〈그림 2.36〉에서 보는 바와 같다. 즉, 총구에서 표적까지의 거리와 원의 반경을 등가로 두고 조준점과 탄착점의 편차를 각도로 표시한 값이다.

MOA 값은 1°를 60등분한 값으로 정의한다. 예를 들어, 100 yards (=3,600 인치)에 떨어진 표적에 탄착군이 조준점에서 1인치 떨어진 지점에 형성되었다면 이 소총의 정확도는 1 MOA라고 정의한다. 1 MOA는 조준점으로부터 약 1인치 떨어진 곳에서 탄착군이 형성된다는 의미가 있다. 이 값을 활용하여 총기의 정확도는 MOA 값으로 표현되고 있다.

$$1\,\mathrm{MOA} = R \cdot \tan\left(\frac{1}{60}\right) = 3600 \times \tan\left(\frac{1}{60}\right) = 1.04719756\mathrm{inch} \quad \cdots\cdots\cdots \text{[2-24]}$$

참고로 오늘날 각국에서 사용 중인 소총의 정확도는 유효사거리에서 범용 소총은 약 2~2.5 MOA, 저격 소총은 0.5~1.0 MOA 수준이다.

2.5
exercise

어떤 저격 소총의 정밀도가 0.5MOA이다. 이 총으로 360yards에 있는 표적에 대해 사격하였다. 이론적으로 이 소총으로 조준점으로부터 몇 cm 떨어진 곳에 탄착군이 형성되는지 계산하시오. 단 1인치는 2.54cm이다.

풀이 조준점과 평균 탄착군의 중심까지의 편차를 Δd라고 하면, 식 [2-24]를 적용하여 다음과 같이 구할 수 있다. 즉,

$$\Delta d = \left(\frac{1.04719756\ \text{inch}}{1\text{MOA}}\right) \times 0.5\text{MOA} \times \left(\frac{360\text{yards}}{100\text{yards}}\right) = 1.884955\text{inch}$$

따라서 저격 소총의 정확도는 360yards(약 329.2m)에서 4.49cm이다.

2 유효사거리의 정의

어떤 무기의 유효사거리는 무기에 따라 개념이 조금씩 다르다. 즉, 절대적인 기준이 아닌 무기 종류와 역할에 따라 각기 다른 기준을 설정하고 있다. 그러나 일반적인 유효사거리의 정의는 다음과 같이 세 가지 방법이 있다.

첫째, 어떤 무기가 평균 50%의 확률로 표적을 명중시킬 수 있는 거리이다. 이 정의는 현대 소총에서 주로 적용하고 있다. 하지만 전술적인 측면에서 표적에 100% 명중하는 경우를 유효사거리로 정하는 경우가 많다. 따라서 여기서 유효사거리는 총이나 방탄 헬멧 등과 같은 무기나 보호장구를 개발할 때 기준으로 적용하고 있다. 둘째, 어떤 무기가 적에게 피해를 줄 수 있는 최대의 사거리이다. 주로 대구경 화포나 미사일 등에 적용하고 있다. 이들 무기의 표적은 크기와 특성이 매우 다양하다. 이 경우에 피해 수준은 각 무기의 작전 요구 성능(ROC, Required Operational Capability)을 기준으로 설정하고 있다. 여기서 ROC란 무기체계의 운용 개념을 충족시키는 무기의 성능

수준과 능력을 말하며, 연구 개발이나 해외 무기를 획득하여 시험평가를 할 때 기준으로 적용하고 있다. 셋째, 사수가 목표물을 조준 사격하여 적을 무력화시킬 수 있는 사거리이다. 주로 전차포나 휴대용 대전차무기 등에서 적용하고 있다.

3 스마트 기관총 개발 동향

미국의 DARPA(Defense Advanced Research Projects Agency)는 2017년 실시간 광학 유도시스템 기술을 적용한 스마트탄(Extreme Accuracy Tasked Ordnance)을 개발하였다. 이 새로운 탄약은 구경 12.7mm의 기관총 총열이 사용된다. 발사 과정은 〈그림 2.37〉에서 보는 바와 같다. 이 총은 저격이 어려운 상황 속에서도 이동표적에 정밀사격이 가능하도록 개발되었다. 예를 들어, 아프가니스탄전쟁 중 강풍과 먼지가 많이 발생하는 상황에서 미군 저격수의 정밀사격은 매우 제한되었다. 하지만 이 총이 전력화된다면 이러한 문제가 거의 해소될 것이다.

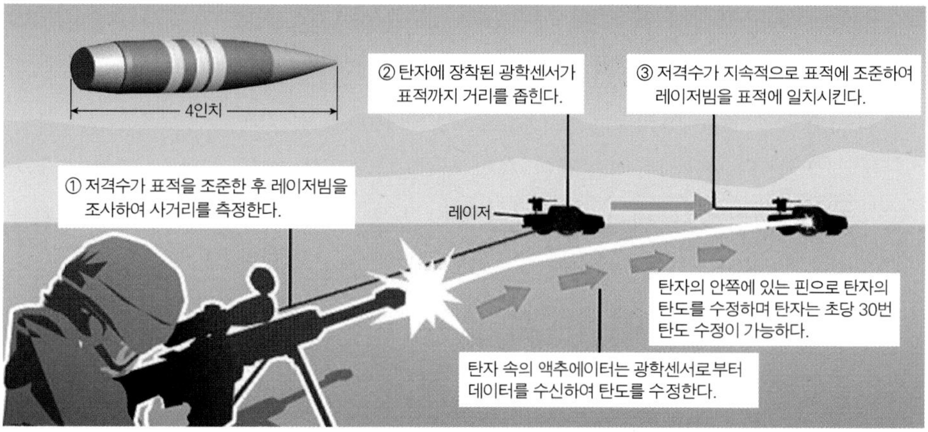

그림 2.37 스마트탄의 작동 개념도

4 현대 소총의 설계 개념

현대식 소총의 개념설계는 "표적에 정확한 조준사격을 실시하여 적을 제압해야 하는가? 아니면 대략적인 방향으로 사격하여 그중 몇 발이 명중되는 지역 표적으로 생각해야 하는가?" 하는 두 가지 운용 개념부터 출발하였다. 설계 시 이 두 개의 상반되는 조건을 동시에 만족시키는 것은 매우 어렵다. 따라서 이들 두 가지 요구조건을 최대로 충족시킬 수 있는 최적 설계가 필요하다.

대표적인 사례로 독일 H&K사의 소총개발 시 설계 개념이다. 이 개념을 요약하면 다음과 같다. 첫째, 사격 시 소총의 반동력을 감소시키기 위해 구조 및 충격 흡수장치 등의 설계기법을 적용하는 것이다. 둘째, 소총을 가볍게 할 수 있는 소재를 사용하며 최적화된 구조를 설계하는 것이다. 셋째, 적절한 유효사거리를 설정하는 것이다. 만일 유효사거리를 필요 이상으로 늘리면 소총의 무게가 증가할 뿐만 아니라 반동력이 증가하는 등 여러 문제점이 발생하기 때문이다. 넷째, 가늠자 구조를 단순화하여 거리에 따라 가늠자를 조정하지 않고 사격을 할 수 있도록 중점을 두었다. 다섯째, 탄약의 낭비를 최소화하기 위해 단발 사격, 2~3발 점사 사격, 자동 사격이 가능하도록 작동기구를 설계하였다. 이뿐만 아니라 H&K사는 대인 살상이나 장갑을 파괴하는 것을 동시에 가능한 소총을 개발하였다.

독일 H&K사의 대표적인 개발 사례로는 구경 5.56mm M8 계열 소총이 있다. 〈그림 2.38〉에서 보는 바와 같이 소총, 카빈, 정밀조준용 소총, 자동소총에 필요한 부품을 동일한 모듈방식으로 제작하였다. 그 결과 생산단가를 낮추고 향후 정비 및 군수지원이 쉽게 하였다. 탄약은 NATO 표준 탄약(5.56×45mm)을 사용하고 있으며, 사용자에 따라서 충격 흡수식 개머리판과 총열과 조준경을 결합하여 사용하도록 설계되었다.

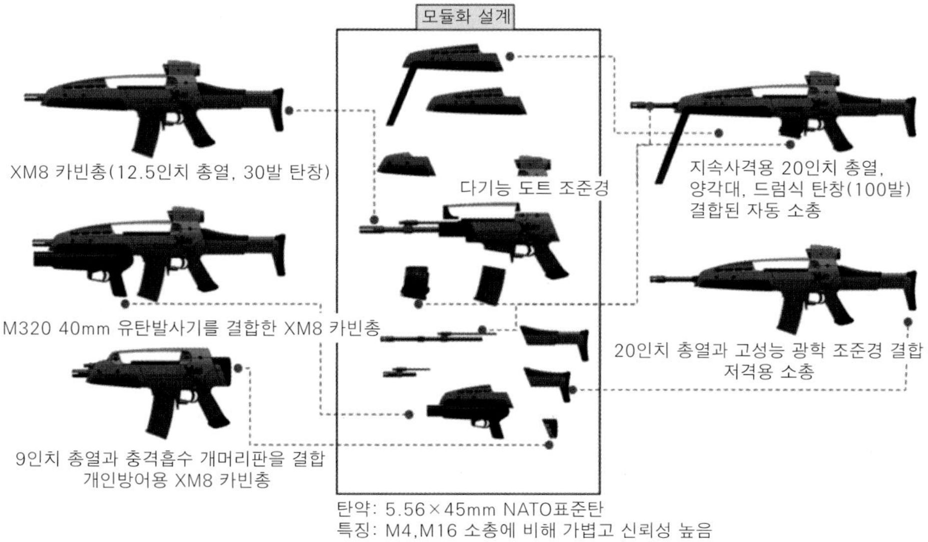

그림 2.38 M8 소총의 모듈화 설계 개념

(4) 관통 현상과 총상의 발생과정

1 탄자의 운동이 총상에 미치는 영향

일반적으로 총상은 저속 타격으로 인한 부상과 고속 무기로 인한 고속 부상으로 구분할 수 있다. 탄자의 속도가 300m/s에서 900m/s의 범위 내의 저속 부상에서는 탄자 지름의 3배에서 6배에 해당하는 크기로 인체조직이 파괴된다. 하지만 탄자의 속도가 900m/s를 초과하면 탄자 지름의 30에서 40배의 크기로 인체조직이 파괴된다. 또한, 충격에너지는 무기에서 물체로 전달되어 세포가 제자리를 벗어나게 한다. 이를 '공동화(cavitation) 현상'이라고 한다. 이 현상은 전달되는 충격에너지의 크기에 따라 영구적 또는 일시적인 총상이 생긴다. 영구적인 공동 현상은 에너지가 소산 된 후에도 구멍이 존재한다. 그러나 일시적인 공동 현상은 그림에서 보는 바와 같이, 인체의 조직을 늘렸다가 다시 원래의 상태로 회복하는 것이다. 이때 손상된 인체조

직은 회복하지 못하고 영구적으로 남아있다.[11]

일반적으로 탄자가 관통하는 궤적의 모습은 인체조직의 손상 정도를 결정한다. 이때 탄자의 궤적은 탄자 속도, 충격 각도, 인체조직의 밀도 등에 따라 다양하게 나타난다. 탄자가 인체를 관통할 때 운동 유형은 요잉(yawing), 텀블링(tumbling), 파편화(fragmentation), 직선운동 등으로 구분할 수 있다. 이들 운동 현상에 대해 알아보면 다음과 같다.

첫째, 요잉 현상은 〈그림 2.39〉 ❶에서 보는 바와 같이, 탄자가 표적에 경사지게 충돌하면서 탄자의 중심축과 인체조직에 의한 저항력이 작용하는 방향과의 편차가 발생하면서 나타나는 현상이다. 이 현상이 발생이 되면, 탄자가 좌우 또는 상하로 요동하면서 인체조직을 파괴하게 되어 총상이 비교적 크게 나타난다. 둘째, 텀블링 현상은 표적에 충격할 때 탄의 회전이 변화하면서 텀블링을 유발하고 접촉하는 탄자 면적이 증가함에 따라 더 큰 인체조직을 파괴하게 되는 현상이다. 셋째, 파편화 현상은 탄자가 인체에 충돌할 때 파괴되어 작은 조각으로 분산되는 현상이다. 그 결과 인체조직 내부에 넓게 손상을 입힌다. 넷째, 직선운동은 탄자의 관성력이 인체에 의한 저항력에 비해 상대적으로 너무 클 때 나타난다. 이런 경우에는 단순한 관통상만 나타

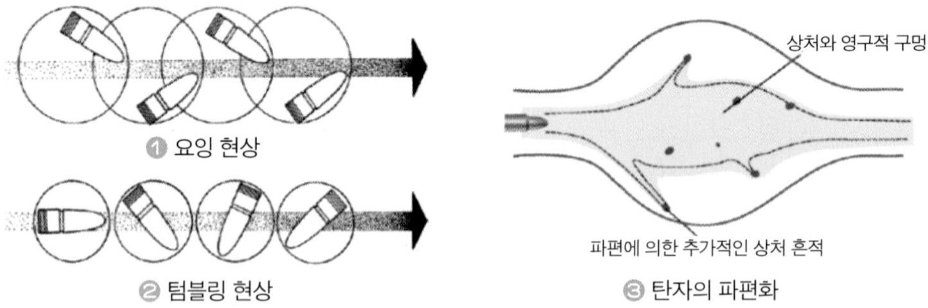

그림 2.39 탄자의 운동과 총상의 관계

11 Figure 41.12 A and B (page 702) and 41.13 (page 703) in Curtis, Ramsden and Friendship (Eds.). Emergency and Trauma Nursing, 2007, Elsevier

나지 않고, 탄자가 인체를 관통할 때 탄자의 전면에서 발생하는 압축충격파에 의해 인체조직을 파괴한다. 그리하여 총상의 크기는 작으나 출혈이나 조직이 파괴함으로써 살상 효과가 높다.[12]

2 관통이론[13]

소총탄이 인체를 관통할 때 탄자의 운동을 해석하면, 식 [2-25], [2-26]과 같은 경험방정식으로 나타낼 수 있다.

$$m\frac{dV}{dt}=\frac{1}{2}\rho_{body}A_s V^2 C_D+\frac{1}{2}\rho_{body}A_s(\beta U)^2 C_D \quad [2\text{-}25]$$

$$-mV\frac{dV}{dx}=\frac{1}{2}\rho_{body}A_s[V^2+(\beta U)^2]C_D \quad [2\text{-}26]$$

여기서 m은 탄자의 질량, V는 탄자 속도, t는 시간, ρ_{body}는 인체조직의 밀도, A_S는 탄자의 진행 방향과 수직 방향의 최대 단면적, C_d는 탄자의 항력계수, x는 탄자가 인체의 조직에 전진한 거리, a는 C_D값의 수정계수, U는 인체조직의 특성에 따른 특성 속도이다. 또한, β는 탄자의 유형과 타격 각도의 함수이다. 그리고 식 [2-25]의 우변에서 두 번째 항을 제외하면, 공기역학적 항력에 대한 고전적인 방정식과 같다. 이 우변의 두 번째 항은 인체조직의 파열과 탄자의 운동에너지 손실을 의미한다. 이때 특성 속도 U는 식 [2-27]과 같이 경험방정식으로 정의하고 있다.

$$U=U_6\left(\frac{d}{d_6}\right)^{-\frac{1}{3}} \quad [2\text{-}27]$$

---

12 DiMaio, V.M.J, "Gunshot Wounds: Practical Aspects of Firearms, Ballistics and Forensic Techniques", 2nd, CRC Press, Boca Raton, FL, 1999.; Fackler, M.L, "Wound ballistics, a review of common misconceptions", Journal of the American Medical Association, 259, 2730-2736, 1988.; Sellier, K.G. etc, "Wound Ballistics and the Scientific Background", Elsevier, Amsterdam, the Netherlands, 1994.

13 Taneal Wiseman, "Gunshot wounds to the leg causing neurovascular compromise: A case study", Australasian Emergency Nursing Journal, pp. 264—269, 2011.6.

여기서 d는 탄자의 지름, d_6는 탄자 지름이 6mm인 경우이다. 그리고 U_6는 지름이 6mm인 탄자에서 인체의 조직과 같은 밀도를 갖는 젤라틴 블록을 갖고 관통실험을 통해 얻은 특성 속도이다.

3 소총과 기관총 탄약에 의한 총상의 특징

탄자의 관통 특성을 분석하려면 관통실험을 해야 한다. 보통 소총탄의 관통실험은 인체조직과 비슷한 밀도인 투명한 젤라틴 블록을 이용한다. 사격 방법은 젤라틴 블록으로부터 5~10m 떨어진 곳에서 수평으로 발사한다. 이때 젤라틴 블록의 측면을 고속카메라로 촬영하여 관통 현상을 분석하는 방법이다. 이러한 방법으로 얻은 대표적인 소총탄과 기관총탄의 관통 특성에 대해 알아보면 크게 두 가지로 요약할 수 있다.

첫째, 우리나라를 비롯하여 NATO 국가의 표준탄약인 구경 5.56×45mm 탄약으로 관통실험을 한 결과는 〈그림 2.40〉과 같다. 그 결과 탄자가 행태를 유지하면서 약 12cm까지 침투한 후 탄심이 부서져서 파편화 현상이 나타났다. 그리하여 파편이 넓은 영역까지 영향을 미치는 것을 볼 수 있다. 동시에

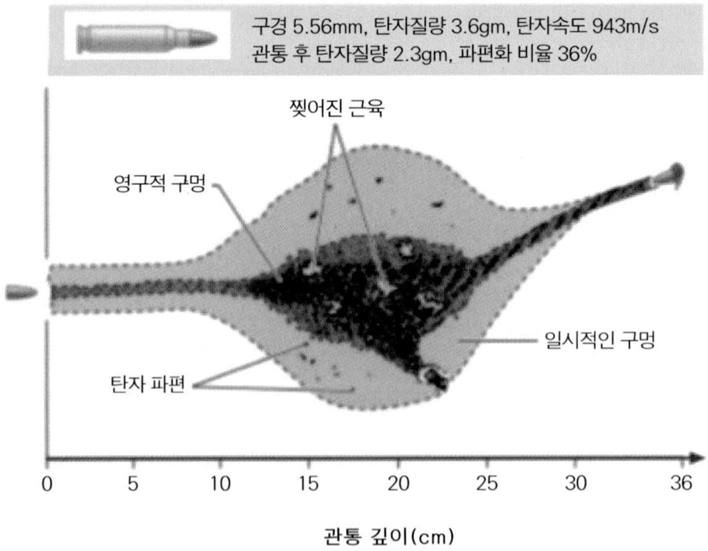

그림 2.40 5.56×45mm 탄약의 관통실험 결과

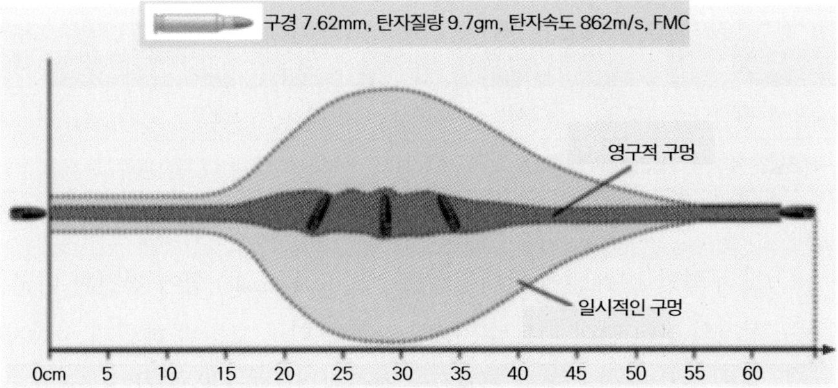

그림 2.41 7.62×51mm 탄약의 관통실험 결과

약 20cm 지점에서 최대의 일시적인 공동 현상이 발생한다. 그리고 약 45° 방향으로 부서진 탄자의 일부가 35cm 지점까지 통과한다. 참고로 이 탄약보다 약간 무거운 M855 탄약도 유사한 형태로 총상이 발생하는 것을 실험을 통해 밝혀졌다.

둘째, 미국의 M60 범용 기관총(GPMG), M240 중기관총(MMG), 저격 소총에 사용하고 있는 7.62×51mm NATO 표준 탄약의 관통실험 결과는 〈그림 2.41〉과 같다. 이 탄약은 약 16cm까지 침투한 후 탄자가 텀블링하면서 전진하며 약 30cm 지점에서 가장 큰 일시적 공동이 발생한다.

(5) 현대 전쟁에서 소총의 효과[14]

재래식 무기는 크게 소구경 탄약과 폭발성 탄약으로 나눌 수 있다. 소구경 탄약은 권총탄, 소총탄, 기관총탄 등이 있으며, 폭발성 탄약은 포탄, 수류탄, 박격포탄, 폭탄 등이 있다.

20세기에 들어서 무기에 대한 손상에 관한 대표적인 연구결과는 2차 세계대전과 베트남전쟁의 사례가 있다. 2차 대전 말기에 치열한 전투가 벌어

14 http://pwencycl.kgbudge.com/C/a/Casualties.htm(2020. 7); https://www.archives.gov/records-mgmt/resources/unauthorizeddispositionclosedcases(2020. 2)

표 2.3 탄약의 종류에 따른 사상자 비율[%]

구분	소구경탄	박격포탄	포탄	수류탄	지뢰, 부비트랩	RPG	기타
2차 세계대전	33.3	38.8	10.9	12.5	1.9	-	2.6
베트남전쟁	30	19	3	11	17	12	-

질 무렵인 1944년에 남태평양 부건빌(Bougainville) 섬에 참전한 미군 보병 사상자와 1960년대 베트남전쟁에 참전한 미군 보병과 해병대 사상자를 대상으로 조사하였다. 조사 결과를 종합해보면 〈표 2.3〉과 같다. 〈표 2.3〉에서 전쟁에서 사상자의 발생원인은 소구경탄, 박격포탄, 수류탄, 포탄 순으로 발생하였다. 이는 소구경 화기가 전쟁에서 중요한 무기 중 하나라는 의미로 해석할 수 있다.

한편 소구경탄에 의한 사상자를 세부적으로 분석한 결과는 〈표 2.4〉와 같다. 전쟁 상황에 따라 약간의 차이는 있으나 공통된 분석결과를 살펴보면, 팔과 다리에 총상이 가장 많았다. 다음으로 머리와 목, 흉부, 복부, 다발성 요인에 의한 상처 순이었다. 이러한 통계데이터는 방탄복이나 방탄 헬멧 등 개인 방호설계에 참고할 요소이다.

표 2.4 현대 전쟁에서 총기의 관통상의 인체 부위 비교[%]

주요 사례	머리, 목	흉부	복부	팔, 다리	다발성 요인에 의한 상처
1차 세계대전	17	4	2	70	7
2차 세계대전	4	8	4	75	9
6 · 25전쟁	17	7	7	67	2
베트남전쟁	14	7	5	74	0
포클랜드전쟁	16	15	10	59	0
걸프전쟁	11	8	7	56	18
아프가니스탄전쟁	16	12	11	61	0
평균	13.6	8.7	6.6	66	5.1

제4절 군사용 폭발물

1. 화약의 발전과정

포의 발전은 화약의 발전과정과 맥을 같이한다. 화약이 발명되기 이전에는 밧줄이나 스프링 또는 지렛대와 같은 장비를 통해 탄성에너지를 저장하였다가 탄자나 화살 등의 발사체를 발사시켰다. 이런 방법들은 탄자를 멀리 던지기에 에너지가 부족하였다. 하지만 화약이 발명되면서 발사 에너지가 획기적으로 증가하였다. 따라서 포는 화약의 발명 이전과 이후로 구분할 수 있다.

화약은 역사에 기록된 가장 오래된 폭발물이다. 인류 최초의 화약은 황(sulfur), 초석(saltpeter, $KN0_3$), 목탄 등을 배합한 흑색 화약(black powder)과 유사했던 것으로 추정된다. 화약을 최초로 발명한 나라는 아랍이나 그리스라는 설도 있으나 중국이라는 주장이 유력하다. 중국은 900년경에 실전에 사용했으며 12세기 들어 널리 사용한 것으로 알려져 있다.

14세기에 이르러서는 유럽의 잉글랜드나 독일에 화약공장이 설립되었다. 14세기 초에는 독일의 베쏠드 슈바르츠(Bethold Schwarz)가 화포를 발명하였다. 이 화포는 흑색 화약을 추진제로 사용하였으며 탄자는 돌(stone)로 만들었다. 이 흑색 화약은 오늘날에도 여전히 사용되고 있다. 이 화약의 표준 조성은 질산칼륨 75%, 황 10%, 목탄 15%이다. 제조법은 다음과 같다. 처음으로 화약의 각 성분을 따로따로 건조한 후 분쇄한다. 이어서 황과 목탄을 새의 깃털이나 목화솜 등을 사용하여 마찰이 일어나지 않도록 섞은 후 질산칼륨을 혼합시켜서 만들 수 있다. 이 화약은 제조하기 쉽고 저렴하나 연소율을 조정하기 곤란하고 상당히 민감하여 취급하기 곤란하다. 또한, 흡습성이 높아 저장하기 곤란하고 폭발 시 연기와 섬광이 발생하는 단점이 있다. 이러한 단점이 있어 오늘날에는 공포탄이나 신호탄의 추진제 또는 도화선의 심약, 포탄의 점화기, 연습탄 등에 제한적으로 사용하고 있다.

1884년 프랑스는 나이트로셀룰로스(nitrocellulose, 면화약)를 에스테르(ester)

와 알코올(alcohol, $CnH_{2n+1}OH$)을 혼합하여 만든 무연화약(smokeless powder)을 발명하였다. 이로써 무연화약이 흑색 화약을 대체하기 시작하였다. 1867년에 스웨덴의 노벨이 나이트로글리세린(nitroglycerin, $C_3H_5(NO_3)_3$)의 위험을 줄인 다이너마이트를 발명하였다. 이 화약은 액체폭약인 나이트로글리세린을 규조토(diatomite)에 흡수시킨 것으로, 뇌관을 써야만 폭발할 수 있는 매우 안전한 폭약이었다.

우리나라의 경우는 14세기 고려 말기에 최무선(1325~1395)이 화약 제조에 성공함으로써 기술적 자립을 이루었다.

2. 군사용 폭발물

(1) 폭발물의 분류

폭발물(화약)이란 '기계적인 충격이나 마찰 또는 압력이나 열, 전기 등을 가했을 때 급격한 화학변화를 일으켜 원래의 부피에 비해 다량의 가스와 열을 발생하는 화합물이나 혼합물'을 가리킨다. 통상 군에서는 폭발물을 연소속도가 매우 빨라서 순간적으로 분해가 일어나는 물질이라고 해서 '폭발물'이라고 부르며 화약이란 용어와 혼용하고 있다.

폭발물의 용도에 따라서는 군사용 폭발물과 산업용 폭발물로 분류할 수 있으며, 화학적 분해속도(연소율)를 기준으로 고성능 폭발물과 저성능 폭발물로도 분류할 수 있다. 이를 요약하면 〈표 2.5〉와 같다.

표 2.5 폭발물의 분류와 적용 분야

대분류	세부 분류 (연소와 폭발의 특성 기준)	용도에 따른 분류
저성능 폭발물	• 추진제(propellant) • 조명제/발연제(Pyrotechnics)	• 군사용(미사일, 공포탄 등) • 산업용(폭죽, 로켓 등)
고성능 폭발물	• 제1 고성능 폭발물(민감도 높음)	• 군사용(기폭제, 도폭제, 뇌관 화약 등)
	• 제2 고성능 폭발물(민감도 낮음)	• 군사용(포탄 작약, 지뢰 등) • 산업용(다이너마이트 등)

저성능 폭발물은 고성능 폭발물보다 화학적 반응 속도가 상대적으로 느린 물질이다. 이러한 물질에는 대표적으로 추진제(propellant)와 조명탄이나 연막탄을 사용하는 화약이 있다. 주로 미사일, 로켓, 소총탄이나 포탄의 추진제로 사용하고 있다.

고성능 폭발물은 외부의 에너지를 폭발물에 가했을 때 반응의 정도에 따라 제1 고성능 폭발물과 제2 고성능 폭발물로 분류한다. 제1 고성능 폭발물은 제2 고성능 폭발물에 비해 적은 에너지에도 폭발하는 민감한 화약이다. 제1 고성능 폭발물은 주로 대구경 포탄의 신관이나 소총탄의 뇌관에 사용하는 기폭제, 도폭제, 뇌관 화약, 미사일의 신관 등으로 사용되고 있다.

제1 고성능 폭발물보다 외부의 에너지에 둔감하나 폭발위력이 높은 제2 고성능 폭발물은 대구경 포탄, 지뢰, 수류탄, 미사일 탄두 등의 작약(bursting charge)으로 사용하고 있다.

(2) 폭발물의 일반 특성

폭발물의 중요한 특성은 민감도, 안정도, 흡습성, 융점, 금속과의 반응성 등이 있다. 이들 특성은 폭발물을 선택하는 데 중요한 요소이다. 이들 특성을 세부적으로 알아보면 〈표 2.6〉과 같다.

(3) 군용 폭발물의 폭발 특성

연소와 폭발의 개념적 차이점은 인간이 통제 가능 여부에 따라서 구분할 수 있다. 인간이 통제하기 어렵게 초음속으로 화염이 전파되는 반응 현상을 폭발이라 말한다. 이들 개념을 알아보면 다음과 같다.

연소(combustion)란 빛이나 열 또는 불꽃을 내면서 빠르게 산소와 결합하는 반응이다. 그리고 물질이 완전히 연소할 때 발생하는 열을 연소열이라고 하며, 대부분의 연소반응은 반응과정에서 연소열이 발생하는 발열반응이다.

폭발(explosion)은 화학적 반응으로 인하여 고온 고압 상태의 다량의 가스가 발생하는 매우 빠른 화학적 변화를 말한다. 폭발물은 단일 물질이나 혼합물의 평형 상태가 파괴되어 다량의 가스와 열을 발생시키는 화학적 변화를

표 2.6 폭발물의 특성에 미치는 영향 요소

구분	물리적인 개념	영향 요소	일반적인 특성
민감도	폭발물에 외부 에너지를 가했을 때 반응이 일어나는 정도	• 폭발물 결정의 크기나 형태, 성분 등 • 외력에 의한 변형이나 마찰 등 • 폭발물의 습도, 온도 등	• 폭발물의 입자를 왁스와 같은 피복제로 피폭하면 민감도가 낮아짐 • 폭발물 온도가 높거나 습도가 낮아지면 민감도가 높아짐
안정도	저장조건이 나쁘더라도 폭발물이 변질하지 않고 장기간 견딜 수 있는 능력	• 화학적 성분, 저장 온도, 발열 분해와 분해 생성물의 반응 • 불순물, 습기, 핵방사선 노출 등	• 약간의 충격에도 폭발하는 등 외부조건에 영향을 많이 받으면 군사용으로 부적합
흡습성	물이나 대기 중에 있는 습기를 흡수하여 저장하려는 성질	• 물, 습기	• 흡습성이 높은 폭발물은 군사용으로 부적합
융점	폭발물의 녹는 온도	• 폭발물의 고유한 특성	• 사용 조건에서 폭발물의 물리적 강도가 유지되어야 함 • 융점이 반응이 시작되는 온도보다 상당히 낮아야 주물이나 성형이 가능
금속 반응성	폭발물의 저장 용기(탄두, 탄피 등)와 폭발물과의 반응이 일어나는 정도	• 폭발물과 용기와의 화학적인 반응 조건 • 폭발물이 내장된 재료의 종류	• 금속과의 반응도가 높으면 사용이 불가한 경우가 많음 • 금속 반응성이 낮을수록 장기간 사용이 가능하며 안정성이 좋음
가용성	폭발물을 쉽게 구할 수있는 정도	• 폭발물의 원료 획득 가능 여부	• 매우 적합한 폭발물의 원료라도 가용성이 낮으면 부적합

하는 물질이다.

한편 폭발이란 용어는 연소 중에서 일부 현상을 말하며 이를 엄밀히 구분하기 어렵다. 군용 폭발물 중에서 로켓 추진제나 총이나 포탄에 사용되는 추진제 등은 연소과정이라 하지만 폭발이라 할 정도로 연소속도가 빠르다. 연소와 폭발속도는 화염 전면의 전파속도로 결정할 수 있다.

1 저성능 폭발물

연소속도(burning velocity)란 연소물질이 점화(ignition)하여 연소할 때 화염이 미연 가스(unburned gas)와 화학 반응을 일으키면서 연쇄적으로 퍼져 나가는 속도로 정의한다. 연소속도는 혼합 가스를 만드는 연료나 산화제의 종류, 혼합비 등에 의해 영향을 받는다. 일반적으로 미연 가스의 열전도율이 크고 밀도와 비열이 작으며 혼합 가스의 온도, 압력의 상승과 혼합 기류가 증가함에 따라 연소속도가 빨라진다. 저성능 폭발물도 연소물질 중 하나이기 때문에 위에서 제시된 영향 요소에 따라 연소속도가 결정되는 경우가 많다.

저성능 폭발물의 연소과정은 〈그림 2.42〉와 같이 화염 전면(flame front)의 전파속도를 연소속도 또는 폭발속도라고 말한다. 〈그림 2.42〉 ①에서 보는 바와 같이 폭발물이 연소하면 시간에 따른 연소물질의 체적 V는 연소 표면적 A와 화염 전면의 전파속도에 따라 결정된다. 여기서 화염 전면은 〈그림 2.42〉 ②에서 보는 바와 같이 미연소물질과 연소물질의 경계면을 의미한다. 연소 조건에 따라 화염 전면의 두께는 차이가 있으나 예열구역과 반응구역으로 나눌 수 있다. 즉 화염이 전파하면서 생성된 물질이 연소물질이라 하며 화학 반응이 가장 활발한 반응구역에 있다. 반응구역에서 생긴 반응열에 의

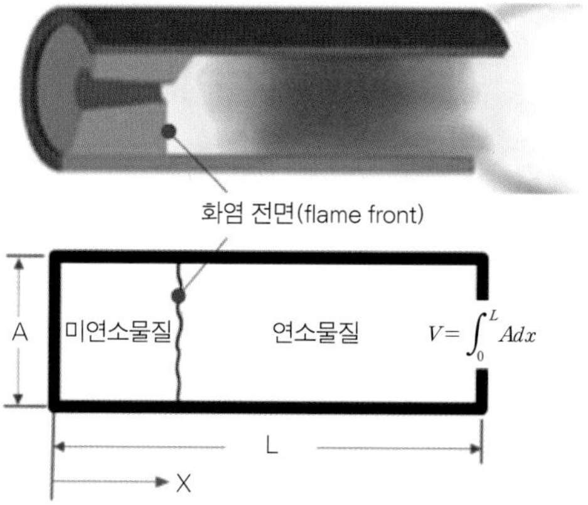

① 화염 전면 개념도

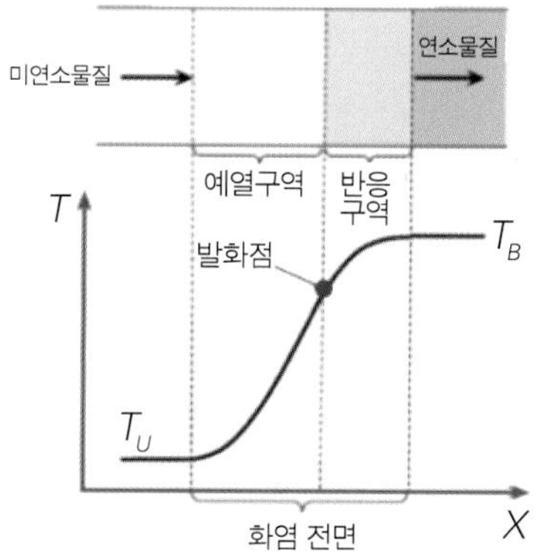

② 반응구역과 온도분포

그림 2.42 화염 전면과 온도분포

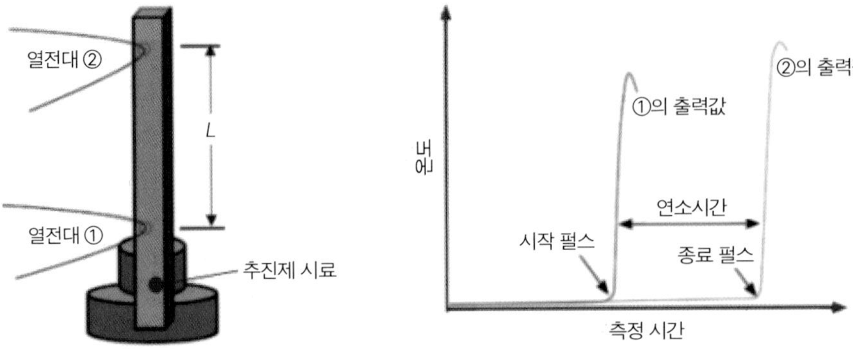

그림 2.43 추진제의 연소속도 측정장치 개념도

해 미연소물질이 가열된다. 이 가열되는 연소물질을 연소구역이라 한다. 따라서 발화점은 반응구역과 예열구역의 경계면이 된다. 그리고 연소물질 온도는 〈그림 2.42〉 ❷에서 보는 바와 같이 화염 전면에서 급격히 상승하는 현상을 보인다. 이때 화염 전면은 미연소물질이 있는 방향으로 전파하며, 이 전파속도를 측정하면 연소(폭발)속도를 측정할 수 있다.

연소속도를 측정하는 방법은 다양한 방법이 있다. 대표적인 예시로는 추진제와 같은 고체 연소물질을 활용하여 〈그림 2.43〉과 같이 온도를 측정하는 방법이 있다. 이 방법은 왼쪽 그림과 같이 측정하고자 하는 저성능 폭발물을 사각기둥 모양의 시편으로 만들어 수직으로 고정한 후, 열전대를 일정한 거리 L만큼 이격시켜 설치한다. 그리고 시편을 연소시켜 시간에 따른 온도를 측정한다. 측정된 온도를 오실로스코프로 분석하면 오른쪽 그림에서 보는 바와 같이 각각의 지점에서 온도변화 값과 연소시간을 구할 수 있다. 즉 추진제의 연소속도는 거리 L에 연소시간을 나누면 간단히 구할 수 있다.

2 고성능 폭발물

고성능 폭발물은 저성능 폭발물과 비교할 수 없을 정도로 연소속도가 빠르다. 고성능 폭발물은 폭발하면 화염 전면이 초음속으로 전파되며 이를 충격파라 한다. 이 충격파는 〈그림 2.44〉 ❶에서 보는 바와 같이, 반응하지 않

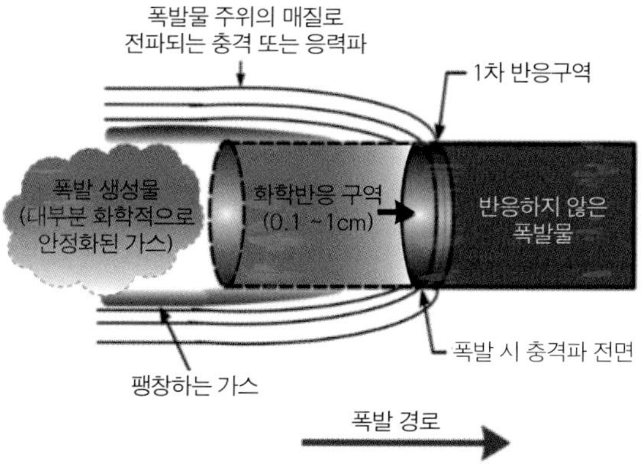

❶ 고성능 폭발물의 폭발개념도

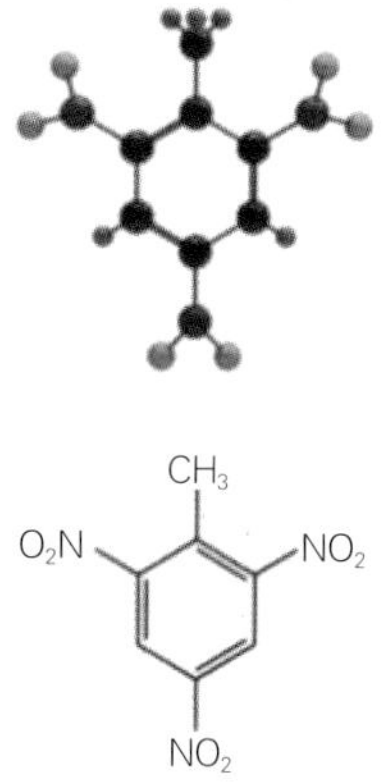

❷ 고성능 폭약 TNT

그림 2.44 고성능 폭발물의 폭발개념도

은 폭발물을 향해 전파되는 동시에 폭발물 주위의 매질로도 전파된다. 이때 반응하지 않는 폭발물과 이미 폭발하여 발생한 폭발생성물 사이의 화학적 반응구역이 존재한다. 이 화학적 반응구역은 폭발물로 향하여 진행된다. 여기서 화학적 반응구역의 두께는 폭발물의 종류에 따라 대략 0.1~1cm이다. 고성능 폭발물의 폭발속도 측정은 밀폐된 관을 이용한 방법을 주로 사용하고 있으며 다음 폭발물 시험법 단원에서 다루겠다.

고성능 폭발물의 특성은 일반적으로 TNT(Trinitrotoluene)를 기준으로 비교하고 있다. TNT는 충격이나 마찰에 비교적 둔감하며 화염으로 점화시키면 느리게 폭발한다. 그리고 공기에 노출된 상태에서는 폭발하지 않고 검은 연기를 내면서 서서히 연소한다. 하지만 밀폐된 용기 안에서는 강력하게 폭발한다. 또한, TNT의 특성은 〈그림 2.44〉 ❷에 제시된 분자구조에서도 알 수 있다. 화학적으로 보면 벤젠고리(benzene ring)로 연결된 탄소와 질산기(NO_3)가 결합한 상태이기 때문에 비교적 충격에 둔감하다. 하지만 일단 반응이 시작되면 초당 6,900m의 속도로 빠르게 폭발하는 특성이 있다.

3. 폭발물의 주요 시험법

(1) 민감도 시험

충격에 의한 폭발물의 민감도 시험법은 매우 간단하다. 이 시험은 0.02g의 폭발물을 견고한 용기에 넣고 2kg 무게의 물체를 낙하시켜 폭발이 발생하는 최소의 높이(inch)를 민감도로 표시한다. 따라서 측정된 값이 클수록 민감도가 낮은 폭발물이다. 일반적으로 보통 10회에 걸쳐서 시험한 결과의 평균값을 민감도로 평가한다. 참고로 〈표 2.7〉에서 보는 바와 같이 RDX는 기준 화약인 TNT와 비교하여 2배 정도 민감한 화약임을 알 수 있다.

(2) 폭발속도 시험

폭발속도는 폭발물이 폭발하면서 발생하는 충격파(shock wave)의 전파속도로 정의된다. 〈그림 2.45〉는 폭발속도 측정장치의 개략도이다. 구성 요소는 폭발물을 폭발시킬 수 있는 기폭장치와 증폭기 그리고 납판(lead plate) 위에 부착된 코드와 폭파용 뇌관이 있다. 이 장치는 지름 1인치인 폭발물을 슬리브(sleeve) 형태로 되어 있는 강철관(steel tube)에 넣은 후 폭발물을 폭발시켜 폭발 충격파의 속도를 측정하는 것이다.

시험절차는 다음과 같다. 첫 번째, 기폭장치(detonator)와 증폭기(booster)를 작동시켜 시료를 폭발시킨다. 두 번째, 시료 폭발로 인한 폭발 충격파가 밀폐된 관내 속에서 우측으로 이동한다. 세 번째, 폭발 충격파는 A 지점과 B 지점을 통과하면서 뇌관을 폭발시킨다. 네 번째, A 지점 뇌관이 폭발하면서 생긴 두 번째 충격파와 B 지점 뇌관에서 생긴 충격파는 코드에 전달된다. 끝으로 두 충격파가 충돌하는 위치에서 노치(notch)가 발생한다. 여기서 노치란 코드에 생긴 흠집이다.

한편, 이들 뇌관에서 동시에 충격파가 출발하였다면 코드의 중심에서 노치가 발생한다. 그러나 폭발물의 충격파로 기폭이 된 A 지점의 충격파는 B 지점에서 출발한 충격파보다 먼저 출발한다. 따라서 A 지점에 출발한 충격파가 거리 a만큼 더 이동하게 된다. 이를 이용하여 충격파 속도($V_{explosive}$)를

표 2.7 군사용 폭발물의 특성과 용도

구분	분자식 (무게비)	색깔 (상태)	밀도 [g/cm³]	민감도 [∈ch]	연괴시험 강도[cm³]	탄도 Mortar 시험[% of T]	폭발속도 [m/s]	모래의 맹도시험[g]	융점 [°C]	주요 용도
나이트로 글리세린	$C_2H_5(ONO_2)_3$	연한 황색 (액체)	1.60	2~3	515~600	156	8,400	60	13	복기 추진제
뇌홍	$Hg(CNO)_2$	회색계통의 황색(고체)	3.55	2	150	-	4,700~5,400	15.5~22.4	폭발	뇌관, 화약, 기폭제
스티브산납	$C_6H(NO_2)_2(O_2Pb)$	진한 황색	3.10	2~3	120	-	4,900~5,200	9.5~21.4	폭발	
아지드화납	PbN_6	엷은 누런색	3.80	3~4	115	-	4,000~5,000	13.9~18	폭발	
PETN	$C(CH_2ONO_2)_4$	백색	1.63	6	500~560	166	8,300	61.9	138~141	도폭제
RDX	$(CH_2)_2N_3(NO_2)_3$	백색	1.65	7	525	162	8,400	61.0	200~203.5	
테트릴	$C_6H_2(NO_2)_3(NCH_3NO_2)$	황색	1.57	8	375	120~125	7,500	53.5	128.5~130	소구경탄약 기폭제 또는 작약
Comp B	RDX(60), TNT(40)	엷은 누런색	1.65	11	375	135	7,800	51.8	85~100	작약
TNT	$C_6H_2CH_3(NO_2)_3$	연한 갈색	1.55	14	285	100	6,900	43.0	80.2	
콤포지션 C	RDX(91), 오일(9)	갈색	1.50	14	360	125	7,400	46.5	200~203.5	
아마톨 80/20	질산암모늄(80), TNT(20)	진한 갈색	1.38	15	360	117	5,400	32.0	76(연성점)	

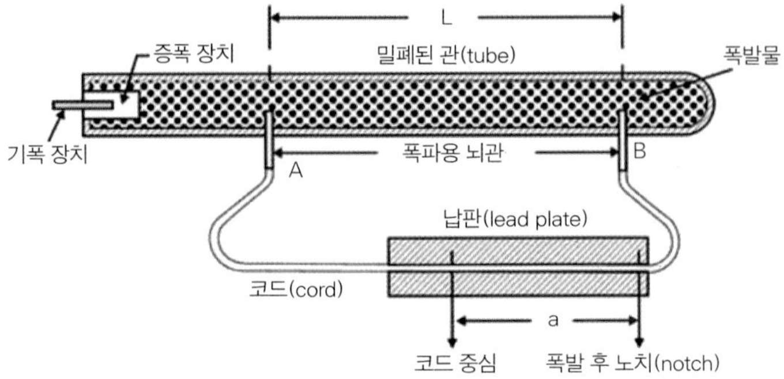

그림 2.45 폭발속도 시험 장치

계산하면 식 [2-28]과 같이 표현할 수 있다.

$$V_{explosive} = V_{cord}\left(\frac{L}{2a}\right) \qquad [2\text{-}28]$$

여기서 V_{cord}는 코드의 폭발속도(m/s), L은 폭파용 뇌관의 설치 위치까지 간격이고, a는 코드의 중심에서 폭발 후 생기는 노치 사이의 간격(m)이다.

(3) 탄도 Mortar 시험

기폭장치로 무게 10g의 폭발물 시료를 폭발시켜 나오는 폭발압력으로 강철로 만든 탄도 Mortar를 활용하여, 폭발에너지를 진자(pendulum)의 운동에너지로 변환시키고 측정하여 TNT와 성능을 비교하는 시험이다.

실험 장치는 〈그림 2.46〉 ❶에서 보는 바와 같이, 폭발물 시료와 이를 폭발시키는 기폭장치를 내장한 Mortar 그리고 시료가 폭발하면서 생기는 가스압력에 의해 생기는 반동력을 흡수하는 시험부 등으로 구성된다. 그리고 〈그림 2.46〉 ❸은 시험부의 구조를 나타낸 그림이다.

시험 방법은 첫째, Mortar 내부에 폭발물 시료를 넣은 후 이 시료에 도화선을 연결한다. 둘째, 발사체를 Mortar와 연결한 상태에서 각도기의 눈금이 '0(수평 위치)'으로 되어 있는지를 확인한다. 셋째, 도화선에 불을 붙여 시료를

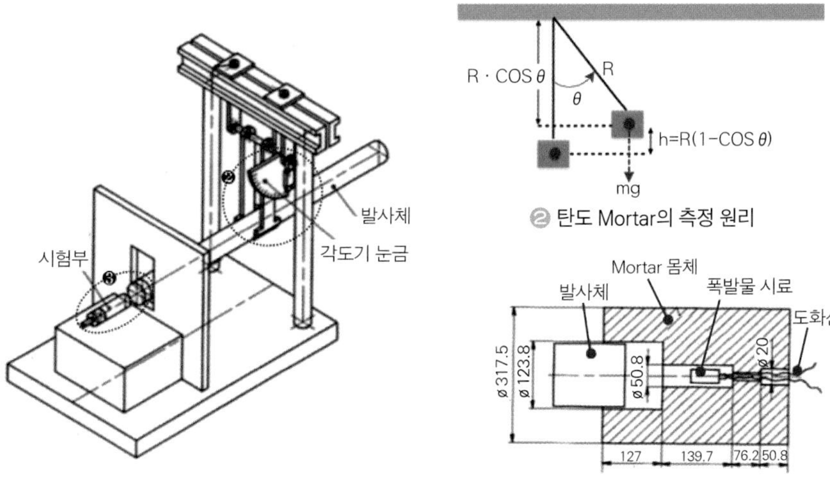

① 시험 장치 개략도　② 탄도 Mortar의 측정 원리　③ 시험부의 세부구조

그림 2.46 탄도 Mortar 시험 장치

폭발시킨다. 끝으로 시료가 폭발하면서 생긴 압력에 의해 발사체가 진자운동을 하는데 발사체의 최대 높이를 각도기로 측정할 수 있다. 그 원리를 자세히 살펴보자. 즉 시료가 폭발되면서 반동력에 의해 발사체는 〈그림 2.46〉 ②는 높이 h만큼 상승하게 된다. 그리고 발사체가 가장 높이 올라갔을 때 각도기의 눈금에 발사기가 연결된 진자의 각도 θ가 표시된다. 만일 진자의 회전마찰과 공기저항이 없다면, 에너지 보존법칙을 적용하면 식 [2-29]와 같이 표현할 수 있다. 따라서 폭발물의 폭발에너지 E[kJ]는 발사체의 위치에너지와 같으므로 진자의 각도 θ만 측정하면 쉽게 구할 수 있다.

$$E = mgh = mgR(1 - \cos\theta) \quad \text{[2-29]}$$

여기서 m은 발사체와 진자의 질량, g는 중력가속도, R는 탄도진자가 회전할 때 회전반지름이다.

2.6 exercise

어떤 연구소에서 개발한 고체 폭발물의 폭발위력을 측정하기 위해 탄도 Mortar 시험을 하였다. 만일 발사체의 각도가 32°로 측정되었다면 폭발물의 단위 질량당 폭발에너지 kJ/kg_m는 얼마인가? 이때 발사체의 무게와 회전반경은 각각 360kg, 1.5m이다.

풀이 발사체의 위치에너지 변화량 E를 구하려면 식 [2-29]를 적용하면 구할 수 있다.
즉, $E = (360kg \times 1.5m)(1 - \cos\ 32°) = 82.054kg \cdot m$ 이다.
한편 폭발물의 질량이 10g이므로 단위 질량당 폭발에너지 e는 다음과 같이 구할 수 있다.

$$\therefore\ e = \frac{E}{\text{폭발물의 질량}} = \frac{82.054\,\text{kg} \cdot \text{m}}{(10 \times 10^{-3}/9.82)\text{kg}_\text{m}}$$
$$= 8.062\,\text{kg} \cdot \text{m}/\text{kg}_\text{m} = 0.821\,\text{kJ}/\text{kg}_\text{m}$$

(4) Trauzle 연괴 시험

연괴(lead block) 시험은 TNT 폭발물과 비교한 상대적인 폭발 강도(strength of explosive)를 측정하는 방법이다. 시험과정은 다음과 같다. 첫째, 폭발물 시료 10g을 〈그림 2.47〉 ❶에서 보는 바와 같이 연괴 속에 넣고 도화선을 연결한다. 둘째, 도화선과 시료가 삽입된 구멍 속의 남은 공간을 모래를 채워 넣는다. 셋째, 도화선에 불을 붙여 시료를 폭발시킨다. 넷째, 시료가 폭발하면서 발생한 가스압력에 의해 연괴 내부의 체적이 그림과 같이 팽창한다. 다섯째, 폭발로 인해 변형된 연괴 내부에 있는 이물질을 제거한 후 물을 부어서 내부공간의 부피를 측정한다. 끝으로 폭발 후의 내부 부피에서 폭발 전의 내부 부피를 빼면 실제 폭발로 인한 부피가 측정된다. 이 부피를 cm^3 단위로 표시한 값이 폭발물 강도이다.

앞의 〈표 2.7〉에서 보는 바와 같이, 일반적으로 폭발물의 강도는 추진제, 작약, 도폭제, 뇌관 화약, 기폭제 순으로 크다. 폭발물의 강도 값은 폭발물이 폭발하면서 생긴 가스의 부피 팽창률을 의미한다. 따라서 폭발물의 강도가 클수록 추진제와 작약의 용도에 적합하다.

(5) 맹도 시험

폭발물이 폭발할 때에 발생하는 폭굉파(detonation wave)가 주위 물질에 작용하여 나타난 파괴 효과의 척도인 맹도(brisance)를 측정하는 시험이다. 참고로 폭발의 전파속도는 음속 이하이지만, 음속을 초과하는 과격한 폭발을 폭굉이라 한다.

한편 맹도 시험의 시험절차는 다음과 같다. 첫 번째, 캐나다 오타와지역에서 채취한 모래 200g을 20 mesh 체(sieve)로 걸러낸다. 이 체에서 통과된 모래를 다시 30 mesh 체로 걸러서 이번에는 체에 걸린 강철용기에 채운다. 참고로 mesh는 한 변이 1인치인 정사각형 속에 포함되는 그물눈의 수이다. 두 번째, 〈그림 2.47〉 ❷에서 보는 바와 같이 강철용기에 0.4g의 폭발물과 체로 거른 모래를 채운다. 세 번째, 도화선에 불을 붙여서 폭발시킨 후 강철용기에 남은 모래를 30 mesh의 체에 담고 3분 동안 체를 흔들어 체를 통과한 모래의 무게를 그램(gram) 단위로 측정한다. 이 측정값이 폭발물의 맹도이다. 만일 측정값이 크면 클수록 폭발물의 위력이 크다. 따라서 맹도가 높은 폭발물은 대구경 탄약의 도폭제로 사용하기 적합하다.

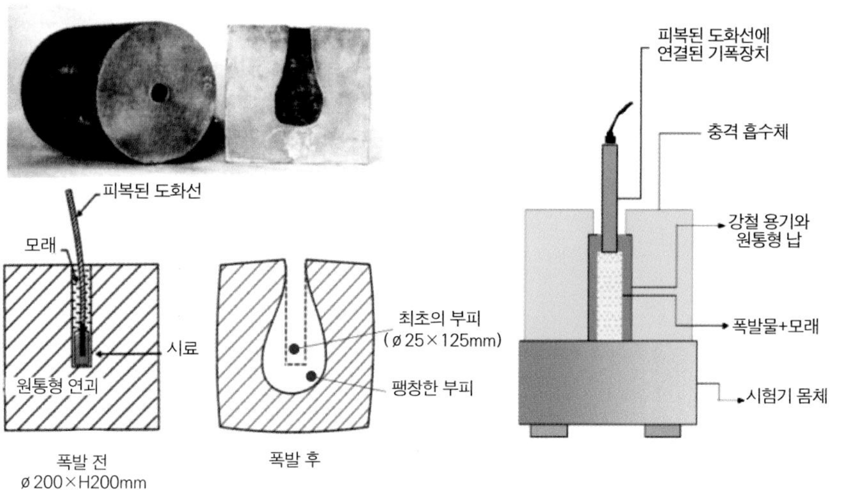

❶ Trauzl 연괴 시험 장치 ❷ 맹도 시험 장치

그림 2.47 Trauzl 연괴 시험법과 맹도 시험법

(6) 기타 시험법

기타 군사용으로 사용이 적합한지를 알아보는 시험이 여러 가지가 있다. 대표적인 시험법으로는 다음과 같다.

1 발열량 시험

발열량 시험은 밀폐된 용기에서 폭발물을 폭발시켜 이때 방출되는 폭발물의 열량과 생성되는 가스 그리고 폭발압력을 측정하는 시험법이다.

2 연소속도 시험

연소속도 시험은 특정한 조건에서 추진제의 연소속도를 측정하는 시험법이다. 주로 추진제를 연소시켜 단위 시간당 연소 된 층(연소 표면의 수직면)의 깊이를 측정하는 방법이다. 참고로 추진제는 대부분 기온, 기압, 습도 등의 조건에서 요구되는 연소속도를 유지해야 한다. 추진제의 연소속도는 무기에서 생성되는 탄도효과에 크게 영향을 주기 때문이다.

3 화염/폭발 온도 시험

화염 또는 폭발 온도측정 시험은 주로 광학적인 방법인 광고온계 또는 적외선 온도계 등을 이용하여 화염이나 폭발물이 폭발하는 순간에 온도를 측정하는 방법이다. 그 이외의 폭발물에서 발생하는 가스의 체적이나 압력을 측정하는 시험 등이 있다.

연 / 습 / 문 / 제 EXERCISE

1. 화승총과 수석총의 작동원리와 장단점을 비교하여 설명하시오.

2. 총의 장전방식 중에서 전장식과 후장식의 원리와 전술적 장단점을 설명하시오. 그리고 충격식 총의 구성과 작동원리를 그림을 그려서 설명하시오.

3. 구식 소총과 현대식 소총의 구조, 작동원리를 비교하여 설명하시오.

4. 현대 소총 탄약의 종류와 구조 그리고 특징을 그림을 그려서 설명하시오. 그리고 수동식 총과 자동식 총의 차이점과 구체적인 사례를 조사하여 설명하시오.

5. 소총과 기관총의 작동기능 8단계를 비교하여 설명하시오. 만일 기능 고장이 발생하면 기관총과 소총의 차이는 무엇이 있는가?

6. 역류방식과 가스작용방식 총의 구조와 작동원리 그리고 이들 방식의 차이점과 적용사례를 설명하시오.

7. 총열에 작용하는 응력과 변형률의 관계를 그림을 그려서 물리적 개념을 간단히 설명하시오.

8. 탄자 속도를 측정하는 방법 중에서 탄도진자와 빔 스크린에 의한 측정 방법의 원리와 차이점을 설명하시오. 그리고 탄자 속도를 왜 측정해야 하는가? 그 이유를 구체적인 사례로 설명하시오.

9. 총구 제동기와 소염기의 차이점을 구조, 작동원리, 효과 측면에서 비교하시오. 그리고 총구 폭발 시 발생하는 충격파의 생성과정과 주위에 미치는 영향을 설명하시오.

10. 초음속 탄자와 아음속 탄자에 의한 총상의 차이점을 그림을 그려서 설명하시오. 그리고 탄자가 인체를 관통하면서 생기는 영구적 구멍과 일시적인 공동 현상의 발생과정과 총상에 미치는 영향을 설명하시오.

11. 미래의 소총과 기관총의 발전추세를 설명하시오.

12. 군사용 폭발물과 산업용 폭발물의 차이점을 설명하시오. 군용 폭발물 중에서 고성능 폭발물과 저성능 폭발물의 물리적 특성과 응용사례를 설명하시오.

13. 군사용 폭발물의 폭발속도와 탄도 Mortar 시험의 측정 원리를 설명하시오.

14. 군사용 폭발물의 맹도와 폭발속도를 측정하는 방법과 맹도의 물리적인 개념을 설명하시오.

15. 군용 폭발물의 명칭 중에서 추진 장약, 작약, 도폭제, 기폭제의 물리적 특성의 차이점과 용도를 설명하시오.

제3장 기계식 대포와 화포

제1절 기계식 대포

제2절 화약식 대포

제3절 현대식 화포

제4절 탄도의 영향 요소와 이론 해석

제5절 포탄의 폭발 이론과 발전추세

제1절 기계식 대포

화약이 발명되기 이전에는 지렛대나 사람 또는 동물 등을 이용한 기계식 포가 전쟁에 사용되었다. 이러한 포를 '기계식 대포'라고 부르며 화약이 폭발하면서 발생한 압력에너지를 이용한 '화포'와 구분된다. 대표적인 기계식 대포에는 발리스타와 투석기가 있다. 이들 무기의 작동원리와 특성은 다음과 같다.

1. 발리스타

발리스타(ballista)는 그리스어로 '던지다'라는 뜻이며 기원전 400년경에 고대 로마에서 개발된 사출 병기이다. 주로 원거리 목표물에 커다란 발사체를 던지기 위해 개발된 일종의 투석기이다. 초기에 개발된 발리스타는 거대한 공성전(siege warfare)에서 무거운 다트나 구형의 돌을 발사했다. 발리스타는 〈그림 3.1〉 ❶에서 보는 바와 같이, 머리카락이나 가죽 또는 동물의 힘줄로 만든 끈을 비틀어 에너지를 저장한 후, 끈이 풀리면서 발생하는 에너지로 활이나 무거운 돌 및 가연성 물질을 던지도록 설계되었다. 이 무기는 적을 향해 직접 발사했다. 당시에 발리스타의 최대 사거리는 약 460m였으나 유

❶ 발리스타 ❷ 투석기와 작동원리

그림 3.1 대표적인 발리스타와 투석기

효사거리(effective range)는 이보다 훨씬 짧았다.[1]

고대에 가장 많이 사용한 발리스타 중에서 〈그림 3.2〉와 같이 매우 단순한 무기가 있었다. 이 무기 역시 발사체(무거운 돌)와 스윙 암, 밧줄스프링 등으로 구성된 매우 단순한 구조로 구성되어 있으며, 발사과정은 다음과 같다. 먼저 〈그림 3.2〉 ❶을 보면, 밧줄의 중앙에 스윙 암이 고정돼 있는데 이를 지지부에 고정한 후, 회전 손잡이를 이용하여 밧줄을 감아서 꽉 조인 상태에서 바가지에 발사체를 올려놓는다. 이어서 고정된 스윙 암에 연결된 잠금장치를 풀면, 〈그림 3.2〉 ❷에서 보는 바와 같이 비틀려 있던 밧줄 스프링이 풀리면서 회전력이 발생하면서 스윙 암이 회전한다. 스윙 암이 가로 막대에 부딪히면 발사체가 바가지를 이탈하면서 날아간다. 이 무기는 스윙 암을 길게 만들거나 밧줄스프링의 팽창력을 크게 하여 사거리를 증대시킬 수 있다. 하지만 당시의 기술로는 이러한 문제를 해결하기 어려웠다.

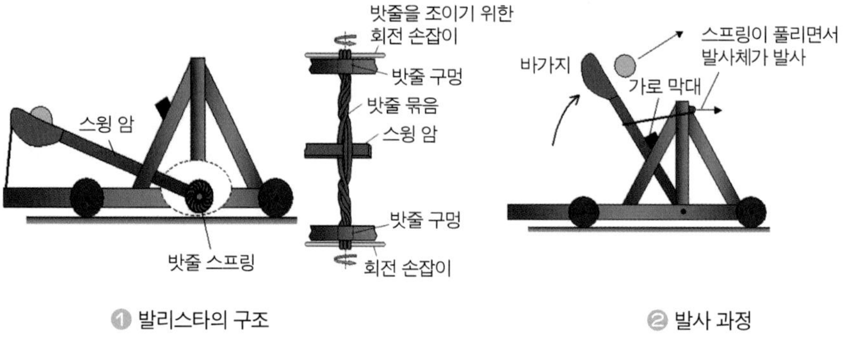

그림 3.2 초기 발리스타의 구조와 작동원리

1 Warry, J., "Warfare in the Classical World", p. 178. 1995.; TM 9-3305, "Principles Of Artillery Weapons," Headquarters Department Of The Army, Washington, DC, 1981. 5.

2. 투석기

투석기(catapult)는 기원전 330년경에 최초로 개발하였다. 초기의 투석기는 중앙에 지레가 있고 한쪽에는 투석 바구니가 있었으며, 맞은편 끝에는 균형추가 달려 있었다. 이후 투석기는 더 멀리 더 무거운 돌을 던지기 위해, 〈그림 3.3〉에 제시된 바와 같이 개량되었다. 이 투석기는 〈그림 3.3〉 ①에서 보는 바와 같이, 스윙 암의 양 끝단이 균형추와 발사체를 담을 수 있는 주머니와 밧줄 묶음 등으로 구성되어 있다.

투석기의 발사과정은 다음과 같다. 먼저 돌을 주머니에 담은 후 고정된 스윙 암의 잠금장치를 풀면 균형추가 내려오면서 스윙 암을 회전시킨다. 스윙 암이 회전하면서 〈그림 3.3〉 ②와 같이 포물선 운동을 하게 된다. 이때 스윙 암이 회전하면, 〈그림 3.3〉 ①에서 보는 바와 같이 연결줄과 스윙 암의 각도 α가 커진다. 이어서 α각이 거의 180°에 도달하는 순간 밧줄 묶음의 고리에 있는 손잡이의 각도 δ가 0°에 가까워지면 연결줄 중에서 하나가 풀린다. 동시에 주머니에 있던 돌이 주머니에서 이탈하면서 날아간다. 즉, 이 장치는 도리깨질과 비슷하게 탄성을 이용하여 작동한다고 볼 수 있다. 그리하여 투석기는 회전반경이 발리스타보다 훨씬 길게 조정할 수 있어서 더 멀리 돌을

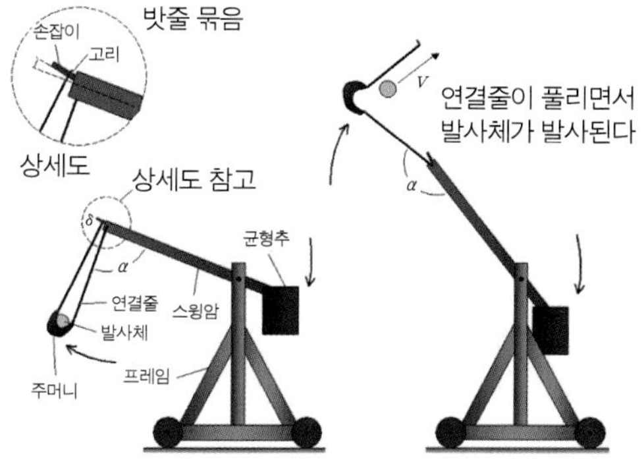

① 개량형 기계식 대포의 구조와 발사원리

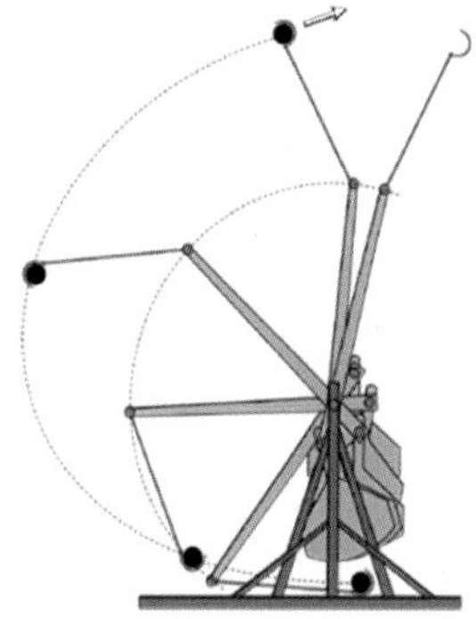
② 발사체의 궤적

그림 3.3 개량형 기계식 대포

던질 수 있었다. 투석기는 발리스타보다 돌을 더 멀리 던져서 성곽을 파괴하거나 아군 엄호 또는 포위 공격 등에 사용되었다. 당시에 사용되었던 투석기는 약 45kg의 돌을 540m까지 던질 수 있었다. 이는 참고로 오늘날 곡사포나 박격포와 비슷한 역할을 하였다.

3. 탄도학 이론

(1) 역학적 개념과 탄도 방정식

기계식 대포에 의해 발사된 발사체와 포의 구조는 〈그림 3.4〉에서 보는 바와 같다. 기계식 대포는 발사체의 사거리와 무게에 따라 여러 가지 유형이 있다. 하지만 기본적인 유형은 〈그림 3.4〉 ❶과 비슷한 구조이다. 대기 중에서 발사된 발사체는 〈그림 3.4〉 ❷와 같이 포물선 모양의 탄도를 그린다. 이때, 발사체(탄자)에는 공기의 저항력이 작용하기 때문에 고도가 최대로 올라간 지점인 정점을 기준으로 급격히 하강하게 된다. 즉 탄도가 정점을 기준으로 좌우 대칭이 되지 않고 정점에서 탄도의 기울기가 더 급해진다. 그러나 문제를 간략하게 해석하기 위해 공기에 의한 영향은 없다고 가정하겠다(진공 탄도). 기계식 대포의 발사체는 스윙 암을 완벽하게 제작한다면 수평으로 V_0속도로 발사시킬 수 있을 것이다.

하지만 일반적으로 발사체는 초기 발사각도 θ_0 는 0이고, 수평 초기 속도

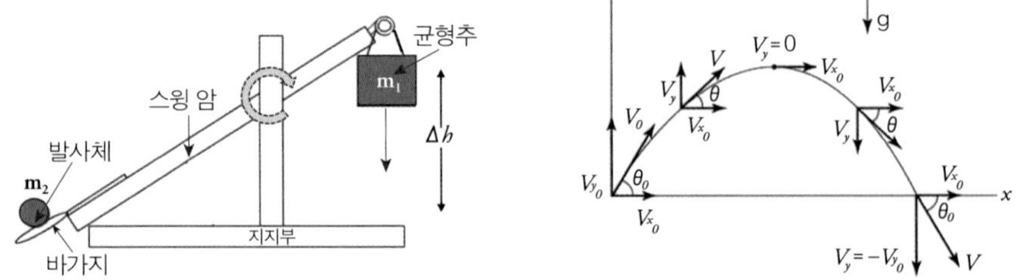

❶ 기계식 대포의 구조 작동개념　　❷ 자유 탄도의 속도변화

그림 3.4 기계식 대포의 역학 개념과 발사체의 속도변화

V_{x_0}만 그대로 유지하게 된다. 발사체는 대기 중에서 날아간다. 하지만 대략적인 발사체의 탄도를 해석하기 위해 진공상태로 가정하자. 발사체가 기계식 대포의 바가지를 떠난 직후의 위치를 $x=0$, $y=0$이라고 하자. 이 지점이 발사원점이며 발사체에 작용하는 외력은 중력만 작용하게 된다. 따라서 중력장 내에서 질점 운동방정식으로 탄도를 계산할 수 있다. 따라서 발사원점($x=0$, $y=0$)에서 V_0는 수평 방향과 수직 방향 속도로 나눌 수 있으며, 그 값은 식 [3-1]과 같다. 그리고 시간에 따른 발사체의 속도 성분은 식 [3-2]와 같이 표현할 수 있다.

$$V_{x_0} = V_o \cos\theta_0, \quad V_{y_0} = V_o \sin\theta_0 \qquad [3\text{-}1]$$

$$V_x = \frac{dx}{dt}, \quad V_y = \frac{dy}{dt} \qquad [3\text{-}2]$$

발사체에 작용하는 외력은 진공상태로 가정하였기 때문에 중력만 작용한다. 그 결과 수평 방향과 수직 방향에 작용하는 힘 F_x, F_y는 식 [3-3]과 같다. 이때 m은 발사체의 질량, g는 중력가속도이다.

$$F_x = 0, \quad F_y = -mg \qquad [3\text{-}3]$$

이어서 식 [3-3]을 이용하여 수평과 수직 방향의 가속도를 계산하면, 식 [3-4], [3-5]와 같이 나타낼 수 있다.

$$F_x = 0 = \frac{d(mV_x)}{dt} = 0 + \frac{dV_x}{dt}, \quad F_y = -mg = \frac{d(mV_y)}{dt} = 0 + m\frac{dV_y}{dt} \qquad [3\text{-}4]$$

$$\frac{dV_x}{dt} = 0, \quad \frac{dV_y}{dt} = -g \qquad [3\text{-}5]$$

한편 식 [3-5]를 적분하면, 수평과 수직 방향의 속도 V_x, V_y는 식 [3-6], [3-7]과 같다.

$$\int_{V_{x_o}}^{V_x} dV_x = 0,\quad \int_{V_{y_0}}^{V_y} dV_y = -g\int_0^t dt \quad \text{[3-6]}$$

$$V_x = V_{x_o} = V_o\cos\theta_0 \qquad V_y = -gt + V_{y_o} = -gt + V_o\sin\theta_0 \quad \text{[3-7]}$$

또한, 식 [3-7]을 적분하면, 수평과 수직 방향의 위치 x, y를 구할 수 있다. 먼저 발사체의 사거리를 의미하는 수평 방향의 위치 x와 고도를 의미하는 y와 초기 속도 V_0, 발사각 θ_0의 관계는 식 [3-9]~[3-11]과 같다.

$$\frac{dx}{dt} = V_o\cos\theta_0 \Rightarrow \int_0^x dx = V_0\cos\theta_0\int_0^t dt \quad \text{[3-8]}$$

$$\therefore\ x = V_o\cos\theta_0 t \quad \text{[3-9]}$$

$$\frac{dy}{dt} = -gt + V_o\sin\theta_0 \Rightarrow \int_0^y dy = -g\int_0^t tdt + V_0\sin\theta_o\int_0^t dt \quad \text{[3-10]}$$

$$\therefore\ y = -\frac{1}{2}gt^2 + V_o\sin\theta_o t \quad \text{[3-11]}$$

따라서 발사체의 탄도는 식 [3-9]를 t에 대해 풀고, 그 값을 식 [3-11]에 대입하면, 식 [3-12]와 같이 탄도 방정식을 구할 수 있다.

$$y = -\frac{g}{2V_o^2\cos^2\theta_0}x^2 + \tan\theta_0 x \quad \text{[3-12]}$$

만일 정점의 위치, 즉 발사체의 최대 탄도고를 계산하려면, 정점은 변곡점 $\frac{dy}{dx} = 0$ 이므로 이 조건을 식 [3-12]에 적용하여 정점에서 발사체의 위치 (x_p, y_p)는 식 [3-13]과 같이 구할 수 있다.

$$x_p = \frac{V_0^2}{2g}\sin2\theta_0,\quad y_p = \frac{V_0^2}{2g}\sin^2\theta_o \quad \text{[3-13]}$$

이때 탄도는 공기가 없으므로 정점을 기준으로 좌우가 대칭된다. 따라서 최대 사거리 $x_{\max}$는 식 [3-14]와 같이 나타낼 수 있다.

$$x_{max} = 2 \times x_p = \frac{V_0^2 \cdot \sin 2\theta_0}{g} \quad \cdots\cdots [3\text{-}14]$$

3.1 exercise

〈그림 3.5〉와 같이, 기계식 대포로 지표면의 높이보다 3.7m만큼 높은 위치(점 A)에서 발사체를 발사하였다. 이때 발사체는 30°의 각도로 발사하였다고 가정하자. 발사체가 표적에 명중되려면 초기 속도를 몇 m/s로 발사시켜야 하는가? 단, 공기저항은 무시하며 중력가속도는 9.81m/s²이다.

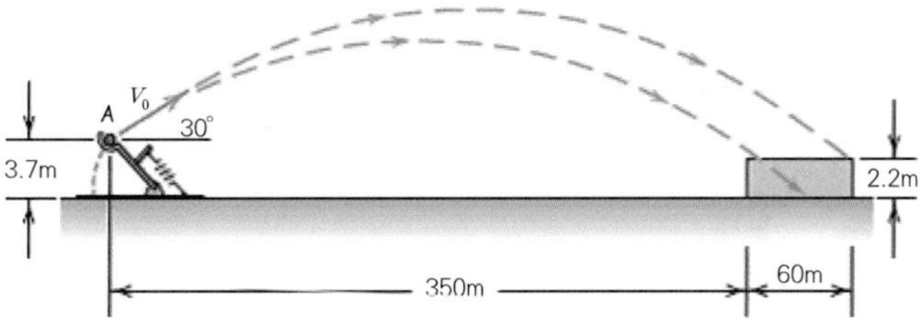

그림 3.5 기계식 대포의 탄도 사례

풀이

발사체의 탄도는 가로축 방향인 x와 세로축 방향의 y의 위치, 발사체 발사각도 θ_0, 그리고 발사체의 초기 속도 V_0의 관계식인 식 [3-12]에 발사체의 최초 위치 y_0만 추가하면 다음 식과 같이 표현할 수 있다.

$$y = -\frac{g}{2V_o^2\cos^2\theta_0}x^2 + \tan\theta_0 x + y_0$$

그리고 문제에서 제시된 제원을 적용하여 식에 대입하면 다음 식과 같이 된다.

즉, $y = -\dfrac{9.81m/s^2 \times x^2}{2V_o^2\cos^2 30°} + (\tan 30° \times x) + 3.7m$이다.

이어서 이 식에서 초기 속도 V_0에 대해 풀면 다음 식과 같이 된다.

$$V_0 = \sqrt{\frac{9.81m/s^2 \times x^2}{[-y + (\tan 30° \times x) + 3.7m] \times 2\cos^2 30°}}$$

따라서 문제에서 주어진 표적의 상부에 충격을 가할 수 있는 사거리는 최소 350m에서 최대 410m이다. 이때 초기 발사속도 V_0는 최소는 식(b)에 y는 2.2m, x는 350m, 최대는 y는 2.2m, x는 410m이다. 따라서 이들 값을 식에 대입하면 발사속도의 범위를 구할 수 있다.

결론적으로 발사체의 초기 속도 V_0는 62.0 m/s $\leq V_0 \leq$ 67.93m/s이다.

(2) 발사 에너지 계산

균형추의 질량이 m_1이고 높이차 Δh, 중력가속도 g라고 할 때 발사 준비 단계에서 균형추의 위치에너지 E_g는 식 [3-15]와 같다.

$$E_g = m_1 g \Delta h \qquad [3\text{-}15]$$

대포가 발사되면 균형추의 높이는 Δh만큼 하강하면서 반대편에 있는 바가지에 놓여있는 발사체의 운동에너지로 변환된다. 만일 스윙 암(swing arm)의 질량과 회전축의 마찰 그리고 공기저항이 없다고 가정하면, 발사체의 운동에너지 E_k는 식 [3-16]과 같다.

$$E_k = \frac{1}{2} m V_0^2 \qquad [3\text{-}16]$$

따라서 에너지 보존 법칙을 적용하면 $E_k = E_g$이 성립된다. 그리고 발사체의 초기 속도 V_0는 식 [3-17]과 같다.

$$m_1 g \Delta h = \frac{1}{2} m_2 V_0^2 \qquad [3\text{-}17]$$

한편 발사체를 들어 올리려면 일을 해야 한다. 따라서 식 [3-17]을 적용할 수 없다. 발사체를 공중으로 날아가게 하려면, 바가지(발사체 포함)를 Δh 높이만큼 상승시켜야 한다. 이를 고려한 식이 [3-18]이다.

$$m_1 g \Delta h = \frac{1}{2} m_2 V_0^2 + m_2 g \Delta h \qquad [3\text{-}18]$$

결론적으로 발사체의 초기 속도 V_0는 식 [3-19]와 같이 구할 수 있다.

$$V_0 = \sqrt{\frac{2(m_1 - m_2) g \Delta h}{m_2}} \qquad [3\text{-}19]$$

식 [3-19]에서 바가지(발사체 포함)와 균형추의 질량의 차이와 균형추의 높이 차이가 클수록 초기 속도가 빠르다는 사실을 알 수 있다. 기계식 대포는 이러한 원리를 적용하여 균형추의 무게를 바가지보다 상대적으로 무겁게 제작하려고 노력하였다.

3.2
exercise

〈그림 3.4〉와 같은 기계식 대포가 있다. 이 포의 균형추의 무게가 300.5kg_f이고 발사체를 포함한 바가지의 무게가 53.2kg_f이다. 그리고 발사체는 최대 5.3m까지 낮출 수 있도록 제작되었다. 만일 균형추를 최대로 낮추어 발사한다면 발사체의 초기 속도는 몇 m/s인가? 단, 마찰과 공기저항은 없으며 스윙 암의 무게에 의한 영향도 고려하지 않는다.

풀이

초기 속도는 식 [3-19]를 적용해 계산할 수 있다. 만일 중력가속도 g를 9.81m/s^{2}라고 가정하면, 발사체의 초기 속도 V_0는 다음과 같다. 즉,

$$V_0 = \sqrt{\frac{2(m_1 - m_2)g\Delta h}{m_2}} = \sqrt{\frac{2 \times (300.5\,\mathrm{kg_f} - 53.2\,\mathrm{kg_f}) \times 4.5\,\mathrm{m}}{(53.2\,\mathrm{kg_f}/9.81\,\mathrm{m/s^2})}} = 20.26\,\mathrm{m/s}$$

이다.

(3) 회전 운동에너지와 발사체의 속도

〈그림 3.6〉 ❶에서 균형추와 발사체의 질량이 각각 m_1과 m_2이고, 스윙 암이 θ만큼 기울어져 있다고 가정하자. 이때 스윙 암의 회전축(pivot)으로 균형추와 투발체가 있는 쪽으로 질량중심이 각각 R_1과 R_2만큼 떨어진 위치에 있다. 이 경우에 중력에 의한 힘 F_1과 F_2이 발생하게 된다. 이들 힘의 차이에 의해 스윙 바에 토크(torque)가 생겨 회전하게 된다. 이때 토크 T[N · m]을 계산하면, 식 [3-20]과 같다.

$$T = R_1F_1 - R_2F_1 = (R_1 \times m_1 g \sin\theta) - (R_2 \times m_2 g \sin\theta) \quad \text{[3-20]}$$

한편 α을 각가속도[rad/s^2], I_{nertia}을 관성모멘트[kg/m^2]라고 정의하면, 회전 운동체의 토크는 식 [3-21], [3-22]와 같이 나타낼 수 있다. 그리고 식 [3-22]에서 관성모멘트는 $I_{nertia}=m_1R_1{}^2+m_2R_2{}^2$이다.

$$T=I_{nertia}\cdot\alpha=\sum mR^2\cdot\alpha \quad\text{[3-21]}$$

$$\alpha=\frac{T}{I_{nerrtia}}=\frac{(R_1m_1g\sin\theta)-(R_2m_2g\sin\theta)}{m_1R_1^2+m_2R_2^2} \quad\text{[3-22]}$$

만일 스윙 암이 순간적으로 회전한다면 각가속도는 다음과 같은 과정으로 구할 수 있다. 먼저 이 경우에 회전 운동에너지는 식 [3-23]과 같이 계산할 수 있다.

$$K.E_{rotation}=\frac{1}{2}mV^2=\frac{1}{2}m(r\omega)^2=\frac{1}{2}(mr^2)\omega^2=\frac{1}{2}I_{nertia}\omega^2 \quad\text{[3-23]}$$

끝으로 〈그림 3.6〉 ❷에서 보는 바와 같이, 회전반경이 r인 운동체가 회전할 때 접선속도 V와 각변위 $\Delta\theta$, 시간 t의 관계는 식 [3-24]와 같이 계산할 수 있다.

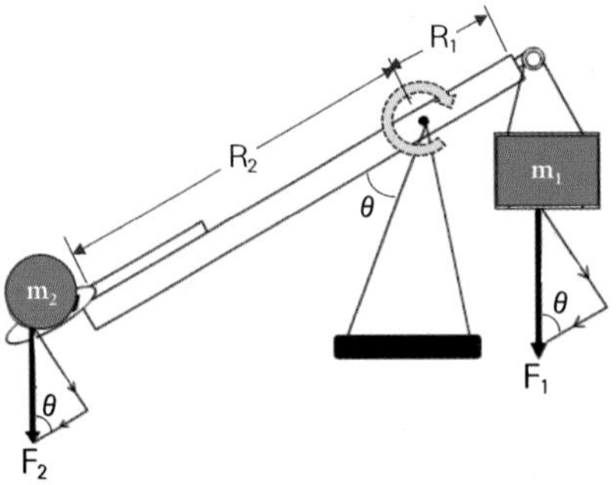

❶ 작용하는 힘과 회전에너지

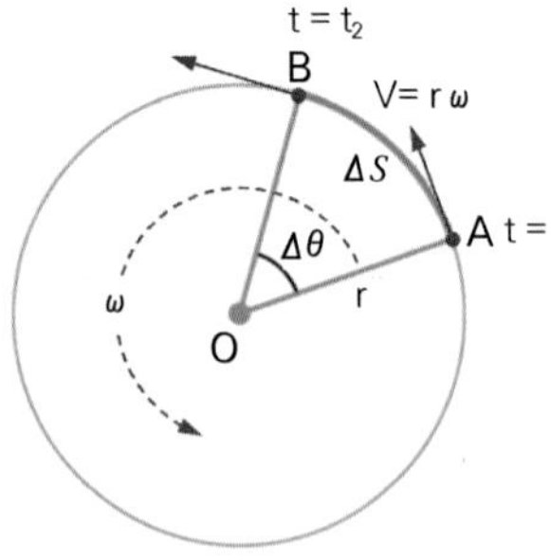

❷ 각속도의 개념

그림 3.6 기계식 대포의 힘과 회전에너지 개념도

$$\alpha = \frac{d\omega}{dt}, \quad V = r\omega, \quad \omega = \frac{d\theta}{dt} \quad \text{[3-24]}$$

만일 w_1과 w_2을 발사 준비단계와 발사체가 이탈하는 순간의 스윙 암의 각가속도[rad/s^2]라고 하면, 회전체의 각가속도와 회전각에 따른 관계는 식 [3-25]와 같이 된다.

$$\omega_2^2 = \omega_1^2 + 2\alpha\theta \quad \text{[3-25]}$$

그리고 식 [3-25]에서 발사준비 단계에서 각속도 w_1은 '0'이다. 따라서 각가속도 α는 식 [3-22]를 적용하면 알 수 있다. 이 값을 식 [3-25]에 대입하면 w_2을 계산할 수 있으며, 식 [3-24]에 대입하여 발사체의 속도 V를 구할 수 있다.

제2절 화약식 대포

화약식 화포는 기계에 의한 역학적 에너지를 이용하는 기계식 대포와 차이가 있다. 화약이 폭발하면서 발생한 가스의 압력에너지를 이용하여 무거운 발사체(포탄)를 발사하는 포를 주로 화포 또는 야포라고 부르고 있다. 화포의 출현은 화약의 발명과 더불어 시작되었다. 오늘날 화력 무기는 이와 유사한 방식으로 작동되는 포를 사용하고 있다.

1. 초기 화포 시대

1118년경 금속으로 제작된 최초의 대포는 〈그림 3.7〉 ❶에서 보는 바와 같이 주전자 또는 꽃병과 닮은 형상이었다. 이 포는 독특한 모양이 강철로 만든 투구와 비슷하다고 해서 이탈리아어로 꽃병을 의미하는 'Pot de fer 대포'라 불렀다. 이러한 형상으로 만든 주된 이유는 포신의 소재가 황동(구리와 아연을 혼합한 합금)이었기 때문이라 추정하고 있다. 이 소재는 전성과 연성이 높고 경도와 강도가 낮아서 포신 내부에서 화약이 폭발할 때 발생하는 고압을 견디기 어렵고 쉽게 변형된다. 따라서 폭발 초기에 고압을 견디도록 포신의 뒤쪽은 매우 두껍게 만들어야 했다. 또한, 포신 내부는 원통형 공간이었

❶ Pot de fer 대포 ❷ 화살식 포탄과 발사장면

그림 3.7 최초 화포의 구조와 발사장면

고, 외형상은 주전자와 비슷한 모양이었다. 당시에 포신은 주물 공정으로 제작되었으며, 발사체는 철과 가죽을 이용하여 만든 화살과 비슷하게 만들었다. 화살촉은 철로 만들었고 중간 부분은 가죽으로 감쌌다. 가죽이 사용된 이유는 발사체를 취급할 때 편리성을 좋게 하려고 사용한 것으로 추정된다.

한편, 이 화포의 발사과정은 다음과 같다. 〈그림 3.7〉 ❷에서 보는 바와 같이, 우선 나무 위에 포신을 밧줄로 고정한 후 흑색 화약과 발사체를 포구에 밀어 넣는다. 그리고 포신의 뒤쪽에 있는 심지에 불을 붙이면 발사체가 발사되는 방식이다.

이 포는 발사체를 약 640m 거리까지 날아가게 할 수 있었으나 명중률은 매우 낮았을 것으로 추정된다. 하지만 1327년 백년전쟁에서 프랑스군이 사용하였다고 알려져 있다.

2. 활강포 시대

초기 포병의 탄도 개념은 발사체인 포탄이 에너지가 소비될 때까지 직선으로 날아가서 표적에 떨어지는 개념이었다. 당시에는 오늘날 곡사포와 같이 포탄이 포물선을 그리는 화포를 설계하지 않았다. 그리고 1300년경까지 총과 화포는 강선이 없는 총열과 포신을 사용하였다. 이후 기술의 발전으로 화포는 경도와 강도 그리고 정밀도가 높아진 포신을 주조법으로 제작하였다.

활강포를 전쟁에 사용한 대표적인 사례로는 1247년 스페인의 세빌리아 전투에서 사용한 기록이 있다. 이후 영국과 프랑스가 벌인 백년전쟁(1337~1453)에서 대포가 널리 사용되었다. 당시에는 철 또는 주철로 만든 구리 또는 납, 석재로 만든 구형 발사체를 사용하였다. 또한, 이 포는 주퇴장치가 개발되지 않은 화포였기 때문에 발사되면 포구가 땅 위로 솟아올랐다. 이러한 단점에도 불구하고 그 당시에는 공성전이 많이 벌어졌기에 상당히 유용한 무기였다.

1453년 터키의 모하메드 2세는 1453년에 콘스탄티노플을 정복할 때 대포를 사용하였다. 포의 무게는 19톤이며 화약을 사용하여 600파운드의 돌

❶ 백년전쟁에 사용된 화포　　❷ 남북전쟁에 사용된 화포

그림 3.8 포구 장전식 활강포

을 하루에 일곱 번 발사시켰다. 무기를 운반하는 데 60여 마리의 황소와 200여 명의 병력이 필요했다.

3. 강선포 시대[2]

강선포 이전에 화포는 활강포를 사용하였다. 당시에는 안정된 탄도보다는 무거운 발사체(탄자)를 멀리 던져서 표적에 대해 타격을 가할 수 있는 화포를 개발하는 데 만족해야 했다. 그러나 화포 제작기술이 발전하면서 명중률과 사거리를 획기적으로 증가시킬 수 있는 강선포가 등장하였다.

(1) 최초의 강선포

강선은 탄자를 총열이나 포신 내에서 가속할 때 회전력을 가하기 위해 만든 나선형 홈이다. 화기에 강선을 이용한 방식은 1480년에야 개발되었다. 이 총은 총열 내부에 직선으로 강선 홈을 만들어 탄환을 발사시키도록 고안하였으며 1500년대에 광범위하게 사용되었고 명중률이 향상되었다. 하지만 당시 강선이 있는 구식 소총은 제작비용이 많이 소요되고 탄약을 다시 장전할 때 시간과 노력이 많이 들었다. 특히 장전 시 강선이 안 파진 총보다 더 큰 힘으로 헝겊이나 가죽으로 감싼 탄환을 'bullet starter'라는 별도의 도구를 활용하여 밀어 넣어야 했다. 이 때문에 19세기 초에 이르기까지 강선이 없는 구식 소총을 선호하였다.

화포가 처음 개발될 당시에는 포신을 정밀하게 가공할 수 있는 기술이 부족하였다. 이는 낮은 명중률로 이어졌다. 이러한 문제는 1750년까지 이어졌다. 당시에 소총과 기관총에 강선 방식을 적용하였다. 하지만 대구경 화기에 적용된 시기는 100여 년이 지나서 가능하였다. 그 이유는 포신에 강선을 제작하려면 당시의 기술로는 엄청난 노력과 시간이 필요하였기 때문이다.

한편 역사상 최초의 강선포는 1846년에 이탈리아의 카벨리(Cavelli) 소령과 독일의 바론 와렌도르프(Baron Wahrendorff)에 의해 각자 독립적으로 개발되었다. 그들이 개발한 강선포는 포미로 탄약을 장전할 수 있었으며, 당시에 사용하였던 포신은 〈그림 3.9〉에서 보는 바와 같다. 카벨리는 〈그림 3.9〉 ❶에 제시된 포신을 개발하였다. 이 포의 특징은 포탄에는 축구화 밑창처럼 금속 돌기가 있었다. 그리고 이 돌기에 맞물리도록 강선 홈이 나선형으로 파여있는 포신을 만들었다. 따라서 탄이 발사되면 강선 홈을 따라 금속 돌기가 맞물려 포구를 빠져나온다. 이때 포탄이 회전과 직선 운동함으로써 강선 효과를 얻게 된다. 그리하여 발사체가 날아갈 때 안정성이 향상된다. 하지만 이 방식은 당시의 활강포보다 제작비용이 비싸고, 포신과 포탄의 마찰이 커서 수명이 너무 짧았다. 한편, 와렌도르프가 발명한 강선포는 〈그림 3.9〉 ❷에서 보는 바와 같다. 이 방식은 카벨리가 개발한 강선포보다 포탄과 포신

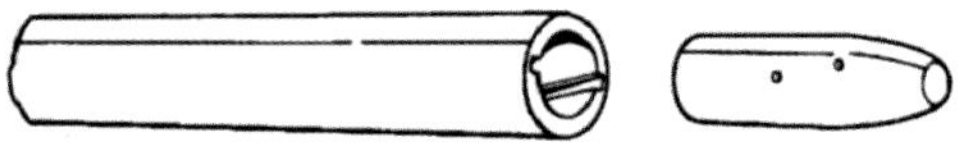

❶ 돌출부 탄자와 강선(카벨리 개발)

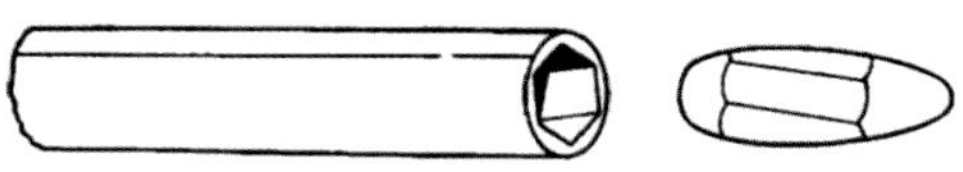

❷ 육각형 탄장화 강선(와렌도르프 개발)

그림 3.9 최초의 강선포의 강선 형상

사이의 접촉 면적이 더 넓고, 강선 홈의 구조가 복잡해서 제작이 더 어려웠다.

(2) 강선의 발전과정

오늘날 총이나 화포는 탄자를 회전시키기 위해 포신이나 총열에 강선을 이용하는 사례가 많다. 하지만 초기의 총이나 화포는 강선을 제작할 기술이 부족하여 강선을 만들 수 없었다. 수많은 시행착오를 경험한 후에야 오늘날과 같이 정교한 강선을 제작할 수 있게 되었다. 역사적으로 강선포는 매우 다양하게 개발되어 사용하였으며, 그 발전과정을 알아보면 다음과 같다.

1 Vavasseur 강선

이 방법은 1866년 영국의 조지아 바바서(Josiah Vavasseur)와 블래이클리(T.A. Blakely, R.A)가 특허를 등록하였다. 탄자에 연한 재질(구리, 납)의 금속으로 만든 구동 밴드에 못(stud) 형태로 부착된 탄자를 사용한다. 구동 밴드는 추진가스의 누출을 줄이면서 동시에 탄자와 강선 사이의 마찰을 줄이고자 하였다. 구동 밴드는 강선의 홈을 따라 움직이도록 같은 간격으로 돌출되어 있다. 이 방식은 아이디어는 좋았으나 탄자가 무거우면 사용할 수 없었다.

2 Woolwich 강선

Woolwich 강선은 〈그림 3.10〉 ❶에서 보는 바와 같이 두 개의 나선형 강선이 파인 포신이었다. 탄자에는 약 0.25인치 높이의 돌출부를 만들어 돌출부가 포신의 강선 홈을 따라 회전할 수 있게 설계되었다. 스터드는 연질 금속으로 제작하였기 때문에 소총 강선이 매우 빠르게 마모되었다. 이 방식으로 제작한 대표적인 화포로는 1865년에 개발하여 영국 해군이 사용하였던, 구경 7인치 RML 포가 있다. 이 포는 포신 길이가 3.2m였으며, 탄두 무게 150파운드, 포구 속도 465m/s, 최대 사거리 5km인 포구 장전식이었다.

3 타원형 강선

1850년 영국의 윌리엄 랭커스터(William Lancaster)가 개발한 강선인데

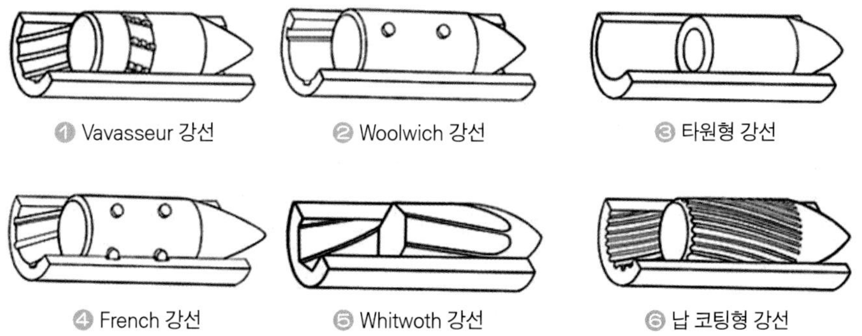

그림 3.10 19세기 이전에 개발된 포신과 포탄

Whitworth 강선과 비슷하나 포강 단면의 모양이 타원형이다. 대표적인 사례로는 영국의 68-pounder Lancaster 포가 있다. 주요 특징은 포구 장전식이며, 탄두 무게 68파운드(30.8kg), 최대 사거리 6km 수준이었다. 이 화포는 1853년부터 1856년까지 벌어진 크림전쟁(Crimean War)에서 연합군(영국, 프랑스, 오스만튀르크, 사르데냐)이 사용하였다.

4 French 강선

1858년 프랑스의 라 히테(La Hitte)가 개발한 육각형 모양의 강선 홈이 있는 강선이다. 이 강선이 개발되면서 종래의 활강포보다 정확도가 크게 향상되었다. 이 강선을 적용한 French 포는 일반 포탄이나 구형(球形)이 자탄이 들어 있는 포탄을 사용할 수 있었다. 이 화포는 1859년 이탈리아 프랑코와 오스트리아 사이의 전쟁에 사용하였다. 주요 제원은 구경 86mm, 탄자의 무게 4kg, 최대 사거리 3km이었다.

5 Whitworth 강선

1853년 영국의 조셉 휘트워스(Joseph Whitworth)가 개발하여 70-pounder Whitworth 포에 적용하였다. 특히 미국의 남북전쟁과 브라질군의 파라과이와의 전쟁에서 사용하였다. 이 포는 포구 장전식이었으며, 6각형 모양의 나선 홈이 있는 강선포이다. 역시 포탄에도 육각형 모양의 돌기가 있어서 포탄이 발사되면 나선 홈을 따라서 회전력을 얻는 방식을 사용하였다. 탄자는 육각형 나선 홈과 일치하게 제작하였다. 이 포는 장거리에서 비교적 정확도가 높았다. 하지만 포신의 정밀도를 유지하기 위한 유지 및 보수 작업이 매우 어려웠다. 주요 제원은 구경 5.5인치, 포신 길이 3m, 탄자 무게 81파운드(36.7kg), 최대 사거리 5km이었다.

6 납 코팅형 강선

납 코팅형 강선(lead coated shell)은 납 코팅 포탄을 발사할 때 사용하는 포신의 강선을 말한다. 이 강선은 1859년 영국의 암스트롱(Armstrong)이 개발하였다. 오늘날 대구경 포탄의 회전대와 유사한 방식을 적용한 포탄인데 납으로 코팅한 탄자의 외경이 포신의 구경보다 더 크게 만들었다. 그리하여 포탄과 포신의 내벽 사이에 틈이 없게 하여 추진가스 누출을 억제하는 밀폐 효과를 높였다. 또한, 납은 포신과 탄자 사이의 마찰을 줄이는 윤활 기능이 우수하여 포신을 오래 사용할 수 있게 되었다. 하지만 납은 경도가 낮은 재질이라 탄약을 장전하거나 운반할 때 취급하기 어려웠다. 대표적인 사례로는 영국의 RBL 7인치 포가 있다. 이 화포는 포신 길이 2.53m, 탄자 90~100파운드(31.8~45.4kg), 포구 속도 340m/s, 최대 사거리 3.2km이었다. 그리고 장전 방식은 후장식이었다.

제3절 현대식 화포

1. 화포의 분류와 특징

(1) 장전방식에 따른 분류

1846년 유럽에서는 강철로 만든 후장식 화포(breech-loading cannon)가 개발되었다. 이 방식은 〈그림 3.11〉에서 보는 바와 같이, 포탄을 포미로 장전한 후 발사시키는 방식이다. 이 방식은 포구로 탄약을 장전하는 전장포(muzzle-loading cannon)에 비해 발사속도를 빠르게 할 수 있다. 그리고 장전 시 탄자와 포신 내벽 사이를 완전히 밀착시켜 사격한다면, 고압의 추진가스가 내벽 사이의 틈새로 누출될 일이 없다. 그 결과 후장식 화포는 전장포보다 추진제의 에너지 이용도가 높다. 오늘날 대부분 화포는 후장식을 적용하고 있다.

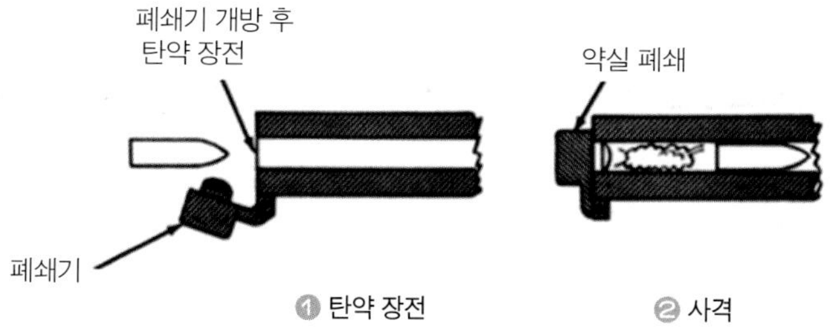

그림 3.11 후장식 화포의 사격 과정

(2) 강선(rifling)의 유무에 따른 분류

강선포란 포강 내부에 탄자를 회전시키기 위한 강선이 있는 포이다. 강선포에서 발사되는 탄자는 비행할 때 회전 관성에 의해 비행 안정성을 유지할 수 있다. 물론 강선포에서 활강포처럼 날개를 부착한 탄자를 강선포로 발사하나 회전은 시키지 않는 예외적인 사례도 있다. 하지만 일반적으로 강선포로 발사된 포탄은 회전 관성에 의해 비행 안정성을 유지한다. 참고로 강선이란 포신의 안쪽(포강)의 나선형 홈을 말한다. 탄자는 나선형 홈을 따라 회

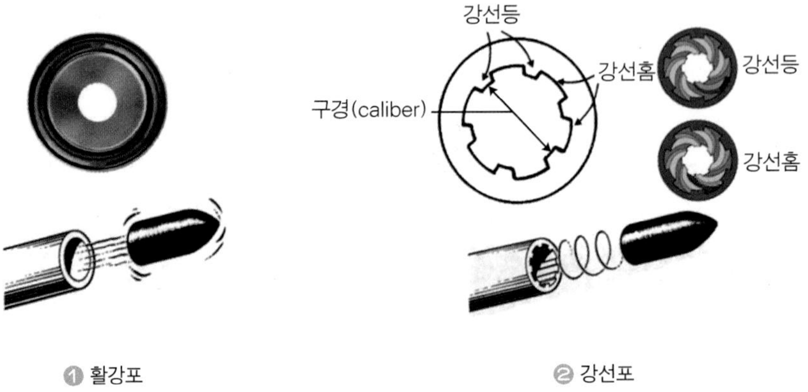

그림 3.12 활강포와 강선포의 비교

전하여 회전 관성을 가지게 되고, 이로 인해 안정된 탄도를 가진다. 일반적으로 탄자가 무겁고 길이가 길수록 더 많은 회전을 주어야 탄도가 안정되며, 안정화에 필요한 최소한의 회전이 필요하다. 만일 과도하게 회전을 주게 되면 탄도가 불안정하다.

(3) 탄도에 따른 분류

화포는 탄도의 평탄도에 따라서 직사포, 평사포, 곡사포, 박격포로 분류할 수 있다. 탄도의 평탄도는 〈그림 3.13〉에서 보는 바와 같이 용도에 따라서 각기 다른 탄도를 갖도록 설계하고 있다.

직사포는 유효사거리 범위 내에서 소총처럼 탄도가 거의 일직선을 유지하도록 설계된 포이다. 이러한 포에는 초기의 대전차용 대포나 전차포가 있다.

곡사포는 발사각을 낮은 각도부터 높은 각도까지 조절할 수 있다. 그리하여 탄도의 기울기가 커서 높은 장애물을 넘어서 장거리 표적을 타격하기 유리하다. 오늘날 가장 많이 운용하고 있는 화포이다.

평사포는 곡사포보다 낮은 발사각으로 사격하는 데 최적화된 포이다. 따라서 탄도가 곡사포보다 평탄한 탄도를 유지할 수 있어서 사막과 같은 평야 지대에 적합한 화포이다. 근거리에서는 〈그림 3.13〉에서 보는 바와 같이 직

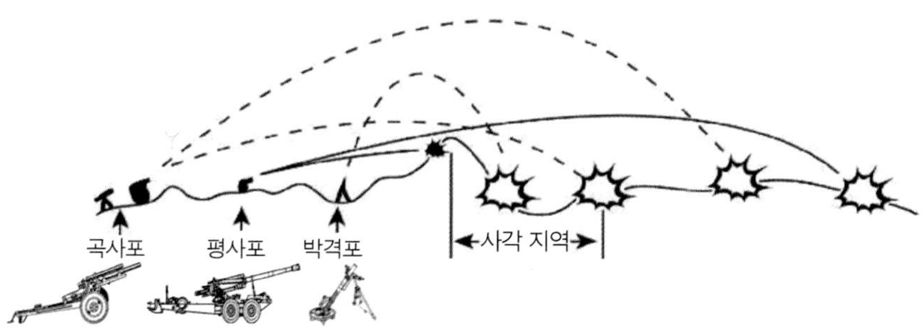

그림 3.13 탄도에 따른 화포의 분류

사포처럼 직접사격을 할 수 있으나 높은 산악지대에서는 사용이 제한된다.

박격포는 곡사포보다 고각사격이 가능하여 장애물로 엄폐된 근거리 표적을 타격하기 적합하다. 하지만 탄도의 기울기가 커서 탄의 최대 고도가 높아서 바람의 영향을 많이 받는다. 따라서 정밀사격하기 어려운 단점이 있다. 오늘날 미사일이라 로켓 등의 등장으로 평사포보다 곡사포와 박격포와 같은 단순화된 화포체계를 선호하는 추세이다.

(4) 탑재 수단에 따른 분류

화포는 탑재 수단에 따라서 견인포, 자주포로 분류할 수 있다. 견인포는 자체 기동수단이 없어서 차량이나 동물 등으로 견인하여 이동하다가 사격 시 지면에 고정한 후 사격하는 포이다. 자주포는 차량이나 장갑차 따위에 포를 탑재한 무기이다. 견인포에 비하여 쉽게 이동할 수 있는 장점이 있다.

2. 화포의 발전과정

(1) 1차 세계대전

1차 세계대전에서 화포는 핵심적인 역할을 담당하였다. 당시 화포의 특징과 역할을 요약하면 다음과 같다. 첫 번째, 포병사격방법 중 이동표적에 대하여 도달하리라고 예상되는 지점에 사격을 가하는 예측 사격방법(predicted fire methods)이 개발되었다. 두 번째, 사상자의 60% 이상이 포병사격에 의해 발생하였다. 세 번째, 1차 세계대전에서 약 2억 2천만 발의 포탄을 소비하였다. 예를 들어 1916년 당시 대표적인 격전지 중 하나였던 프랑스 북동부의 도시인 베르됭 전투에서, 프랑스군은 독일군에게 약 1,000여 문의 French 75 화포로 6개월 동안 약 1,600만 발의 포탄을 발사하였다.

French 75 화포는 1896년에 개발되었으며, 이듬해부터 전력화된 당시 최첨단 무기였다. 이 포는 구경 75mm이며, 유 · 공압식 주퇴장치(hydraulic-pneumatic recoil system)를 최초로 적용하였다. 그 결과, 사격 간 화포가 안정화되어 명중률이 크게 향상된 혁신적인 화포였다. 당시 개발된 주퇴장치는 〈그림 3.14〉에서 보는 바와 같이, 오늘날 화포와 비슷하다. 〈그림 3.14〉 ❶에서 원통형 포신은 요가에 고정되어 있으며 요가는 활대 위에서 미끄러지면서 포신이 왕복운동을 한다. 즉 포가 발사되면 반동력에 의해 포신은 뒤로 밀리게 되는데, 이를 '주퇴'라고 한다. 이때 주퇴장치에 의해 〈그림 3.14〉 ❷에서 보는 바와 같이, 피스톤과 실린더로 구성된 장치에 들어 있던 오일 압력에 의해, 격판이 오른쪽에서 왼쪽으로 움직이게 된다. 그 결과, 압축공기가 더욱더 압축되면서 포신의 주퇴 운동(recoil movement)을 멈추게 된다. 이어서 더 높아진 압축공기의 팽창압력에 의해, 포신이 최초의 위치로 복귀하게

❶ 화포와 탄약

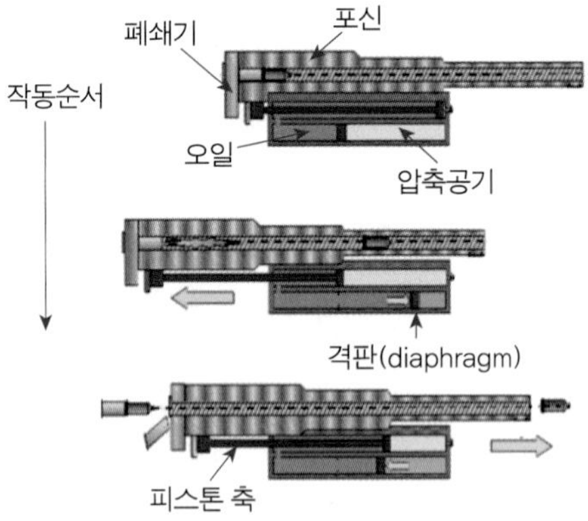

❷ 주퇴장치의 구조 및 작동 원리

그림 3.14 French 75 견인포의 구조와 작동원리

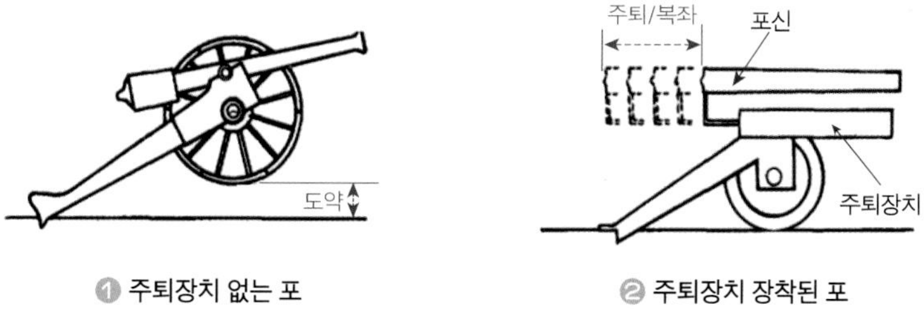

그림 3.15 주퇴장치의 유무에 따른 안정성 비교

된다. 이를 복좌 운동(counter recoil movement)이라고 하며, 최초의 위치로 복귀한 포신은 다음 사격이 가능하다.

하지만 주퇴장치가 없는 화포는 〈그림 3.15〉 ❶에서 보는 바와 같이, 사격 시 화포가 도약하면서 포의 자세가 원위치 되지 않아서 다음 사격을 위해 또다시 고정해야 한다. 따라서 사격속도가 느리고 명중률이 낮았다. 하지만 주퇴장치가 적용되면 〈그림 3.15〉 ❷에서 보는 바와 같이, 사격 간 화포의 안정성을 유지할 수 있어서 사격속도와 명중률을 높일 수 있다.

French 75의 무게는 약 1.5톤이었으며, 6명의 포수가 운용하였다. 유효사거리는 6.9km이며, 탄자는 12파운드 고폭탄 또는 구형의 납탄(lead balls) 290여 발이 들어 있는 16파운드 파편 탄약을 사용하였다. 초기 모델은 고각과 선회각도가 각각 -11°~+18°, 6°이고 분당 3~4발 지속 사격이 가능하였다. 이 화포는 1940년까지 개량 화포가 생산되어 2차 세계대전에서도 사용되었다. 여기서 고각이란 포신 축의 연장선과 조준선이 이루는 각이다. 그리고 선회각도는 사격이 준비된 후, 포가를 움직이지 않고 사격할 수 있는 좌측 한계선으로부터 우측 한계선에 이르는 각이다. 한편 French 75 계열 견인포는 2차 세계대전 시에 대전차 탄약도 사용이 가능한 수준으로 개량되었다. 이 포는 분당 20발 사격을 할 수 있었고, 유효사거리는 11.2km이었다.[3]

한편 1차 세계대전 말기의 대표적인 견인포에는 프랑스의 Canon de

---

3 Hogg, Ian V., "Allied Artillery of World War I," Crowood Press, 1998.; Hogg, Ian V., "British Artillery Weapons & Ammunition 1914-1918", London: Ian Allan, 1972.

155C 포가 있다. 이 포는 1917년에 프랑스가 개발하여 1945년까지 생산하였다. 구경은 155mm, 무게 3.3톤, 고각 0~42°, 선회각도 6°, 사거리 11.3km이었으며, 약 44kg의 탄자를 분당 3발 발사할 수 있었다. 그리고 미국은 1918년에 Canon de 155C 포를 모방한 155mm M1918M1 포를 생산하였다. 이후 이 모델을 개량시켜 1938년에는 155mm M1 견인포를 개발하여 2차 세계대전에 사용하였다.

1차 세계대전에서는 초대형 화포도 사용하였다. 대표적으로 독일의 Paris Gun이 있다. 이 포의 구경 211mm, 포신의 길이 34m, 유효사거리 130km, 무게 256톤이었다. 이 화포는 너무 무거워서 레일 위에서 움직이도록 설계되었다.

3.3 exercise

〈그림 3.16〉과 같이 질량(M)이 1.5톤인 화포로 질량 72kg의 구형 탄자를 수평으로 발사하였다. 이때 포구에서 탄자의 속도 V_{muzzle}를 측정하였더니 550m/s이었다. 만일 화포는 사격 시 자유롭게 반동력에 의해 후방으로 움직일 수 있다면, 화포의 지표면에 대해 화포의 상대속도 V_{cannon}와 탄자의 상대속도 V는 얼마인가?

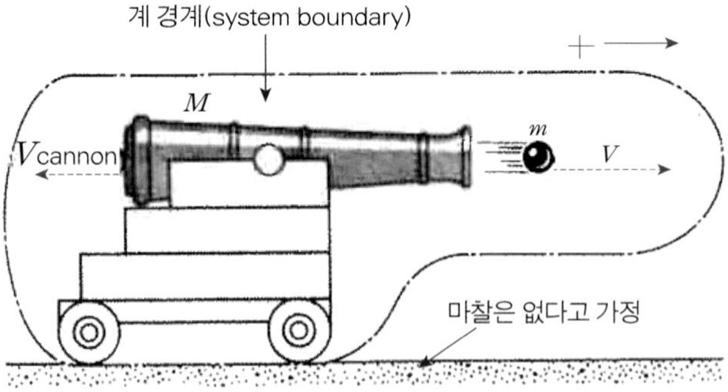

그림 3.16 〈예제 3-3〉의 화포 개념도

풀이

화포가 발사되기 이전과 발사 후의 운동량의 합은 같아야 한다. 따라서 운동량의 보존방정식을 적용할 수 있다. 계에 가해진 외력 $F(t)$=0이다. 따라서 식 [3-26], [3-27]과 같이 표현할 수 있다.

$$\int_{t_1}^{t_2} F(t)dt = m_2 V_2 - m_1 V_1 = P_2 - P_1 = 0 \quad \text{[3-26]}$$

$$\therefore \; P_1 = P_2 \quad \text{[3-27]}$$

여기서 t는 시간, m은 질량, V는 속도를 의미하고 위 첨자 '1'은 최초상태, 아래 첨자 '2'는 최종상태이다.
한편 문제에서 주어진 조건을 적용하면, 최초의 계의 운동량 P_1은 정지된 상태이기 때문에 '영(zero)'이다. 그리고 발사 후 화포와 탄자를 합한 운동량 P_2는 식 [3-28]과 같이 계산할 수 있다.

$$P_2 = MV_{cannon} + m(V_{m\mu zzle} + V_{cannon}) \quad \text{[3-28]}$$

이 식의 우변 첫 번째 항은 화포의 주퇴 운동량(recoil momentum)이고, 두 번째 항은 탄자의 운동량을 의미한다. 그리고 식 [3-27]에 식 [3-28]과 최초의 계의 운동량 P_1을 대입하면, 식 [3-29]와 같이 표현할 수 있다.

$$0 = MV_{cannon} + m(V_{m\mu zzle} + V_{cannon}) \quad \text{[3-29]}$$

따라서 지표면에 대해 화포의 상대속도 V_{cannon}는 식 [3-29]를 적용하여 계산할 수 있다.

$$\therefore \; V_{cannon} = -\frac{mV_{\mu zzle}}{M+m} = -\frac{72kg \times 550m/s}{1500kg + 72kg} = -25.2m/s$$

다음으로 화포에 대한 탄자의 상대속도 V는 탄자의 상대속도와 화포의 주퇴속도의 값을 합한 값으로 계산할 수 있다.

$$\therefore \; V = (V_{cannon} + V_{m\mu zzle}) = 550m/s + (-25.2m/s) = 524.8m/s$$

(2) 2차 세계대전

2차 세계대전에서는 견인포는 물론이고 자주포를 널리 사용하였다. 당시에 전쟁에 사용한 대표적인 견인포는 1941년에 미국에서 개발한 8인치 M1 평사포와 155mm M114 곡사포가 있다. 미국은 1977년에 M114를 개량한 M198 곡사포를 전력화하였다. 2003년에는 M198 곡사포보다 무게가 가볍고 사격 통제장치를 개량한 155mm M777 곡사포를 전력화하였다.

한편 당시 사용한 자주포에는 1942년에 개발한 영국의 M7 Priest 자주포와 1943년에 개발된 독일의 105mm Wespe 자주포가 있다. 당시 M7 Priest 자주포의 장갑 두께는 12~62mm이었으며, 탄약적재량은 69발, 근접 방호용 화기인 기관총은 구경 12.7mm M2 Browning(탄약 300발)을 사용하였고, 엔진 출력은 320마력 또는 400마력이었다. 그 밖에 소련은 1939년에 차량탑재형 카추샤 다연장 로켓포(MLRS, Multiple Launch Rocket Systems)를 개발하였다.

3. 현대식 화포의 작동기구

(1) 화포의 구조와 구성품

대구경 화포는 포신의 탑재 방식에 따라 견인포와 자주포로 분류할 수 있다. 이들 화포의 구조와 구성품을 살펴보면 다음과 같다.

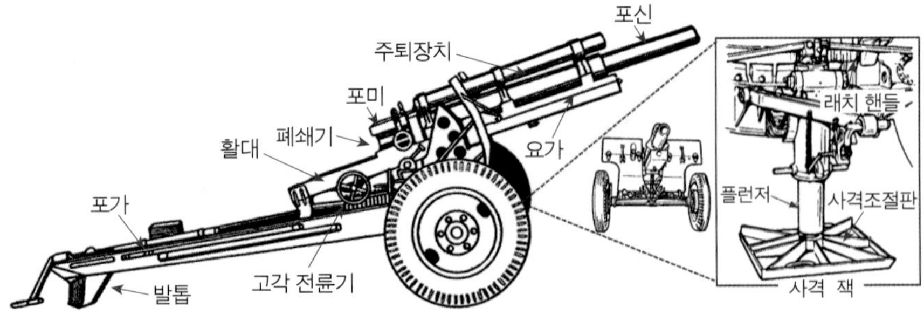

그림 3.17 견인포의 주요 구성품

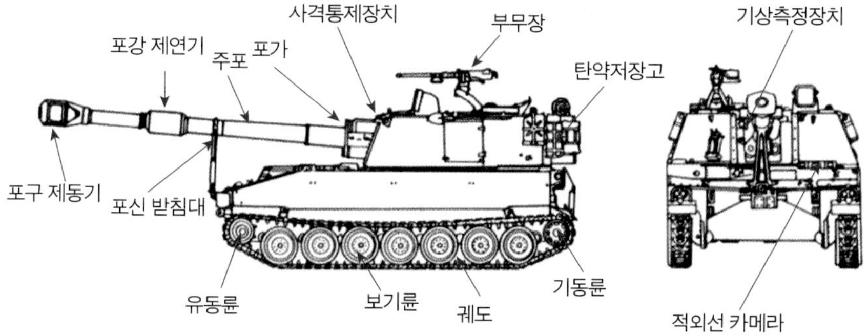

그림 3.18 자주포의 주요 구성부품

견인포는 〈그림 3.17〉에서 보는 바와 같이, 포신, 주퇴장치, 폐쇄기, 활대, 요가, 고각 전륜기, 포가, 발톱 등으로 구성되어 있다.

자주포는 차륜형과 궤도형이 있으나, 〈그림 3.18〉에서 보는 바와 같이 주로 궤도형 차량에 탑재한다. 그리고 자주포는 견인포보다 매우 복잡한 구조와 다수의 구성품이 있다. 자주포의 구성은 다음과 같다. 먼저 자주포는 주포를 고정하는 포가(gun mount), 주퇴 운동을 감소시키는 포구 제동기(muzzle brake), 포강에 연기와 잔류물을 제거하는 포강 제연기, 기동 시 포신의 휨을 방지하기 위한 포신 받침대, 사격제원을 산출하기 위한 사격통제장치, 바람이나 기온 등 기상을 측정하는 기상측정장치, 야간에 조종수가 전방을 관측하기 위한 적외선 카메라 등이 있다. 또한, 차량 내부에 탑재된 주퇴장치와 엔진, 변속기 등이 있으며 궤도와 현가장치가 있다. 이들 구성품의 기능을 살펴보면, 차량의 엔진에서 나오는 회전력을 궤도에 전달하는 기동륜(driving wheel), 궤도의 방향성을 유지하면서 차체를 지지해주는 보기륜(road wheel), 궤도의 장력을 일정하게 유지해주고 궤도가 이탈하는 것을 방지하는 유동륜(idle roller), 차량의 충격을 흡수하는 현가장치 등이 있다. 참고로 유동륜은 보기륜과 마찬가지로 자체 동력이 없다. 그 밖에 자주포는 전차와 구동 방식이 유사하다. 자세한 내용은 제4장 전차에서 다루었다.

(2) 화포의 안정화 장치

포를 발사하면 포탄의 반동력에 의해 포신이 포미 방향으로 후퇴하게 된다. 이러한 현상을 주퇴 운동(recoil movement)이라고 부르며, 이때 운동하는 모든 부품이 주퇴부이다. 화포는 주퇴 후 최초의 위치로 신속하게 복귀해야 다음 사격이 가능하다. 이때 복귀하는 운동을 복좌 운동(counter-recoil movement)이라고 한다. 포가 안정되려면 주퇴 운동과 복좌 운동을 제어할 수 있는 주퇴장치가 필요하다.

오늘날 각국에서 운용 중인 야포, 전차포, 대공포, 함포, 기관포 등의 주퇴장치는 약간의 차이는 있으나 작동기구에 따라서 유압-스프링 방식과 유압-기압 방식으로 구분한다. 이를 살펴보면 〈그림 3.19〉에서 보는 바와 같다. 이들 방식은 모두 주퇴 제동기, 복좌기, 복좌 완충기로 구성되어 있다. 주퇴 제동기는 포신의 반동력을 흡수하여 포신을 제동시킨다. 복좌기는 주퇴 운동이 정지된 후 포신을 원래의 위치로 복귀하게 한다. 복좌 운동은 포신이 원래 위치에 도달하기 직전에 안정되게 안착할 수 있도록 복좌 운동의 종말 단계에서 충격을 흡수할 수 있다.

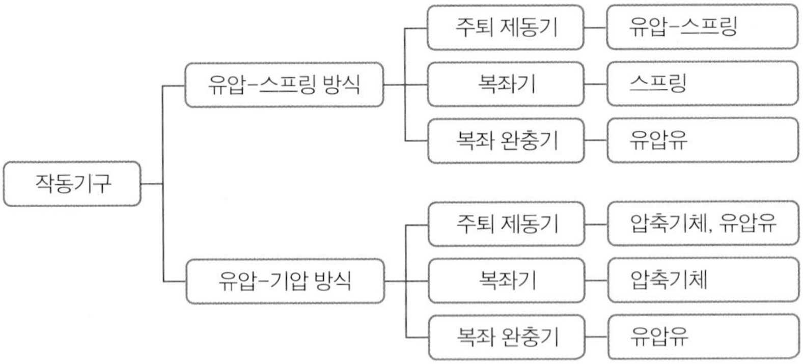

그림 3.19 주퇴장치의 분류

1 유압-스프링 방식 주퇴장치

유압-스프링 방식 주퇴장치(hydro-spring recoil system)는 〈그림 3.20〉에서 보는 바와 같이, 구조가 단순하다. 주퇴 제동기는 유압을 이용하여 제동력을 얻으며, 복좌기는 주퇴 운동할 때 스프링을 압축시킨 후에 스프링의 팽창력을 이용하여 복좌 운동하는 방식이다. 따라서 스프링의 구조적인 특성으로 인하여 설계의 융통성이 제한되며, 주퇴 길이를 길게 할 수 없다는 단점이 있다. 그리고 스프링의 수명을 예측하기 어려워서 주기적으로 스프링을 교체해야 한다. 하지만 구조가 단순하여 야전에서 쉽게 정비를 할 수 있다. 복좌 완충기는 유압을 이용하여 복좌 운동의 종말 단계에서 완충기 봉과 홈에 있는 유압에 의해 충격을 흡수하게 되어 있다.

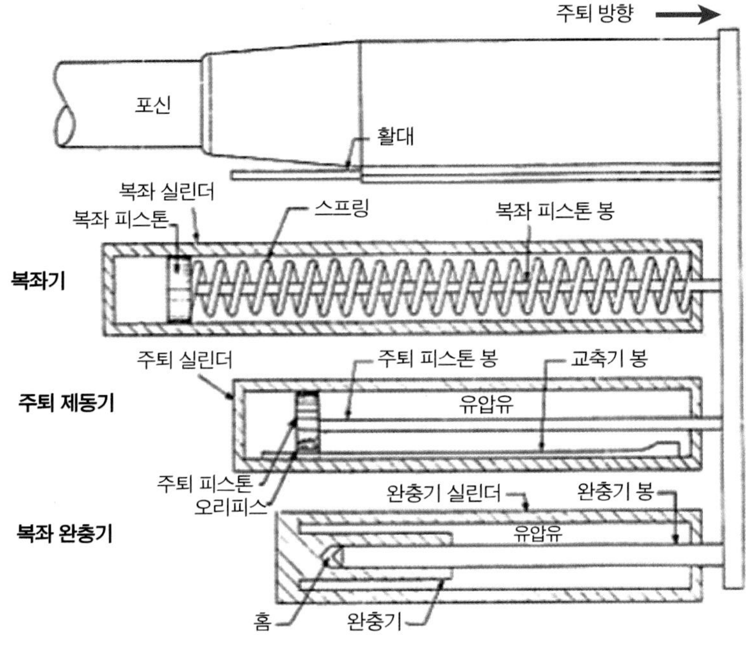

그림 3.20 유압-스프링 방식

2 유압-기압 방식 주퇴장치

유압-기압 방식 주퇴장치(hydro pneumatic recoil system)는 신뢰성이 높고 내구성이 우수하다. 그리고 주퇴 거리를 길게 할 수 있으며 설계 시 융통성이 좋은 장점이 있다. 하지만 이 장치는 제작 시 특별한 기술이 필요하고 스프링 방식 주퇴장치보다 제작비용이 많이 소요된다. 또한 압축가스(질소)를 사용하기 때문에 대기 온도에 따라 가스압력이 변화됨으로써 주퇴 속도와 거리가 달라질 수 있다. 따라서 운용 시 기온 변화에 따른 가스압력의 조절을 해주어야 한다. 이 장치는 작동할 때 열이 발생하기 때문에 높은 발사속도를 유지하기 곤란하다. 이 주퇴장치는 독립식과 종속식이 있으며 각각의 특성과 작동원리는 다음과 같다.

① 독립식

독립식 주퇴장치는 〈그림 3.21〉에서 보는 바와 같이, 복좌기가 주퇴 제동기에서 완전히 분리되어 있다. 그리고 피스톤 봉이 포미부와 직접 연결되어 있다. 그림에서 위에 있는 구성품이 복좌기이고, 아래쪽은 주퇴 제동기와 복

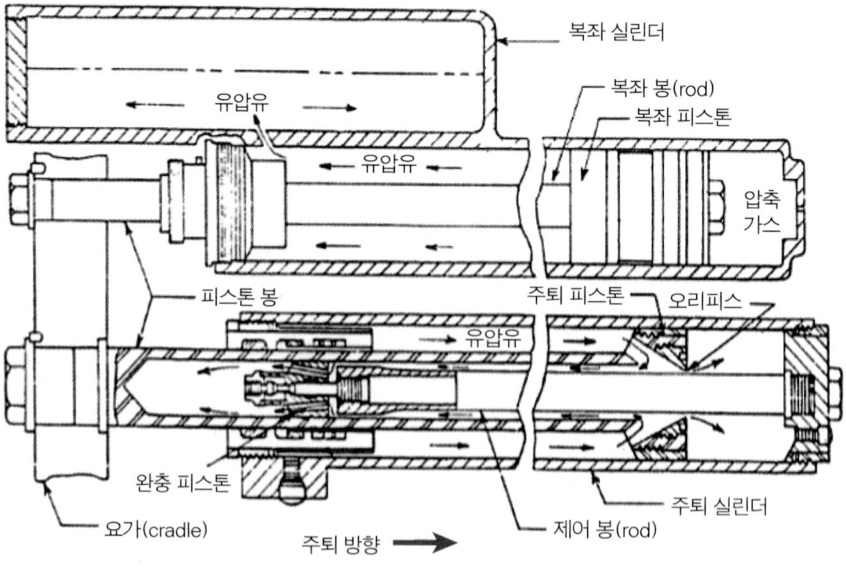

그림 3.21 독립식 주퇴장치

좌 완충기이다.

이 장치의 작동과정은 크게 3단계로 이루어지며, 세부 내용은 다음과 같다. 먼저 1단계는 포가 발사되면서 주퇴 제동기와 복좌기에 연결된 피스톤 봉이 주퇴 운동 방향으로 움직인다. 이때 주퇴 피스톤이 오른쪽으로 움직이면서 오리피스를 통해 유압유를 통과시킨다. 즉, 유압유에 의한 저항력으로 주퇴 운동에 제동을 시킨다. 또한, 동시에 복좌 피스톤이 오른쪽으로 움직이면서 가스를 압축하게 된다. 2단계는 주퇴 작용이 완료되면 복좌기에 있는 압축가스의 팽창압력에 의해 복좌 피스톤이 왼쪽으로 복귀하게 된다. 이 운동은 포신을 발사 전의 위치로 회복시킨다는 의미로 복좌 운동이라고 한다. 복좌 운동이 진행되면서 복좌기에 있던 유압유는 화살표 방향과 같은 방향으로 유동하게 되어 있다. 3단계는 2단계가 완료되기 직전에 완충기 피스톤에 의해 포신의 충격을 완화하여 포신을 최초의 위치에 안착시키는 단계이다.

② 종속식

종속식은 〈그림 3.22〉에서 보는 바와 같이, 포신이 주퇴 제동기에만 직접 연결되어 있다. 포신이 주퇴 운동하면, 주퇴 피스톤이 오른쪽으로 움직이면서 유압유를 아래쪽에 있는 복좌기로 유동시킨다. 이때 유압유는 주퇴 피스

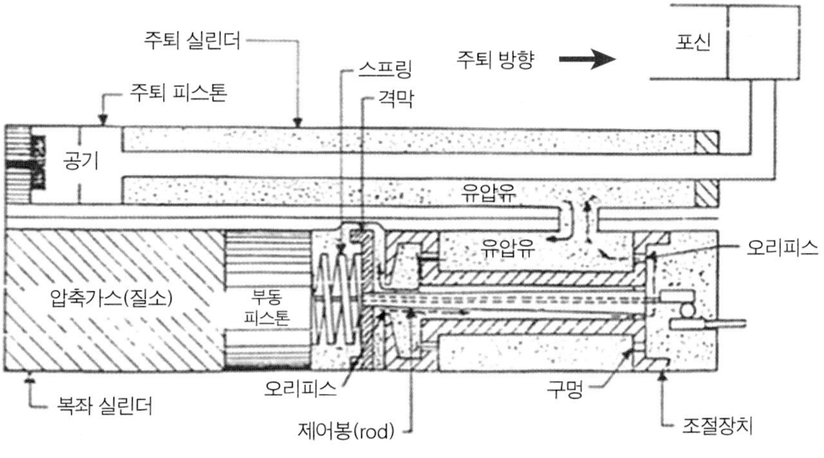

그림 3.22 종속식 주퇴장치

톤의 운동에 제동을 걸어서 포신이 멈추게 하는 작동 유체이다.

한편 복좌기로 유입된 유압유는 부동 피스톤 오른쪽에 채워지면서 부동 피스톤을 왼쪽으로 밀어서 압축가스를 압축시킨다. 포신이 주퇴 제동력에 의해 멈추면, 압축가스가 팽창하면서 부동 피스톤을 오른쪽으로 밀어낸다. 동시에 복좌기에 있던 유압유를 주퇴 제동기 쪽으로 유입시켜 주퇴 피스톤을 왼쪽으로 밀어낸다. 그리하여 주퇴 피스톤이 발사 위치에 도달하기 직전에 부동 피스톤의 스프링에 의해 충격을 흡수할 수 있다.

3 유압-스프링 방식과 유압-기압 방식의 특성 비교

복좌기의 종류에 따른 설계와 제작비용, 작동 특성과 신뢰성, 정비와 유지관리 측면에서 특성을 비교하면 〈표 3.1〉과 같다. 표에서 보는 바와 같이, 각각 장단점이 있다. 따라서 화포를 설치하고자 하는 플랫폼에 적합한 방식을 선택하는 것이 유리하다. 표에서 복좌기에 질소가스를 사용하는 이유는 질소가스는 폭발성이 없는 불활성 가스이며, 인체에 해가 없고 복좌기 실린더를 부식시키지 않는 저렴한 가스이기 때문이다. 하지만 최근에는 질소가스 대신에 전기-유변 유체(electro-rheological fluid, 이하 ER 유체) 또는 자기-유변

표 3.1 주퇴장치의 종류에 따른 복좌기의 특성 비교

구분	유압-스프링 방식	유압-기압 방식
설계 및 제작비용	• 구조가 단순하고 고정밀 부품이 없어서 저렴하다. • 스프링의 길이가 길기 때문에 설계의 융통성이 적다.	• 구조가 복잡하고 높은 기밀성이 요구되어 제작비가 상대적으로 비싸다. • 전차, 자주포 등과 같이 가용 공간이 복잡하더라도 적용이 쉽다.
작동과 신뢰성	• 주퇴 길이를 길게 제작하기 어렵다. • 사용 시간에 따라서 스프링의 특성이 변하고 수명 예측이 어렵다.	• 작동의 신뢰성과 내구성이 우수하다. • 주퇴 길이를 길게 할 수 있다. • 외부 온도변화에 민감하여 주기적으로 압력 측정이 필요하다.
정비/유지관리	• 주기적으로 스프링을 교체할 필요가 있다. • 구조가 단순하여 야전에서 쉽게 정비할 수 있다.	• 가스압력의 변화를 측정하여 고장 발생을 쉽게 알 수 있다. • 주기적인 점검과 정비가 필요하다.

유체(magneto-rheological fluid, 이하 MR 유체)도 이용하고 있다. 하지만 이들 유체를 이용한 방식은 정밀제어는 가능하나, 장치가 복잡하고 가격이 비싸서 일부 무기에만 적용하고 있다. 이들 유체의 특성과 적용사례는 다음과 같다.

먼저 ER 유체는 전기장 무(無)부하 시 유체에 분산된 입자가 자유 운동을 하여 등방성(isotropic)의 특성이 나타난다. 하지만 전기장을 가하면, ER 유체 중에 분산된 입자가 유도분극을 일으켜 전극을 향하는 다수의 섬유상 조직을 형성한다. 즉, 이방성(anisotropic) 거동을 갖는다. 그리하여 외부에서 가해지는 전단력에 대하여 큰 저항력을 갖게 되어 유체의 유동을 제한하는 특성이 있다. 즉 전기장에 의해 유체의 점성이 변하는 특성을 갖는 유체이다.

다음으로 MR 유체는 자기장 부하 시 유체 흐름의 저항이 증가하는 MR 효과를 가진 유체이다. 이 유체는 낮은 투자율(permeability)의 용매에 상자성(paramagnetic) 입자를 분산시킨 유체이다. 만일 자기장이 없으면 입자가 자유롭게 운동하는 뉴턴 유체와 같은 거동을 보인다. 하지만 자기장 부하 시에는 입자가 대전되어 체인 구조를 형성하고 항복 응력을 갖는 거동을 보인다. MR 유체의 자기장에 따른 항복 응력의 연속적 변화는 댐퍼, 밸브, 마운트, 클러치, 브레이크 등 장치에 적용하고 있다.

(3) 주퇴 운동 역학

실제 화포를 간략화한 모델을 그림으로 표현하면 〈그림 3.23〉과 같다. 여기서 m은 주퇴부의 질량, g는 중력가속도, a는 가속도, μ는 요가와 활대 사이의 마찰계수, θ는 고각을 의미한다. 그리고 K는 복좌기의 스프링 상수, C는 주퇴 제동기의 댐핑 계수이다.[4]

〈그림 3.23〉 ①은 화포가 정지한 상태, 즉 발사 준비상태에서 간략화한

---

4 Horn, F & Boutteville, S. V., "Hand book on Weaponry," Rheinmetall, Germany, pp. 298-495, 1982.; Zhu-Fei Yang, "Dynamic Simulation Analysis and Optimization of Recoil Mechanism," Institute of Mechanical Engineering National Chiao Tung University, 1995. 5.; Nachiketa TIWARI, "Rigid body dynamics modeling, experimental characterization, and performance analysis of a howitzer," *Science Direct*, 2016. 10.

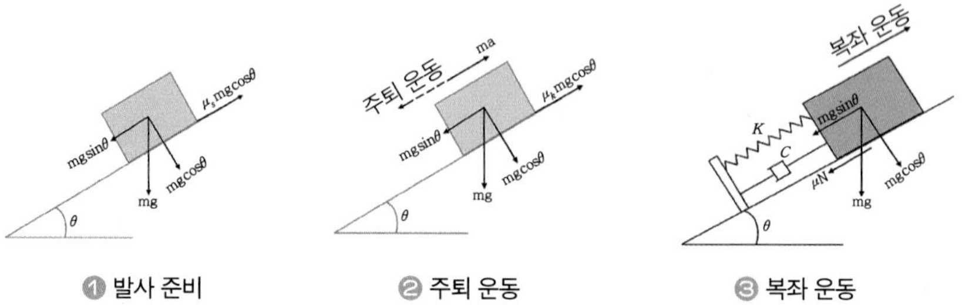

그림 3.23 화포의 작동단계별 힘의 평형 관계

그림이다. 이때 μ_s는 정지 마찰(static friction) 계수이며, 힘의 평형 관계는 식 [3-30]과 같다.

$$mg\sin\theta = \mu_s mg\cos\theta \quad [3\text{-}30]$$

만일 화포를 발사하면 〈그림 3.23〉 ❷와 같이 주퇴부는 포미 방향으로 주퇴 운동을 한다. 이때 힘의 평형 관계를 표현하면 식 [3-31]과 같이 쓸 수 있다.

$$\mu_k mg\cos\theta + ma = mg\sin\theta \quad [3\text{-}31]$$

한편 식 [3-31]을 운동마찰(kinetic friction) 계수 μ_k에 대해 풀면 식 [3-32]와 같이 나타낼 수 있다.

$$\mu_k = \frac{g\sin\theta_s - a}{g\cos\theta_s} \quad [3\text{-}32]$$

〈그림 3.23〉 ❸의 스프링과 주퇴부의 질량, 그리고 댐퍼 장치로 구성되어 있는 화포 시스템의 운동방정식을 나타내면 식 [3-33]과 같다.

$$C\frac{dx}{dt} = K(x)x - m\frac{d^2x}{dt^2} - \mu_k mg\cos\theta - mg\sin\theta \quad \text{[3-33]}$$

여기서 N은 마찰면의 수직으로 작용하는 중력이며 $mg\cos\theta$ 이다.

4. 화포의 사격절차와 명중률

레이저 포, 극초음속 미사일 등 첨단무기의 등장에도 불구하고 화포는 여전히 중요한 화력 수단으로 활용되고 있다. 오늘날 화포는 적외선과 전파 등에 탐지당하는 것을 낮추고 신속하게 배치할 수 있는 전략 및 전술적 기동성을 향상하는 등 꾸준히 발전하고 있다. 화포는 전술적 가치뿐만 아니라 다른 화력 무기와 비교해볼 때 비용 대 효과가 높아서 앞으로도 오랫동안 활용될 것이다. 본 절에서는 화포에 적용되는 기초 이론을 중심으로 설명하였다.

(1) 포병 무기의 특성

현대 포병 무기체계는 주로 소총처럼 사수가 직접 표적에 조준한 후 사격하는 직접사격이 아니라 장애물에 가려진 표적에 사격하는 간접사격이다. 물론 가시거리 내에 있는 표적은 전차, 휴대용 로켓 발사기, 항공기 투하 탄약 등으로 직접사격을 하고 있다.[5] 그러나 20세기 이후 전쟁에서 사상자 중의 약 50~80%가 간접사격을 하는 포병 포탄에 의해 발생할 정도로 효과적인 무기이다.

일반적으로 포병 무기는 로켓이나 포탄으로 전투용 장갑차나 보병에 대한 화력지원을 제공하도록 설계되고 있다. 그리고 이 포병 무기의 대부분은 유도기능이 없는 포탄이나 로켓이 차지하고 있다. 하지만 최근에는 유도기능이 추가된 유도 포탄이나 로켓이 점차 늘어나고 있으며, 간혹 직접사격으

---

5 Bellamy R, Zajtchuk R.,"The weapons of conventional warfare," TMM Publications, 1991, pp. 1-52.; Ove S. Dullum et al., "A technical analysis of the employment, accuracy, and effects of indirect-fire artillery weapons," *Armament Research Services* (ARES), 2017. 1.

로 표적을 타격하는 모습을 보여주기도 한다. 전술적인 측면에서는 주로 아군의 보병이나 기갑부대와 같은 기동부대를 지원하기 위한 수단으로 운용되고 있다.

화포는 19세기 중엽부터 사거리와 정확도가 현저하게 개선되었다. 이때부터 포탄의 장전장치인 폐쇄기를 개발하여 발사속도가 빨라졌을 뿐만 아니라 안전하게 작동할 수 있게 되었다. 19세기 후반에 이르러서는 사격에 따른 주퇴력을 효과적으로 흡수한 후 다음 사격을 위해 신속하게 포신을 발사 위치로 복귀하게 만드는 주퇴장치를 개발하였다.

20세기에는 견인포 위주에서 자주포의 비중이 점차 증가하고 있으며, 자동장전 시스템이 개발되어 발사속도가 획기적으로 빨라졌다. 또한, 사격 통제시스템이 개발되어 사격준비시간을 획기적으로 단축하였다. 그리고 사거리 연장과 정밀 포격이 가능한 유도 포탄 등이 개발되고 있다.

(2) 일반적인 포사격 절차

〈그림 3.24〉는 일반적으로 포사격을 할 때 사격지휘 절차를 나타낸 그림이다. 대부분의 포사격은 간접사격을 하게 된다. 따라서 사격 요원이 표적정보(위치, 상태 등)를 직접 파악하기 어렵다. 이러한 임무는 전방관측자가 수행하게 된다. 전방관측자는 표적을 관측하기 유리한 고지나 높은 건물 등에서 표적의 위치와 특성이나 최적의 사격시간 등의 표적 정보를 획득하여 사격지휘소에 제공한다. 이 정보를 수신한 사격지휘소 요원은 사격에 필요한 각종 제원과 표적 특성에 적합한 탄약을 선정하여 사격 요원에게 통보한다. 사격 요원은 사격 준비를 완료한 후 사격지휘소에 보고한다. 동시에 사격지휘소는 전방관측자의 협조를 받아서 사격을 사격 요원에게 지시하면, 포수는 사격을 개시한다. 전방관측자는 표적에 명중 여부를 확인하여 사격지휘소에 보고하여 편차를 수정하거나 사격을 통제하게 된다. 이때 상급 지휘부대는 상황을 파악하면서 필요하면 임무를 조정하거나 사격을 통제한다. 이러한 모든 과정에서 표적획득장치, 관측 망원경, 나침반, GPS 등 각종 장비에 의한 측정 오차가 발생한다. 이 오차를 줄여야 조준오차를 줄일 수 있다.

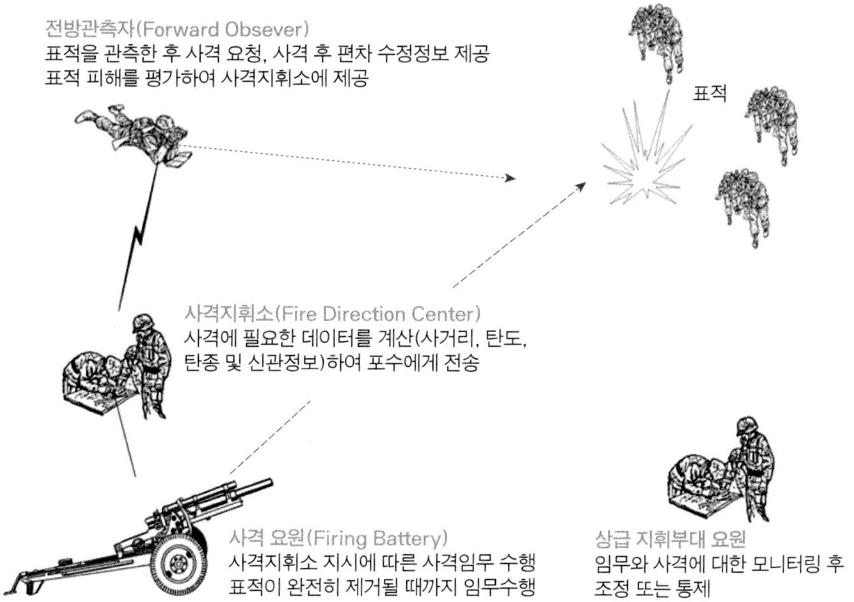

그림 3.24 포병의 사격 과정과 지휘절차

(3) 포의 작동기구의 원리와 작동방법

1 폐쇄기의 구조

폐쇄기는 폐쇄기 뭉치를 열고서 탄약을 장전한 후 닫은 다음, 탄약을 발사하고 발사 후 추진가스의 밀폐를 제공하는 모든 장치를 말한다. 이 장치에는 다음과 같이 네 가지 구성품이 있다. 탄약을 장전하기 위한 장비는 첫째로 포신의 약실 뒤쪽을 여닫는 폐쇄기 뭉치(breech block)가 있다. 둘째로 폐쇄기를 작동시키는 작동손잡이가 있다. 셋째로 포탄을 발사시키는 격발장치가 있으며, 마지막으로 분리장전 탄약을 사용하는 포의 가스를 밀폐시키는 밀폐장치가 있다.

폐쇄기는 구경 105mm 이하 고정 또는 반고정(semi-fixed) 탄약을 사용하는 포신에 적용하는 슬라이드 방식(그림 3.25 ❶)과 구경 150mm급 이상 분리장전(separate-loading) 탄약을 사용하는 포신에 적용하는 개폐 방식(그림 3.25 ❷)이 있다. 이들 방식의 차이점을 살펴보면 다음과 같다. 예를 들어 고정 또

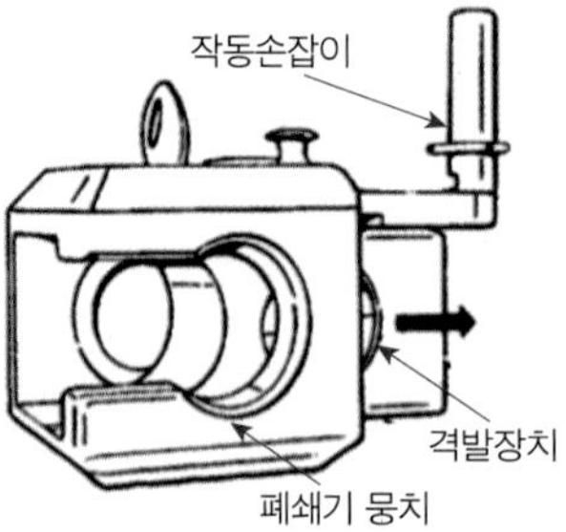

❶ 슬라이드 방식

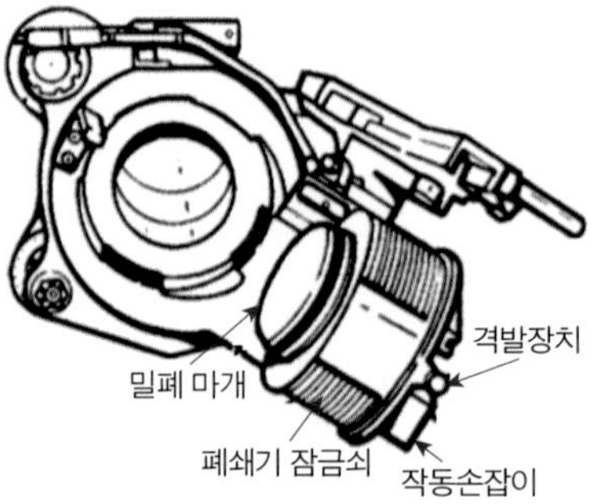

❷ 개폐 방식

그림 3.25 대표적인 폐쇄기의 종류

는 반고정 탄약은 탄피가 있어서 포탄 발사 시 발생하는 추진가스의 누출을 방지하는 밀폐장치가 필요 없다. 하지만 탄자와 추진 장약과 뇌관이 분리된 상태로 격발하는 분리장전 탄약인 경우, 고온 고압의 추진가스를 밀폐시킬 수 있는 폐쇄기가 필요하다. 이 때문에 〈그림 3.25〉 ❷에서 보는 바와 같이, 나선이 단속적으로 파인 폐쇄기 잠금쇠와 밀폐 마개가 있는 개폐식 폐쇄기를 사용하고 있다.

2 폐쇄기 종류와 특징

폐쇄기 뭉치는 폐쇄기 작동기구의 주요 부품이다. 이 부품은 포강 내 둔부의 끝을 덮거나 밀봉기능을 하며, 주로 강철로 제작한다. 한편 폐쇄기 뭉치는 단속-나선식(interrupted screw type)과 슬라이딩 쐐기방식으로 구분할 수 있다. 이를 자세히 살펴보면 다음과 같다.

① 단속-나선식 폐쇄기

단속-나선식 폐쇄기는 분리장전 탄약을 사용하는 화포에 적용하고 있으며, 구조는 〈그림 3.26〉 ❶과 같다. 그림에서 보는 바와 같이, 폐쇄기 뭉치의 나사산 표면은 짝수 절단면으로 나뉘고 대체 절단면의 나사산을 잘라냈다. 결국에는 폐쇄기 뭉치 표면의 절반은 나사산이 있고 절반은 평평하거나

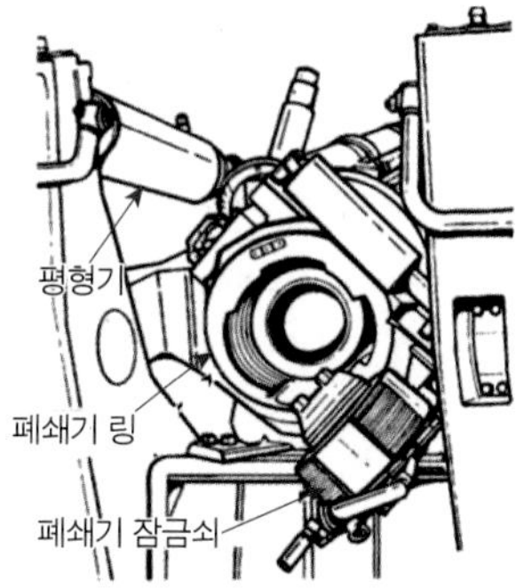

❶ 단속-나선식

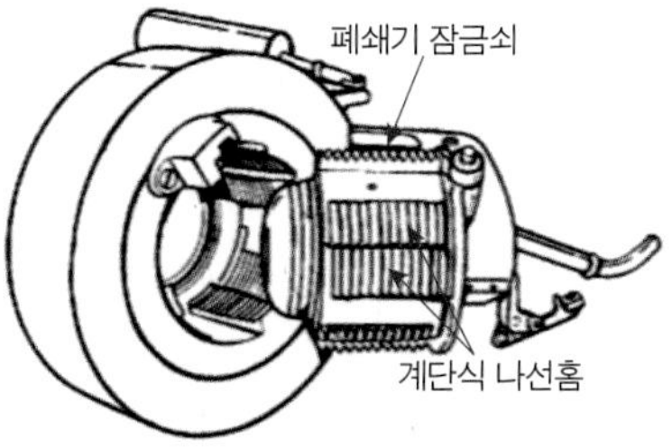

❷ 계단-나선식

그림 3.26 단속-나선식 폐쇄기와 계단나선식 폐쇄기

홈이 있다. 이와 비슷하게 약실의 오목부의 나사산은 폐쇄기 뭉치의 나사산 부분 반대편에서 잘려져 있다. 폐쇄기 뭉치는 약실 머리에 있는 홈에 빠르게 삽입될 수 있으며, 폐쇄기 뭉치의 나사산 부분은 약실 머리 홈의 빈 부분에서 미끄러진다. 또한, 조금만 회전시켜도 폐쇄기 뭉치와 약실의 움푹 들어간 곳에 실이 완전히 맞물려서 폐쇄기 뭉치가 잠기 된다. 이 방식은 미국의 M109 계열 곡사포, M198 곡사포에 적용하였다.

한편 단속-나선식을 개량한 계단-나선식 폐쇄기 뭉치가 있다. 이 방식은 약실 홈과 폐쇄기 뭉치를 〈그림 3.26〉 ❷에서 보는 바와 같이 계단형태로 절단한 방식이다. 폐쇄기 뭉치는 약실에 움푹 들어간 곳에서 삽입되어 회전하면, 계단식 나사의 일치하는 부분이 맞물리게 되어 있다. 이 방식은 폐쇄기 뭉치를 닫는 데 더 적은 회전이 필요하며, 더 큰 나사산 표면과 고정 영역이 있다. 이러한 작동기구 덕분에 작동시간이 짧고 폐쇄기능이 우수하다. 이 방식은 미국의 M114, M114A1, M114A4 곡사포와 M110, M110A1, M110A2 곡사포, M107 곡사포 등에 적용하고 있다.

② 슬라이딩 쐐기방식 폐쇄기

슬라이딩 쐐기방식 폐쇄기는 〈그림 3.27〉에서 보는 바와 같이 수평 방식과 수직 방식이 있다. 이 방식은 직사각형 슬라이딩 쐐기 폐쇄기 뭉치가 약

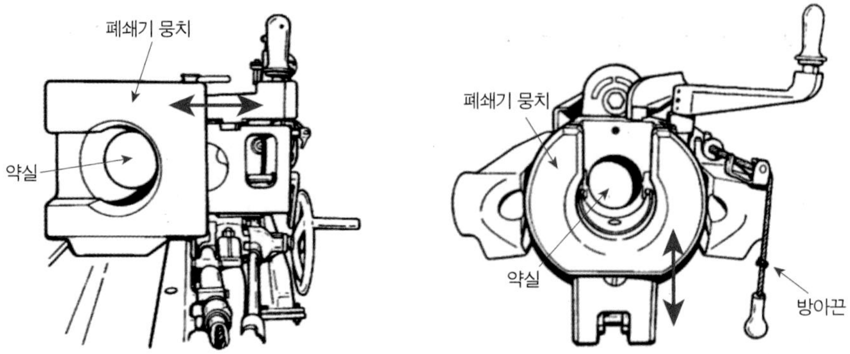

① 수평 방식　　② 수직 방식

그림 3.27 슬라이딩 쐐기방식 폐쇄기

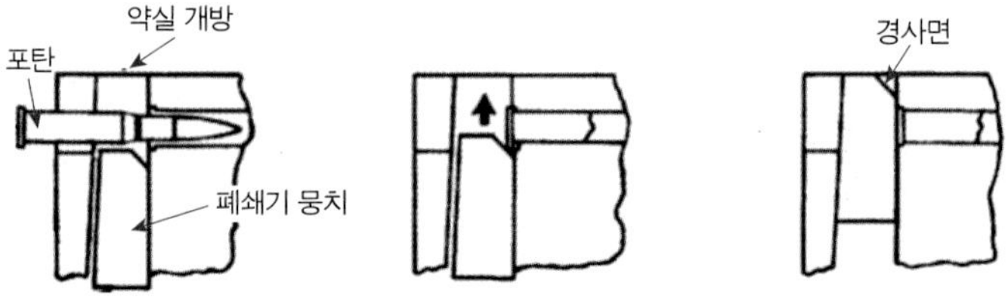

① 열림　　② 폐쇄 중　　③ 폐쇄 완료

그림 3.28 수직 슬라이딩 쐐기방식 폐쇄기의 작동과정

실 링의 직사각형 홈에서 미끄러지면서 약실을 폐쇄하는 방식이다.

수평 방식은 〈그림 3.27〉 ①에서 보는 바와 같이, 폐쇄기 뭉치가 수평으로 움직인다. 이 방식은 미국의 M101, M101A1 곡사포에 적용하였다.

수직 방식은 〈그림 3.27〉 ②에서 보는 바와 같이, 폐쇄기 뭉치가 수직 방향으로 움직이도록 설계된 방식이다. 작동과정은 폐쇄기 뭉치와 약실이 개방된 상태에서 포탄을 장전시킨 후, 폐쇄기 뭉치를 수직 방향으로 움직여서 약실이 폐쇄하면서 작동된다. 이 방식은 미국의 M102 곡사포, 전차포 등에 적용하였으며, 구조가 매우 단순하다.

③ 밀폐장치

밀폐장치는 추진가스가 약실 후방으로 통과하는 것을 방지한다. 속도가 빠르고 고온인 추진가스는 침식성이 높은 가스이기 때문에 약실 작동기구의 고장을 유발할 수 있다. 따라서 추진가스를 밀폐시키지 않으면 탄도에 악영향을 끼친다. 영향 요인은 다음과 같다.

첫째, 반고정 탄약을 사용하는 무기에서는 탄피가 폐쇄작용을 한다. 탄환이 발사되면, 추진가스의 압력이 탄피를 팽창시켜 약실 내벽을 단단히 밀봉하게 한다. 그리하여 추진가스가 뒤쪽으로 누출되는 것을 막을 수 있다. 만일 추진가스 압력이 떨어지면, 탄피가 충분히 수축되어 탄피를 쉽게 추출할 수 있다.

둘째, 분리장전 탄약을 사용하는 화포는 다음과 같은 요소를 고려하여 폐쇄 장치를 설계해야 한다. 즉, 패쇄기에 추진가스가 후방으로 빠져나가지 못하도록 약실을 작동시키는 작동기구가 있어야 한다. 이 작동기구가 〈그림 3.29〉에 제시된 폐쇄기 뭉치이다. 폐쇄기 뭉치는 앞뒤로 자유롭게 움직일 수 있다. 그리고 그림에서 보는 바와 같이, 스핀들의 버섯 모양 머리와 약실의 둔부 사이에는 밀폐 패드가 있다. 또한, 포강 내벽을 견디도록 정확하게 연마된 두 개의 강철 분리 링이 밀폐 패드를 둘러싸고 있다. 밀폐 패드, 분리링과 스핀들은 닫히거나 열리는 동안 폐쇄기 뭉치와 함께 회전하지 않으나 스핀들을 중심으로 회전하게 되어 있다. 참고로 평행기는 폐쇄기 뭉치를 쉽게 열게 하거나 닫게 하는 데 필요한 힘을 발생시키는 장치이다.

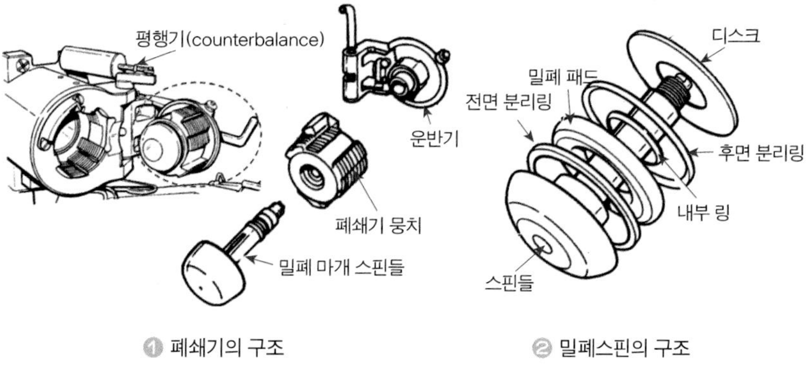

그림 3.29 폐쇄기 뭉치의 세부 구조

④ 포탄의 장전과정

슬라이딩 쐐기방식 폐쇄기가 장착된 〈그림 3.30〉 ❶에서 보는 바와 같이, 반고정 탄약을 포수가 수동으로 장전한다. 포수는 작동손잡이를 돌려서 폐쇄기를 열어서 탄약을 약실에 밀어 넣는다. 그다음 다시 작동손잡이를 반대로 돌려서 폐쇄기 뭉치가 약실을 폐쇄한 상태가 되면 포를 발사할 수 있다.

단속-나선식 폐쇄기는 〈그림 3.30〉 ❷와 같이 분리장전 탄약을 수동으로 장전한다. 미국의 M114A1, M198 곡사포에 적용한 방식이다. 장전속도와 포수의 편의성을 위해 탄약을 장전 받침대(tray)에 놓고 꽂을대(rammer)를 사용하여 포신에 밀어 넣어 장전한다. 장전 꽂을대는 자동장전 방식을 사용하는 화포에서도 고장이 발생하면 수동으로 장전하거나 포신을 청소할 때에도 사용될 수 있다. 최근에는 이러한 수동 장전방식을 자동 장전방식으로 개량하는 추세이다.

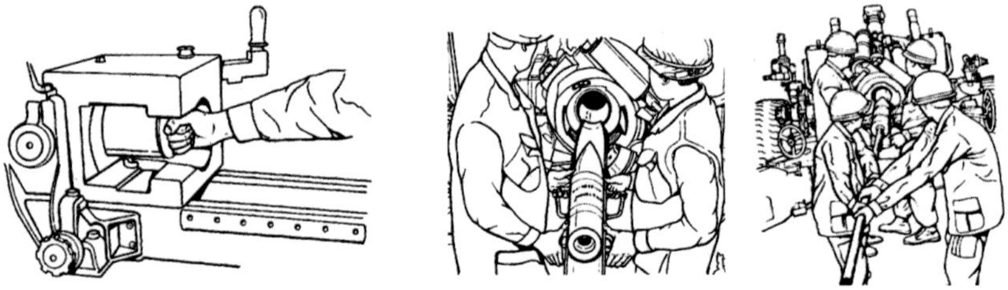

❶ 반고정 탄약의 장전과 래밍 ❷ 분리장전 탄약의 장전과 래밍

그림 3.30 수동식 장전과정

⑤ 견인포의 포가

포가는 포신과 사격 통제 기재 등을 장착하기 위한 화포의 구조물 중 하나이다. 이 구조물은 화포를 안정시키고 포신을 발사 위치에서 벗어나지 않도록 지지하는 기능을 한다. 그리고 포를 운반할 때 차량과 연결하는 기능이 있다.

현대 화포에서 사용하고 있는 포가는 〈그림 3.31〉에서 보는 바와 같이 세

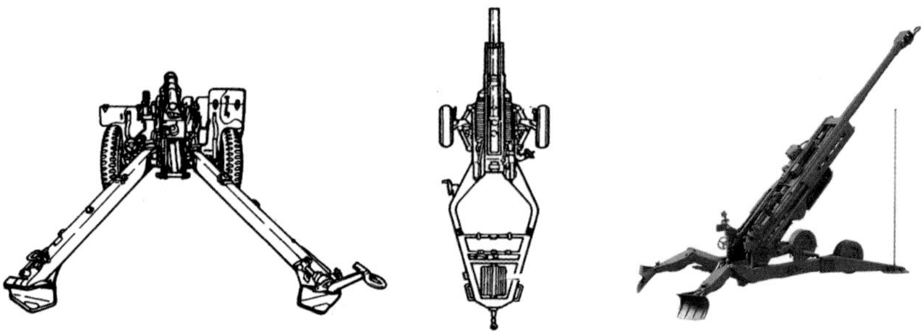

❶ 분리형 ❷ 상자형 ❸ x자 분리형

그림 3.31 일반적인 포가의 구조와 종류

가지 유형이 있다.

첫째, 분리형 포가 방식이다. 이 방식은 〈그림 3.31〉 ❶에서 보는 바와 같이, 차축이나 바퀴 근처의 아래쪽에 있는 운반대에 부착된 두 절단면이 연결되어 있다. 발사할 때 포가를 허용하는 범위까지 펼친 후 바퀴를 고정한다. 그리고 유압잭(hydraulic jacking device)으로 사격조절판이 지면에 닿아서 바퀴가 들리도록 한다. 그리하여 상부에서 보면 사격조절판과 두 개의 발톱이 지면에 닿은 삼각형 모양이 된다. 이 상태에서 포의 무게중심은 삼각형 중심 부근에 위치하여 사격 간에 포를 안정시키는 방식이다. 이 방식은 M101, M101A1 곡사포, M114, M114A1 곡사포와 M198 곡사포에 적용하였다.

둘째, 상자(box)형 포가 방식이다. 이 방식은 〈그림 3.31〉 ❷와 같은 형태이다. 그림에서 보는 바와 같이, 하나의 견고한 조립 조각처럼 되어 있다. 이 방식은 사격 준비가 분리형보다 쉬운 장점을 갖고 있다. 대표적인 적용사례는 미국의 M102 곡사포가 있다.

셋째, X자 분리형 포가 방식이다. 〈그림 3.31〉 ❸에서 보는 바와 같이, 포가를 'X'자 모양으로 펼치는 방식이다. 4개의 포가로 지면을 지지할 수 있어서 연약지반 등 다양한 지형에서 신속하고 안정된 사격이 가능하다. 이 방식은 미국의 M777 곡사포에 적용되었다.

(4) 사격 오차

유도기능이 없는 포탄을 간접사격할 때는 추진 장약, 로켓 모터, 포신의 물리적인 특성에 따라서 탄의 탄도가 영향을 받는다. 이처럼 간접사격(그림 3.32 ①) 시 무기의 정확도는 탄도학적 영향 요소와 발사수단의 특성에 따라서 복합적으로 영향을 받는다.

탄도학적 측면에서 사격 오차에 미치는 영향은 크게 강내 탄도학 요소와 강외 탄도학적 요소로 구분할 수 있다.[6] 먼저 강내 탄도학적 요소는 추진 장약, 포신, 포구 속도 등이 있다. 포구 속도는 사격 간에 같은 종류의 탄약을 사격하더라도 같은 포구 속도가 나타나지 않는 현상 때문에 사격 오차가 발생할 수 있다. 비록 같은 공장에서 거의 같은 시기에 생산한 탄약이라도 제조공정이나 저장방법 등 품질이 달라서 발생한다. 포신에 의한 오차 요소는 포신의 허용오차와 마모(마손, 삭마), 그리고 탄약 장전 상태, 탄약 회전대의 오염이나 마모, 추진 장약의 온도와 수분 함유량, 약실 내 추진 장약의 비정상적인 장전, 포탄 무게의 차이, 동화작용, 추진 장약의 잔류물질, 포신의 온도, 포신의 기억(tube memory), 포신의 도약(tube jump), 공기역학적 도약, 수직 도약 등이 있다.

이들 영향 요소의 발생 요인을 살펴보면 다음과 같이 여섯 가지로 요약할 수 있다. 첫째, 마손은 회전대(rotating band)와 포강 내벽 틈으로 추진가스가 분출해 생기는 포강의 침식 현상을 말한다. 둘째, 삭마는 탄자와 포신 사이의 접촉으로 인하여 6시 방향에 완만히 발생하는 포강의 침식 현상을 말한다. 셋째, 동화작용은 포신 내에서 포구 속도가 빠를 때 포강에 맞물려 있는 회전대가 강선과 마찰하면서 포강 내에 미세한 금속 조각을 남기는 현상이다. 넷째, 포신의 기억은 추진 장약의 호수가 바뀌더라도 동일 방법으로 사격 강도에 반응하려는 경향을 나타내는 물리적인 현상이다. 다섯째, 포신의 도약은 포탄이 포구를 이탈할 때 직선을 유지하려는 현상이다. 끝으로 공

---

6 이준식 외, "한국군 사격훈련 간 효율적인 안전지대 데이터 구축방안 연구", KORMS/KIIE/ESK/KSS 춘계공동학술대회 논문집, 2015. 4, pp. 2497-2519.

기역학적 도약은 강선과 회전대가 전진 폐쇄기능을 완전하게 이루지 못할 때 발생한다. 이때 어느 한 부분으로 고압 추진가스가 누출되면서 탄자가 포구를 이탈하는 순간에 불균일한 힘을 받게 된다. 그 결과 탄자가 도약하게 되는 현상을 공기역학적 도약이라 부르고 있다.

한편, 강외 탄도학적인 영향 요소는 항력, 양력, 모멘트, 탄저 진공 항력, 바람의 영향[사거리 풍(range wind), 측풍, 사풍, 수직풍, 풍향 각도], 탄자 형태(단면적, 지름, 형상, 무게), 충격파(초음속인 경우) 등이 있다. 여기서 사거리 풍은 탄자가 날아갈 때 사거리에 영향을 미치는 바람이다. 한편 사격 오차를 유발하는 원인은 고정편차(시차, 편류), 가변편차(경사도, 측풍, 사격통제장치, 포구 속도 변화, 사거리 측정, 광학 장치의 굴절, 포열의 도약, 무작위 오차(포수의 조준 오차, 포구 폭풍, 차제 진동, 부정확한 탄약 선정, 사거리 입력 오차, 계산기 고장, 입력단위 오차) 등이다. 참고로 탄미 진공 항력은 고속으로 날아가는 탄자의 탄저 부근에서 진공이 발생하여 탄자의 진행 방향과 반대 방향으로 끌리는 저항이 발생하는 힘이다.

1 정확도와 정밀도

화포의 정확도는 기대하였던 평균 탄착점과 실제 충돌한 탄착점의 평균값인 평균 탄착점(MPI, Mean Point of Impact) 사이의 편차를 통해 측정한다. 이때 평균 탄착점은 주어진 조건에서 같은 조준점으로 발사 또는 투사된 모든 탄착점 간의 기하학적인 중심점이다. 이를 그림으로 표현하면 〈그림 3.32〉에서 보는 바와 같다.

먼저, 사격의 오차는 포의 공차(tolerance)와 포탄의 변화 또는 기상조건 등

① 간접사격과 직접사격

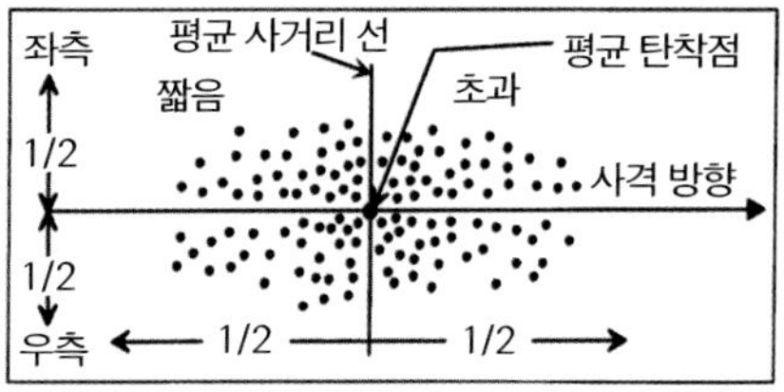

② 평균탄착점의 개념

그림 3.32 간접사격과 평균 탄착점의 개념

에 의해 편향이나 부정확하게 되는 정도의 차이이다. 오차 할당이란 주어진 시나리오에서 허용 또는 허용할 수 없는 전체 축적된 기대 오차이다. 정밀도는 일관성 있는 MPI 또는 분산(dispersion) 정도이다.

앞에서 제시한 오차의 개념은 주로 총이나 전차포와 같이 직접사격 시 탄착점이 〈그림 3.32〉 ❷에서처럼 좁은 면적 내에 탄착점이 밀집하여 탄착점의 위치에 대한 표준 편차가 작은 경우에 적용하고 있다. 예를 들어 소총의 영점사격 후 가늠자의 크리크를 수정하는 경우이다. 참고로 최근 총과 화포는 정확도와 정밀도를 높이기 위해 자동화된 시스템 도입과 정밀 제작 그리고 탄도수정 탄약 등의 개발에 중점을 두고 있다.

한편 분산의 개념은 포병의 효율성 측면에서 중요한 개념이다. 분산은 규칙적 오차(systematic error)와 불규칙적 오차(random error)의 관계가 중요하다. 이들 오차에 따라서 〈표 3.2〉와 같이, 크게 다섯 가지 유형으로 구분할 수 있다. 표에서 원은 사수가 원하는 표적 지역을 의미하고 점은 포탄이 떨어진 탄착점을 나타낸 것이다. 이들 유형에 대해 자세히 알아보면 다음과 같다.

일반적으로 규칙적 오차가 현저히 높으면 정확도를 떨어뜨린다. 하지만 불규칙적 오차가 높으면 표적 지역에 미치는 영향이 제한될 것이다(A형). 따라서 이상적인 시나리오는 예측 가능한 규칙적 오차로 인해 탄착점이 분산되어 표적 지역에 원하는 효과를 제공하면서도 정확도가 높아지는 것이다(E형). 불규칙 오차가 허용되나 규칙적 오차가 고려되지 않은 경우, 평균 탄착

표 3.2 탄착군의 형성 유형과 특성 비교

유형	A형	B형	C형	D형	E형
탄착점	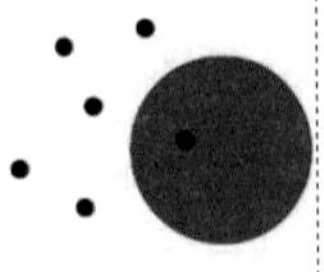		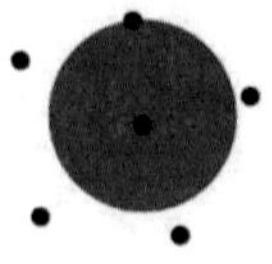		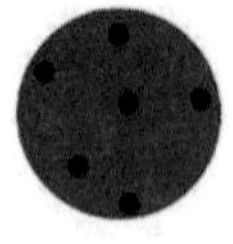
정확도	낮음	낮음	높음	높음	높음
정밀도	낮음	높음	낮음	높음	최적

점은 표적 지역으로부터 떨어진 곳에 있다(B형). 규칙적 오차가 적을수록 정확도가 떨어지더라도 부정확한 결과만으로도 표적에 원하는 효과를 제공할 수 있다(C형). 규칙적 오차와 불규칙 오차가 적으면 표적 지역 전체에 영향을 받지 않을 수 있다(D형). 이 정확도와 정밀도는 무기체계, 탄자의 유형, 교전 규칙, 부수적 피해 추정, 환경, 지리 및 기타 요인에 따라 크게 달라질 수 있다.

2 규칙적 오차

규칙적 오차는 사격 시 일관성 있게 유지되는 오류이다. 이 오류는 보완할 수 있다. 예를 들어, MPI의 편향을 관찰하고 측정한 후에 이 정보를 사용하여 탄도 모델을 최신화하여(탄도 계산기 또는 수동으로 포수가 실행) 정확도를 높일 수 있다. 그러나 규칙적인 오차가 불규칙 오차와 함께 관찰되는 경우, 규칙적 오차를 보상할 수 있는 정도는 얼마나 쉽게 식별할 수 있는지에 달려 있다. 규칙적 오차의 발생 요소에 따라서 세부 내용은 다음과 같다.

첫째, 기상학적 오차가 있다. 기술의 발전에 따라 화포, 로켓포, 박격포의 사거리가 증가하면서 체계적 및 불규칙적 오차가 발생하였다. 특히 사거리가 15km를 넘어서면 기상에 의한 오차가 크게 발생하였다. 즉, 기상학적 오차를 줄이기 위해서는 정확한 기상 데이터가 필요하게 되었다. 따라서 포탄이 발사되는 대기를 분석하게 되었으며, 이로써 기상 오차를 줄일 수 있다. 하지만 기상 데이터 측정은 장비, 인력 및 시간을 소모하게 된다. 일반적으로 대기 조건에 대한 데이터는 포진지 후방 지역에서 레이더나 GPS와 연동되는 기상 풍선을 사용하여 수집한다. 기상 측정 요원은 원하는 고도까지 레이더 장치로 풍선을 추적하면서 바람의 속도와 방향을 측정할 수 있다. 그리고 기상 풍선에 장착된 센서로 기압과 기온 등 기상 상태를 측정할 수 있다. 그리하여 상대습도, 온도, 압력, 고도, 풍속, 풍향 데이터를 활용하여 기상학적인 오차를 감소시킬 필요가 있다.

둘째, 조준 오차이다. 간접사격 시 포수는 가시선(line of sight) 표적이 없다. 따라서 포수는 좌표에 의존하며, 탄도 계산으로 결정된 방위각과 고도에 기초하여 화포를 가상 지점에 정렬시킨다. 일반적으로 장거리 표적에 대해 사격하면, 작은 오류라도 직접사격 시스템보다 훨씬 더 부정확하다. 즉 화포의 방위각과 고도 매개 변수가 정확하지 않으면 부정확(inaccuracy) 수준보다 비정밀(imprecision) 수준이 더 커져 표적을 충격하는 포탄이 거의 없을 것이다. 화포의 전통적인 조준 방법은 지도, 나침반, 지형지물을 이용하여 표적과의 사거리를 측정한다. 최근에는 GPS와 같은 최신 위치측정 기술이나 레이저 거리측정기를 이용하여 훨씬 더 정확하게 사거리를 측정하는 방법을 적용하고 있다. 이들 방법은 주기적으로 정기적인 계측기의 교정을 통해 측정오차를 줄일 필요가 있다.

셋째, 추진제의 온도이다. 규칙적인 오류의 또 다른 잠재적 원인은 추진제 온도의 변화이다. 이 오차의 원인은 박격포, 포병 포탄, 로켓탄에 모두 해당된다. 이들 탄약에 사용되는 추진제는 온도변화에 따라 연소 특성이 달라진다. 이러한 효과는 다른 추진제의 형상과 밀도에 따라서 다소 다르게 나타난다. 특히, 저온에서는 추진제가 더 천천히 연소하는 특징을 보인다. 그 결과 약실의 압력이 낮아져서 포구 속도는 낮아지게 된다.

넷째, 모델 오차이다. 탄도 계산을 위한 탄도 계산기는 탄도 모델의 한계로 인해 규칙적인 오차가 발생할 수 있다. 탄도 모델은 시험에서 도출된 수학적 계산, 시뮬레이션 및 경험적 데이터를 혼합하여 만든 것이다. 모델은 실제 시스템의 모든 변수를 적용하기 어렵다. 그리고 이론적 계산은 포함된 변수만 반영할 수 있다. 또한, 탄도 계산기에 제공하는 데이터가 부적절할 수 있다. 따라서 탄도 모델은 실제 사격에서 오차가 발생할 수 있다. 탄도 모델에 적용하는 변수에는 속도에 따른 항력, 코리올리 가속도, 양력 등이 있다.

3 불규칙적 오차

불규칙적 오차는 포탄을 발사할 때마다 일관성을 유지하지 못하는 오차를 의미한다. 이 오차의 원인은 다음과 같이 많다.

첫째, 탄자 속도와 무게이다. 일부 포탄은 단조 공정을 통해 생산되며 크기와 무게가 일치하지 않을 수 있다. 이 때문에 포구 속도와 비행 속도의 차이가 발생할 수 있다. 둘째, 추진 장약의 질량이다. 추진제의 실제 질량은 개별적으로 또는 배치(batch)마다 다를 수 있다. 따라서 이들 탄약은 각각 추진 장약의 폭연 특성이나 에너지 함량이 다를 수 있다. 셋째, 로켓보조 추진 탄약이나 탄저 항력감소 탄약에 있는 추진장치에 따른 영향으로 생기는 오차이다. 이들 탄약에는 로켓 추진제와 노즐 또는 엔진이 있다. 이 로켓 추진제의 연소 특성은 추진제의 질량과 주변 온도에 따라 달라진다. 그리고 추진장치의 점화 및 소멸 시간은 불규칙적 오차를 초래할 수 있다. 넷째, 포신의 고각(高角, angle of elevation)에 의한 오차가 발생한다. 포를 발사하는 중에 포신의 높이는 이전 발사의 반동 또는 포신의 진동으로 인해 바뀔 수 있다. 포수는 이 오차를 식별하고 수정할 시간이 없다. 참고로 고각은 고저선(高低線, line of site)과 포강 축선이 이루는 수직 각도이다. 다섯째, 기상학적인 요인이다. 단시간 동안 기상변화가 일어나면 불규칙적 오차가 발생한다. 일반적으로 대기 온도와 압력의 변화는 규칙적인 오차로 간주할 수 있다. 이들 요소는 충분히 긴 시간 단위에 걸쳐 발생하기 때문이다. 하지만 고도가 낮은 공중에서 부는 바람은 휘발성이어서 불규칙적 오차이다.

4 원형공산오차

무기체계의 정밀도를 측정하는 척도 중 하나가 원형공산오차(CEP, Circular Error Probable)이다(〈그림 3.33〉 ❶ 참조). 어떤 무기의 CEP는 주어진 조건에서 사격하여 얻은 탄착점 데이터를 통계적으로 분석하여 계산할 수 있다. 그러나 조건은 MPI를 중심으로 원의 반경으로 추정할 수 있다. 그리고 MPI의 경계는 대량 사격한 포탄의 50%가 충격한 탄착점까지를 경계로 정의한다. 즉 발사한 탄약 중 50%가 떨어진 가상의 원의 반경이 CEP 값이다.

어떤 무기체계는 93.7%는 2 CEP 내에 포탄이 낙하할 것이고, 99.8%는 CEP 반경의 3배까지 떨어진다. 따라서 CEP 값이 클수록 정밀도에 대한 불확실성이 커지는 것을 의미한다. 〈그림 3.33〉 ❷에서 제시한 것처럼 포병 무기는 탄착점이 특정한 지점에 밀집되는 현상이 일어나기 어렵다. 특히 간접 사격에서는 포탄의 거리 오차에 대한 표준 편차가 더 크다. 즉, CEP 개념은

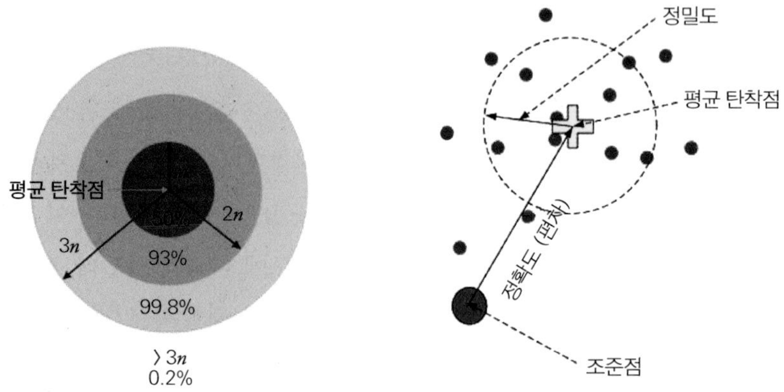

① 원형공산오차의 정의 ② 정확도의 정의

그림 3.33 원형공산오차와 정확도의 정의

포병 포탄의 분산(정밀도)을 표현할 때 적합하다. 그러나 무기의 정확도를 나타내는 방법으로는 유용하지 않다.

원형공산오차를 자세히 살펴보면 〈그림 3.34〉와 같다. 그림에서 탄착점의 50%는 1 CEP 내부에 위치하고 4 CEP 내부에 99.3%의 포탄이 낙하한다는 의미이다.

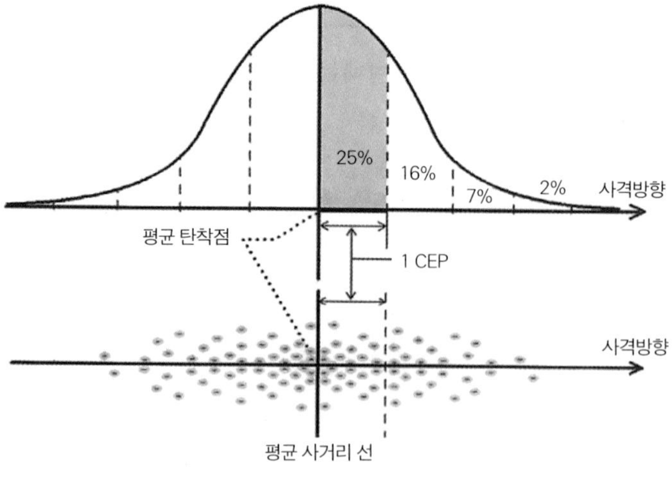

그림 3.34 평균 탄착점과 원형공산오차의 관계

(5) 화포의 탄도학

포탄의 탄도에 미치는 영향을 연구하는 학문이 탄도학이다. 탄도학은 강내 탄도학(internal ballistics), 강외 탄도학(external ballistics), 최종 탄도학(terminal ballistics), 천이 탄도학(transitional ballistics)으로 분류하고 있다.

강내 탄도학은 탄약을 격발시켜 포탄이 포구(muzzle)를 이탈할 때까지 포탄에 미치는 추진가스 압력, 총강 내 마찰저항, 공기저항, 연소 생성물과 생성열 등 영향 요소에 관련된 제반 문제를 해석하는 분야이다. 포강 내 포탄의 탄도는 추진제의 연소와 포탄의 이동 중에 복잡한 문제를 해석해야 한다. 탄도는 포강과 추진가스 압력에 좌우되며, 이들 요소는 포탄의 포구 속도와 회전속도가 결정하기 때문이다. 하지만 지금까지 수많은 연구에도 불구하고 정확한 과학적 해석은 구명하지 못했다. 그만큼 탄도에 미치는 영향은 복잡하다는 의미이다.

강외 탄도학은 포탄이 포구를 떠난 순간부터 표적에 충돌이나 파열하는 순간까지의 운동특성을 해석하는 분야이다. 강외 탄도에 미치는 영향 요소는 포구 속도, 사격 각도, 중력, 공기저항, 포탄의 형상과 무게, 포탄의 회전, 지구의 자전에 의한 영향이 있다. 만일 포구 속도와 사격 각도가 결정되면, 포탄에 대한 주요 외부 영향은 중력과 공기저항이다. 중력의 영향만 받는 경우는 진공상태에서 포탄의 운동을 말한다. 이때 포탄의 궤적을 진공 탄도라 한다. 진공 탄도는 공기저항과 중력이 작용하는 실제 탄도와 유사성이 있어서 이에 대한 해석은 유용하다.

최종 탄도학은 포탄이 표적에 충돌하거나 파열하는 순간부터 포탄과 그 일부 또는 파편의 운동에 관한 분야를 해석하는 분야이다.

천이 탄도학은 포탄이 포구를 떠난 후 짧은 시간 동안 포탄을 밀어내면 팽창하는 추진가스 압력에 의해 작용하는데, 이 과도기를 해석하는 분야이다. 무기의 기능이나 포의 안정이나 포구 제동기 또는 소음기 등을 설계할 때 고려해야 하는 분야이다. 일반적으로 천이 탄도학은 강외 탄도학에 포함하여 해석하고 있다.

제4절 탄도의 영향 요소와 이론 해석

1. 포탄의 탄도해석

(1) 진공상태에서 포탄의 궤적

만일 진공상태에서 포탄이 날아간다면 공기저항의 영향이 없다. 만일 지면에서 y_0만큼 높은 위치에서 θ_0 각도로 발사된 포탄이 있다고 가정하자. 이런 경우에 포탄은 외력에 의해 영향을 받지 않는다. 따라서 뉴턴의 제2 운동법칙이 적용되며 일정한 속도로 직선으로 계속 날아간다. 이 상태에서 중력이 작용하지 않기 때문에 포탄은 포강 축선을 따라 무한대로 계속 날아간다는 의미이다. 이 경우에는 포탄의 수직 방향의 속도 성분이 정점에서 0의 속도에 도달할 때까지 중력에 의해 지체되고, 그다음 발사체는 중력에 의해 가속되면서 지구로 떨어지는 현상이 발생하지 않는다.

하지만 화포에서 발사된 포탄은 공기와 중력 그리고 지구의 자전에 의한 코리올리 가속도, 눈이나 비 등의 영향을 받는다. 이들 요소에 의한 영향을 모두 고려해야 탄도를 정확하게 예측할 수 있다. 하지만 실제 이들 요소를 모두 고려하기 어렵다. 따라서 이론적 해석과 다양한 기상조건에서 실험적 해석을 통해 탄도를 연구해야 한다. 이 때문에 본 절에서는 실제 사격 조건보다 매우 단순화한 진공 탄도와 표준 탄도에 대한 이론적 해석에 대해 알아보자.

만일 중력장이 존재하는 진공상태의 공간에 포탄이 발사되었다고 가정하면, 포탄의 궤적에 대한 기본 방정식은 식 [3-34]와 같다. 여기서 포탄의 질량은 m, 수평 방향의 위치는 x, 수직 방향의 위치는 y, 중력은 g, 시간은 t이다.

$$m\frac{d^2x}{dt^2}=0,\quad m\frac{d^2y}{dt^2}=-mg \qquad [3\text{-}34]$$

포탄의 초기 조건은 위치는 $x=0$, $y=y_0$이고, 수평 방향의 속도 V_x와 수직 방향의 속도 성분 V_y는 식 [3-35]와 같다.

$$V_x = \frac{dx}{dt} = V_0\cos\theta_0, \quad V_y = \frac{dy}{dt} = V_0\sin\theta_0 - dy \qquad [3\text{-}35]$$

따라서 식 [3-35]를 적분하면 시간에 따른 포탄의 수평과 수직 위치를 식 [3-36]과 같이 나타낼 수 있다.

$$x = V_0\cos\theta_0 t, \quad y = y_0 + V_0\sin\theta_0 t - \frac{1}{2}gt^2 \qquad [3\text{-}36]$$

만일 포탄이 높이 y_f에 도달할 때까지 소요시간 t_f을 계산하려면, 식 [3-36]에 이 조건을 대입하면 식 [3-37]과 같이 쓸 수 있다.

$$-\frac{1}{2}gt_f^2 + V_0\sin\theta_0 t_f + y_0 - y_f = 0 \qquad [3\text{-}37]$$

식 [3-37]은 이차방정식이기 때문에 t_f 값을 구하기 위해 근의 공식을 적용하면, 해는 식 [3-38]과 같다.

$$t_f = \frac{V_0\sin\theta_0 \pm \sqrt{V_0^2\sin^2\theta_0 + 2g(y_f - y_0)}}{g} \qquad [3\text{-}38]$$

그리고 t_f 시간 경과 후 포탄의 수평 방향(사거리) 위치 x_f는 식 [3-38]을 식 [3-36]에 대입하면, 식 [3-39]와 같이 된다.

$$x_f = \frac{V_0\cos\theta(V_0\sin\theta \pm \sqrt{V_0^2\sin^2\theta + 2g(y_f - y_0)})}{g} \qquad [3\text{-}39]$$

따라서 $\sin2\theta_0 = 2\sin\theta_0\cos\theta_0$ 이므로 식 [3-39]를 정리하면, 식 [3-40]과

같이 된다.

$$\therefore\ x_f = \frac{V_0^2 \sin 2\theta_0}{2g}\left[1 \pm \sqrt{1 + \frac{2g(y_f - y_0)}{V_0^2 \sin^2\theta_0}}\right] \quad \cdots\cdots [3\text{-}40]$$

3.4 exercise

무게가 $45kg_f$인 포탄을 발사시킬 수 있는 곡사포를 개발하려고 한다. 포탄은 포구에서 1,100m/s 속도로 이탈하며, 포구의 높이는 지표면에서 3.2m 높은 위치에 있다. 만일 60°의 각도로 포를 사격하였다면, 포탄의 고도가 800m에 도달할 때까지 소요 시간은 얼마인가? 이때 수평 방향으로 얼마나 떨어진 곳인가? 단, 공기에 저항은 없으며 중력만 존재한다고 가정하시오.

풀이

문제에 주어진 조건에서

$V_0 = 1{,}100\text{m/s},\ \theta_0 = 60°,\ y_f = 800\text{m},\ y_0 = 3.2\text{m}$이다.

먼저 포탄의 고도가 800m에 도달할 때까지 소요시간 tf는 식 [3-38]에 대입하면 구할 수 있다.

즉, $t_f = \dfrac{V_0 \sin\theta_0 \pm \sqrt{V_0^2 \sin^2\theta_0 + 2g(y_f - y_0)}}{g} = 0\text{s}$ 또는 195s

따라서 포탄이 고도 800m에 도달하려면 195초의 시간이 필요하다. 다음으로 포탄의 고도가 800m에 도달한 위치와 포와의 거리 xf는 식 [3-39]를 적용하면 구할 수 있다. 즉,

$$x_f = \frac{V_0^2 \sin 2\theta_0}{2g}\left[1 \pm \sqrt{1 + \frac{2g(y_f - y_0)}{V_0^2 \sin^2\theta_0}}\right] = 107.25\text{km}$$

그러나 실제 공기 중에 발사되면 이보다 근거리에서 포탄이 800m 고도에 도달할 것이다.

(2) 공기저항을 고려한 포탄의 탄도

진공 탄도는 대기의 영향을 무시했을 때의 탄도이다. 하지만 보다 정확하게 탄도를 계산하려면 포탄의 운동을 방해하는 공기저항이 포함되어야 한다. 날아가는 포탄의 주위를 흐르는 공기압력은 정(靜)압(static pressure)과 동(動)압(dynamic pressure)이 작용한다. 정압은 공기 흐름을 고려하지 않은 상태의 압력이다. 하지만 동압은 공기와 포탄의 마찰에 의한 압력이 손실되는 크기를 말한다. 정압과 동압의 관계는 유속이 느린 유로에서는 정압의 효과는 크고, 동압은 적게 나타난다. 유속이 빠른 곳에서는 그 역으로 되지만 정압은 일정하다. 따라서 포탄 주위의 공기의 유속은 고속이기 때문에 동압에 의해 항력이 결정된다. 따라서 항력 F_D 와 동압 $\rho_{air} A_s V^2/2$는 비례관계에 있으며, 포탄의 형상과 속도에 따라 차이가 있다. 이 차이를 비례상수 C_D로 나타낼 수 있으며, 이 값을 항력계수라고 정의하고 있다.

$$F_D = C_D \frac{\rho_{air} A_s V^2}{2} \quad \text{[3-41]}$$

식 [3-41]에서 ρ_{air}는 공기의 밀도, A_S는 진행 방향에 수직인 포탄의 단면적, V는 포탄의 속도이다.

한편 포탄의 작용하는 힘은 수평 방향(x 방향)과 수직 방향으로 각각 작용하며, 식 [3-42], [3-43]과 같은 운동방정식으로 표현할 수 있다.

$$m\frac{d^2x}{dt^2} = -F_D\cos\theta \quad \text{[3-42]}$$

$$m\frac{d^2y}{dt^2} = -F_D\sin\theta - mg \quad \text{[3-43]}$$

여기서 θ는 탄도에 대한 접선 방향과 수평 방향 사이의 각도이다. 이들 방정식은 간단한 대수 방정식으로 해를 구할 수 없다. 따라서 방정식의 해는 근사해(approximate solutions)나 수치해석으로 계산해야 구할 수 있다.

(3) 포탄의 공기역학

날아가는 포탄에 작용하는 공기역학적 힘은 포탄 주위의 공기 유동에 따라 작용한다. 즉 공기에 의한 마찰과 유체역학 효과에 의해 포탄에 힘이 작용하는 것이다. 만일 포탄이 정지 상태이고 유체가 포탄의 주위로 유동한다고 가정하면, 날아가는 포탄 주위의 현상을 이해하기 쉽다. 이를 쉽게 표현하면 〈그림 3.35〉와 같다.

〈그림 3.35〉는 저속으로 공기가 포탄 주위로 일정한 방향으로 유동할 때 유선(stream line)을 점선으로 표시하였다. 이 경우에 공기의 유량은 포탄의 속도에 따라 차이가 난다. 포탄의 속도가 빠르면 유량이 많다. 실제 포탄의 속도는 날아가는 동안 천천히 감속되기 때문에 공기의 유량은 일정하다고 가정할 수 있다. 공기의 속도는 포탄의 표면에서의 위치 ①에서 ⑥으로 갈수록 달라진다. 하지만 각각의 지점에서 공기속도는 시간이 흘러도 거의 변화가 없이 일정하다. 따라서 각각의 지점에서 일정한 압력에 의해 포탄에 작용하는 공기역학적 힘이 일정하게 작용한다. 참고로 유선이란 유체 안의 어떤 점에서 그 유체의 순간 속도에 평행한 접선이다. 유체가 흐르고 있는 경우에 어느 한순간에 일어나는 순간을 묘사한 선이다. 따라서 유선에 수직 방향인 유동은 없다.

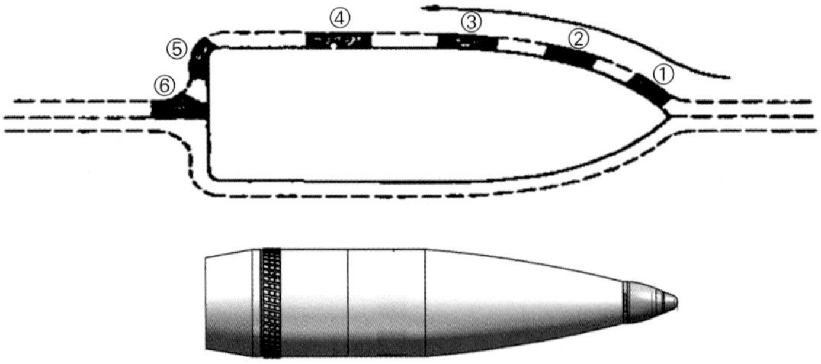

그림 3.35 포탄 주위의 유체 유동

(4) 정상 유동에서 포탄에 미치는 영향

정상 유동(steady flow)은 어떤 지점을 통과하는 유체 요소의 경로가 시간에 따라 변하지 않고 일정한 흐름을 말한다. 이러한 경로를 유선(stream line)이라 한다. 유선의 모양은 고정돼 있으나 유선을 가로지르는 요소의 속도는 다양하다. 유체가 정지한 상태, 즉 속도가 0인 지점이며 이를 정체 지점(stagnation point)이라 부르고 있다.

일반적으로 유동 현상은 유체속도 v가 유선형을 따라 시간 t와 거리 s의 함수이다. 이를 식으로 표현하면 $v=v(s, t)$이다. 포탄에 작용하는 외력은 포탄의 임의의 지점에서 유체압력에 의한 역학적 평형을 고려해야 분석할 수 있다. 그리고 역학적 평형은 유체의 정수압(hydrostatic pressure)과 점성에 의한 접촉력(contact force)과 포탄의 관성력, 중력에 의한 체적력(body force)에 의해 결정된다. 정수압은 정지하고 있는 유체에 의하여 일어나는 압력을 말한다. 유체는 포탄의 표면의 임의의 지점에서 정수압이 작용한다. 즉, 포탄의 표면에 수직 방향으로 작용하는 단위 면적당 힘을 p라 하면, 정압에 의해 작용하는 힘 F_p는 식 [3-44]와 같이 나타낼 수 있다.

$$F_p = \int_A p\,dA \qquad [3\text{-}44]$$

유선을 따라 정상 유동을 하는 유체에 작용하는 힘은 〈그림 3.36〉에서 보는 바와 같다. 유체 입자에 작용하는 힘의 평형 관계는 운동량 보존법칙을 적용할 수 있다. 〈그림 3.36〉 ❶에서 유체 입자(미소 요소)에 작용하는 힘의 합은 식 [3-45]와 같다.

$$\sum F_s = ma_s \qquad [3\text{-}45]$$

만일 비점성 유동이라 가정하면 마찰력은 무시할 수 있다. 이때 유체 입자에 작용하는 주요 힘은 미소 요소 양쪽에 작용하는 압력과 미소 요소의 중

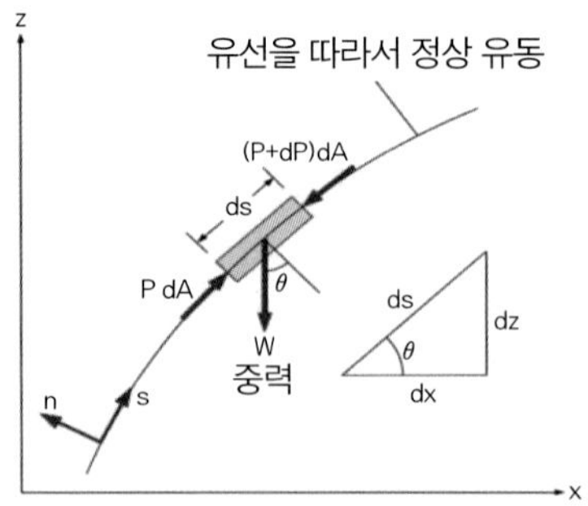

❶ 유체 요소에 작용하는 힘

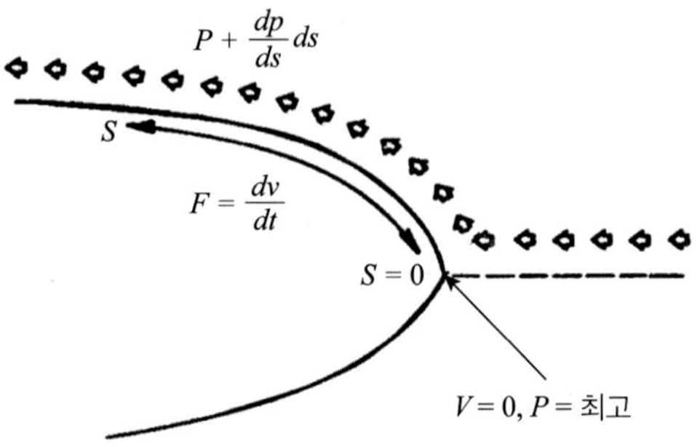

❷ 유체 요소에 관한 힘

그림 3.36 정상상태에서의 공기역학적인 작용력

력은 유선 방향의 분력이다. 따라서 미소 요소의 힘의 평형 방정식은 식 [3-46]과 같이 쓸 수 있다.

$$pdA-(p+dp)dA-W\sin\theta = mv\frac{dv}{ds} \qquad [3\text{-}46]$$

또한, 식 [3-46]에서 m은 유체 입자의 질량이다. 그리고 체적 V와 밀도 ρ의 관계는 $m=\rho V=\rho dAds$ 이다. 또한, 유체 입자의 속도 v, 무게 W는 중력 가속도 g와의 관계는 $W=mg=\rho gdAds$ 이다. 따라서 이들 값을 식 [3-46]에 대입하여 정리하면 식 [3-47]과 같이 쓸 수 있다.

$$-dpdA-\rho gdAds\left(\frac{dz}{ds}\right)=\rho dAds\left(v\frac{dv}{ds}\right) \qquad [3\text{-}47]$$

그리고 식 [3-47]를 dA로 나누고 정리하면, 식 [3-48]과 같이 나타낼 수 있다.

$$-dp-\rho gdz=\rho vdv \qquad [3\text{-}48]$$

또한, 식 [3-48]에서 $vdv=\frac{1}{2}d(v^2)$와 각 항을 밀도 ρ로 나누면, 식 [3-49]와 같다.

$$\frac{dp}{\rho}+\frac{1}{2}d(v^2)+gdz=0 \quad \cdots\cdots [3\text{-}49]$$

그리고 식 [3-49]를 적분하여 정리하면, 식 [3-50]과 같이 나타낼 수 있다.

$$\int\frac{dp}{\rho}+\frac{v^2}{2}+gz=0 \quad \cdots\cdots [3\text{-}50]$$

만일 유체가 비압축성이면 $\int\frac{dp}{\rho}=\frac{p}{\rho}$가 성립되며, 식 [3-50]은 식 [3-51]과 같이 정리할 수 있다.

$$\frac{p}{\rho}+\frac{v^2}{2}+gz=constant \quad \cdots\cdots [3\text{-}51]$$

식 [3-51]을 '베르누이 방정식'이라 한다. 이 식에서 알 수 있듯이 정상상태 유동장 내에서 비압축성이면서 비점성인 유체는 압력에너지와 속도에너지 그리고 위치에너지의 합은 항상 일정하다는 의미이다.

한편 포탄의 공기역학적인 힘은 유동 영역에서 중력의 효과가 중요하지 않다. 따라서 $gz\simeq 0$이라고 가정할 수 있다. 그 결과 포탄 주위 공기의 에너지 변화는 식 [3-52]와 같이 나타낼 수 있다.

$$\frac{p}{\rho}+\frac{v^2}{2}=constant \quad \cdots\cdots [3\text{-}52]$$

식 [3-52]에서 보는 바와 같이, 공기역학적 힘은 포탄 표면에서의 공기 압력과 속도에 따라 결정됨을 알 수 있다. 또한, 〈그림 3.36〉 ❷에서 $s=0$인 지점이 정체 지점이며, 이때 압력이 최대가 된다. 포탄의 표면에서 멀리 있는 공기의 속도는 포탄과 같은 유속으로 흐르며, 압력은 최소가 된다. 이때 압력은 정체된 대기압과 같다. 그리고 포탄과 유체 사이의 마찰은 포탄의 표면에 있는 유체의 속도를 감소시킨다. 그리하여 포탄의 표면에 얇은 경계층이 발생하여 전단력이 발생하게 되는 것이다.

(5) 포탄에 미치는 저항력

포탄이 안정적으로 날아가게 하는 공기역학적 힘의 가장 중요한 부분이 항력이다. 항력은 포탄 표면에서의 마찰에 의한 마찰저항력, 탄저 부근의 압력 차이에 의한 항력, 그리고 충격파에 의한 항력이 있다. 마찰저항은 공기와 탄체 표면 사이의 상호작용에 의한 영향이다. 탄저 항력은 탄체의 형상에 따라 달라지며 특히 탄저 부근의 유동 현상에 따라 달라진다. 충격파에 의한 항력은 공기가 탄체 표면 위로 흐를 때 압축과 팽창에 의한 영향이다. 이러한 세 가지 항력에 가장 큰 영향 요소는 포탄의 형상이다. 일반적으로 탄체의 지름에 비해 길이가 큰 형상일수록 항력이 작다.

한편 충격파에 의한 항력은 마하수가 증가함에 따라 중요하다. 하지만 아음속에서는 영향이 없다. 그리고 충격파에 의한 항력은 포탄이 진행하는 방향에 수직 단면의 단면적의 크기에 따라 크기가 다르다. 따라서 포탄에 작용하는 항력 F_D는 항력계수 C_D의 크기에 따라 결정된다. 따라서 어떤 포탄의 항력계수 C_D는 식 [3-53]과 같다.

$$C_D = C_{D,wave} + \frac{C_{D,wave}A_{wetted}}{A_s} + \frac{C_{D,wetted}A_{base}}{A_s} \quad \cdots\cdots [3\text{-}53]$$

여기서 A_{wetted}는 탄체와 공기가 접해 있는 접촉 표면적이고 A_{base}는 탄저의 유효단면적이며, A_S는 포탄이 날아가는 방향의 수직 방향으로 절개한 단면적이다.

(6) 포탄에 미치는 공기의 점성 효과

유체의 점도는 유체가 유동할 때 전단력을 발생시켜 유체의 특성을 변화시키는 중요한 요인이다. 포탄이 공기 중을 비행할 때 탄체의 전면부에 있는 뾰족하게 생긴 표면에서 공기의 흐름이 분리되면서 탄저 쪽으로 흘러간다. 이러한 현상을 그림으로 간략히 나타내면 〈그림 3.37〉과 같다.

그림에서 보는 바와 같이 공기는 탄두부에서 분리되어 탄체 표면에 얇은 경계층을 이루면서 후방으로 유동한다. 만일 공기 대신 점성이 큰 유체가 흘러간다면, 경계층이 분리되는 지점은 탄두에 가까운 위치에서 발생할 것이다. 그러나 공기는 점성을 무시할 정도로 작다. 따라서 포탄 주위에 흐르는 공기의 경계층은 탄저 부근에서 분리되어 와류가 발생하게 된다. 그 결과 탄저 부근에서 저압 영역이 발생하게 된다. 이는 탄두부와 압력 차이를 크게 하여 포탄의 운동을 방해하는 저항력을 발생시키는 원인이다.

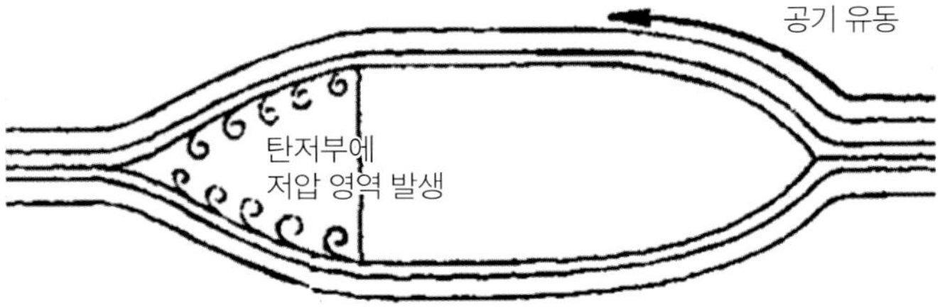

그림 3.37 경계층 분리에 따른 영향

(7) 포탄의 속도에 의한 영향

포탄의 속도가 빠를수록 공기저항은 커진다. 포탄의 포구 속도가 음속(약 340m/s)에 가까운 구간에서는 속도 변화가 작게 일어나도 음속 장벽의 효과로 인하여 불연속적으로 압력이 변화되는 현상을 볼 수 있다. 이러한 현상은 제2장 소구경 화기에서 다루었던 소총탄의 경우와 같다.

날아가는 포탄은 속도에 따라서 탄두(nose of projectile) 저항, 탄미(tail of projectile) 및 탄저(base of projectile) 저항, 탄체의 마찰저항에 의해 큰 영향을 받는다.

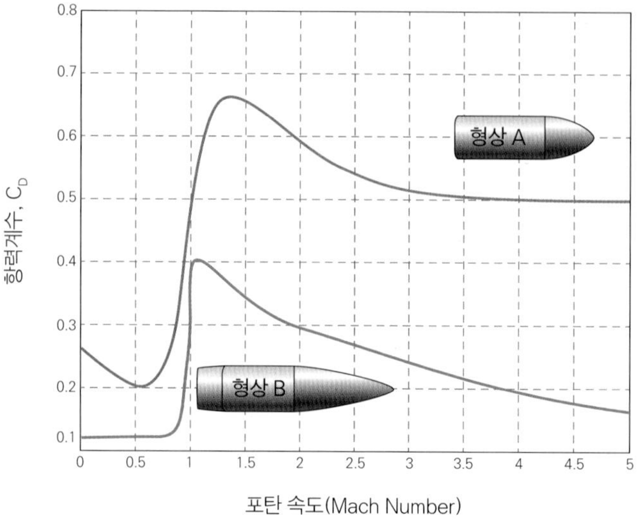

그림 3.38 155mm 표준형 포탄의 항력계수

첫째, 포탄이 아음속으로 날아가면 공기의 압력에 의한 항력이 계속 발생한다. 반면에 초음속이면 공기를 압축할 때 발생하는 충격파에 의한 항력이 탄두부에서 생기는데 이러한 저항이 탄두 저항이다. 이 저항은 포탄 속도가 음속(마하 1)에 도달할 때까지 증가한다. 탄두부 주위에 초음속 공기의 흐름과 충격파로 인해 탄두 저항이 음속 근처에서 최고점에 도달한다. 길이가 길고 가느다란 코가 있는 형상인 포탄은 무딘 모양의 탄두부가 있는 포탄보다 아음속 속도에서 압력에 의한 항력이 적다. 그리고 초음속 속도에서 압축저항도 적다. 이러한 현상은 〈그림 3.38〉에서도 확인할 수 있다. 이 그림은 구경 155mm 표준형상의 포탄 A, B를 비교 실험한 결과이다. 포두부 형상이 가늘고 긴 형상 B 포탄이 항력계수가 작다. 특히 초음속일 때 항력계수가 상대적으로 작다. 이 때문에 현대 화포에 사용하고 있는 포탄은 형상 B와 비슷한 형상이다.

둘째, 탄미와 탄저에서 발생하는 저항이다. 탄저 항력은 탄저 부근에 작용하는 공기압력에 의해 커진다. 이러한 효과는 매우 중요하다. 공기는 탄체 주위를 흐르다가 탄미 부근에서 탄체의 표면에서 분리된 후 탄저 부근에 큰

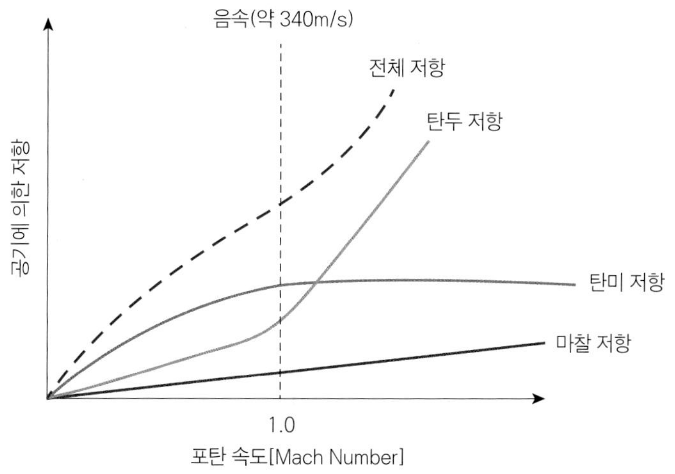

그림 3.39 포탄의 속도와 공기저항의 관계

공동(large cavity)과 와류(wake)를 생기게 한다. 이로 인해 탄저 압력이 대기압보다 낮아져서 탄미 항력이 발생하게 된다. 포탄의 속도가 음속 쪽으로 증가하면, 탄저 부근의 압력은 0이 되는 경향이 있다.

셋째, 탄체 표면에서의 마찰에 의한 저항이다. 탄체의 표면이 거친 경우, 공기의 저항을 증가시켜서 사거리가 감소하게 된다. 이 저항은 탄두 저항과 탄미 및 탄저의 저항에 비해 작다.

지금까지 알아본 포탄의 속도와 공기저항의 관계를 그림으로 나타내면 〈그림 3.39〉와 같다. 그림에서 보는 바와 같이, 공기에 의한 저항은 아음속에서는 탄미 저항이 가장 크고 탄두 저항과 마찰저항 순으로 작다. 하지만 초음속 영역에서는 탄두 저항이 탄미 저항보다 크다. 따라서 아음속에서는 탄미 저항을 감소시킬 수 있어야 사거리를 증대시킬 수 있다. 이러한 특성을 이용한 탄약이 항력감소 탄(base bleed projectile)이다.

항력감소 탄약은 항력감소 장치를 탄미에 장착하여 탄미와 탄저에서 발생하는 저항을 최소화해 사거리를 연장한 탄약이다. 이 탄약은 〈그림 3.40〉에서 보는 바와 같이, 전체 공기저항의 약 50%에 달하는 탄미 저항을 감소시키기 위해 탄저 부근에 발생하는 진공을 연소 가스로 채워 주는 방식이

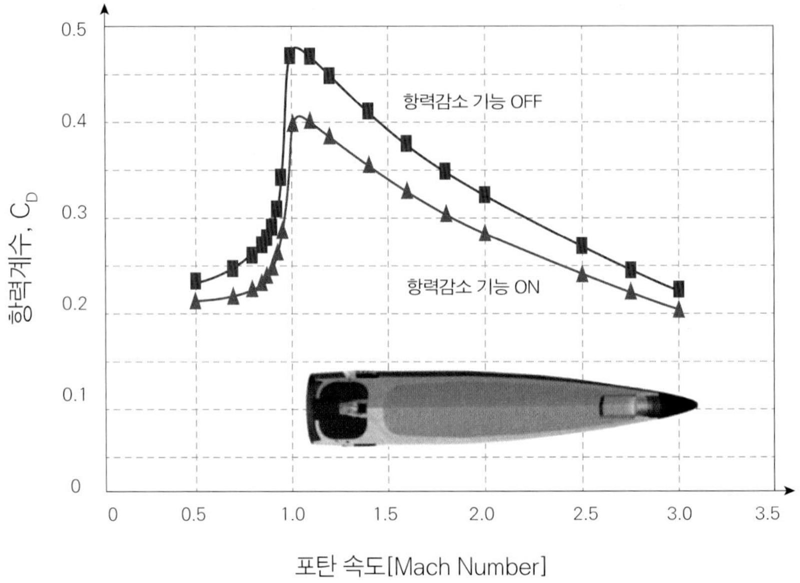

그림 3.40 155mm 탄약의 항력감소 기능의 효과 비교

다. 탄저 부근에 압력을 높여주면 〈그림 3.40〉에서 보는 바와 같이, 같은 속도로 날아가더라도 항력계수가 달라진다. 즉 항력감소 기능을 작동시키며 항력계수가 감소한다. 이러한 특성을 이용하면 항력을 65~75% 감소시켜 약 30%의 사거리를 연장하는 효과를 얻을 수 있다.

(8) 레이놀즈수와 공기저항의 관계

포탄이 대기를 통과할 때 발생하는 저항은 공기의 점도와 직접적인 관련이 있다. 포탄 주위를 흘러가는 공기는 관성력과 점성력의 비율에 따라 유동이 달라진다. 이 비율을 무차원수로 표현한 값이 레이놀즈수(Reynold's number)이며, 식 [3-54]와 같이 정의하고 있다. 이 식에서 v는 포탄의 속도, L은 탄체의 길이, ν는 공기의 동(動) 점성계수(kinematic viscosity)인데 해수면에서 $1.45 \times 10^{-5} m^2/s$이다. 그리고 $\nu = \mu/\rho$이며 ρ는 공기의 밀도, μ는 점성계수이다.

$$Re = \frac{vL}{\nu} \quad \cdots\cdots [3\text{-}54]$$

만일 레이놀즈수가 같은 조건에서 공기 대신 다른 유체 속에서 실험하면, 포탄 주위의 유동은 같은 모양으로 나타날 것이다. 이는 유체의 관성력 대 점성력의 비율이 같기 때문이다. 만일 *Re*가 너무 크면, 관성력이 우세하고 아주 작으면 점성력이 우세하다는 의미이다.

한편, 포탄이 비행할 때 탄체에 방해받지 않는 공기와 탄체에 인접한 공기 사이에 속도 차이가 발생하고 이로 인해 속도 기울기가 형성된다. 이때 포탄 표면에서 공기의 속도 기울기가 커지는 거리까지의 두께를 속도 경계층의 두께라고도 말하고 있다. 이 경계층이 두껍게 형성되어 있다는 의미는 탄체에 의해 공기의 유동을 많이 방해하고 있다는 것이다.

일반적으로, *Re*가 작으면 흐름은 규칙적이고 안정적으로 유동하는데 이러한 흐름을 유체역학에서 층류(laminar flow)라고 정의한다. 하지만 *Re*가 큰 경우에는 유동이 복잡해지는데 이러한 흐름이 난류(turbulent flow)이다. 즉 *Re*는 유체의 경계층의 상태를 나타내는 척도이며 다음과 같은 물리적인 의미가 있다. 첫째, 탄체 표면의 돌기 또는 표면 거칠기에 따른 마찰에 미치는 영향에 따라 *Re*값이 달라진다. 둘째, 탄체의 기하학적인 곡률이 변화될 때 공기 유동의 민감도에 따라 *Re*값이 달라진다. 셋째, 탄저에 발생하는 공동(cavity)의 크기에 따라 *Re*값이 차이가 있다.

(9) 탄자의 속도에 의한 영향

포탄이 아음속으로 날아가는 경우, 탄체의 코에서 압축되는 공기의 압축파는 모든 방향으로 탄체에서 전달된다. 이때 압축파로 인한 저항은 무시할 정도로 미약하다.

대부분의 저항은 다음과 같은 이유로 영향을 받는다. 첫째, 탄체의 뒤쪽에서 와류가 형성되면서 진공상태로 압력이 낮아져서 저항이 발생한다. 둘째, 탄체 표면에 발생하는 표면마찰에 의한 항력이 발생한다. 포탄 속도가 아음속일 경우에 꼬리 끌기를 줄이려면 탄미의 형상을 경사지도록 설계하는 것이 좋다.

일반적으로 공기저항을 극복하기 위한 에너지는 탄자의 운동에너지로

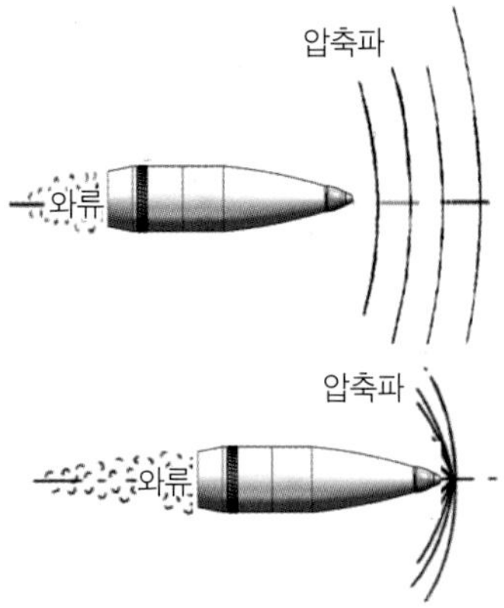

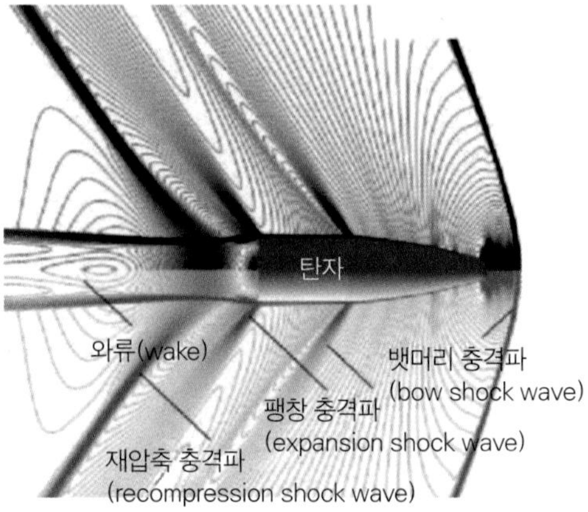

❶ 압축 충격파의 발생과정 ❷ 초음속 탄자에 의한 충격파 발생현상(M=1.1)

그림 3.41 탄자에 의한 충격파 발생과정과 유동현상

만 얻을 수 있다. 탄자는 아음속보다 초음속으로 날아갈 때 에너지 손실이 더 크다. 그 이유는 포탄의 속도가 초음속일 때 발생하는 충격파의 저항이 아음속에 비해 크기 때문이다. 충격파는 〈그림 3.41〉 ❶에서 보는 바와 같은 과정을 거쳐서 발생한다. 포탄이 초음속으로 비행하면 압력파가 생성된다. 그리고 이 압력파는 주위 공기를 압축시킨다. 압축된 공기는 온도가 상승하게 된다. 이로 인하여 압축 영역에서 국지적으로 음속이 증가한다. 그 결과, 여러 개의 압축파는 동시에 발사체 코(nose)에 접근하면서 경사(원뿔) 충격파가 생긴다. 만일 코가 뾰족하게 생긴 탄자인 경우에는 코에 충격파가 형성된다. 하지만 무딘 코를 갖는 탄자가 초음속으로 날아가면, 탄체보다 먼저 충격파가 형성된다. 이 경우, 충격파에 의한 항력이 크다. 그리고 충격파의 원뿔 각도는 마하수가 증가하면 감소한다. 따라서 극초음속(M 〉 5)인 경우에는 탄체에 밀착된 경사 충격파가 발생하는 것을 알 수 있다.

초음속 포탄은 주위 공기에 〈그림 3.41〉 ❷와 같이 충격파가 발생한다. 포탄 속도가 음속인 경우, 탄체 표면에서 수직 방향으로 수직 충격파가 발생한다. 그러나 초음속인 경우는 〈그림 3.41〉 ❷에서 보는 바와 같이 경사 충격파가 발생한다. 충격파는 탄두 전면에 뱃머리 충격파가 발생한다. 이어서 공기 팽창에 의한 팽창 충격파와 공기의 유로가 확장되면서 재압축 충격파가 발생하는 현상을 볼 수 있다. 끝으로 천이 음속(transonic velocity)은 음속보다 약간 빠르거나 느릴 때 경계구역을 의미한다. 이 구역에서는 공기저항이 급격히 변하기 때문에 포탄의 운동을 예측하기 어렵다. 천이 음속 구간에서는 포탄의 속도가 약간만 변화하여도 공기저항은 현저히 달라진다. 따라서 음속에 가까운 속도로 비행하는 포탄은 바람, 공기의 상태에 따라서 포탄에 미치는 영향이 크게 작용한다.

2. 포탄의 탄체 설계

화포의 사거리를 증대시키려면 포구 속도를 빠르게 하거나 비행 중에 공기저항을 줄일 수 있도록 탄체를 설계해야 한다. 공기저항에 영향을 주는 고려 요소는 포탄의 지름과 길이, 그리고 탄두부와 탄미부의 형상이다. 이들 요소가 공기저항과 어떤 관련이 있는지 살펴보자.

첫째, 형상이 같은 포탄은 포탄의 지름을 제곱한 값과 항력은 비례관계에 있다. 예를 들어 형상은 같지만 크기가 다른 포탄들은 항력의 크기가 다르다. 예를 들어, 포탄 크기가 클수록 공기의 압력이 작용하는 면적이 더 넓다. 이 때문에 원통형 포탄이 유선형 포탄보다 공기압력에 의한 항력이 더 크다. 둘째, 유선형 선미(boat-tail)처럼 유선형으로 생긴 탄체는 원통형 포탄보다 항력이 약하다. 특히 포탄 속도가 아음속일 때 더 약하다. 원통형 포탄이 비행할 때 공기는 원통형 탄체 주위로 유동하는데 이때 유동 방향을 바꾸는 외력이 없다. 그 결과, 〈그림 3.42〉 ❶에서 보는 바와 같이, 탄저 부근에서 분리되어 탄저 주위에 진공이 발생하게 된다. 하지만 탄저를 유선형으로 설계하면 공기 유동의 방향을 변경시킬 수 있다. 즉, 탄저 부근에 진공의 세기를 감소시킬 수 있다. 그리고 유선형 포탄은 탄저의 면적이 작아서 항력이 약하다. 또한, 탄저에서 가스를 분출시키면 항력을 크게 줄일 수 있다. 이러한 원리를 이용하여 개발한 스웨덴의 105mm 탄저 항력감소 탄약은 마하 2에서 항력을 약 50% 감소시켜서 사거리를 20% 정도 연장하였다.

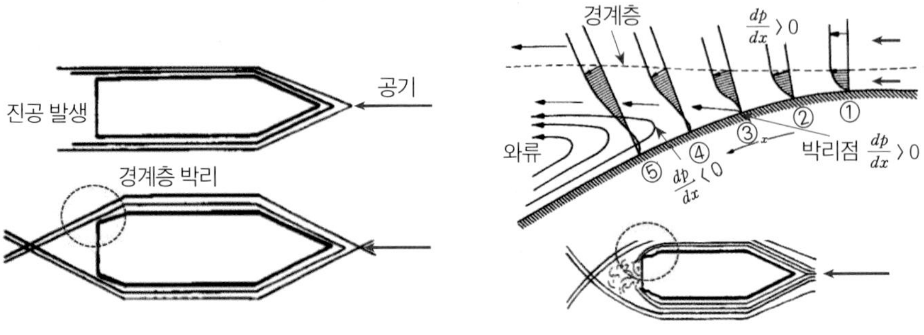

❶ 탄저의 설계에 따른 공기 영향 ❷ 스포일러(spoiler)에 의해 발생되는 난류

그림 3.42 탄저 주위에서의 진공과 와류 발생과정

셋째, 탄체에 〈그림 3.42〉 ❷와 같이 스포일러(spoiler)를 만들면 항력을 감소시킬 수 있다. 공기가 탄두에서는 층류(laminar flow) 상태로 유입되다가 유로 단면적이 넓어지는 스포일러 부근에서 압력의 증가에 따라 경계층 내에서 박리현상이 발생한다. 이 때문에 탄저 부근에서 난류(turbulent flow)가 발생하는 것이다. 그리고 이 난류는 탄저 영역을 공기로 채우면서 항력을 약하게 한다. 넷째, 탄두의 형상을 잘 설계하면 항력을 줄일 수 있다. 탄체의 코(nose of projectile)에 해당하는 탄두 형상은 CRH(Caliber Radius Head)로 표현한다. 즉 CRH값은 탄자 지름을 기준으로 탄자의 치수를 상대적인 크기로 표시한 방법이며 단위는 캘리버(caliber)이다.

일반적인 포탄의 형상과 크기에 대한 정의는 〈그림 3.43〉 ❶에서 보는 바와 같다. 물론 회전대의 지름을 표시하기도 하지만 대부분은 〈그림 3.43〉 ❷에 제시된 CRH로 표기하고 있다. 이 표기법은 소총 탄약이나 권총 탄약에도 같은 표기법으로 적용하고 있다.

〈그림 3.43〉 ❷에서 왼쪽은 단순한 오자이브(ogive) 형상을 가진 포탄의 CRH를 나타내며 오른쪽 그림은 복잡한 형상을 가진 경우를 나타낸 그림이다. 첫째, 단순한 형상일 경우, 곡률 중심은 탄체에서 d만큼 떨어진 위치이다. 그리고 곡률반지름은 탄자 지름의 2배로 정의하며, 곡률 중심은 정심대를 연하는 선에 일치하는 선상에 있다. 둘째, 복잡한 형상일 경우, 시컨트 반

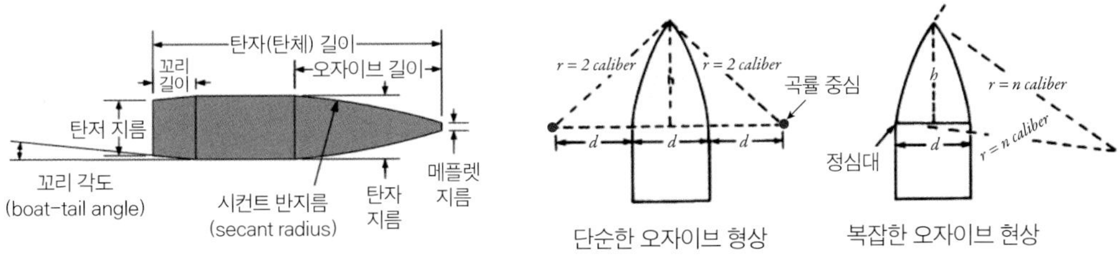

① 탄체의 기하학적인 정의 ② 일반 포탄의 CRH 정의

그림 3.43 일반 포탄의 크기와 CRH 정의

지름은 정심대와 코의 끝을 연하는 반지름으로 표시하고 있다.

한편, 〈그림 3.44〉 ①은 표준형 탄자의 크기와 형상을 나타낸 그림이다. G1 표준형 탄자의 경우에 탄자 지름이 1 caliber이며, 시컨트 반지름의 탄자 지름의 2배라는 의미이다. 그 밖에 치수도 탄자 지름의 기준으로 상대적인 길이로 표현한 값이다. G7 표준 탄자의 경우에는 오자이브 형상이 복잡한 경우이며, 〈그림 3.44〉 ②의 오른쪽 그림에 제시된 표기법을 적용한다. 탄자 지름이 1 caliber이며, 시컨트 반지름은 이 지름에 10배 길이여서 10 caliber로 표시한 것이다. 탄자 지름을 기준으로 표시한 값이다.

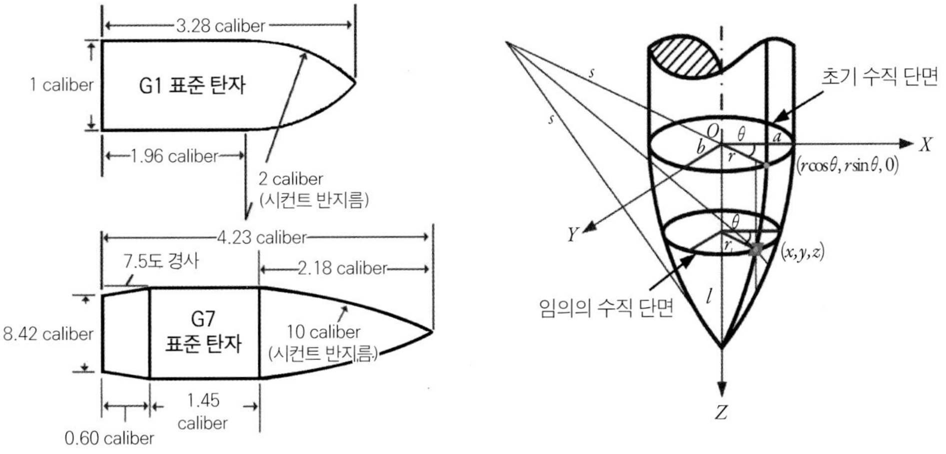

① 표준 탄자의 형상과 크기 ② 타원형 오자이브 형상

그림 3.44 표준 탄자와 지하 침투탄의 CRH

일반적으로 지하 침투탄의 형상은 타원형 단면형상이 효과적이다. 따라서 타원형 단면을 갖는 탄체의 CRH는 일반 포탄과는 다르게 정의한다. 이를 알아보면 다음과 같다. 먼저 탄체의 초기 타원형 단면적을 방정식으로 표현하면 식 [3-55]와 같이 표현할 수 있다.[7]

$$\left(\frac{r\cos\theta}{a}\right)^2+\left(\frac{r\sin\theta}{b}\right)^2=1 \quad \text{[3-55]}$$

여기서 $\cos\theta=\frac{x}{\sqrt{x^2+y^2}}$, $\sin\theta=\frac{y}{\sqrt{x^2+y^2}}$ 이다. 이들 값을 식 [3-55]에 대입한 후, r에 대해 정리하면 식 [3-56]과 같다.

$$r=\frac{ab\sqrt{x^2+y^2}}{\sqrt{(bx)^2+(ay)^2}} \quad \text{[3-56]}$$

〈그림 3.44〉 ❷에서 기하학적인 관계를 고려하면, 탄두 길이 l과 곡률반지름 s의 관계는 식 [3-57]과 같이 된다. 이 식에서 $r_1=\sqrt{(x^2+y^2)}$이다.

$$l^2+(s-r)^2=s^2 \quad \text{[3-57]}$$

$$(r_1+s-r)^2+z^2=s^2 \quad \text{[3-58]}$$

식 [3-56]을 식 [3-57]에 대입하여 s에 대해 풀면 식 [3-59]와 같으며, 식 [3-56]을 식 [3-58]에 대입하면 식 [3-60]과 같이 된다.

7 Xiang-hui Da, et al., "Rigid elliptical cross-section ogive-nose projectiles penetration into concrete targets," Laboratory of Intense Dynamic Loading and Effect, Defence Technology 710024, 2020. 5.; Forrestal MJ, Tzou DY, "A spherical cavity-expansion penetration model for concrete targets," Int J Solid Structure, 1997.

$$s = \frac{ab\sqrt{x^2+y^2}}{2\sqrt{(bx)^2+(ay)^2}} + \frac{l^2\sqrt{(bx)^2+(ay)^2}}{2ab\sqrt{x^2+y^2}} \quad \text{[3-59]}$$

$$z = \sqrt{l^2 - x^2 - y^2 - \frac{l^2\sqrt{(bx)^2}+(ay)^2}{ab} + \frac{ab(x^2+y^2)}{\sqrt{(bx)^2+(ay)^2}}} \quad \text{[3-60]}$$

따라서 오자이브가 탄원형 단면인 탄체인 경우, CRH는 식 [3-61]과 같이 정의할 수 있다.

$$\psi = \frac{s}{2r} \quad \text{[3-61]}$$

만일, 식 [3-56]과 [3-58]을 식 [3-61]에 대입하면, 식 [3-62]와 같다.

$$\psi = \frac{1}{4}\left[1 + l^2\left(\frac{\cos^2\theta}{a^2} + \frac{\sin^2\theta}{b^2}\right)\right] \quad \text{[3-62]}$$

여기서 r_c는 같은 면적을 갖는 원의 반지름이라 가정한다. 즉 $r_c = \sqrt{ab}$ 값은 등가 타원 반지름이다. 만일 탄원의 최대 반지름과 최소 반지름의 비를 λ라 하면 $\lambda = a/b$가 된다. 따라서 $a = r_c\sqrt{\lambda}$이고 $b = r_c/\sqrt{\lambda}$가 만일 $\lambda = 1$인 경우, 즉 단면이 원형이면 $a = b = r_c$가 되며, 이때의 등가 CRH는 식 [3-63]과 같다.

$$\psi_c = \frac{1}{4}\left(1 + \frac{l^2}{r_c^2}\right) \quad \text{[3-63]}$$

● 탄도계수

공기 중에서 날아가는 포탄은 수송 동력(carrying power)이 더 우수하다고 말할 수 있다. 동일 조건에서 두 개의 서로 다른 포탄이 같은 속도로 발사하면 더 나은 수송력을 가진 포탄이 더 멀리 날아간다. 같은 속도로 같은 방향으로 던질 때 야구공이 테니스공보다 더 멀리 날아간다는 사실과 같다. 공기저항을 극복하는 데 사용할 수 있는 에너지는 포탄의 운동에너지, 즉 포탄의 질량과 속도에 따라 다르다.

한편, 수송력은 다음과 같은 포탄의 물리적 특성에 따라 영향을 받는다. 첫째, 질량이 클수록 에너지가 커져서 수송력도 커지는 것이다. 둘째, 포탄의 지름이 클수록 포탄이 통과해야 할 구멍의 크기가 커서 저항이 크다. 그 결과 포탄의 수송력은 감소하며, 구멍의 크기는 d^2에 따라 다르다. 셋째, 형상에 따라 수송력은 차이가 있다. 이 차이는 탄자의 형상에 따라 영향을 받는다. 지금까지 세 가지 주요 요소를 탄도계수로 정의하면 이들 요소에 의한 영향을 하나의 계수로 표현할 수 있다. 이를 탄도계수라 하며 다음과 같이 정의하고 있다. 표준 대기 상태에서 탄도계수를 표준 탄도계수 C_B라 정의하면 식으로 표현하면 식 [3-64]와 같다.[8]

$$C_B = \frac{W}{K \cdot d^2} \qquad [3\text{-}64]$$

여기서 W은 탄자의 무게, d는 탄자의 지름, K는 탄자의 형상과 안정화 수준을 나타내는 계수이다. C_B는 보편적인 척도를 나타내며, 이 값이 같은 대기 중을 날아가는 탄자의 탄도 특성과 같아진다. 즉 C_B값이 크면 수송력이 크다는 의미이다.

$$K = \frac{2}{n} \cdot \sqrt{\frac{4n-1}{n}} \qquad [3\text{-}65]$$

K는 형상계수, n은 오자이브의 캘리버 수이다. 만일 오자이브 길이의 캘리버 수를 h라 하면 n은 식 [3-66]과 같다.

$$n = \frac{(4h^2+1)}{4} \qquad [3\text{-}66]$$

8 Rinker, Robert A., "Understanding Firearm Ballistics," 3rd Edition, Mulberry House Publishing, 1999, p. 176.; Cline, Donna, "Exterior Ballistics Explained," Trajectories, Part 3 "Atmosphere", Lattie Stone Ballistics, 2002, p. 44.; "Textbook of Small Arms," Great Britain, War Office, 1909.

3. 강외 탄도학 해석

(1) 요잉 현상 해석[9]

탄자가 공기 중을 비행할 때 비행특성 해석을 위해 〈그림 3.45〉 ❶의 왼쪽 그림처럼 좌표를 정의하였다. 탄자의 비행 방향을 x라 하였고, 이 방향으로 오른손 법칙을 적용하여 롤링(rolling)의 '양(+)'의 방향을 정의하였다. 같은 방법으로 요잉(yawing) 방향과 피칭(pitching) 방향도 각각 y와 z 방향에서 오른손 법칙을 적용하였다. 그리고 y 방향에서 양의 회전(즉, 코 왼쪽)은 음(-)으로 정의하였다. 그림에서 속도 벡터의 방향은 탄도곡선(점선)에 접선 방향이다. 따라서 속도 벡터는 탄도곡선에 접하는 모든 위치에 있다. 그림에서 선분 $\overline{OB}$는 탄자의 대칭축과 일치하며, 선분 $\overline{OA}$는 탄도와 일치한다. 선분 $\overline{OC}$는 탄자의 요동하는 경우 탄자가 미끄러져서 진행하는 방향이다.

〈그림 3.45〉 ❶은 탄자의 대칭축 $x(\overline{OB})$와 속도 벡터 $\mathbb{V}(\overline{OA})$ 사이의 각도

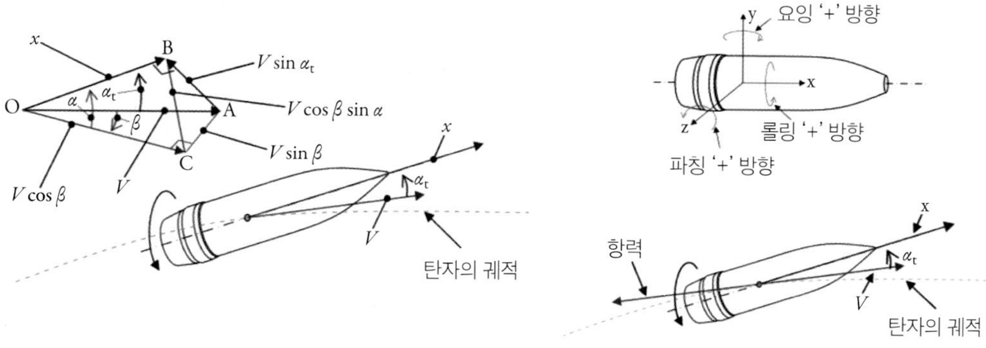

❶ 요잉 발생 현상 ❷ 좌표 기준과 항력

그림 3.45 포탄의 요잉 현상과 항력 해석

9 Se-Yoon Oh, et al., "An Experimental Study on Roll-Damping Characteristics of a Spinning Projectile at High Speed Region," *Journal of the Korean Society for Aeronautical & Space Sciences* 39(10), 2011. 10, pp. 912-918.

분해를 나타낸다. 먼저 측면으로의 미끄럼(slip) 각도 β(∠AOC)를 측정한 다음 대칭축 x에서 측면 $\overline{OC}=\mathbb{V}$까지 요각(angle of yaw) α(∠COB)를 측정한다. 직각 삼각형 OBC의 측면 $\overline{BC}$는 $\mathbb{V}\cos\beta\ \sin\alpha$의 값을 갖는다. 각도 ∠AOB는 총 요각(total angle of yaw) α_t와 측면 선분 $\overline{AB}=\mathbb{V}\sin\alpha_t$인 삼각형 ΔAOB로 정의할 수 있다. 삼각형 ΔOBC의 오른쪽 변 $\overline{BC}$는 $\mathbb{V}\cos\beta\ \sin\alpha$가 된다. 그리고 변 $\mathbb{V}\sin\alpha_t$, $\mathbb{V}\cos\beta\ \sin\alpha$ 및 $\mathbb{V}\sin\beta$를 갖는 삼각형 ΔABC는 직각삼각형이 아니다.

한편 대부분 탄자는 삼각 대칭이다. 즉 120° 간격으로 탄자의 장축을 통과하는 3개의 평면에 대해 대칭 관계이다. 이 대칭 때문에 보통 벡터의 합으로 요와 피치를 하나의 항으로 결합한 값을 총 요각(α_t)이라 한다. 〈그림 3.45〉를 살펴보면, 총 요각 α_t는 α와 β와 관련되어 있다.

$$\alpha_t = \sqrt{\sin^2\beta + \cos^2\beta\ \sin^2\alpha} \quad \text{[3-67]}$$

(2) 포탄의 항력 해석

탄자의 항력은 탄자의 운동을 방해하는 공기의 저항력이다. 〈그림 3.45〉 ❷에서 보는 바와 같이, 항력은 속도 벡터와 반대 방향으로 작용하는 힘이다. 항력에는 압력에 의한 항력과 표면마찰에 의한 항력이 있다. 그리고 탄자가 고속으로 날아가면 충격파에 의한 저항도 발생한다. 만일 탄자의 표면에서 공기의 속도가 음속(마하 1)에 도달하면 충격파가 발생한다. 이 때문에 충격파 주위 공기의 압력 차이에 의해 항력이 발생하게 된다. 이러한 항력의 효과의 크기를 나타내는 상수를 우리는 항력계수 C_D라고 한다.

항력계수는 항력 F_D와의 관계를 식으로 표현하면 식 [3-68]과 같다.

$$F_D = -\frac{1}{2}\rho_{air} A_s C_D \mathbb{V}\, V = -\frac{1}{2}\rho_{air} A_s\, V^2 C_D \quad \text{[3-68]}$$

여기서 ρ_{air}는 공기의 밀도, A_S는 진행 방향에 수직인 포탄의 단면적, V는 탄자 속도이다. 이 식은 항력 F_d의 정의를 벡터와 스칼라로 표현한 것이다. 우변의 첫 번째 항은 벡터이고 두 번째 항은 스칼라로 표현하였다. 한편 항력계수를 선형 부분과 요(yaw)에 의해 변화하는 종속항의 합을 식 [3-69]와 같이 나타낼 수 있다.

$$C_D = C_{D_0} + C_{D_\delta^2}\delta^2 \quad \text{[3-69]}$$

여기서 $\delta = \sin\alpha_t$이다. 그리고 식 [3-69]의 우변의 첫 번째 항 C_{D_0}는 요가 전혀 없이 비행할 때 선형구간 항력계수이며, 두 번째 항은 요가 있을 때 요에 의한 항력계수이다.

(3) 회전 댐핑모멘트 해석

탄자가 회전하면서 비행할 경우, 탄자 표면을 따라 흐르는 공기의 영향으로 여러 종류의 힘과 모멘트가 생긴다. 이러한 회전하는 탄자의 비행특성을 해석하는 데 필요한 공력계수로는 항력계수, 피칭 모멘트계수, 피치 댐핑계수, 양력 계수, 회전 댐핑 계수, 매그너스 모멘트계수 등이 있다. 이러한 공력계수 중에서 회전 댐핑모멘트(spin-damping moment)는 비행체의 중심축의 회전에 대해 저항하는 롤링 모멘트 특성을 나타내는 동적 안정계수이다. 이 계수는 비행안정성(flight stability) 평가를 위한 중요 공력특성요소에 해당한다. 일반적으로 롤 댐핑과 같은 동적 하중 특성은 정적인 하중에 비해 상대적으로 크기가 작다.

〈그림 3.46〉 ❶은 탄자가 회전하면서 비행하는 회전 댐핑모멘트를 나타낸 그림이다. 이 경우에 탄자는 공기와 탄자의 표면 사이에 공기의 점성에 의해 상호작용을 한다. 그리하여 비행하는 동안에 회전속도 p[rad/s]는 감소하게 된다. 이때 회전속도를 감소시키는 에너지를 회전 댐핑모멘트라고 정의하여 설명할 수 있다. 회전 댐핑모멘트 M_{l_p}은 식 [3-70]과 같이 표현할 수 있다.

$$M_{l_p} = \frac{1}{2}\rho_{air} V^2 A_s d\left(\frac{pd}{V}\right)C_{l_p} \quad \text{[3-70]}$$

여기서 C_{l_p}의 회전 댐핑모멘트 계수는 식 [3-71]과 같다.

$$C_{l_p} = \frac{\partial C_l}{\partial\left(\frac{pL_{ref}}{V}\right)} = \frac{\partial C_l}{\partial\left(\frac{pd}{2V}\right)} \quad \text{[3-71]}$$

여기서 $\frac{pL_{ref}}{V}$는 탄자의 기준 길이 L_{ref}를 적용한 회전 파라미터(Spin Parameter or Reduced Frequency Parameter)이다. α_t는 앞에서 언급한 바와 같이 총 요각을 의미한다. 총 요각은 탄자 표면에서 공기와의 유효 받음각(angle of attack)과 같은 의미이며, 〈그림 3.46〉 ❶의 아래 그림과 같다. 그림에서 보듯이 회전 방향에 반대 방향으로 회전 댐핑모멘트를 발생시킨다. 또한, $\frac{pd}{2V}$는 Δ_{α_t}와 같다. 따라서 식 [3-72]와 같이 나타낼 수 있다.

$$\Delta\alpha_t = \tan^{-1}\frac{pd}{2V} \approx \frac{pd}{2V} \quad \text{[3-72]}$$

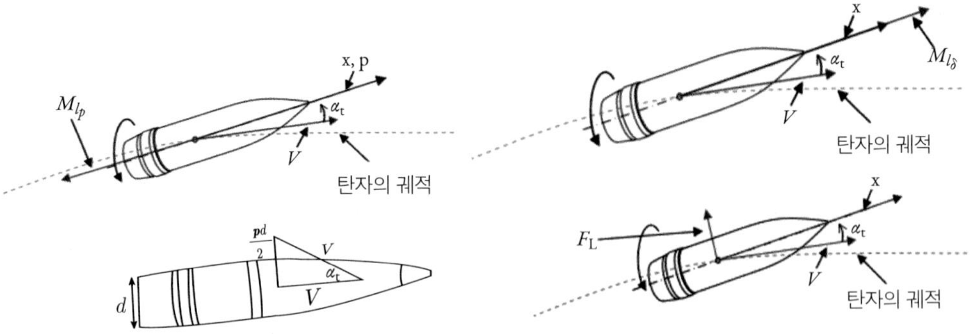

❶ 회전 댐핑 모멘트

❷ 양력 발생 현상

그림 3.46 회전 댐핑모멘트와 양력

어떤 탄자는 비행 중에 회전속도가 증가하도록 롤링 토크(rolling torque)를 부여할 수 있는 핀이나 제트 추진장치를 장착하기도 한다. 이러한 경우에 롤링 모멘트 M_{1_δ}는 식 [3-73]과 같이 나타낼 수 있다.

$$M_{1_\delta} = \frac{1}{2}\rho_{air} V^2 A_s d\delta_F C_{1_\delta} \quad \text{[3-73]}$$

여기서 δ_F는 회전을 유지하는 데 필요한 양력(lift force)을 생성하기 위해 핀(fin)이 받는 받음각(cant angle)이다.

(4) 포탄의 양력 해석

양력은 속도 벡터에 직교하는 공기역학적 힘이다. 이 힘은 〈그림 3.46〉 ❷의 아래 그림에 나타내었으며, 스칼라와 벡터 표기법으로 정의할 수 있다. 즉 양력 F_L는 식 [3-74]와 같다.

$$F_L = \frac{1}{2}\rho_{air} A_s C_{L_\alpha}[\mathbb{V} \times (x \times \mathbb{V})] = \frac{1}{2}\rho_{air} V^2 A_s C_{L_\alpha}\delta \quad \text{[3-74]}$$

여기서 양력 계수 C_{L_α}는 식 [3-75]와 같이 비선형식으로 표현할 수 있다.

$$C_{L_\alpha} = C_{L_{\alpha 0}} + C_{L_{\alpha 2}}\delta^2 \quad \text{[3-75]}$$

탄자가 중심축을 기준으로 대칭인 형상이면, 받음각 δ가 0°이어서 양력이 발생하지 않는다. 따라서 식 [3-75]의 우변 두 번째 항의 값이 0이다. 즉 양력 계수 C_{L_α}는 $C_{L_{\alpha 0}}$과 같다.

(5) 포탄의 전복 모멘트 해석

무게중심(C.G, Center of Gravitation)은 〈그림 3.47〉 ❶에서 보는 바와 같이, 탄자의 모든 질량을 집중시켜 무게를 벡터로 표시할 수 있는 중심위치이다. 그리고 압력 중심(C.P, Center of Pressure)은 벡터가 그려질 수 있는 지점, 즉 탄자 표면에 수직 방향으로 작용하는 모든 압력 벡터의 중심이 되는 위치이다.

오늘날 소총탄이나 포탄은 대부분 회전안정법을 적용하고 있다. 이들 탄자의 압력 중심은 무게중심보다 앞에 있다. 하지만 날개안정법을 적용한 탄자인 경우에는 무게중심이 앞에 있다. 만일 압력 중심과 무게중심이 벌어지면 〈그림 3.47〉 ❷에서 보는 바와 같이, 탄자는 어느 순간에 전복된다. 따라서 회전 안정식 탄자는 일정한 회전속도를 유지해야 한다. 여기서 전복 모멘트(피칭 모멘트라고도 함)는 식 [3-76]과 같이 정의하고 있다.

$$M_\alpha = \frac{1}{2}\rho_{air}A_s d\,VC_{M_\alpha}(\mathbb{V}\times x) = \frac{1}{2}\rho_{air}A_s dC_{M_\alpha}\delta \quad \text{[3-76]}$$

여기서 전복 모멘트는 받음각의 함수이며, 벡터 곱으로 인해 '+' 전복 모멘트(탄두가 들리게 되는 경우)는 '+' z축을 따라 결정된다. 그리고 전복 모멘트 계수는 양력과 항력과 유사한 비선형식으로 나타낼 수 있으며, 식 [3-77]과 같다.

$$C_{M_\alpha} = C_{M_{\alpha 0}} + C_{M_{\alpha 2}}\delta^2 \quad \text{[3-77]}$$

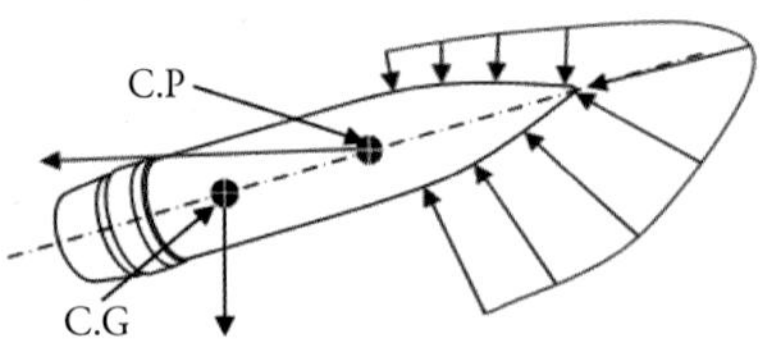

❶ 압력중심과 무게중심

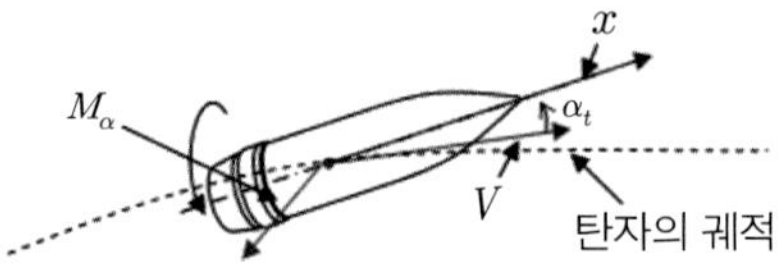

❷ 탄자의 과잉 회전 모멘트 벡터

그림 3.47 압력 중심과 무게중심 그리고 과잉 회전의 관계

(6) 포탄의 매그너스 효과 해석

〈그림 3.48〉 ①은 소총탄이나 포탄과 같이 원형 단면의 탄체가 축과 직교하는 유동장(flow field) 속에 잠겨있는 상태를 나타낸 그림이다. 만일 탄자가 축을 중심으로 회전하면 힘이 발생하며, 이를 매그너스 힘(Magnus force)이라 부르고 있다. 이때 몸체의 한쪽에서 자유 유속이 표면의 속도에 추가되고, 다른 쪽에서는 자유 유속에 의해 표면 속도가 감소하면서 양쪽에 압력 차가 발생한다. 이 압력 차이에 의해 작용하는 힘이 매그너스 힘이다. 참고로 이때 속도와 압력의 관례는 베르누이 방정식으로 설명할 수 있다.

만일 탄자가 비행 중에 요각이 '0°'가 되면, 매그너스 힘은 발생하지 않는다. 그러나 대부분 〈그림 3.48〉 ②에서 보는 바와 같이, 요(yaw)가 발생한다. 이때 발생하는 매그너스 힘 $F_{N_{p\alpha}}$은 식 [3-78]과 같다.

$$F_{N_{p\alpha}} = \frac{1}{2}\rho_{air}A_s V\left(\frac{\omega d}{V}\right)C_{N_{p\alpha}}(V\times x) = \frac{1}{2}\rho_{air}V^2 A_s\left(\frac{\omega d}{V}\right)C_{N_{p\alpha}}\delta \quad \cdots\cdots \text{[3-78]}$$

여기서 $C_{N_{p\alpha}}$은 매그너스 계수이며 전복 모멘트계수처럼 비선형 방정식으로 정의한다. 일반적으로 매그너스 힘은 탄자에 작용하는 다른 힘(항력, 양력 등)에 비해 매우 작아서 무시하는 경우가 많다. 하지만 이 힘으로 생긴 모멘트를 탄자의 안정성에 큰 영향을 미치기 때문에 고려해야 한다. 이 모멘트는 식 [3-79]와 같다.

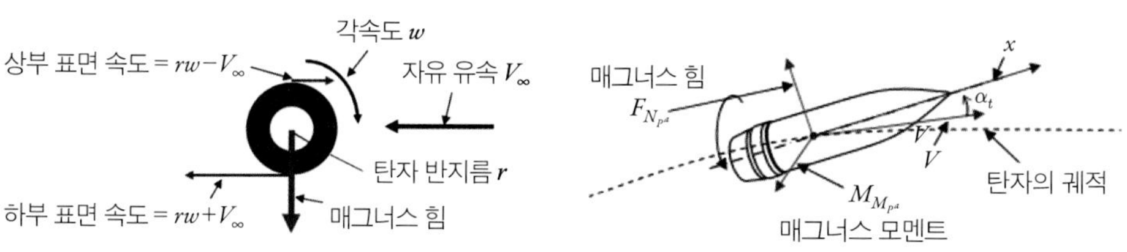

① 매그너스 효과 ② 매그너스 힘과 모멘트

그림 3.48 매그너스 효과

$$M_{M_{p\alpha}} = \frac{1}{2}\rho_{air} A_s Vd\left(\frac{\omega d}{V}\right) C_{N_{p\alpha}} [x \times (V \times x)] = \frac{1}{2}\rho_{air} V^2 A_s d\left(\frac{\omega d}{V}\right) C_{N_{p\alpha}} \delta \quad \cdots\cdots [3\text{-}79]$$

매그너스 모멘트계수는 다른 모든 계수와 같은 방식으로 비선형 항으로 정의한다. 양력에 대한 압력 중심과 매그너스 힘에 대한 압력 중심은 일반적으로 일치하지 않는다. 따라서 모멘트는 다른 모멘트 팔을 통해 작용한다. 그 이유는 물리학적으로 다른 요인에 의해 발생하는 현상이기 때문이다. 탄자의 요(yaw)가 하한으로 이동함에 따라 변하기 때문에 비행 중에 이러한 변화가 있다.

4. 최종 탄도학적 해석

최종 탄도학(terminal ballistics)은 포탄과 표적 사이의 상호작용과 관련된 탄도 과학이다. 표적은 탄약고, 전차, 전술 차량, 지휘소, 항공기, 미사일, 함정 등이 될 수 있다. 따라서 표적에 따라 상호작용의 차이가 있다. 최종 탄도효과의 영향 요소는 포탄의 종말 속도, 탄자의 형상과 무게 그리고 재질, 폭발물 장전의 무게와 종류, 신관의 종류가 있다. 한편 표적에 따른 상호작용을 살펴보면 다음과 같다.

첫째, 탄약을 저장하는 탄약고 건물이다. 탄약고는 일반 물류창고와 비슷한 지상 탄약 저장고와 비행기 격납고와 비슷한 형태의 이글루 탄약고 그리고 지하터널 탄약고가 있다. 이 중에서 이글루형은 흙과 철근 콘크리트 구조물이다. 만일 포탄이 이 구조물의 벽을 관통한 후 속도를 유지한다면 기계적인 피해나 저장되어 있는 탄약을 폭발시킬 수 있을 것이다.

둘째, 전차는 훨씬 더 정교한 표적이다. 전차는 기동력과 화력을 유지해야 전술적 가치가 있는 무기이다. 만일 기동성을 떨어뜨리거나 화력 기능을 할 수 없게 한다면 전술적 가치를 파괴하는 것이다. 전차의 핵심 구성 요소는 탄약, 엔진, 승무원, 연료 및 사격 통제시스템이다. 이들 요소는 포탑, 측면과 바닥에 있는 장갑으로 보호받고 있다. 따라서 포탄이 장갑을 관통하거나 충돌에너지를 전달하여 전차 내부의 구성 요소의 기능을 상실하게 만드는 것이 중요하다. 반면에 전차 설계자는 엔진 출력을 고려하여 장갑의 무게는 제한되므로 고강도 장갑 소재를 선택하거나 능동형 보호 장갑 등을 고려해야 할 것이다.

셋째, 항공기는 기동성과 화력 기능이 우수한 표적이다. 취약한 구성 요소는 전차와 비슷하다. 하지만 항공기는 전차보다 무게를 증가시키는 것이 더 제한되기 때문에 두꺼운 장갑을 사용하기 어렵다. 이러한 특성 때문에 항공기는 장갑이 거의 없지만 기체를 구성하는 구조적 요소는 보호 장갑이 필요하다.

(1) 장갑의 관통 기준과 특징[10]

포탄(또는 소총탄)이 장갑과 충돌하면 〈표 3.3〉과 같이 다양한 유형으로 관통하거나 장갑이 파괴된다. 여기서 관통이란 〈그림 3.49〉 ❶에서 보는 바와 같이 육군과 해군의 기준이 다르다. 육군은 전차, 전술 차량 등 무기체계 특성을 고려하여 그림과 같이 탄자가 장갑을 완전히 통과하지 않은 상태를 완전관통이라 정의한다. 하지만 해군은 주로 함정에서의 관통 문제가 중요하

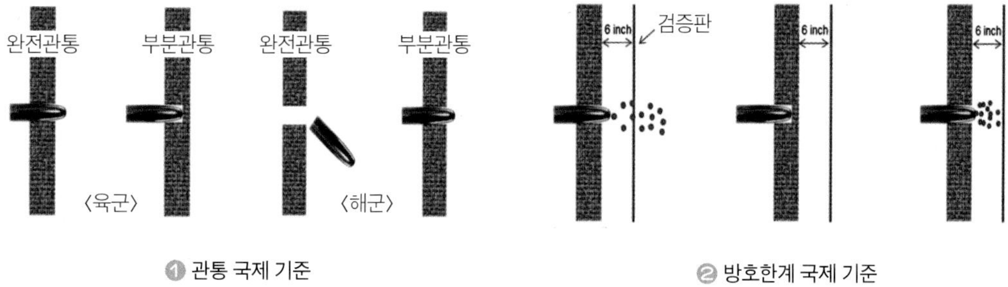

그림 3.49 관통과 방호한계 기준

10 Yun-ho Shin, et al., "Test and estimation of ballistic armor performance for recent naval ship structural materials," *International Journal of Naval Architecture and Ocean Engineering*, Vol. 10, 2018. 11, pp. 762-781.

기 때문에 탄자가 장갑에 완전히 뚫린 경우를 완전관통이라 한다. 이러한 관통은 〈그림 3.49〉 ❷와 같이, 검증판(witness sheet) 통과 여부의 결과를 갖고 방호성능을 평가하고 있다.

일반적으로 관통 현상은 취성(brittle) 파괴, 연성(ductile) 관통, 성형 파괴(star fracture), 파편(fragmentation) 관통, 파엽(petalling) 관통, 관입(plugging) 관통으로 분류할 수 있다. 이들 현상의 발생원인과 특징 그리고 장갑 소재와 적용 사례는 〈표 3.3〉에서 보는 바와 같다.

(2) 방탄 성능의 기준과 측정 방법

탄자를 발사하는 목적은 어떤 표적을 파괴하거나 무력화하기 위함이다. 따라서 최종 탄도학은 화포나 총을 설계하는 전문가에게 매우 중요한 분야이다. 일반적으로 포탄이 표적에 피해를 주는 방법은 다음과 같이 분류할 수 있다. 첫째, 탄자에 장입된 다량의 고성능 화약이 폭발하면서 탄체가 파편화되며 표적에 피해를 주는 방법이 있다. 둘째, 탄의 운동에너지나 화학에너지를 이용하여 표적을 관통시키거나 천공하는 방법이다. 셋째, 폭발성 물질이 장입된 탄자가 표적에 대해 화학에너지를 전달함으로써 표적이 폭발하여 피해를 주는 방법이다. 넷째, 조명제나 연막제가 장입된 탄자가 표적 지역에서 연기나 밝은 빛을 조사하여 전술적으로 유리하게 하는 방법이 있다. 이들 방법 중에서 탄자에 의한 충격이나 파편의 관통해석은 최종 탄도학에서 중요한 분야이다. 탄자를 설계할 때뿐만 아니라 장갑이나 구조물 등에 대한 방호설계에도 중요하다. 특히 관통 현상은 매우 복잡한 현상이어서 통계학적인 매개 변수를 정의하여 해석하고 있다.

일반적인 충격속도와 완전관통 확률의 관계는 〈그림 3.50〉 ❶에서 보는 바와 같다. 그림에서 V_{10}이란 표적에 충돌하여 충돌한 탄자 중에서 10%만 완전히 관통했을 때 충돌속도를 의미한다. V_{50}은 주어진 탄자의 50%만 그리고 V_{90}은 90%만 완전히 관통했을 때 탄자의 충격속도이다. 이를 하나의 파라미터 V_S로 나타내며 〈그림 3.50〉 ❷에 표시된 절차에 따라서 측정할 수 있다.

표 3.3 장갑 관통의 원인과 특징

분류	관통 형상	발생원인과 특징	장갑 소재 및 적용
취성 파괴	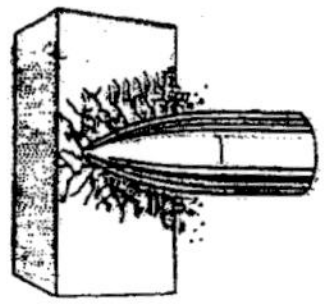	• 장갑 재료의 인장강도보다 압축강도가 매우 큰 경우에 반경 방향으로 파괴됨 • 원추 모양의 관통자의 끝부분에 응력이 집중되어 관통자의 중심축을 따라 변형이 크게 발생하면서 파괴되는 현상	• 세라믹 재료 또는 주철로 만든 장갑에서 자주 발생함
연성 관통	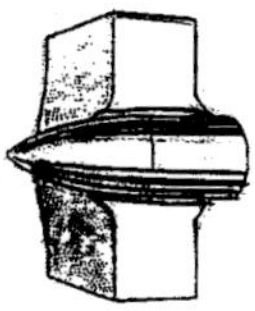	• 끝이 뾰쪽하거나 원뿔형 관통자가 장갑에 충돌하면서 반경 방향으로 소성 유동에 따라 발생하는 현상	• 연성이 큰 장갑 재료에서 발생함
성형 파괴	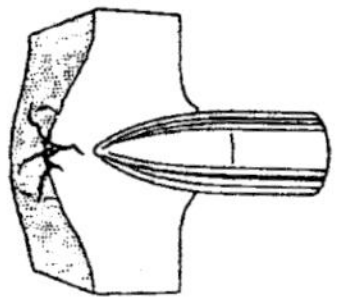	• 장갑에 일부만 관통된 경우이며 충돌 후면에 반경 방향으로 별 모양처럼 파괴되는 현상	• 고강도 강철 장갑에서 발생함
파편 관통	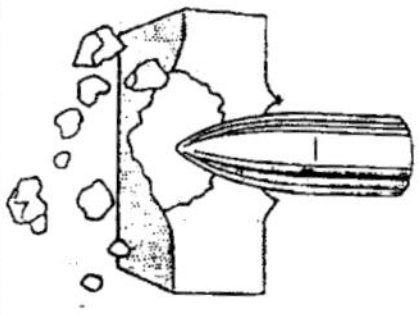	• 충돌 후면의 장갑 재료가 파편으로 분리되어 관통 구멍이 발생하는 현상 • 파편화 과정에서 충돌에너지를 많이 흡수함	• 세라믹 장갑이나 콘크리트와 같은 취성 재료에서 발생함 • 전면 장갑은 취성 재료를 사용하고 후면 장갑은 고장력 금속이나 복합 섬유 소재를 사용하여 방탄효과를 높임
파엽 관통	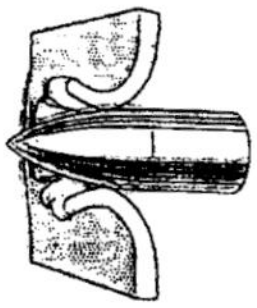	• 장갑 재료의 높은 인장 응력에 의해 꽃잎처럼 생긴 관통 형상이 충돌 전면과 후면에 발생하는 현상 • 관통자가 충돌할 때 초기에는 소성 변형으로 오목과 볼록 형상이 됨 • 관통 에너지가 장갑 재료의 허용 인장강도를 초과하면 비균질 또는 벽개면(cleavage plane)에 의해 균열 발생. 이어서 만곡 모멘트가 형성되면서 별 모양의 균열이 생김	• 끝이 원뿔형 또는 뾰족하게 생긴 관통자가 충돌할 때 자주 발생함 • 끝이 무딘 관통자가 저속으로 충돌하거나 얇은 장갑이나 연성 장갑 재료에서 자주 발생함
관입 관통	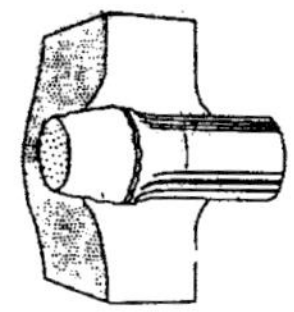	• 관통자가 충돌하면서 장갑 재료의 전단변형을 발생하면서 관통하는 현상 • 관통자의 지름과 거의 같은 원통형 구멍이 생김	• 일반적으로 끝이 무딘 관통자가 경도가 높고 두께가 얇은 표적에 충돌할 때 발생함 • 관통자의 충돌속도와 피탄 각도에 따라 영향을 크게 받음

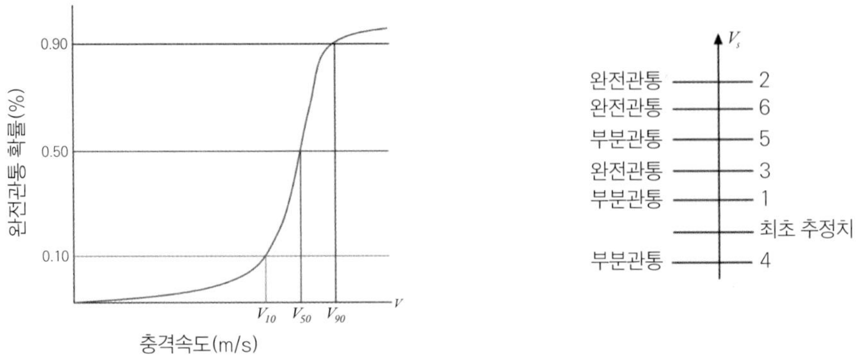

❶ 통계학적 충격속도의 정의 ❷ V_{50} 측정 실험 절차

그림 3.50 충격속도의 정의와 측정절차

통상 장갑의 방탄 성능을 V_{50}의 값을 많이 적용하고 있다. V_{50}의 측정절차를 살펴보면 다음과 같다.

첫 번째, 계산을 통해 V_{50}을 추정한 후 이 값에 해당하는 충격속도로 탄자를 장갑에 발사한다. 두 번째, 추정한 충격속도에서 탄자가 부분 관통이 되면 추정속도보다 약간 높은 속도로 관통실험을 한다(〈그림 3.50〉 ❷의 1단계). 세 번째, 만일 부분 관통하였을 경우 충격속도를 크게 높여서 관통실험을 한다(〈그림 3.50〉 ❷의 2단계). 네 번째, 만일 2단계 실험에서 완전관통이 되었다면 V_{50}은 1단계와 2단계 충격속도의 중간값이라고 추정할 수 있다. 다섯 번째, 이제 1과 2 사이의 중간 속도로 관통실험을 한다(〈그림 3.50〉 ❷의 3단계). 이때 완전관통이 되었다면 다음 단계를 실험한다. 여섯 번째, 3단계 충격속도보다 낮은 속도로 실험하여 부분 관통이 되도록 실험한다(〈그림 3.50〉 ❷의 4단계, 5단계). 일곱 번째, 5단계보다 높은 충격속도로 실험한 결과 완전관통이 되었다면 이 속도보다 높은 속도로 지금까지 언급한 절차를 계속 진행한다. 위에서 언급한 가장 높은 속도와 가장 낮은 속도의 차이가 있는 3개의 완전관통과 3개의 부분 관통이 되었을 때까지의 실험을 각각 상향 및 하향 실험이라고 한다. 끝으로 지금까지 얻은 6개의 충격속도 값을 식 [3-80]에 적용하면 V_{50} 값을 계산할 수 있다.

$$V_{50} = \frac{\sum_{i=1}^{6} V_i}{6} \qquad [3\text{-}80]$$

장갑의 V_{50} 값은 재료의 경도, 충격 각도, 탄자의 밀도와 코의 모양, 탄자의 길이 대 지름의 비율 등에 따라 영향을 받는다. 일반적으로 장갑의 경도가 높을수록 V_{50}이 높아진다. 반면에 탄자의 경도가 높을수록 V_{50}이 낮아진다. 탄자의 요동이 클수록 이탈하거나 튕겨 나갈 가능성이 있으며 V_{50}도 높아진다. 그리고 탄자의 밀도가 높을수록 V_{50}이 낮아진다. 일반적으로 탄자의 코가 무디면 일반적으로 V_{50}이 더 높아지는 상태가 된다. 그러나 표적과 탄자가 완전히 일치한 상태로 충돌한다면 탄자의 코 모양에 의한 영향은 거의 없다.

제5절 포탄의 폭발 이론과 발전추세

1. 폭발성 탄약

(1) 포탄의 폭발과 파편 효과[11]

폭발성 포탄의 주요 효과는 '발사 지점에서 방출되는 파괴적인 효과에 의해 발생하는 폭발 과압, 파편, 열 및 빛'이 있다. 이것은 폭발성 무기의 주요 손상의 원인은 폭발, 파편화 및 열에 의해 기인한다. '폭발'이라는 용어는 초음속으로 움직이는 고압의 폭발파(explosive wave)를 말하며, 충격파라고 한다. 그 뒤에 폭발풍이 뒤따라온다. 그리고 파편과 폭발하는 동안 방출되는 열에너지가 있다.

한편 폭발성 포탄은 주변의 인화성 물질을 발화시켜 열, 독성 가스 및 질식 연기를 생성할 수도 있다. 지상 충격은 폭발로 인한 충격파에 의해 지상에 전달된 에너지로 인해 발생하며 지상 또는 지하에서 폭발할 때 발생할 수 있다.

만일 도심에 포탄이 폭발하면 폭발파로 인해 건물에 치명적인 손상을 입힐 수 있다. 건물과 구조물의 안쪽과 바깥이 부분적 또는 완전한 붕괴로 인해 파괴될 수도 있다. 그리고 탄자가 〈그림 3.51〉 ❶에서 보듯이 콘크리트에 충돌하면 충격파의 전파를 통해 벽이 균열되거나 파편을 발생시킨다. 모든 폭발물은 열과 가스를 생성한다. 이때 발생한 가스는 고속으로 팽창하여 충격파를 발생한다. 폭발물이 폭발하면 시간에 따른 폭발압력은 〈그림 3.51〉 ❷와 같이 순간적으로 공기의 압력이 높은 최대 과압(over pressure) 때문에 충격

11 Hyde, D., "Fragment penetration of a Mk 82 bomb. Conventional Weapon Effects Program (ConWep)," USACE Engineer Research and Development Center, formerly known as U.S. Army Corps of Engineers Waterways Experiment Station, 2016.; Robert J. Y., "Scalable, a Code for Calculating Probability of Incapacitation for Multi-Round Munitions (No. ARL-TR-6297)," U.S. Army Research Laboratory, 2013.

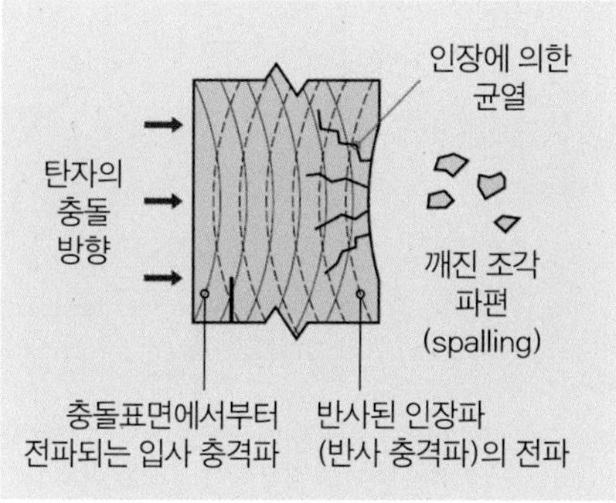

① 취성이 높은 물체에 충돌 시 파괴 원리

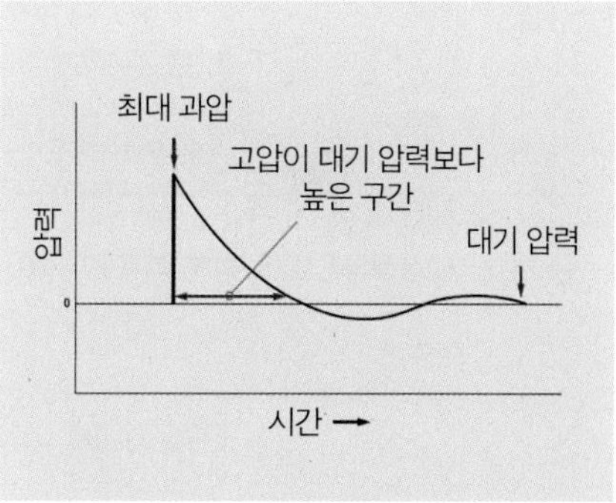

② 폭발성 포탄의 폭발 시 주위 압력의 변화

그림 3.51 포탄의 충격에 의한 견고한 구조물의 파괴원리

파와 폭풍이 생기게 된다.[12]

폭발파는 크게 두 단계로 발생한다. 먼저 대기압보다 높은 양압 단계는 폭발중심에서 초음속으로 주변 공기를 압축시키면서 밀어내는 팽창 단계이다. 팽창 단계가 끝나면 폭발 중심 부분에 진공이 된다. 양압(positive pressure) 단계의 폭발파가 운동량을 잃으면 그 뒤의 부분 진공으로 인해 압축된다. 그리하여 팽창 가스는 팽창에서 수축으로 역전되면서 진공상태의 공간을 채우기 위해 안쪽으로 돌진한다. 음압(negative pressure) 단계는 양압 단계보다 덜 빠르게 이동하며 일반적으로 약 3배 정도 길게 진행된다. 이러한 현상은 〈그림 3.52〉를 참고하기 바란다. 일반적으로 구조물에 대한 압력파의 영향은 구조물의 구성 물질과 구조에 따라 다르다. 그리고 폭발파의 지속 시간과 비교하여 구조물의 고유 진동수에 의존한다. 폭발로 인한 초음속 충격파를 만나면 일부는 반사되고 일부는 구조물에 전파된다.

---

12 Smith P. D. & Hetherington, J. G., *Blast and Ballistic loading of structures*, Butterworth-Heinemann Ltd., 1994, p. 46.; Baskin, T. W. & Holcomb, J. B., "Bombs, Mines, Blast, Fragmentation, and Thermobaric Mechanisms of Injury," In Ballistic Trauma (pp. 45-66), 2005. http://link.springer.com/chapter/10.1007/1-84628-060-5_3; Geneva International Centre for Humanitarian Demining, "Terminology of Explosive Weapons: List of Key Terms and Their Descriptions, Characterisation of Explosive Weapons Project," GICHD, 2015, May 5.; Gander, T. J. & Hogg, I. V., Jane's Ammunition Handbook 1993-94, London: Jane's Information Group, 1993.

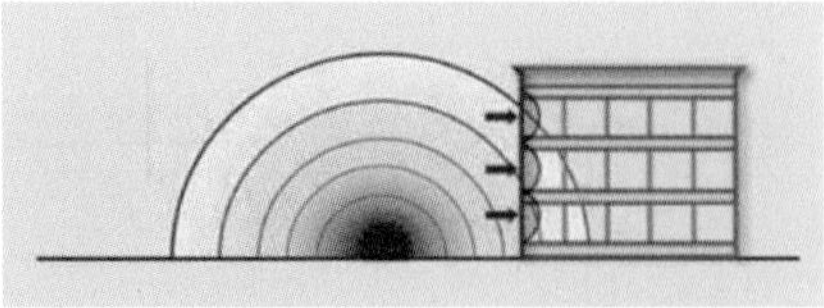

① 제1단계: 폭풍파가 창문, 외벽, 기둥을 파괴

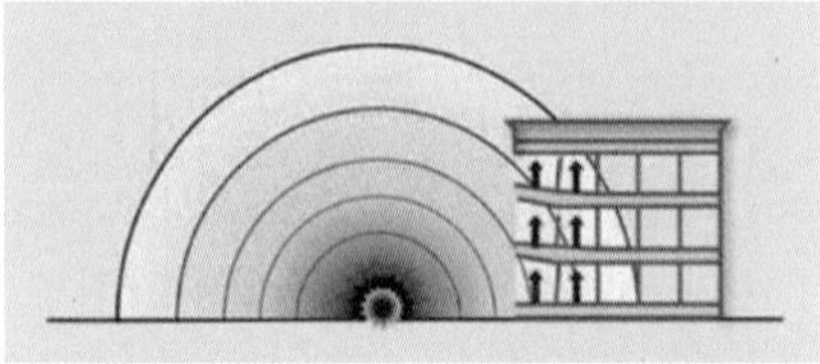

② 제2단계: 폭풍파가 층별 바닥을 들어올림

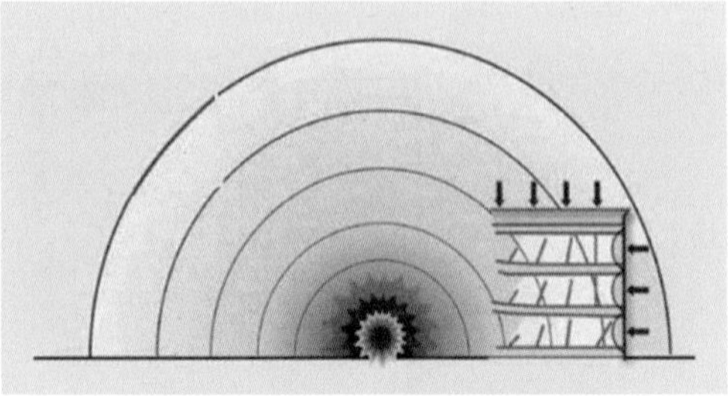

③ 제3단계: 폭풍파가 구조물 외벽에 작용하여 구조물 내부로 압축하여 구조물 파괴

그림 3.52 폭발성 포탄에 의한 건물 파괴 과정

한편 포탄에 의한 폭발 과압의 세기에 따른 구조물과 인체에 미치는 영향은 〈표 3.4〉와 같다. 표에서 보는 바와 같이 폭발 과압이 138kPa 이상이면 100% 치사율을 보이며, 대부분의 콘크리트 구조물은 파괴된다. 이러한 데이터는 포탄의 유효살상반경을 측정하는 기준이다.

표 3.4 포탄의 폭발 과압에 따른 풍속과 영향

최대 과압 (kPa)	최대 풍속 (m/s)	구조물에 미치는 영향	인체에 미치는 영향
7	17	창문이 흔들림	파편에 의한 가벼운 상처
14	31	주택의 창문과 문이 날아가고 지붕이 심하게 손상	날아가는 유리와 파편에 의해 부상 발생
21	46	주거용 구조물 붕괴	심각한 부상이 흔하며 사망자 발생 가능성이 높음
34	73	대부분 건물 붕괴	부상은 보편적이고 다수의 사망자가 발생할 가능성이 높음
68	131	철근 콘크리트 건물이 심하게 파손	대부분 사망 가능성이 있음
138	224	무겁게 지어진 콘크리트 건물이 심하게 손상되거나 파괴됨	사망률이 거의 100%

(2) 폭발파가 인체에 미치는 영향

포탄의 폭발 시에 생긴 반사파는 고압에 의한 폭발파에 비해 인체에 훨씬 더 많이 피해를 준다. 개방 공간보다 밀폐 공간에서 포탄이 폭발하면 치명성이 현저히 크다. 폭발에 의한 부상은 눈과 팔다리에서 발생하고 대부분이 중상을 입는다. 만일 폭발파로 인하여 팔이나 다리가 절단되면 봉합수술이 어렵고 사망할 확률이 높다.

(3) 파편에 의한 부상

포탄의 파편에 노출된 신체는 피탄 부위와 피해자의 자세에 따라 크게 차이가 있다. 비슷한 크기의 파편 조각은 충돌 위치와 사람에 따라 사망 또는 부상할 수 있다. 저속 파편은 신체에 충격을 가하면 넘어질 수 있으며, 이로 인해 치료가 어려운 불규칙한 상처가 생길 수 있다. 이보다 더 낮은 속도의 큰 파편은 인간 조직의 넓은 영역에 손상을 준다. 고속으로 이동하는 같은 파편보다 더 많은 손상이 발생한다. 이는 더 빠른 속도로 이동하는 파편이 항상 더 많은 부상을 줄 것이라는 고정관념과는 상반된 결과이다.

한편 〈표 3.5〉는 미국 육군에서 2012년에 조사한 탄약의 종류에 따른 위험 예상거리를 나타낸 도표이다. 표에서 RED는 아군이 아군 사격의 영향에 접근할 수 있는 최소거리이다. 예를 들어 RED 0.1은 1,000명 중 1명(0.1%)이 사망하거나 전투 능력을 상실할 수준으로 무력화될 가능성이 있는 포탄

표 3.5 탄약 종류별 위험 예상거리(RED, Risk Estimate Distance)

탄약 종류	RED 0.1 (m)	RED 10 (m)
중구경 박격포탄(81mm/82mm)	175	80
전차 포탄(120mm)	250	90
대구경 박격포탄(120mm)	400	100
포병 포탄(152mm, 155mm)	450	125
로켓 포탄(122mm)	500	150
항공기 폭탄(500파운드)	425	250

의 폭발 지점으로부터 최소거리를 의미한다. RED 10은 10명 중 1명(10%)이 무력화되는 최소거리이다. 표에서 박격포탄은 같은 구경의 전차탄에 비해 RED 값이 크다. 이는 박격포가 고각사격을 하기 때문이다. 그 결과, 같은 구경의 박격포탄 피탄 면적이 전차포나 포병 포탄보다 넓다.

2. 포탄의 발전추세

현대식 포탄의 개발 추세는 사거리 연장 포탄, 유도형 정밀포탄, 관측용 포탄 등이 구분할 수 있다. 이를 간략히 알아보면 다음과 같다.

첫째, 사거리 연장 포탄은 기존에 운용하는 화포에서 발사할 수 있으면서 사거리만 증가시킨 탄약이다. 물론 〈그림 3.53〉에서 제시된 바와 같이, 사거리를 연장하는 방법은 강내 탄도학적 방법과 강외 탄도학적 개선 방법이 있다. 강내 탄도학적 방법은 포신의 구경과 길이를 확장하거나 추진제를 개선함으로써 추진에너지를 증대시키는 방법이다. 하지만 이 방법은 기존의 화포를 교체해야 하며 기존에 보유하고 있는 탄약을 사용할 수 없다. 그 결과 천문학적인 탄약구매 비용을 추가로 지출해야 하는 단점이 있다. 따라

그림 3.53 화포의 사거리 연장 방법

서 대부분 국가에서는 기존 화포를 사용할 수 있으면서 사거리를 연장할 수 있는 강외 탄도학적 개선 방법을 선호하고 있다. 이러한 방법에는 포탄의 길이와 형상 그리고 추가 장치로 항력을 감소시키거나 비행 중 추가 동력으로 2차 추진하는 방법, 또는 활공 비행 등이 있다. 이들 방법 중에서 항력을 감소시키는 로켓보조 추진과 탄저 항력감소 방법을 가장 많이 사용하고 있다.

둘째, 유도형 정밀포탄은 포에서 발사하는 일종의 미사일이라고 할 수 있다. 화포에서 발사하며 미사일보다 발사체의 크기는 작으면서 에너지 이용도가 높은 장점이 있다. 하지만 포탄은 탄도를 수정하기 어려워 정밀타격이 어렵다. 이러한 문제를 개선하기 위해 개발한 탄약이 유도형 정밀포탄이다. 유도형 정밀포탄은 일반 포탄에서는 불가능하였던 장갑차량의 상부 공격이나 초정밀 포격 등이 가능하며 자세한 작동원리와 개발 사례는 제4장에서 자세히 소개하겠다.

연 / 습 / 문 / 제 EXERCISE

1. 기계식 대포인 발리스타와 투석기의 구조와 작동원리 측면에서 차이점과 이들 무기의 용도에 대해 간단히 설명하시오.

2. 진공 탄도에서 최대 탄도고와 최대 사거리의 관계식을 유도하시오. 진공 탄도와 실제 탄도의 차이점을 설명하시오.

3. 강선포와 활강포의 구조적 차이점과 장단점을 사례를 들어 설명하시오. 그리고 강선이란 무엇이며 포신과 총열에 있는 강선 수의 차이가 있는데 그 이유를 설명하시오.

4. 견인포와 자주포의 차이점을 〈그림 3.17〉과 〈그림 3.18〉을 참고하여 설명하시오.

5. 화포의 안정화 장치의 필요성과 종류 그리고 실제 활용사례를 조사하여 설명하시오.

6. 유압-스프링 방식과 유압-기압 방식의 구조와 특성을 비교하여 설명하시오.

7. 주퇴장치의 종류에 따른 복좌기의 특성을 비교하여 설명하시오.

8. 일반적인 화포의 사격절차 과정을 설명하고, 미래의 화포의 사격절차에 대해 논하시오.

9. 포사격 시 정확도와 정밀도의 차이와 이들 요소에 미치는 영향은 무엇이 있는가? 구체적인 예를 들어서 설명하시오.

10. 원형공산오차의 개념과 평균 탄착점과 원형공산오차의 관계를 그림을 그려서 설명하시오.

11. 포탄의 탄도에 영향을 미치는 요소 중에서 공기저항과 공기의 유동에 의한 공기역학적 영향에 대해 그림을 그려서 설명하시오. 또한, 이들 저항을 감소시키려면 어떻게 포탄을 설계해야 하는가?

12. 항력계수의 물리적인 개념을 설명하시오. 또한, 포탄의 속도가 초음속인 경우와 아음속 상태에서의 항력계수의 변화와 포탄의 운동에 미치는 영향에 대해 비교하시오.

13. 탄자에 의한 충격파 발생과정을 설명하시오. 그리고 포탄의 탄저에서 발생하는 저항을 감소시킬 방법을 설명하시오.

14. 포탄의 탄체를 설계할 때 사용되는 CRH(Caliber Radius Head)는 무엇을 의미하는가? 그리고 표준 탄자와 지하 침투탄의 CRH의 차이를 〈그림 3.44〉에서 설명하시오.

15. 탄도계수의 물리적인 개념을 식 [3-64]에서 설명하시오.

16. 탄자의 요잉, 피칭, 회전모멘트의 정의와 물리적인 개념과 발생 요인을 설명하시오.

17. 포탄의 회전모멘트와 댐핑모멘트의 정의와 발생 요인 그리고 탄도에 미치는 영향을 설명하시오.

18. 포탄의 매그너스 힘이란 무엇이며 왜 발생하는지 설명하시오.

19. 장갑 관통의 원인과 특징을 그림을 그려서 설명하시오. 그리고 이들 현상의 실제 적용사례를 설명하시오.

20. 방탄 성능의 기준 중에서 V_{10}과 V_{50}의 차이점과 측정과정을 〈그림 3.50〉에서 설명하시오.

21. 포탄의 충격에 의한 견고한 구조물의 파괴원리를 그림을 그려서 설명하시오. 이때 폭발파와 최대 과압에 의한 파괴에 미치는 영향을 설명하시오.

22. 화포의 사거리를 연장하는 방법과 포탄의 발전추세를 설명하시오.

제4장 전차

제1절 전차와 장갑차량

제2절 전차의 특성과 설계

제3절 현대 전차

제4절 전차의 발전추세

제1절 전차와 장갑차량[1]

1. 전투차량의 분류와 특성

전투차량은 기본적으로 방호, 기동, 화력, 지휘 및 통신 기능이 필요하다. 그리고 이 기능들은 각각의 이점, 위험, 비용, 기술, 전술, 운영 등을 분석하는 접근 방식을 사용하고 있다. 장갑화된 기동무기는 크기와 기동성에 따라 크게 네 가지로 분류할 수 있다. 첫 번째로는 전차가 있다. 전차는 기동력과 화력을 지닌 중형의 전투 장갑차이다. 이 차량은 기본적으로 승차 전투를 위해 개발한 전투차량이다. 두 번째로 보병용 전투차량이다. 보병용 전투차량은 전차처럼 독자적으로 기동하기에 화력과 기동성을 갖추지는 못하였으나 아군 전차 등을 지원하여 승차 또는 하차 전투 임무를 수행할 수 있는 중형급 장갑차량이다. 따라서 일반적으로 보병용 전투차량은 전차와 협동작전을 하면서 부족한 방호력과 화력을 보완하는 형태로 운용하기 적합하다. 세 번째로 보병용 장갑차이다. 보병용 장갑차는 방호력은 보병용 전투차량보다 약하여 기관총 방호능력 수준이다. 하지만 차량이 가볍고 다수의 병력을 접적 지역에서 신속하게 수송하여 하차 전투에 적합하다.

2. 전차와 일반 장갑차량의 활용과 위협

(1) 군사 작전 유형에 따른 활용 분야

전차를 포함한 장갑차는 장갑 또는 전자 시스템을 장착할 수 있는 충분한 공간과 무게 및 동력이 필요하다. 이는 군사적인 위협수단과 전술에 따라 결정되는 요소이다. 장갑차의 군사 작전의 범위는 정규전, 비정

---

1 "The Army Capstone Concept Operational Adaptability—Operating Under Conditions of Uncertainty and Complexity in an Era of Persistent Conflict", TRADOC Pam 525~3-0, Fort Monroe, VA, 2009.12.21.

표 4.1 군사 작전의 범위의 특성

구분	정규전	비정규전	평화유지 작전
위협 대상	정규군	비정규군	범죄자, 폭도
작전 유형	고도로 기계화된 전투	게릴라전, 비대칭 전술	경호, 경비작전
전투 기간	단기 또는 중기	장기	장기
부수적인 손상방지 우선순위	낮음	높음	높음
충돌 목적	적군 파괴	인원 보호 및 지원	인원 보호
위협 방향	전면 우선	모든 방향	모든 방향
주요 위협수단	전차 포탄, 대구경 대전차무기	로켓추진 탄약, 급조폭발물, 비유도 박격포탄, 폭발 성형작약탄	소화기, 비유도 박격포탄

규전 그리고 평화유지 작전으로 구분할 수 있다. 이들 군사 작전의 유형에 따른 위협수단의 유형과 위협 방향 등은 〈표 4.1〉에서 보는 바와 같다.

재래식 군대가 적과 교전하는 정규전은 핵전쟁 없이 수행할 수 있는 가장 강력한 유형의 전투이다. 이러한 전투는 너무 치열해서 짧은 시간 동안 병력과 무기가 많이 소모되는 경우가 많다. 최근 전투 작전은 2003년에 발발한 이라크전쟁이 있다. 이라크에서의 전투는 재래식 정규군과 비정규군이 혼재된 전쟁이었다. 당시 미군은 대부분 도시 지역에서 강력한 전투를 벌였다. 하지만 시간이 지남에 따라 미군에 대한 위협은 비정규전으로 바뀌었다. 비정규전은 게릴라식 또는 비대칭 전술로 로켓추진 탄약, 급조폭발물, 비유도 박격포탄, 폭발 성형작약탄 등을 사용하여 모든 방향에서 공격해왔다. 이러한 상황에서 임무를 수행하려면 중화기와 장갑이 두꺼운 장갑차량은 필수적이다. 따라서 이러한 요소도 장갑차 설계에 반영해야 할 요소 중 하나이다.

끝으로 최근 평화유지 작전에서 장갑차와 같은 중형차량이 이동하면서 도로 등 부수적인 피해를 최소화하는 것이 중요시되고 있다. 따라서 궤도형 장갑차를 평화유지 작전에 사용하는 것은 적합하지 않다. 그에 따라 평화유지 작전에는 적의 위협 무기의 위력이 작은 경우가 많아서 전술 차량으로도 충분하나 장갑차량이 필요할 때도 있다.

(2) 장갑화된 전투차량의 위협 특성

최근 전쟁에서 장갑차의 중요성은 커지고 있다. 특히 비정규 작전에서 유용한 무기체계 중 하나이다. 예를 들어, 2006년 레바논전쟁에서 이스라엘 병사 2명을 납치한 것에 대한 보복으로 이스라엘 육군이 전차를 이용하여 레바논 도시를 공격하였다. 당시 이스라엘군은 장비와 전장 적응력이 우수하였으나 대전차 미사일, 무인 항공기, 디지털 통신장비 등 첨단무기로 무장한 후 비대칭 전술로 대항한 헤즈볼라 세력을 제압하는 데 전차는 적합하지 않았다.

이후 비정규 전투에 적합한 장갑차량의 필요성이 높아졌다. 반면 적들은 다양한 재래식 무기를 사용하여 장갑차를 공격할 수 있게 되었다. 그에 따라 장갑차량은 대전차무기나 급조폭발물, 폭발 성형작약탄 등의 공격으로부터 보호받을 수 있는 설계가 필요하다. 이러한 위협은 최근 이라크전이나 아프가니스탄전에서도 다수의 사례가 있다. 한편 비정규전에서는 핵과 생물 및 화학 무기에 의한 위협이 있다.

일반적으로 전차나 장갑차 등 장갑 전투차량에 공격하는 방식은 〈그림 4.1〉과 같이 작전의 유형에 따라서 차이가 있다. 정규전은 〈그림 4.1〉 ❶에서 보는 바와 같이, 2차 세계대전과 1990년대 걸프전 이후의 전차에 가한 위협 방향은 비슷하다. 다만 1990년대 이후 대전차 공격 무기의 성능이 향상되어 적이 위협하는 거리가 멀어지고 있다. 그리고 차량의 전면 방향에 위협이 집중되고 있다. 하지만 비정규전에는 〈그림 4.1〉 ❷에서 보는 바와 같이, 장갑차량의 모든 방향으로 적이 공격해오는 추세이다. 따라서 전차나 장갑차 등을 설계할 때 이들 요소를 반영할 필요가 있다.

또한, 〈그림 4.2〉는 미국의 M1A2 전차와 미래 장갑차의 방호력 수준을 비교한 그림이다. 〈그림 4.2〉 ❶에서 보는 바와 같이, M1A2 전차는 전면에

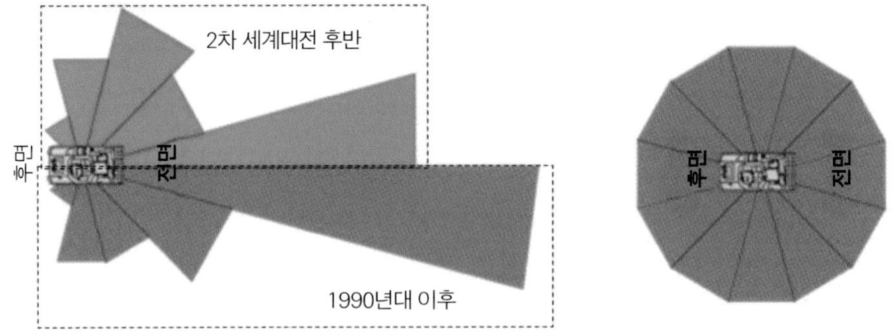

❶ 정규전　❷ 비정규전

그림 4.1 장갑차량의 공격 방향의 빈도

는 적의 대전차 고폭탄과 대전차 운동에너지탄의 공격에도 견딜 수 있는 방호능력을 갖추고 있으며, 측면에서는 대전차 고폭탄의 공격을 방호할 수 있는 반응 장갑을 부가장갑으로 방호력을 강화하였다. 일반적으로 전차의 측면의 적 전차에 의한 공격보다는 적의 휴대용 대전차 미사일의 공격을 받을 확률이 높다. 따라서 M1A2 전차의 측면에는 이를 효과적으로 방호할 수 있도록 반응 장갑을 장착하게 되었다. 하지만 미래의 전차는 정규전뿐만 아니라 다양한 작전에 투입될 수 있는 다목적 장갑차량으로 변화될 것이다. 따라

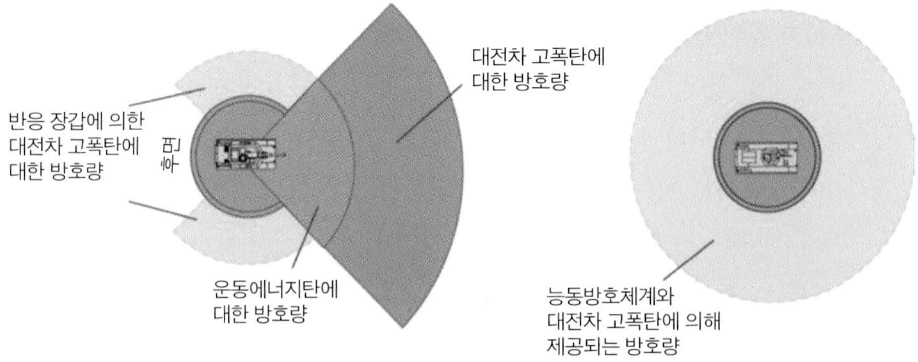

❶ M1A2 전차　❶ 미래 장갑차

그림 4.2 공격 방향에 따른 장갑의 방호력 수준 비교

서 미래전에는 〈그림 4.2〉 ❷에서 보는 바와 같이, 모든 방향으로부터 공격해오는 위협에 효과적으로 대응할 수 있는 능동방호체계와 대전차 공격 무기를 방호할 수 있어야 할 것이다.

한편, 1980년대 이후 전차전에서 대전차무기에 의한 치사율이 꾸준히 증가하고 있다. 그리고 현재 운용 중인 주력 전차와 보병 전투차량의 무게는 한계에 도달할 정도로 무거워졌다. 이뿐만 아니라 장갑차는 전면뿐만 아니라 모든 측면에서 대전차무기로부터 위협을 받기 시작했다. 따라서 일부 선진국에서는 적외선 또는 레이더 센서와 유도 장치를 사용하여 장갑차량 상부나 엔진룸을 공격할 수 있는 대전차무기를 개발하였다. 한편, 방호성능이 약한 장갑차량 하부를 공격할 수 있는 대전차 지뢰나 급조폭발 장치(IED, Improvised Explosive Device) 등의 위협이 증가하였다. 이러한 공격수단은 아프가니스탄전과 이라크전에서 많이 발생하였다.

일반적으로 전차나 장갑차 등 전투 장갑차량의 위협은 〈그림 4.3〉 ❶에서 보는 바와 같이, 정규전을 하는 경우에는 차량의 하부는 대전차 지뢰, 그리고 전차, 보병의 직사화기, 헬기, 고정익 항공기, 곡사 포탄, 상부 공격용 유도탄이나 박격포탄 순으로 위협을 받는다. 반면에 비정규전에서는 〈그림

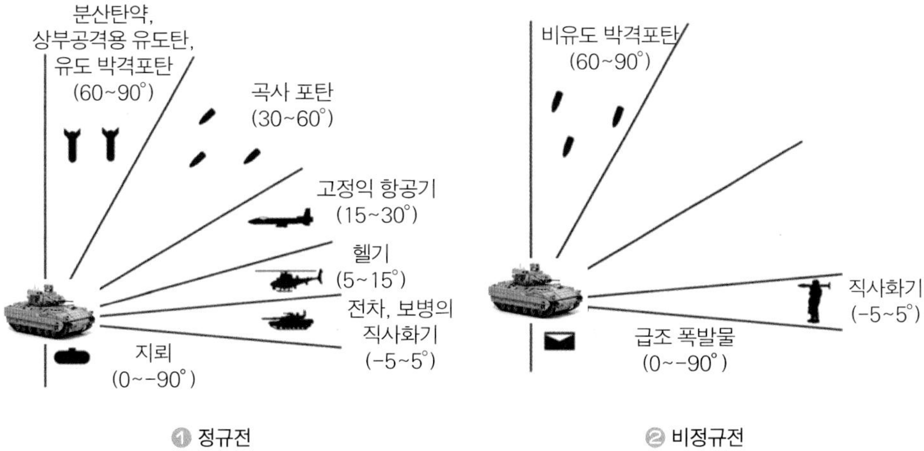

그림 4.3 장갑차량의 작전 유형에 따른 공격 비교

4.3〉 ❷에서 보는 바와 같이, 차량의 하부는 급조폭발물, 측면은 직사화기, 그리고 상부는 비유도 박격포탄에 의해서 위협을 받고 있다. 따라서 최근 각국에서는 이러한 특성을 고려하여 전차, 보병용 전투차량, 장갑차 등을 개발하는 추세이다.

(3) 전투 장갑차의 개발 추세

전차, 장갑차 등 전투 장갑차의 개발 시 고려 요소는 〈그림 4.4〉와 같다. 이들 무기체계에서 핵심 요구기능은 화력, 승무원 탑승 인원, 방호 및 생존 능력이다. 이들 기능의 요구수준에 따라 차량의 크기와 중량이 결정된다. 물론 기동성과 전개 및 수송 능력도 중요하나 최근에는 타 무기체계에 의한 영향으로 중요성이 감소하는 추세이다.

한편 방호력과 생존능력은 인명 중시 현상에 힘입어 중요한 요소 중 하나이지만 가격이 상승하는 문제가 있다. 한편, 기동성을 향상하기 위해 자동화 소요가 증가하고 있으며, 네트워크 능력과 센서 능력의 증대에 따른 전력 에너지의 소요량이 함께 증가하고 있다. 역시 이들 요소는 차량의 크기와 무게는 물론이고, 군수지원 소요량과 자동화 필요 소요가 증가하게 되어 차량의 가격이 비싸지는 추세에 있다. 따라서 미래 전투 장갑차 개발은 비용 대 효과의 딜레마를 어떻게 극복하는가에 따라 결정될 가능성이 크다.

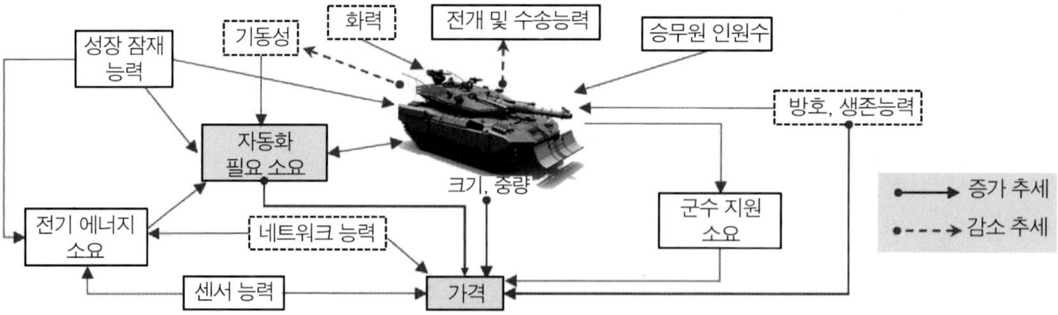

그림 4.4 전투 장갑차 개발 시 고려 요소

제2절 전차의 특성과 설계

현대화된 군에서 전차는 기계화 부대의 핵심 무기 중 하나이다. 이 무기는 전투 수행 6대 기능 중에서 화력, 기동력, 방호력을 강화하였다. 하지만 전쟁의 양상이 변화함에 따라 전차는 다양한 위협에 대처할 수 있는 무기로 변모할 것이다.

한편 현대 전차는 미래 위협의 변화와 비용 대 효과 그리고 전쟁 양상 등을 기반으로 한 진화론적 접근 방식으로 설계하였다.

1. 전차의 운용과 기술적 특성

전차의 전술적 운용과 기술적인 특성은 〈그림 4.5〉에서 보는 바와 같다. 전차의 운용 특성은 기동성과 전장 능력으로 구분할 수 있다. 이때, 전차의 기동성은 전략적인 기동성과 전장 기동성 그리고 작전 기동성에 따라 영향을 받는다.

먼저 기동성 측면에서 세부적으로 살펴보면, 다음과 같이 세 가지 요소가 있다. 첫째, 전략적인 기동성은 전차의 폭, 중량에 따라서 영향을 받는다. 예를 들어, 전차를 상륙함정, 수송기, 차량 등으로 신속하게 운반하여 전략적으로 기동하려면, 이들 운송수단에 적재할 수 있는 폭과 중량이 중요한 요소가 된다. 둘째, 전장에서의 기동성, 다시 말하면 야지 횡단이나 폭이 좁은 도로나 교량 또는 장애물 등을 통과하는 능력은 전차의 길이와 중량의 수준에 크게 영향을 받는다. 셋째, 작전의 기동성은 작전을 수립하고 실행할 때, 전차의 중량, 엔진 동력(톤당 마력수), 항속거리, 도로주행 속도에 영향을 받는다. 예를 들어, 신속히 특정 지역까지 기동 후 임무를 수행하는 작전을 한다면, 추가적인 군수지원이 없어도 기동할 수 있는 충분한 항속거리와 주행 속도가 필요하다. 끝으로 전차의 전장 능력은 방호능력과 화력으로 구분할 수 있다. 방호능력은 장갑의 두께, 화력은 전차포(주포)의 구경에 따라서 영향을 받는다. 그리고 이들 요소는 전차의 중량에 영향을 줄 수 있다.

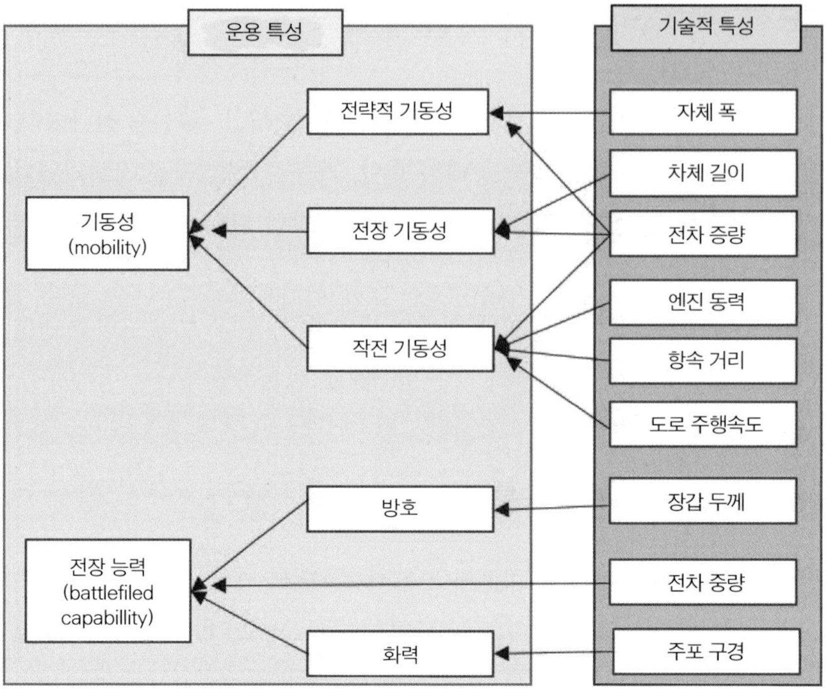

그림 4.5 전차의 운용 및 기술적 특성

2. 전차의 설계 시 고려 요소[2]

전차의 설계는 진화론적 접근 방식과 혁신적인 접근 방식이 있다. 진화론적 접근 방식은 치명성 요구조건, 주 무장, 시스템과 승무원, 위협과 방호, 차체 크기, 중량 순으로 결정하는 방식이다. 반면에 혁신적인 설계방법은 이 순서를 역순으로 결정하는 방식이다. 일반적으로 진화론적 방식을 채택하고 있다.

(1) 승무원 수

승무원의 숫자는 전차설계의 중요한 요소이다. 설계에 반영해야 할 요소

2 Adam Wiśniewski, "Technological Problems Encountered During the Elaboration of a Warhead Component with a Diaphragm",Journal of Energetic Materials, pp.439~452, ISSN 1733-7178, 2013.10.

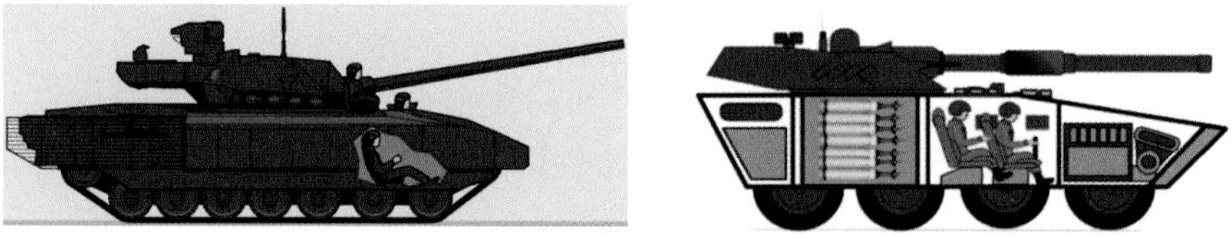

① 궤도형 전차 ② 차륜형 전차

그림 4.6 기동방식에 따른 승무원실 배치 사례

는 내부공간의 체적, 전차 무게, 승무원의 편의성, 인체공학적 요소의 반영 수준, 승무원의 임무 수행 시 지구력과 승무원의 반응 시간과 임무의 중복성 등으로서 다양한 요소가 있다. 일반적으로 승무원의 수를 줄이면 방호설계 부담과 전차의 중량은 감소시킬 수 있다. 일반적으로 승무원 1인당 임무 부담은 증가하나 임무의 중복성이 감소함으로써 전투의 효율성이 향상된다. 하지만 이를 위해 자동화 시스템 도입에 따른 추가 비용이 발생한다.

현대 전차는 통상 72시간에서 96시간 동안 임무 수행이 가능하도록 설계에 반영하고 있다. 전차는 기동방식에 따라서 궤도형 전차와 차륜형 전차로 분류할 수 있다. 이들 방식에 따라 활용할 수 있는 내부공간의 크기와 위치 그리고 형태에 차이가 발생한다. 이는 전차의 승무원 수를 결정하는 데 고려 요소 중 하나이다.

(2) 전투중량

전차의 무게는 승무원과 탄약, 유류 등 작전에 필요한 물자를 적재한 최대 무게를 의미한다. 다중 임무 조건에서 전차의 구성과 설계는 하향식 방법을 적용한다. 하지만 상향식 접근 방식은 혁신적인 접근 방식에 적합하다. 무게는 〈그림 4.4〉에서 보는 바와 같이, 최종적으로 결정되는 요소이다. 전투 중량을 결정하려면 전략적 측면인 이동성과 민첩성 그리고 다양한 전투 상황에서 예상되는 요구사항이 반영될 필요가 있다. 미래 전차의 전투중량은 45~50톤급을 고려하고 방호능력과 이동성을 증가시킨 다중 임무에 적합하도록 발전하는 추세이다.

(3) 무장 체계

포탑과 차체 형상에도 〈그림 4.7〉과 같이 다양한 요소가 영향을 끼친다. 예를 들어, 구경이 클수록 주퇴 거리가 증가하게 되며, 이에 따른 주퇴 길이와 탄약의 크기에 따라서 포탑의 폭이 결정된다. 임무 요구사항이 많아지면 여러 종류의 탄약을 사용해야 한다. 하지만 탄약의 크기는 같아야 한다. 이뿐만 아니라 자동 장전장치를 채택하여 발사속도를 높일 필요가 있다. 전차의 전술적인 생존율을 높이기 위해서는 전차의 높이를 낮추는 방안이 있다. 예를 들어, 승무원 위치와 포신을 포가(砲架, gun mount)에 받쳐 놓는 원통형 돌출부인 포이(砲耳, trunnion)의 위치를 이동하거나 높이를 낮추면 전차의 높이를 크게 낮출 수 있다.

한편 〈그림 4.7〉은 전차의 치명성에 핵심이 되는 '무장 체계에 따른 전차의 형상에 미치는 영향요소'를 나타낸 그림이다. 전차에 탑재하는 무장 체계에 따라서 포탑의 전체 폭과 높이 그리고 길이가 결정된다. 그에 따라 포탑의 전체 폭은 포탑과 차체를 연결하는 포탑 링의 지름과 포탑의 측면 장갑에 따라 결정된다. 특히 포탑 링의 지름은 포신이 가장 낮은 고각사격 시 포신

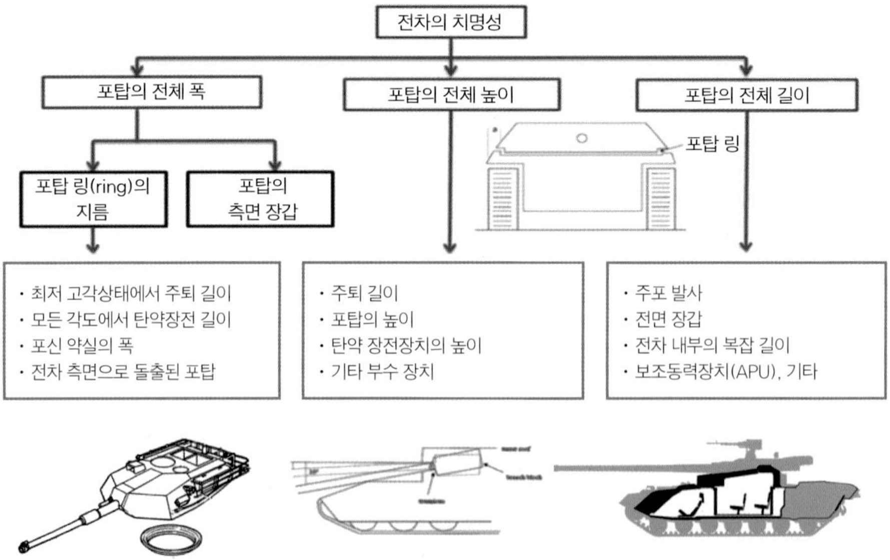

그림 4.7 무장 체계가 형상에 미치는 영향

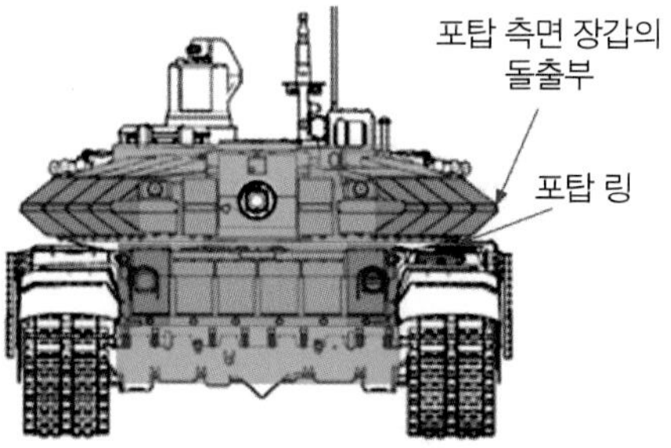

❶ 포탑 링의 지름에 미치는 영향 요소

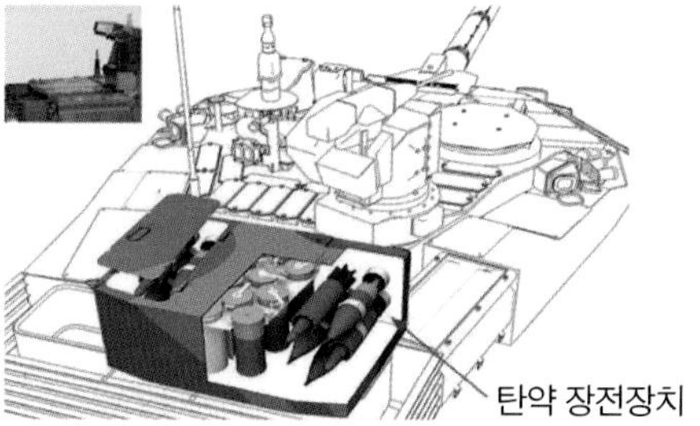

❷ 포탑 전체 높이에 미치는 영향 요소

그림 4.8 포탑 링과 차체의 높이에 미치는 영향 요소

의 주퇴 길이, 모든 고각 범위에서 탄약을 장전할 수 있는 길이, 포신 약실의 폭, 포탑이 전차의 측면으로 돌출된 정도에 따라서 결정된다. 대표적인 사례는 〈그림 4.8〉 ❶에 제시된 러시아의 T-90 전차의 사례를 들 수 있다. 그림에서 보듯이 포탑을 보호하기 위해 포탑의 측면 장갑을 강화하면서 측면이 돌출되어 있다. 이 돌출부가 궤도 측면보다 더 돌출되지 않도록 설계해야 기동에 지장이 없다.

한편 포탑의 전체 높이는 포신의 주퇴 거리, 포탑의 높이, 탄약 장전장치의 높이, 기타 부수 장치의 크기와 형상에 따라서 영향을 준다. 특히 탄약 장전장치에 따라서 포탑의 높이에 많은 영향을 받는다. 이에 대한 사례는 〈그림 4.8〉 ❷에서 보는 바와 같이, 탄약의 종류와 발수가 많으면 자동장전방식을 채택한다. 하지만 이 방식은 전차의 내부공간을 많이 차지하는 단점이 있다.

그리고 포탄의 전체 길이는 주포의 발사, 전면 장갑의 두께나 형상, 전차 내부의 승무원 활동과 기타 장치를 작동할 때 복잡성 수준, 보조 동력장치나 기타 부수 장치의 크기와 형상에 따라서 영향을 받는다.

(4) 방호능력[3]

미래 전장에서 전차에 위협이 되는 무기는 〈그림 4.9〉에서 보는 바와 같이, 지상위협과 공중위협으로 구분할 수 있다. 지상위협은 휴대용 대전차 미사일, 고에너지 레이저무기, 대전차유도 미사일, 적 전차와 대전차 지뢰, 급조폭발물, 차량탑재 미사일, 유도형 다연장로켓, 대구경 유도 포탄, 유도 박격포탄 등이 있다. 공중위협은 무인기(드론 포함), 고정익 항공기에 의한 유도 폭탄이나 미사일, 헬기에서 발사하는 대전차 미사일, 위성과 레이저 발진기, NBC(Nuclear, Biological, and Chemical), 상부 공격용 탄약, 항공기의 기관포 등이 있다.

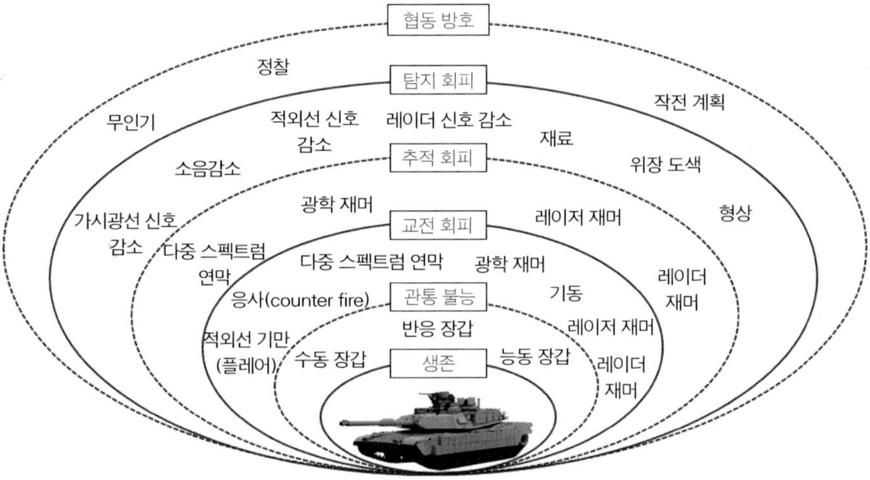

그림 4.9 현대 전차의 방호개념과 수단

3 Deitz, P. Reed, et al., "Fundamentals of ground combat system ballistic vulnerability/lethality," Vol. 230, American Institute of Aeronautics and Aeronautics, 2009.

(5) 작전 범위와 수송 능력

1 작전 범위

전차의 항속거리는 전술적인 필수 요구사항이며, 주력 전차에 주유할 수 있는 연료량을 결정한다. 이는 전차의 무게와 부피에 모두 영향을 주는 요소이다. 따라서 진화적 접근 방식과 혁신적인 접근 방식 사이의 유일한 차이점은 도로주행과 비포장도로 주행의 비율을 기반으로 한 연료 소비량에 따라서 결정된다. 요구되는 작전 범위에 충족할 수 있는 연료통의 용량은 예상되는 주행방법과 연료 소비량에 의해 결정할 수 있다.

2 수송 능력[4]

수송성(transportability)은 신속한 배치를 위해 도로, 철도, 항공, 해상과 같은 다양한 플랫폼을 통해 운반할 수 있는 능력을 의미한다. 도로나 철도를 이용한 수송은 전차 자체로 이동시키거나 트레일러, 기차 등으로 수송해야 한다. 따라서 도로나 교량, 터널을 통과할 수 있는 중량과 크기에 적합하도록 전차를 설계할 필요가 있다.

일반적으로 철도 수송일 경우에 전차를 기차에 적재하였을 때 터널과의 여유 간격의 크기에 따라 A, B, C등급으로 구분한다. 그리고 적재된 전차와 터널 내부 공간 사이의 간격을 배송물 초과치수(over dimensioned consignment)라고 정의하고 있다. 전차는 철도 수송로 상에서 방해받지 않는 이동이 보장되어 최단 시간 동안 수송이 가능해야 한다. 따라서 가능하다면 배송물 초과치수는 A등급은 설계하는 것이 유리하다.

한편 항공 운송은 〈표 4.2〉에서 제시된 배송물 초과치수의 기준을 적용하고 있다. 참고로 항공 운송 사례를 살펴보면, 〈그림 4.10〉에 제시된 미국의 대형 수송기 C-17의 배송물 초과치수 기준을 들 수 있다.

---

4 Addendum & corrigendum slip(ACS) no. 7 to Indian Railways Schedule of Dimensions (B.G.) Ministry of railways, New Delhi, India. 2004.

표 4.2 미국 철도의 배송물 초과치수 기준

등급	정미 간격	간격 치수 합계	적용 시기	운송 속도 (km/h)	호송 요원
A	6인치 이상	9인치 초과	주간과 야간	75	필요 없음
B	3~6인치	6~9인치	주간과 야간	40	야간에만 필요
C	3인치 미만	6인치 미만	주간만 적용	25km/h	필요

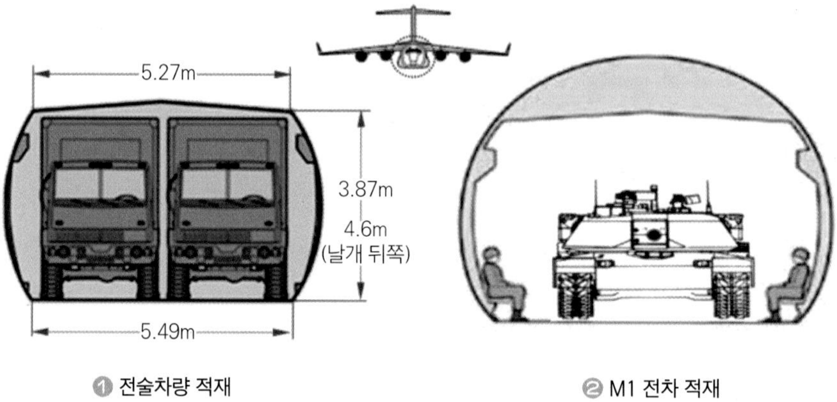

그림 4.10 C-17 수송기의 배송물 초과치수 기준

(6) 기동성

1 궤도차량의 특성[5]

전차나 장갑차, 자주포 등의 많은 무기체계들은 야지 기동의 한계점을 극복하기 위해서 궤도형 차량을 적용하고 있다. 궤도는 지면과의 접지력을 유지하면서, 지면의 요철에도 상관없이 기동을 가능하게 한다. 그리고 이들 궤도차량은 1차로 궤도에 있는 몸체 고무가 지면의 충격을 흡수한 후 2차로 서스펜션(suspension)에 의해 차체로의 진동이 억제하는 방식이다.

일반적으로 궤도차량의 현가장치(서스펜션, 휠, 궤도결합체 등)는 전체 중량의

5 Lee, Kyoung-Ho, et al., "Separation Mode Analysis of Track Assembly of Main Battle Tank," KIMST Vol. 10, 2007. 9, pp. 173-189.

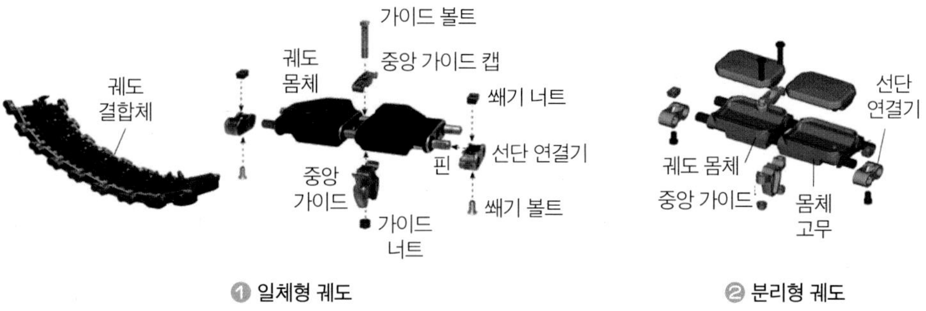

그림 4.11 일체형과 분리형 궤도의 구성품

약 15% 이상을 차지한다. 그 결과 궤도형이 차륜형보다 동력손실이 크다. 예를 들어, 궤도 1조의 무게를 1kg 감소시킴으로써, 대략 0.2톤 이상의 전차 중량을 감소시킬 수 있다. 이는 곧 차량의 연료소모량을 줄일 수 있는 효과가 발생한다. 최근 그에 따라 궤도에 대한 경량화와 소음 감소 등의 필요성이 증대되는 추세이다.

궤도형 차량은 1~2개의 궤도라도 파손되어 일시적이라도 기동력을 상실할 수 있는 단점이 있다. 궤도는 일체형과 분리형이 있다. 최근에는 궤도의 짧은 교체주기를 보완하기 위해서 환형 궤도를 많이 사용하는 추세이다.

일체형은 〈그림 4.11〉 ①에서 보는 바와 같이, 패드와 궤도 몸체(track shoe)가 일체형으로 되어 있다. 이 때문에 마모된 패드를 다시 몰딩하려면 궤도조립체를 벗겨내야 한다. 하지만 분리형 궤도는 〈그림 4.11〉 ②에서 보는 바와 같이, 몸체 고무(wheel side rubber), 패드 등의 궤도 구성품 중에서 수명이 도래한 부품만 교체하는 궤도이다. 따라서 분리형이 야전 운용성과 유지비 측면에서 유리하다.

한편 2010년대에는 〈그림 4.12〉에서 보는 바와 같이, 전차, 장갑차 등 궤도형 전투 장갑차량에 사용할 수 있는 고무 궤도가 개발되었다. 따라서 미래에는 고무 궤도를 장착한 전차가 등장할 것이다. 고무 궤도는 다음과 같은 장점이 있다. 첫째, 강철 궤도보다 지면에 대한 손상이 적다. 둘째, 적절한 크기의 돌출부 패턴을 만들 수 있어서 소음과 진동이 적다. 그리하여 기계석인

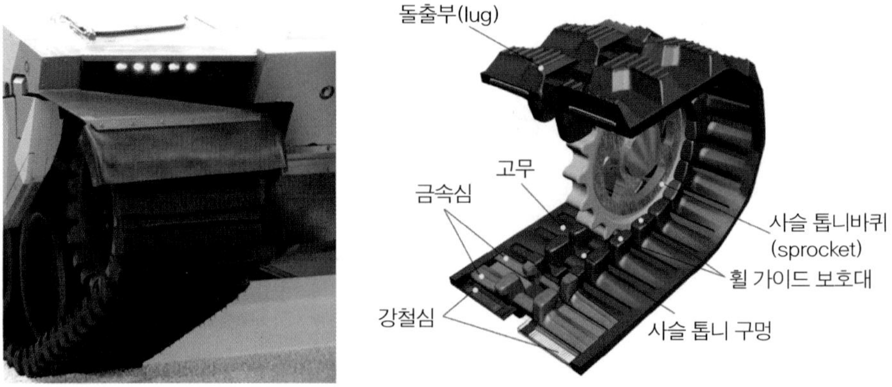

그림 4.12 영국 CV90 장갑차에 장착된 고무 궤도

수명뿐만 아니라 승무원의 피로도 현저히 감소시킬 수 있다. 셋째, 모래나 젖은 지표면 또는 경사진 지형을 통과할 때 주행 성능이 우수하다. 넷째, 강철 궤도보다 무게가 가볍고 고속 주행이 가능하다. 다섯째, 같은 무게의 차륜 차량보다 약 2배의 견인력을 제공한다. 그리하여 저속 및 고속 모두에서 기동성과 견인 능력이 우수하다. 끝으로 고무 궤도는 지뢰, 급조폭발물이나 로켓포탄 등에 의해 파손되어도 치명적인 파편이 발생하지 않는 장점이 있다.

2 궤도장치의 작동원리[6]

궤도차량은 현가장치에 적용된 궤도 장력을 조절하여 동력손실을 최소화하고 차량의 최대 속도를 얻을 수 있다. 이는 장비의 기동성에 영향을 주는 큰 요인 중 하나이다. 궤도 장비의 기동성은 전투 중 생존 가능성을 높여주는 중요한 인자이다.

전차의 현가장치는 〈그림 4.13〉 ①에서 보는 바와 같이 무한궤도와 맞물려 궤도를 움직이는 기동륜(sprocket Wheel), 지면과의 충격을 흡수하는 보기륜

6 Sang Wan Noh, et al. , "A Study on the Influence of Maximum Velocity on Track Tension Change to Military Ammunition Vehicle," *Journal of the Korea Academia-Industrial cooperation Society*, Vol.. 21, No. 6, 2020, pp. 383-388.

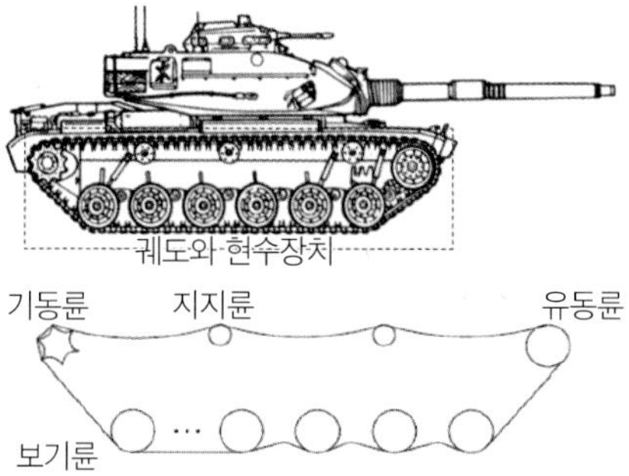

❶ 궤도의 주요 구성

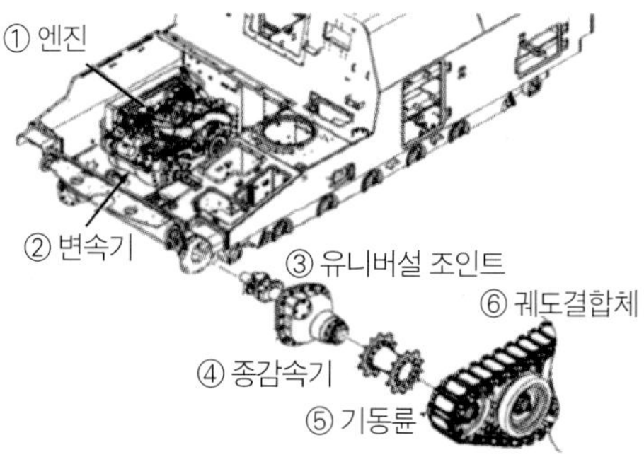

❷ 궤도의 동력전달 과정

그림 4.13 궤도의 주요 구성과 동력전달 과정

(road wheel), 궤도의 이탈을 막아주는 지지륜(return roller), 차량의 궤도 장력을 유지하는 유동륜(idle roller) 등으로 구성되어 있다. 그리고 궤도가 작동하려면 엔진에서 생성된 동력을 이용해야 하는데 동력전달 과정은 〈그림 4.13〉 ❷와 같다. 즉 전차 엔진과 변속기를 통합한 파워팩(power pack)에서 발생한 동력은 유니버설 조인트(universal joint)와 종감속기(final drive), 기동륜 그리고 궤도결합체(track shoe assembly)에 전달한다. 그리하여 궤도가 회전하면서 전차를 기동시킨다. 여기서 종감속기는 변속기에서 감속된 동력을 최종적으로 감속하여 기동륜에 전달하는 기능을 하는 장치이다.

3 전술적 기동성 계산

전술적 기동성은 도로, 야지, 궤도 이동 등을 포함한 기동능력을 의미한다. 그리고 일부 강이나 하천 도하, 도섭(fording) 능력도 포함된다. 전술적 기동성은 지형 접근성과 민첩성으로 세분화할 수 있다. 먼저 지형 접근성은 총중량과 공칭 접지압력(NGP, Nominal Ground Pressure), 평균 최대 압력(MMP, Mean Maximum Pressure), 길이, 폭, 궤도의 유형, 참호 돌파능력, 경사 및 상승(측면 경사 포함) 및 도섭 능력과 연관 관계에 있다. 그리고 NGP는 차량의 중량과 접지 면적의 비율이며, 식 [4-1]과 같다. 이 값은 전차가 지면에 가하는 평균 압력을 의미한다. 하지만 MMP는 각 보기륜(road wheel) 아래에서 발생하는 최대 압력을 평균한 값이다. 이를 식으로 표현하면 식 [4-2]와 같다.

$$NGP = \frac{\text{전차의 중량(W)}}{\text{궤도의 폭(b)} \times \text{길이(l)} \times \text{궤도 개수(2)}} = \frac{W}{2bl}\ [kPa] \quad \cdots\cdots \quad [4\text{-}1]$$

$$MMP = \frac{1.26W}{2mbe\sqrt{pd}}\ [kPa] \quad \cdots\cdots \quad [4\text{-}2]$$

NGP와 MMP는 〈그림 4.14〉에서 보는 바와 같다. MMP는 MBT의 야지 횡단 성능을 예측하는 객관적인 방법이다. 만일 NGP가 같은 두 주력 전차를 비교할 때, MMP가 낮은 MBT가 연약지반에서 기동성능이 더 우수하다는 의미이다.

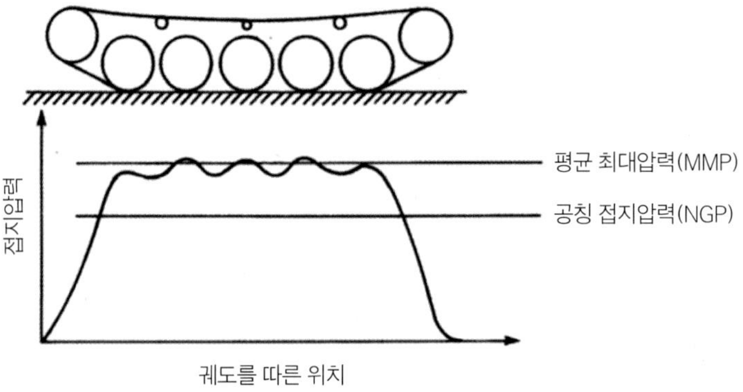

그림 4.14 궤도의 접지압력 정의

전술적 기동성을 결정하는 또 다른 요소는 참호 돌파능력이다. 〈그림 4.15〉 ❶에서 보는 바와 같이, 참호돌파 능력은 보기륜의 수량, 무게중심과 궤도 장력 조절기 사이 거리(L_t), 무게중심과 기동륜 사이의 거리(L_d), 보기륜 지름에 따라 달라지는 기하학적 매개 변수를 가지고 있다.

한편 수직 장애물을 통과할 수 있는 최대 높이는 앞바퀴 축에서 지상 궤도 길이(a/L)에 대한 차량 무게중심의 비율과 중앙의 서스펜션과 궤도 편향

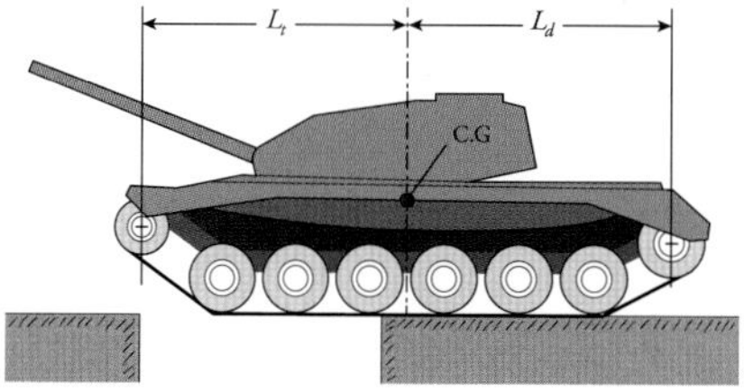

① 참호 통과 능력

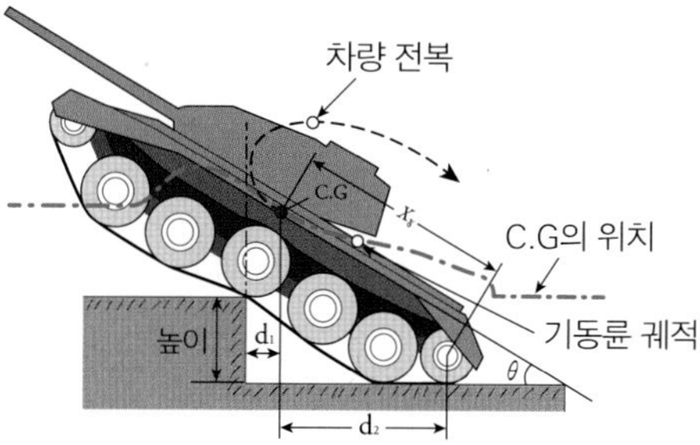

② 수직 장애물 통과 능력

그림 4.15 장애물 돌파능력

의 함수이다. 무게중심이 계단 바로 위의 위치에 도달할 수 없는 경우에는 〈그림 4.15〉 ②와 같이 차량이 전복할 수 있다.

차량 중량 및 변속기, 조향 및 서스펜션 시스템의 유연성과 관련하여 기동륜을 구동하기 위한 동력은 엔진의 출력과 변속기, 기타 요소의 손실과의 함수이다. 차량의 민첩성은 다양한 지형에서 가속, 다양한 지형에서 서로 다른 속도의 회전반경, 엔진 부하에 대한 변속기의 반응성, 일시적인 충격 하중에 대한 선체의 동적 반응, 험준한 지형에서 신속한 기동에 영향을 미친다.

4 야지 기동성 측정[7]

① 야지 기동성의 개념과 대상 지반

야지 기동성(traffic ability)이란 흙, 모래 및 자갈, 습지 등과 같은 다양한 지형을 횡단할 수 있는 척도이다. 이 척도는 2차 세계대전에서 지반 조건이 차량의 기동성에 많은 영향을 미친다는 것을 경험한 미군에 의해 정립되었다. 미군은 현장에서 지반의 특성을 쉽게 판단할 수 있는 수단으로 휴대용 원뿔 관입 시험법을 개발하였다. 콘 지수는 지반(흙)의 강도를 의미한다. 콘 지수 시험법은 차량의 야지 기동의 가능 여부의 판단기준과 원뿔지수의 경험적인 상관관계를 정립하였다. 그 결과 특정 차량의 기동이 가능한 원뿔지수

7 Wong, J.Y., *Theory of ground vehicles*, Ed. 4, John Wiley & Sons, New Jersey, 2008.

를 사전에 알고 있으면서 기동하고자 하는 노면에서 측정한 원뿔지수를 측정하여 기동가능 여부를 쉽게 판단할 수 있다. 예를 들어 원뿔지수가 낮다면 기동이 불가하다는 것을 알 수 있다. 원뿔지수에 의한 기동성 판단의 적용은 일반 지반조사와 군사용 조사의 개념과 차이가 있다. 일반 지반조사는 용도에 따라서 대상층의 상당한 깊이까지 조사할 수 있다. 하지만 기동성을 판단하는 군사용은 대상 지반이 표층에 한정되어 있다. 이동성 특성 매개 변수는 차량 사양에만 의존하고 그것이 작동하는 토양의 유형에 의존하지 않는다. 하지만 이동성 제한 매개 변수는 차량이 이동할 것이 예상되는 토양의 최소 강도를 기준으로 설계된다. 이 설계방법은 다양하다. 일반적으로 차량 원뿔지수를 적용하는 방법을 가장 많이 적용하고 있다.

이 지수의 측정 대상 지반은 세립토(fine grained soil)와 조립토(coarse grained soil)로 구분할 수 있다. 여기서 세립토는 입경(grain size)이 가는 흙이며 실트와 점토가 포함되며 시료의 50% 이상이 75μm 체를 통과하는 흙을 말한다. 조립토는 비교적 거친 흙 입자를 많이 포함하며 74μm 체 통과량이 절반 이하인 흙이다. 이들 지반의 차량 주행으로 인한 지반 교란효과를 나타내는 지수는 평가 원뿔지수(RCI, Rating Cone Index)와 CI(Cone Index)가 있다. RCI는 대상 지반이 세립토인 경우, CI는 조립토인 경우에 적용한다. 조립토 지면에서 차량이 주행했을 때 지반 교란효과가 미미하나 세립토는 크기 때문이다. 한편 야지 기동성을 평가하는 방법 중에서 경험적인 요소를 반영한 기동성 지수(mobility index)가 있다. 이 지수를 이용하여 임의의 차량의 주행성을 표시하는 기준인 차량 원뿔지수(VCI, Vehicle Cone Index)를 계산할 수 있다. 결론적으로 VCI를 CI 또는 RCI와 비교하면 차량의 기동가능 여부를 판단할 수 있다.

② 원뿔지수 측정법

차량의 원뿔지수는 토양의 강도를 측정해야 산출할 수 있다. 이를 측정하는 데 원뿔 관입 시험기(cone penetrometer)를 사용해야 하는데 이 측정기는 2차 세계대전 중 미 육군 공병대에서 최초로 개발하였다. 개발 당시에는 군사

정보와 정찰 요원에게 차량의 이동성과 지형 이동성을 현장에서 간단히 평가할 목적이었다. 당시 개발한 측정기는 원뿔 밑면적이 $3.23cm^2$(0.5in^2)이며, 원뿔 기저 면의 단위 면적당 지반으로의 침투 저항을 나타낸다. 측정기로 측정한 값을 '원뿔지수 또는 콘지수(cone index)'라고 부르고 있다. 그리고 원뿔지수와 침투 깊이는 지형의 전단 및 압축 특성과 원뿔-지반 사이의 마찰과 접착력 저항에 따라 달라진다. 따라서 원뿔지수와 침투 깊이에 대한 기울기는 각각 세립토와 조립토의 비포장도로에서 차량의 기동성능을 예측하는 척도로 사용하였다. 어떤 지형의 원뿔지수는 쉽게 계산할 수 있지만, 차량 이동성 또는 지형 기동성 관점에서 지형 특성을 적절하게 식별하는 데 사용할 수 있는지에 대한 문제는 아직도 많은 논란의 여지가 있다. 예를 들어, 원뿔지수에 의한 이동성 예측은 마찰이 없는 점토질에서는 유용하나 특정한 수분이 포함된 모래 지반에서는 예측이 어렵다. 하지만 오늘날에도 야지 기동성을 측정하는 지표로 여전히 활용되고 있다.

원뿔지수를 측정하기 위한 원뿔 관입 시험기는 〈그림 4.16〉과 같이 기계식과 전자식이 있다. 이들 시험기의 구조와 측정원리를 살펴보면 다음과 같

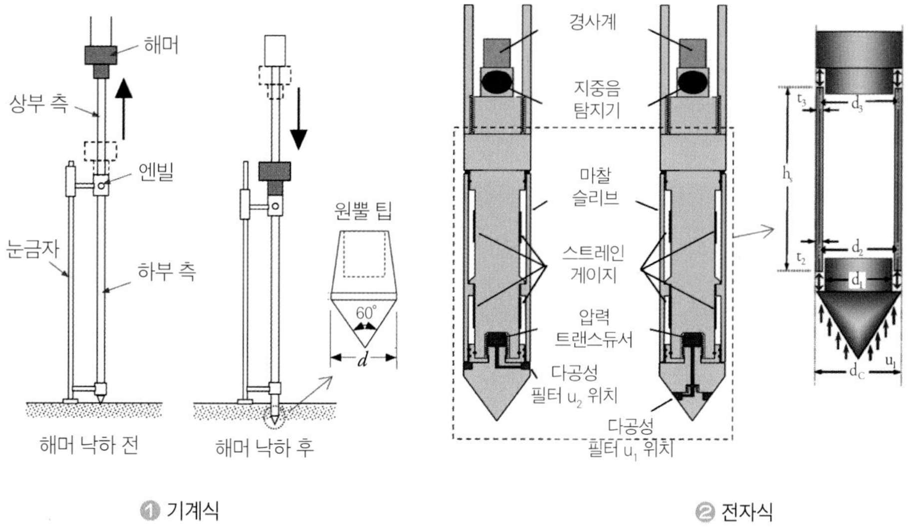

그림 4.16 원뿔 관입 시험기의 종류와 구조

다. 먼저 기계식은 측정 대상 지반에 따라 원뿔 팁과 측정기 크기는 차이가 있지만 구조는 비슷하다. 〈그림 4.16〉 ❶에서 보듯이 대상 지반에 측정기는 수직으로 세운 상태에서 해머를 일정한 높이로 올린 후 낙하시켜 지반에 원뿔 팁을 침투시켜 침투 깊이를 측정할 수 있다. 이때 측정한 원뿔지수(CI)는 식 [4-3]과 같다.

$$\mathrm{CI} = \frac{\text{원뿔관입에 대한 지반 저항력}}{\text{원뿔 기저 면의 면적}}\ [\mathrm{Pa}] \quad \cdots\cdots\cdots\cdots \quad [4\text{-}3]$$

여기서 원뿔 관입에 대한 지반의 저항력은 해머의 무게에 해머의 낙하 높이를 곱한 값이며, 기저 면의 면적은 $\pi d^2/4$이다.

전자식 측정기는 〈그림 4.16〉 ❷에서 보는 바와 같이 구조가 복잡하다. 하지만 기계식보다 측정 시간이 짧고 측정한 데이터를 컴퓨터로 자동 처리할 수 있다. 또 수직 편차를 감지하기 위해 경사계가 통합되어 과도한 경사나 좌굴이 된 상태를 사용자에게 경고하는 기능이 있다. 이 장치는 원뿔 팁과 접촉하고 있는 토양의 공극수(pore water) 압력을 측정한다. 원뿔 팁에 있는 다공성 필터를 통과한 공극수의 압력은 압력 트랜스듀서에 의해 전기신호로 변환되어 측정할 수 있다. 여기서 공극수란 토양을 형성하는 입자들 사이의 틈(공극)으로 흡착하고 있는 물을 의미한다. 지하수도 이에 포함되며 토양의 건조 정도에 따라 그 양이 다르다. 또 스트레인 게이지로 원뿔 팁이 토양에 가하는 힘을 측정할 수 있다. 즉 3축 방향의 압력을 동시에 측정하여 슬리브(sleeve)의 총 지반저항력과 원뿔지수를 측정할 수 있다. 따라서 슬리브의 총 저항력 f_t은 식 [4-4]와 같다.

$$f_t = f_s - \frac{(\pi d_2 t_2 u_2 + \pi d_3 t_3 u_3)}{\pi d_c h_s} \quad \cdots\cdots\cdots\cdots \quad [4\text{-}4]$$

여기서 t_2, t_3는 마찰 슬리브의 두께, u_2와 u_3는 공극수의 압력, f_s는 슬리브의 마찰력, h_s는 슬리브의 높이이다. 이 식을 간략화하면 슬리브의 총 저항력은 만일 3축 시험에 의한 슬리브의 정미 비율(net ratio)을 b_n이라 하면, 식 [4-5]와 같이 근사방정식으로 나타낼 수 있다.

$$f_t \approx f_s - b_n u_2 \quad [4\text{-}5]$$

따라서 원뿔지수(CI)는 식 [4-6]과 같이 표현할 수 있다.

$$CI = CI_{tip} + (1 - a_n)u_2 \quad [4\text{-}6]$$

여기서 CI_{tip}은 원뿔 팁에서 측정한 저항이고, a_n은 3축 측정으로부터 팁의 정미 면적이다.

③ 차량의 원뿔지수

차량이 어떤 지형을 통행하려면 차량에 대하여 최소한의 흙의 강도를 지녀야 한다. 흙의 강도는 흙 자체의 강도뿐만 아니라 차량의 특성에 따라서 변하게 된다. 이를 수치로 표현한 값이 차량 원뿔지수이다. 차량 원뿔지수의 모형에서 차량의 각종 설계 상수와 동력전달능력을 포함한 무차원 함수로 표현한 값이 기동성 지수(MI, Mobility Index)이다. 이 지수는 차량의 중량, 지면 접지압력, 차량의 기계적 특성을 등을 차량 원뿔지수에 반영하기 위해 정의한 값이다. 따라서 주행 장치의 형태에 따라 다르다. 이에 관한 예를 들면 다음과 같다.

첫째, 궤도형 전차의 점토질 세립토에서 1회 통과 시 차량 원뿔지수와 기동성 지수는 식 [4-7], [4-8]과 같은 경험방정식을 적용하여 산출한다.

$$VCI = (48.258 + 1.379MI) - \frac{270.245}{MI + 5.6}\,[kPa] \quad [4\text{-}7]$$

$$MI = \left[\frac{(CPF \cdot WF)}{(TE \cdot GF)} + WLF - CF\right] \times EF \times TRF \quad [4\text{-}8]$$

여기서 $\text{WLF(Wheel Load Factor)} = \dfrac{\text{차량 총중량}}{22.07\text{NA}_{\text{shoe}}}$이다. 하지만 유지질 토양을 궤도형 전차가 1회 통과할 때 차량 원뿔지수는 식 [4-9]에 적용하여 산출할 수 있다.

$$\text{VCI} = 89.622 + 0.43\left(\frac{\text{W}}{2(\text{b}+1)}\right)[\text{kPa}] \quad [4\text{-}9]$$

이 식은 전차의 중력과 궤도의 크기와 같은 다른 매개 변수를 포함하여 기동성 지수를 산출한 방법이다.

둘째, 자주식 차륜형 차량의 차량 원뿔지수는 식 [4-10]과 같은 경험방정식을 적용하여 산출할 수 있다.

$$\text{VCI} = 11.48 + 0.2\text{MI} - \frac{39.2}{\text{MI}+3.74}\ [\text{kPa}] \quad [4\text{-}10]$$

여기서 기동성 지수 MI는 차량의 중량, 지면 접지압력, 타이어, 엔진과 변속기에 따른 함수이다.

④ 재성형 원뿔지수와 평가 원뿔지수

재성형 원뿔지수(RI, Remolding cone Index)와 평가 원뿔지수는 원뿔지수(CI, Cone Index)와 관계가 있다. 재성형 지수는 예상되는 교통량에 대한 지반의 강도증감을 나타내는 지수이다. 지반의 강도는 차량의 하중이 작용하거나 주행하면서 교란 등에 의해 증감될 수 있다. 따라서 주행하기 전에 측정한 원뿔지수는 주행 후의 지반의 원뿔지수와 차이가 있다. 이를 반영한 지표가 재성형 원뿔지수이다. 이 지수는 재성형 전 원뿔지수와 재성형 후 원뿔지수의 비이며, 식 [4-11]과 같다.

$$\text{RI} = \frac{\text{재성형 후 원뿔지수}}{\text{재성형 전 원뿔지수}} \quad [4\text{-}11]$$

한편 평가 원뿔지수(RCI, Rating Cone Index)는 식 [4-12]와 같이, 재성형 원뿔지수와 초기의 원뿔지수의 곱으로 정의한다. 이 지수는 교통량에 견디는 흙의 순수한 능력을 평가하는 지표이다.

$$\mathrm{RCI} = \mathrm{RI} \times \mathrm{CI}_{\text{초기}} \qquad [4\text{-}12]$$

5 기동성 측정 지표와 적용 분야

기동성을 측정하는 주요 매개 변수를 종합해보면, 〈표 4.3〉에서 보는 바와 같다. 앞에서 언급하지 않은 주행 횟수와 NATO의 표준 기동모델을 적용한 차량 원뿔지수는 다양한 지형과 토질 그리고 차량의 특성을 고려한 경험방정식과 표준 평가모델을 적용한 방법이다. 이들 방식은 진화적 접근 방식과 혁신적 접근 방식으로 최적의 기동성 측정을 위한 지속적인 발전을 하고 있다.

한편 〈표 4.3〉에서 주행 횟수는 차량이 주행할 수 있는 지반의 원뿔지수로 나타낸다. 이때 차량에 요구되는 지반의 원뿔지수는 차량의 주행이 불가한 상태에 도달하지 않는 주행 횟수에 필요한 최소의 흙의 강도이다. 이 최소 원뿔지수는 흙과 차량의 종류 그리고 주행 횟수에 따라 정해지며 통상 1회

표 4.3 차량의 기동성 측정지수

주요 매개 변수	대상 지반	적용 방법
공칭 접지압력(NGP)	공통	단순한 계산
평균 최대 압력(MMP)		
원뿔지수(CI)	조립토	야지 현장에서 측정 토질의 특성이 반영됨
평가 원뿔지수(RCI)	세립토	
차량 원뿔지수(VCI)	점토, 모래	야지 현장에서 측정, 차량의 특성과 제원이 반영됨
주행 횟수	점토, 모래	경험방정식에 적용
NATO 표준 기동모델(NRMM)	점토, 모래	VCI와 기동 횟수를 적용

와 50회 통과했을 때 지반 임계 층(critical layer) 깊이로 나타낸다.

결론적으로 전차, 장갑차, 전술 차량의 기동성은 원뿔지수 또는 평가 원뿔지수가 차량 원뿔지수보다 작으면 기동을 할 수 없다.

(7) 생존 가능성

전차의 생존 가능성은 주로 중량과 부피와 관계가 있다. 일반적으로 현대 전차는 장갑만으로도 중량의 약 40~50%를 차지하며, 전체 부피의 약 50%가 간접적인 영향을 받는다. 따라서 예상되는 다양한 위협에 대해 생존 가능성을 전체적으로 높여야 한다. 따라서 수동 장갑, 반 능동 장갑(반응 장갑), 능동 장갑과 같은 다양한 생존방식을 조합하여 설계할 필요가 있다.

(8) 정보-감시-표적획득-정찰

정보, 감시, 표적획득, 그리고 정찰(ISTAR, Intelligence Surveillance Target Acquisition and Reconnaissance) 기능은 전장의 정보 우위를 달성하는 데 필수적인 요소이다. 현대 전차에는 대부분 ISTAR 관련 장치가 탑재되어 있다. ISTAR 장치는 전장 관리 시스템(battlefield management system), 자동 표적 추적기(automated target tracker), 전차장용 파노라마 조준경(commanders panoramic sight), 포수용 조준경(gunners main sight), 레이저 표적 지시기(laser target designator), 레이저 거리측정기(LRF, Laser Range Finder), 레이저 경고 및 대책 시스템(laser warning and countermeasure system), 조종수용 열화상 카메라, 피아식별기(identification of friend or foe) 등이 있다. 특히 지리적으로 서로 분산된 전투 자산(센서, 지휘/통제, 타격체계 등)을 단일 작전 망으로 통합 관리하여 전장 정보를 획득하고 실시간 공유하며 위협을 평가하고 무기를 할당하며, 작전을 통합할 수 있는 기능을 수행하는 전장 관리시스템은 중요한 설계 요소이다. ISTAR 장치를 탑재할 때 전차의 중량과 부피 그리고 작전 요구 성능에 충족할 수 있도록 고려하여 설계에 반영할 필요가 있다.

제3절 현대 전차

1. 전차의 발전과정

(1) 세계 주요전차

일반적으로 전투차량의 무게는 방호기능과 연계되어 있다. 더 우수한 방호능력을 갖추려면 더 많은 장갑 재료가 필요하다. 이는 차량의 무게가 무거워져서 기동력을 감소시킨다. 무거운 차량은 좁은 도로나 작은 교량을 통과하기 어렵고, 연료소모량이 증가한다. 승무원 보호 기능은 시스템 보호보다 우선해야 하는 설계 요소이다. 하지만 장갑을 이용한 차량의 방호능력은 1970년대에 이르러 한계에 도달하였다. 이제는 고성능 대전차 미사일과 대전차 로켓포로 차량을 보호하기 위해 강철만 추가하는 것은 소용이 없게 되었다. 그리하여 대진차무기의 공격으로부터 차량을 경량화하고 기동성능을 향상하여 극복하려고 시도하였다. 이러한 개념을 적용한 사례가 독일의 레오파드(Leopard) 1 전차이다.[8]

1980년대에는 대전차무기를 방호할 수 있는 개선된 장갑 소재를 개발하면서 대전차무기의 공격으로부터 차량을 보호할 수 있게 되었다. 그 결과, 대전차무기와 전차의 방호능력은 균형을 이루게 되었다. 대표적인 사례가 미국의 에이브럼스(Abrams) 전차와 독일의 챌린저(Challenger) 전차가 있다. 하지만 곧이어 점점 성능이 향상된 대전차무기가 출현하면서 전차 설계자는 더 강력한 대전차 위협으로부터 방호 가능한 전차를 개발하면서 전차의 무게는 다시 무거워졌다. 예를 들어, 미국의 에이브럼스 전차의 무게는 개량된 장갑과 탑재 장비를 추가하여 60톤에서 73톤으로 증가하였다. 마찬가지로 미국의 브래들리(Bradley) 보병용 전투차량(Infantry Fighting Vehicle)의 무게는 25톤에서 33톤으로 증가하였다.

---

8 Bernard Kempinski et al., "Technical Challenges of the U.S. Army's Ground Combat Vehicle Program," National Security Division Congressional Budget Office, 2012. 11.

(2) 미국의 전차

현대 전차는 1970년대부터 비약적으로 발전하였다. 예를 들어, 미국의 전차 발전과정을 살펴보면 쉽게 이해할 수 있다. 〈표 4.4〉에서 보는 바와 같이, 1917년 회전식 포탑이 개발되면서 T1 전차에도 적용되었다.

하지만 전차의 주포가 비교적 안정되어 정밀사격이 가능하게 된 시기는 자이로안정화장치가 개발된 1940년대 이후이다. 이후 1950년에 개발된 M48 전차는 정지 상태에서 최초 사격은 50%, 그리로 차후 사격은 90% 이상 명중률을 보이는 수준까지 이르렀다. 이는 주포의 부각과 양강을 자동으로 조절해주는 탄도 계산기가 있었기에 가능하였다. 그리고 M48은 주포가 90mm여서 포탑과 주포를 개량한 M60이 탄생하게 되었다. 이 전차는 1970년대까지 미국의 주력 전차로 운용하였으며, 포탑과 차체의 장갑을 보강과 대전차유도 포탄 적용, 분산탄약을 개발하는 등 비약적인 발전은 없었다.

하지만 1980년 M1 에이브럼스 전차가 개발되면서 가스터빈 엔진과 변속기를 통합한 파워 팩, 반응 및 복합장갑, 열화우라늄 장갑 등을 장착하여 기동, 화력, 방호 측면에서 전차의 성능이 획기적으로 향상되었다. 특히 M1 전차에 용접된 강철 구조에 특수 초밤(Chobham) 장갑을 삽입한 복합장갑을 최초로 적용하였다. 그리고 열화우라늄을 장착하여 압연 강철 장갑보다 2배에서 3배 정도 경량화하였다. 하지만 당시의 복합장갑은 장갑효과는 우수하였으나 장갑을 변경하려면 전차의 구조물을 완전히 분해해야 했다. 따라서 이러한 단점을 보완한 방식인 모듈식 장갑을 채택하게 되었다. 이 방식은 전차의 차체 프레임에 장갑을 부착할 때, 필요한 방호기능을 제공하는 작은 장갑 모듈을 사용한다. 하지만 프레임 자체는 보호 기능이 거의 없다. 이러한 방식은 수리와 성능개량이 쉬워서 현대 전차의 장갑설계에 많이 적용하는 추세이다. 참고로 모듈방식 장갑은 오래된 방법이다. 이미 1940년대에 장갑차 설계자들은 차량 보호 수준을 높이기 위해 주 장갑 외부에 장갑판이나 모래주머니를 추가하였다.

한편 M1 전차는 꾸준히 성능개량을 추진하였다. 최초 M1은 주포가 105mm 강선포이었으나 1985년 120mm 활강포로 개발한 M1A1 전차로

표 4.4 미국 전차의 발전과정

개발 시기	모델명(전력화)	구경(mm)	중량(톤)	주요 특징
1920년대	T1(1925)	57(강선포)	22	회전식 포탑(1917년 개발) 적용
1930년대	M2(1939)	37(강선포)	19	경사 장갑(1936년 개발) 적용
1940년대	M2. M4. M26	37, 76, 90 (강선포)	23, 37, 50	• 무전기 장착(1940) • 자이로안정화장치(1942) • 연막탄발사기(1940년 초기)
1950년대	M48(1950) M60(1959)	90(강선포), 105(강선포)	50, 51	핸들방식 조향장치, 주포의 부/양각을 자동조절해주는 탄도계산기(M48), 용접방식 차체제작/일부 알루미늄 제작(M60)
1960년대	M60A1(1962)	105(강선포)	52.5	포탑과 차체의 장갑 보강
1970년대	M60A2(1973) M60A3(1979)	152(포/발사기) 105(강선포)	57, 57	• 대전차유도 포탄(M60A2) • 분산탄약(M60A3)
1980년대	M1(1980) M1A1(1985)	105(강선포) 120(활강포)	60, 65	가스터빈 엔진(M1), 반응 장갑 개발(1982), 복합장갑(M1A1), NBC 보호 장치(1985), 열화우라늄 장갑 개발(1988)
1990년대	M1A2(1992) M1A2 SEP V1 (1999)	120(활강포)	67.6, 67.6	열화우라늄 장갑(M1A2), 열화우라늄 개량 장갑(M1A2 SEP V1)
2000년대	M1A2 SEP V2 (2005)	120(활강포)	71.3	원격조종 무기 설치대, 컬러 전시기, 전면/측면 ERA 등 장갑 보강
2010년대	M1A2 SEP V3 (2017)	120(활강포)	73.6	Trophy 능동방호 시스템, 유지보수용 차량 관리시스템, IED 대응 장갑, 포탑 장갑 보강
2020년대	M1A2 SEP V4 (2023년 예정)	120(활강포)	70 이하	주 · 야간(컬러) 조준경, 레이저 거리측정기, 고성능 기상 센서, 레이저 경고 / 감지 수신기, 방향성 연막탄발사기, 다목적 탄약(기존 4종의 탄약 통합), 능동방호 시스템

그림 4.17 미국의 M1A2 전차의 주요 장치

교체하였다. 2017년 M1A2 SEP V3는 Trophy 능동방호 시스템, 유지보수용 차량 관리시스템, IED 대응 장갑, 포탑 장갑 보강 등으로 획기적으로 성능이 향상되었다(〈그림 4.17〉 참조).

2020년대에는 주간과 야간에도 천연색으로 볼 수 있는 조준경과 레이저 거리측정기의 성능 개선, 고성능 기상 센서, 레이저 경고 및 감지장치, 특정한 방향에 연막을 형성시킬 수 있는 방향성 연막탄발사기, 기존 4종의 탄약의 기능을 통합한 탄약, 능동방호 시스템, 차량의 경량화 등을 적용한 M1A2 SEP V4를 개발하여 시험평가 중이다. 지금까지 살펴본 미국의 최신 전차에 적용되고 있는 기술들은 다른 국가에서도 적용하였거나 개발 중이다. 그리고 전투 수행 기능별로 〈표 4.5〉에서 제시된 바와 같이 발전하고 있다.

표 4.5 전차의 전투 수행 기능별 구성과 발전추세

전투 기능	주요 구성	발전추세
기동	동력 및 동력장치, 현가장치(수동, 반능동, 능동시스템)	• 복합엔진으로 장애물 돌파능력 증강 및 스텔스 기능 추가 • 고무형 궤도와 능동형 현가장치 적용으로 고속 주행 안정성 증가 및 주행 소음 감소 • 자율화 주행 및 무인화
화력	주포, 공축 기관총, 기관총, 주간/야간 조준경, 자동 탄약 장전장치, 자동표적추적시스템	• 미래형 화포(전열포, 전자력 포, 레이저포) 적용으로 화력 보강 • 안정화 장치의 성능향상으로 명중률과 발사속도 향상
방호	수동 장갑(경시, 복합, 공간 장갑), 반-능동 장갑, 능동 장갑, 연막탄발사기, 화생방 보호 장치	• 반응 장갑, 능동방호 시스템에 의해 방호능력 향상 • 소프트 킬, 하드 킬 기능 추가 • 무인화 포탑 적용으로 승무원 생존 가능성 증가
지휘/통제	전장 관리시스템, 통신장비, 피아식별기	• 전장 가시화 장치의 성능 개선 • 자동화 지휘시스템 적용

2. 전차의 구성과 제어 시스템

(1) 구성품의 분류와 주요 기능

현대 전차는 〈그림 4.18〉에서 보는 바와 같이 다양한 형상과 구성품이 장착되어 있다. 일반적으로 전차는 크게 차체와 포탑으로 구성되어 있다. 차체는 전차를 움직이게 하는 궤도장치가 있다. 이 장치는 궤도, 구동륜, 보기륜, 궤도 연결쇠 등으로 구성되어 있다. 그리고 차체는 경사 장갑, 스커트 장갑판이 있으며, 차체 내부에 엔진이 탑재되어 있다. 포탑에는 주포, 광학식 잠망경, 기관총 등이 있다. 이들 구성품은 다음 절에서 자세히 다루었다.

한편 전차의 구성은 기능적 측면에서 분류하면, 포탑은 사격통제장치, 전기장치, 주포장치, 안정화 장치가 있으며, 차체는 동력장치, 전기장치 유압장치, 현가장치가 있다. 이들 장치는 세부적으로 살펴보면 〈표 4.6〉에 제시된 바와 같이 여러 가지의 구성품이 있다.

그림 4.18 현대 전차의 주요 구성

표 4.6 전차의 주요 구성품과 기능

대분류	세부 분류	주요 구성품	주요 기능
포탑	사격통제장치	조준경, 탄도 계산기, 레이저 거리측정기, 포구감지기, 각종 센서 등	• 표적을 획득하고 사격제원(주포의 고저각과 방위각)을 산출
	전기장치	실내 조명구, 포탑 통풍기, 각종 전시기 등	• 포탑 슬립링을 통해 차체로부터 전원을 공급받음
	주포장치	포열, 포가 장치(주퇴장치 포함), 포미 장치, 배연기 등	• 포가 장치는 사격 시 발생하는 차체에 가해지는 충격력을 제어 • 포미 장치는 탄약 장전, 격발, 탄피 추출하는 기능 • 제연기는 사격 후 연소 가스를 포구로 배출
	안정화 장치	자이로스코프, 서보 시스템, 고저 및 선회장치, 포수 전동핸들, 포신/포탑 구동기 등	• 기동 사격이 가능하도록 주포를 안정화 • 기동 시 차체와 포탑의 안정화
차체	동력장치	엔진, 변속기, 종감속기, 냉각장치, 흡기/배기관 등	• 일반적으로 차량의 후방에 엔진, 변속기 탑재
	전기장치	축전기, 발전기 등	• 엔진 시동, 포탑 구동 등 전기장치에 전력 공급
	유압장치	유압 펌프, 유압 밸브, 제어기 등	• 차체와 포탑의 구동장치에 유압 제공 • 포탑에는 슬립링을 통해 유압 제공
	현가장치	궤도, 기동륜, 유동륜, 보기륜, 완충장치 등	• 동력장치의 동력으로 기동륜을 구동하여 기동

(2) 사격 제어 시스템 구성

전차를 제어하는 주요 장치는 〈그림 4.19〉에서 보는 바와 같다. 이들 모든 장치는 인터페이스 유닛에 연결되어 있다. 그리고 사격 통제용 컴퓨터에서 이들 구성품으로부터 전송되는 데이터를 처리하여 사격을 제어함으로써 정밀사격이 가능하다. 이들 제어 시스템의 작동원리는 다음 내용에서 자세히 다루었다.

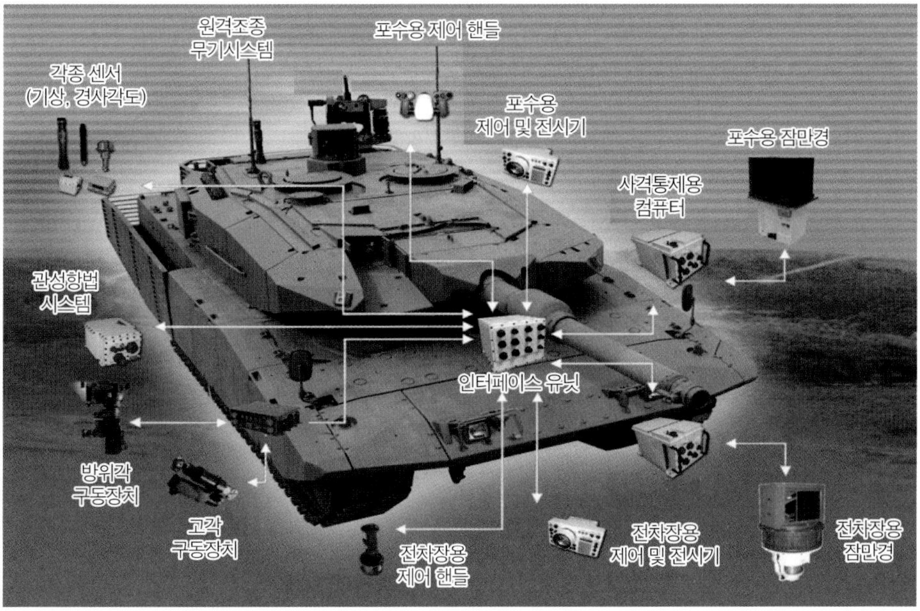

그림 4.19 현대 전차의 사격 제어흐름도

3. 전차의 주포

(1) 전차포와 유도무기

화포형 전차포는 유도탄과 비교해보면, 크게 네 가지 장점이 있다. 첫째, 갑자기 출현한 표적이더라도 신속히 대응할 수 있다. 둘째, 전자기적 또는 적외선 기만에도 타격할 수 있다. 셋째, 기상에 의한 영향을 적게 받는다. 넷째, 일반적으로 유도탄보다 속도가 빠르다. 이 때문에 전차포는 앞으로도 오랫동안 전장의 주요 무기체계로 존재할 것이다. 하지만 화학 추진제를 사용하기에 포구 속도를 2km/s 이상 높일 수 없다. 따라서 한계 포구 속도보다 높이려면 새로운 개념의 화포가 필요하다. 대표적인 미래의 전차포에는 액체 추진제 화포, 전열 화학식 포, 전자기포, 레이저포가 있다.

(2) 현대 전차포

1 전차포의 구조[9]

전차포의 구조와 작동원리는 일반 화포와 거의 유사하다. 전차포는 〈그림 4.20〉 ①에서 보는 바와 같이, 크게 포열, 차열관(thermal shroud), 포강 제연기(bore evacuator), 주퇴 제동기, 복좌기, 포이, 포미 장치, 탄피 방출보호대 등으로 구성되어 있다. 전차포의 포열은 구경의 크기에 비해 길다. 전차포는 포열이 한쪽에만 지지한 외팔보와 유사한 상태이어서 외부 환경에 노출되어 햇빛 등 대기 환경에 따라 영향을 받는다. 이러한 외부의 열적 변화요인에 의해 포열이 휨 현상이 발생한다. 이러한 현상이 발생하면 높은 정확도를 요구하는 전차포에는 악영향을 준다. 따라서 이러한 영향을 줄이기 위해 고안한 장치가 바로 차열관이다. 이 구성품은 포열 외부 길이 방향으로 감싸고 있는 원통형 관인데 포열의 온도 차이를 줄여서 열평형을 유지하여 열적 변형을 줄이는 역할을 하는 구성품이다. 그리하여 포구 조준점의 변화를 최소화하는 효과가 있어서 대부분의 현대 전차에 장착하고 있다. 이 구성품은 비교적 밀도가 작으면서 열전도율이 높은 알루미늄 등을 재료로 사용하고 있다.

요가는 포열을 지지하며, 폐쇄기는 포미 장치의 부품 중 하나이며, 사격 시 고온고압의 추진 가스의 누출을 막는다. 포미 장치는 사격 때 생기는 충

---

9 Hee-Chur Jung, et al., "A Research on Characteristics of Internal Flow Based on the Gun Barrel Length and Ammunition Pressure," *Korea Academy Industrial Cooperation Society*, Vol. 19(11), 2018. 11, pp. 513-520.

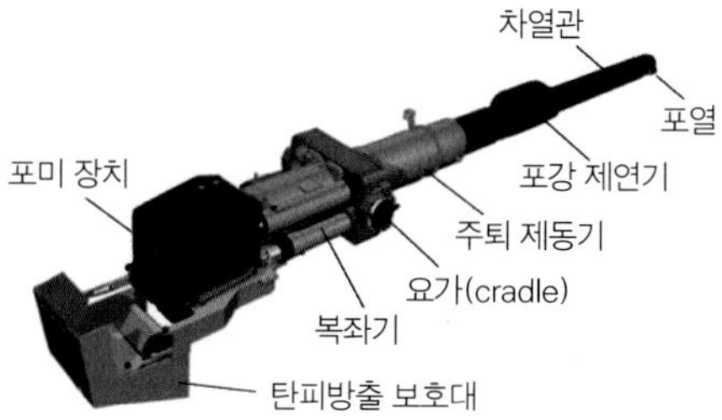

❶ 전차포의 형상과 구성

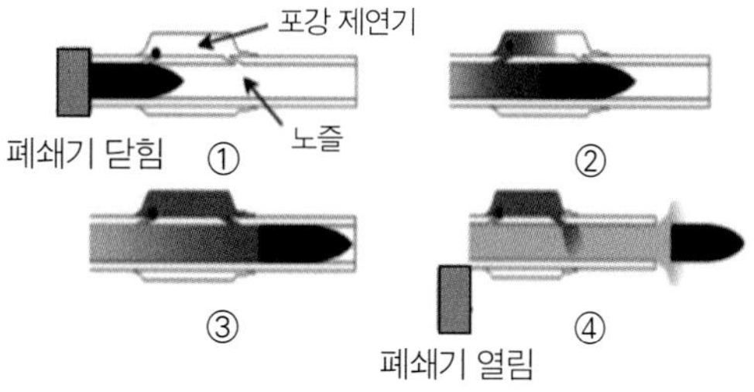

❷ 포강제연기의 작동과정

그림 4.20 전차포의 구성과 포강 제연기

격을 지지하는 것은 물론 탄피 추출과 장전 시 폐쇄기를 개방하는 장치이다. 그리고 탄피 방출보호대는 사격 후에 생기는 탄피에 의한 승무원과 각종 부품에 손상을 입히지 않도록 하는 장치이다.

포강 제연기는 〈그림 4.20〉 ❷에서 보는 바와 같으며, 작동과정은 다음과 같다. ①단계는 폐쇄기를 열고 탄약을 장전한 다음 격발장치로 격발하면 포강에 고온고압의 추진 가스가 발생하여 포탄을 가속한다. ②단계는 포탄이 포강 제연기를 통과하는 약실 쪽에 있는 제연기 노즐이 개방되면서 추진 가스 일부가 제연기의 내부로 유입이 된다. 이어서 ③단계에서 약실 쪽에 있는 노즐이 닫히고 포탄이 포구를 이탈하는 순간에 제연기 내부에 있던 고압의 추진 가스가 포강으로 유입되면서 포구 쪽으로 팽창하여 약실과 포구 사이의 압력 차를 크게 해준다. 그 결과 포강에 있는 추진 가스와 잔류물질을 포구로 배출하는 데 기능을 한다.

만일 포강 제연기가 정상적으로 작동하지 않는다면 폐쇄기가 열린 후 탄피 제거 시 추진제 가스가 전차 내부로 유입될 수 있으며 오염물질에 의해 포신 수명 및 운용 요원의 건강에 악영향을 줄 수 있다. 추진 가스는 주로 수소(H_2), 일산화탄소(CO), 메탄(CH_4) 등으로 구성되어 있다. 이 가스는 산소와 혼합될 경우 전차 내부의 폐쇄기 후방에서 화염이 발생할 수 있다. 이를 후방섬광 현상(Flare back Phenomenon)이라 한다. 이 현상은 사격 후에 포강 제연기가 작동하기 전에 아주 짧은 시간 안에 발생한다. 이 현상은 대부분 포강 제연기 노즐이 이물질로 막히거나 파손되어 발생한다. 하지만 탄약 설계 시 포신과 탄약의 호환성 부족으로도 발생할 수 있다. 따라서 포강 제연기를 주기적으로 점검할 필요가 있다.

2 자동장전식 주포

장전방식은 수동식과 자동식 그리고 반자동식으로 구분할 수 있다. 수동식 장전방식은 일반 화포와 같다. 하지만 최신 전차에 탑재된 자동장전방식은 승무원은 탄약의 종류만 선택하면 탄약을 자동으로 장전시키고 격발 후에는 역시 자동으로 탄피를 방출시킬 수 있다. 따라서 승무원 수를 줄일 수 있다.

하지만 이러한 시스템은 구조가 복잡하고 큰 공간이 필요하며, 가격이 비싸다. 이러한 단점을 보완하기 위해 반자동식을 채택하는 전차도 많다. 이 방식은 약실에 장전하여 격발시키면 폐쇄기가 자동으로 개방된다. 이때 승무원은 탄피를 회수하여 탄약 저장함에 보관하게 된다. 이 방식은 자동장전방식보다 발사속도와 지속적인 사격에 따른 승무원의 피로도 등 측면에서 불리하나 가격이 저렴하고 시스템이 단순한 장점을 갖고 있다. 그리하여 오늘날 각국의 전차는 반자동 장전방식 시스템을 가장 많이 채택하고 있다.

하지만 최근 과학기술이 고도화되면서 자동장전방식을 채택하는 전차가 증가하고 있다. 〈그림 4.21〉은 최근 전차에 일반적으로 적용하고 있는 자동장전 장치의 작동과정이다. 이 과정을 자세히 살펴보면 소구경 화기와 비슷한 순환과정으로 작동된다. 먼저 1단계(송탄)는 발사하고자 하는 탄약을 선별한 후 회전하는 포이(砲耳) 구멍을 통해 들어간다. 2단계(잠김)는 약실이 90도로 회전하여 포강과 일치하게 된다. 3단계(격발)는 공이가 뇌관에 충격을 가하면 뇌관 화약과 점화 장약 그리고 추진 장약이 연쇄적으로 폭발하면서 생긴 추진 가스압력에 의해 포탄이 발사된다. 4단계(추출)는 약실이 다시 90도 회전하여 최초 상태로 복귀한다. 5단계(방출)는 〈그림 4.21〉에서 보듯이 다음 탄약에 의해 탄피가 전차 밖으로 튕겨서 나가게 된다. 이들 5단계 작동과정은 적재된 탄약이 모두 소모할 때까지 순환된다.

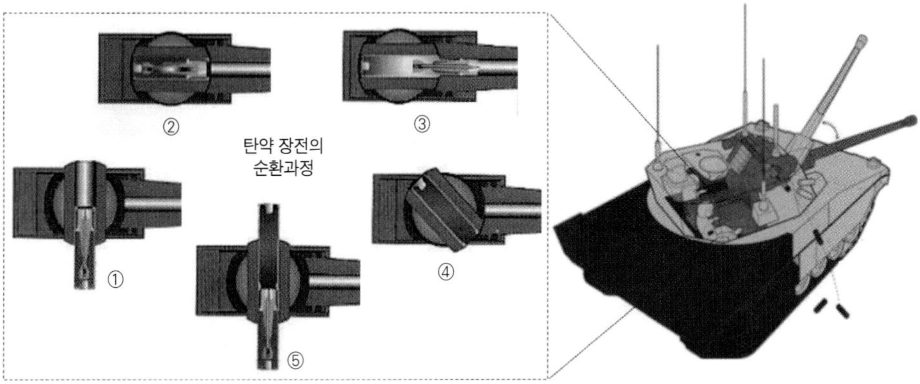

그림 4.21 일반적인 자동장전 장치의 작동과정 개념

(3) 미래 전차포

미래 전차에 탑재될 전차포는 액체 추진제 방식, 전열 화학 방식(전열포), 전자기방식, 레이저 포 등이 예상된다. 레이저 포를 제외한 이들 방식의 작동원리와 특성을 살펴보면 다음과 같다.

1 액체 추진제 화포

액체 추진제 화포(liquid propellant gun)는 연소 전 또는 연소 중에 추진제가 탄자 뒤에 있는 약실에 분사되어 탄자를 가속하는 화포이다. 이때 사용하는 추진제는 단기 또는 복기 추진제를 사용한다. 일반적으로 액체 추진제 화포는 〈그림 4.22〉에서 제시된 구조로 되어있다. 즉, 뇌관을 작동하면 뇌관 화약이 폭발하면서 액체 추진제를 연소하고 뇌관 주위부터 추진 가스가 팽창하면서 발사체를 가속하게 된다. 이러한 화포는 기존 고체 추진제를 이용하는 화포보다 포강의 압력변화가 낮고 최대 압력은 높일 수 있어서 탄약에 미치는 충격이 작고 포구 속도를 높일 수 있다. 따라서 이 화포의 장점은 에너지 소모를 줄이고 탄약의 적재량을 늘릴 수 있으며, 추진제의 양을 조절하여 포구 속도를 제어할 수 있다. 그리고 연기와 섬광이 적게 발생한다. 따라서 30mm에서 105mm까지의 구경이 화포에 적용하는 데 적합한 것으로 알려져 있다. 하지만 이 화포는 완전연소 후 잔류물이 많이 생기는 단점이 있다.

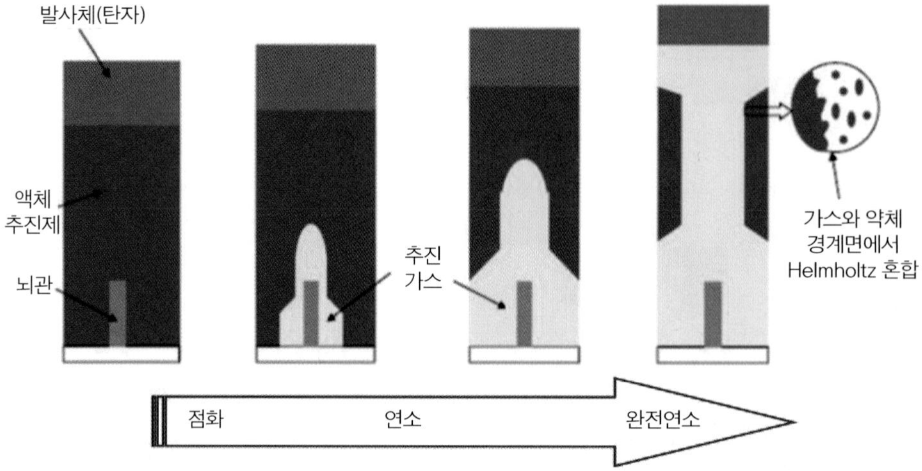

그림 4.22 액체 추진제 화포의 구조와 원리

2 전열포

전열포(electro-thermal gun)는 전기에너지와 열에너지를 동시에 이용한다. 따라서 〈그림 4.23〉에서 보는 바와 같이, 기존의 화포와 비슷한 구조이며, 약실에서 추진 장약이 연소할 때 발생하는 열에너지와 외부에서 인가한 전

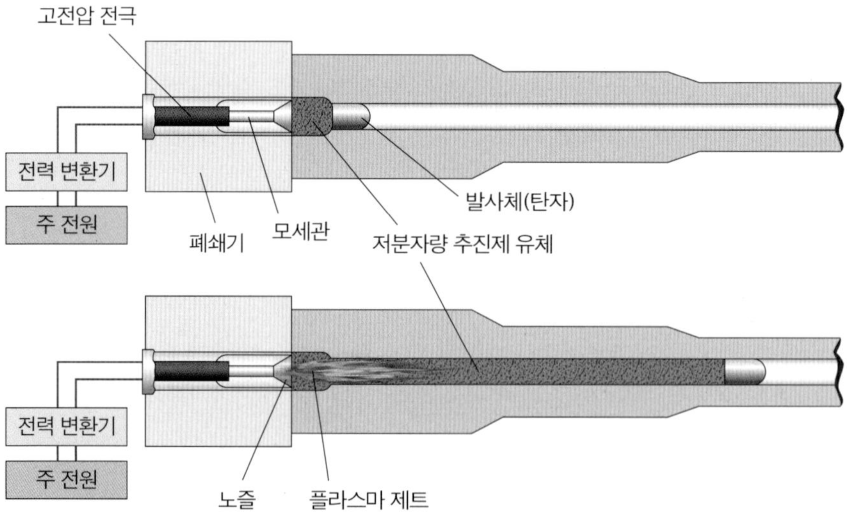

그림 4.23 전열식 전차포의 구조와 원리

기에너지를 동시에 이용하여 발사체를 가속하는 방식이다.

작동과정을 살펴보면, 먼저 주 전원에서 공급되는 전기를 전력변환기에서 전류 펄스를 발생시켜 플라스마(plasma)를 발생시킨다. 플라스마는 전기 방전으로 생긴 고온의 기체상태의 전기적 입자 집단인데 이를 활용하여 약실에 장입된 추진 장약을 연소시킨다. 이때 생긴 고온 고압의 추진 가스가 팽창하면서 발사체를 가속하게 하는 원리이다. 이 방식은 전류 펄스의 세기와 폭을 조절하여 연소를 제어할 수 있다. 그 결과 포강 내의 최대 압력을 수 ms 동안 유지하게 할 수 있다. 이 방식은 발사체를 부드럽게 가속하면서 포구 속도를 높일 수 있는 장점이 있다. 그리고 기존 추진 장약이나 둔감 화약을 사용할 수도 있다. 하지만 기존의 화포에 없는 전원장치와 인원과 장비보호를 위한 추가 설비가 필요하다. 또한, 이 방식은 에너지 소모량이 많다. 하지만 탄약 적재효율이 높으며, 포구 속도를 제어할 수 있다. 그리고 연기나 섬광이 적게 발생하며 잔류물이 적은 장점이 있다.

3 전자기포

전자기포(electromagnetic gun)는 일명 레일건(tail gun)이라고도 부른다. 〈그림 4.24〉에서 보는 바와 같이, 두 레일 사이에 발사체를 놓고 로렌츠의 힘(Lorentz force)을 발생시켜 발사체를 가속하는 포이다. 이때 사거리는 포신의 역할을 하는 레일에 인가되는 전류의 양에 비례해서 증가한다. 이 방식은 추진 장약이 필요 없고, 일반 포탄보다 크기를 작게 할 수 있다. 따라서 더 많은 양의 탄약을 적재할 수 있으며 폭발 위험성도 없다.

전자기포는 1918년 프랑스의 발명가 루이스 옥타브(Louice Octave)가 최초로 제안하였다. 이후 2차 세계대전 중에 독일의 루프트와페(Luftwaffe) 사령관은 전자기포를 개발하여 대공화기로 사용해야 한다고 주장하였다. 이후 1970년 호주국립대학에서 최초로 전자기포를 제작하여 시험하였다. 이후 각국에서 전자기포의 연구를 지속하고 있으나 전차포에 탑재할 수준까지는 소형 및 경량화하지 못했다. 하지만 전자기포의 기술 수준은 비약적인 발전을 이루었다. 2020년대 초에 미국의 차세대 줌왈트(Zumwalt)급 스텔스 구

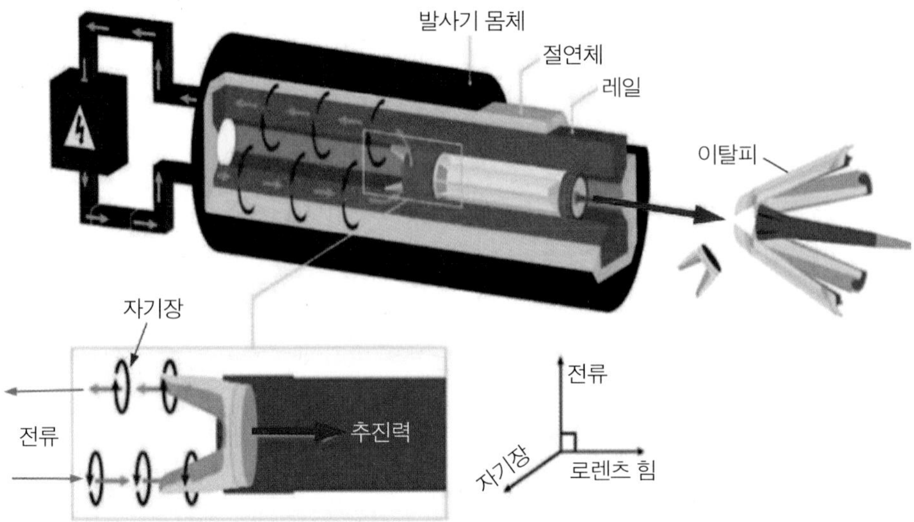

그림 4.24 전자기포의 구조와 작동원리

축함에 64MJ급 전자기포를 탑재할 예정이다. 이 포는 무게가 20kg인 발사체를 마하 7.4의 속도로 발사시킬 수 있다. 이 발사체는 발사 직후에 공기 저항력에 의해 이탈피(sabot)가 분리된다. 그리하여 발사체의 무게는 15kg으로 감소하며 최대 400km까지 날아갈 수 있다. 그리고 탄의 정확도는 CEP 5m로 알려져 있다.

4 미래 전차포의 특성 비교

앞에서 언급한 미래에 적용할 가능성이 있는 화포들은 기존의 재래식 화포보다 치명성을 높일 수 있다. 재래식 화포보다 치명성, 사거리, 포탄 속도 등 측면에서 우수하다. 하지만 제작비용이나 무게, 부피 등 측면에서 전차에 탑재하기에는 추가적인 연구가 필요하다. 그리고 비용 대 효과 측면에서 재래식 전차포보다 열세에 있다. 따라서 이들 방식이 전차포에 적용하기에는 오랜 시간이 필요할 것이다.

4. 사격 통제시스템[10]

사격 통제시스템(Fire Control System)은 사격 통제 컴퓨터, 자동 표적 추적기, 포신 및 포탑 안정화 장치가 있다. 포수용 잠망경은 열상 조준장치, 주간 조준장치(전자/광학 장치), 레이저 거리측정기, 포수 조준경 안정화 장치가 있다. 전차장 파노라마식 잠망경은 포수용 잠망경의 기능은 물론이고 360도 방위각을 관측할 수 있다. 그리고 전자식 포신과 포탑 구동장치가 있다. 그 밖에 원격조종 무기 설치대, 전장관리 시스템(전술 C4I), 상황인식 시스템, 관성항법 장치가 있다. 여기서 관성항법장치(INS, Inertial Navigation System)는 전차의 각속도와 가속도를 측정하여 시간에 대한 연속적인 적분을 수행하여 이미 알고 있는 출발 위치에 대한 차량의 위치와 속도 그리고 진행 방향을 결정하는 장치이다. 이 장치는 외부에서 필요한 정보를 얻어서 자기 위치와 속도를 측정하는 GPS 장치나 전파에 의한 항법장치와 다르게 본체에 있는 센서들을 통해 각속도와 가속도 값을 얻을 수 있다. 따라서 전차가 기동하면서 전파 방해에도 영향을 받지 않고 위치와 자세를 감지할 수 있다. 하지만 시간이 지나면서 오차가 누적되는 단점이 있어서 GPS 장치와 같은 보조 장치의 측정치를 받아서 오차를 줄이고 있다. 관성항법장치에 있는 대표적인 장치로는 자이로스코프와 가속도계가 있다.

(1) 주요 구성 장치

1 자이로스코프(gyroscope)

나침반은 자기장이 존재하지 않거나 일부 교란의 존재로 인해 전차와 같은 기동장비의 위치를 측정하기에 부적합하다. 따라서 현대 전차, 장갑차 등 기동무기는 차량의 기준 위치를 결정하기 위해 자이로스코프를 사용하고 있다. 자이로스코프는 각 운동량의 보존원리를 이용한 장치이다.

최초의 자이로스코프는 기계식으로 제작되었으나 단결정 규소 자이로스

10 https://www.aselsan.com.tr/Next_Generation_Main_Battle_Tank_Upgrade_Solutions_8232.pdf

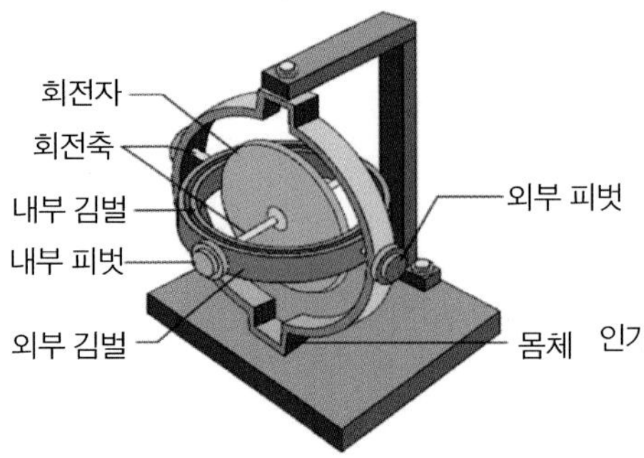

❶ 구조와 주요 구성품

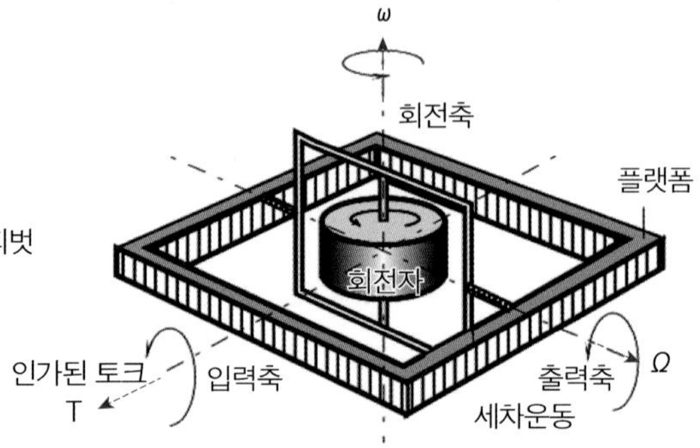

❷ 입력축과 출력축

그림 4.25 기계식 자이로스코프

코프(monolithic silicon gyroscopes), 광학식 자이로스코프(optical gyroscopes)가 개발되었다. 이들 중에서 전차 등 기동무기에 많이 사용하고 있는 기계식과 광학식 자이로스코프에 대해 알아보자.

첫 번째, 기계식 자이로스코프는 〈그림 4.25〉 ❶에서 보는 바와 같이 구조가 간단하다. 주요 구성품은 회전할 수 있는 원판에 회전자(rotator)가 연결되어 있으며 회전할 수 있게 연결된 고리인 김벌(gimbal)과 이를 연결하는 피벗(pivot)이 있다. 그리고 바깥쪽 고리와 연결되는 지점은 안쪽 고리와 연결되는 지점 또는 바퀴의 회전축과 수직으로 설치되어 있다. 또 마찰을 최소화하도록 베어링으로 연결해서 회전자가 계속 회전할 수 있다. 즉 이 장치는 회전축이 어느 방향이든 향할 수 있는 팽이와 비슷하다. 만일 회전축이 중력 방향과 다르면 돌림힘이 작용해 세차운동을 한다. 이때 축이 회전하는 방향은 원래 회전 방향의 반대로 회전하게 된다. 자전축이 정확히 수직 방향이면 세차운동이 생기지 않는다. 따라서 수평을 확인하는 데 활용할 수도 있다.

실제 자이로스코프를 전차, 장갑차량 등 다양한 플랫폼에 장착하였을 때 작동개념은 〈그림 4.25〉 ❷와 같다. 그림에서 회전자를 일정한 각속도 ω로 회전시키면서 입력축에 토크 T만큼 인가하면 출력축이 각속도 Ω로 세차운동을 하게 된다. 입력축에 인가하는 토크는 플랫폼이 움직이면 작용하게 된다. 한편 이들 파라미터는 서로 수직 벡터이다. 그리고 식 [4-13]과 같이 외적 벡터(cross vector) 방정식으로 표현할 수 있다.

$$T = I_m \Omega \times \omega \quad \text{[4-13]}$$

이 식에서 I_m은 회전자의 질량 관성모멘트이며, 만일 회전자의 반지름이 r이고 질량이 m이라 하면 식 [4-14]와 같다.

$$I_m = \sum_{n=1}^{n} mr^2 = \frac{1}{2}mr^2 \quad \text{[4-14]}$$

출력축을 중심으로 한 회전축의 회전속도는 플랫폼이 회전하면서 생긴 인가 토크에 비례적으로 증가하거나 감소한다. 따라서 출력축의 각속도를 측정하면 차량의 방향의 변화량을 알 수 있다.

한편 기계식 자이로는 불필요하게 추가되는 토크와 서서히 움직일 때 정확도에 큰 영향을 미친다. 예를 들어 마찰, 불균형 회전자, 자기 효과 등이 정확도에 미치는 영향요인이다. 따라서 다양한 방법을 적용하여 정확도는 높이고 있다. 회전자의 마찰을 감소시키는 방법은 다음과 같이 크게 세 가지 방법이 있다. 첫째, 구동 모터를 불화 탄소(fluorocarbon)와 같은 고밀도 점성유체에 부유시켜 회전자의 마찰을 제거하는 방법이 있다. 이 방법은 유체(액체) 온도를 정밀하게 제어해야 정밀도를 일정하게 유지할 수 있다. 둘째, 회전자의 축이 고압 헬륨, 수소 또는 공기로 지지하는 가스 베어링을 사용하는 방법이 있다. 셋째, 전기장(정전기 자이로)에 의해 진공 상태에서 회전자를 지지하는 방법이 있다. 이 방법은 회전자가 초전도성 온도인 극저온 상태에 도달하도록 냉각이 필요하다.

두 번째, 광학식 자이로스코프는 레이저를 이용한 장치이다. 이 장치는 링 레이저 자이로스코프라고도 한다. 이 장치의 원리는 자이로의 표면을 따라 상호 반대 방향으로 동일 주파수의 레이저 빔을 발사하여 되돌아오는 주파수를 비교한 후 각가속도를 산출한다. 그리고 이를 1차 적분하여 속도를

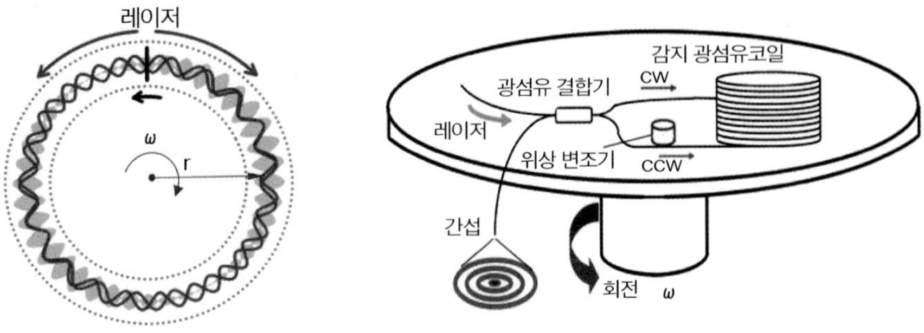

❶ sagnac 효과 개념도 ❷ 시스템 구성 회로

그림 4.26 광학식 자이로스코프

산출하고, 2차 적분하여 거리를 산출하는 방식이다.

대표적인 광학식 자이로스코프의 원리와 구성을 그림으로 나타내면 〈그림 4.26〉과 같다.

이 장치는 sagnac 효과를 이용한 장치이며, 〈그림 4.26〉 ❶에서 보는 바와 같다. 먼저 레이저에 의해 생성된 두 개의 광선은 굴절률 n과 반경 r을 갖는 광학 링 내에서 반대 방향으로 전파된다. 하나의 광선은 시계방향(CW)으로 이동하고, 다른 쪽은 반시계방향(CCW)으로 이동한다. 빛이 링 내에서 이동하는 데 걸리는 시간 t는 식 [4-15]와 같으며, c는 빛 속도이다.

$$t = \frac{2\pi r}{nc} \quad \text{[4-15]}$$

다음으로 링이 시계방향으로 각속도 ω로 회전한다고 가정하자. 이 경우 레이저 빔은 두 방향으로 다른 경로를 이동하게 된다. 이때 시계방향으로 이동하는 빔의 이동 거리 $L_{cw} = 2\pi r + rt$만큼 이동하고, 반시계방향으로 이동하는 레이저 빔의 이동 거리 $L_{ccw} = 2\pi r - rt$만큼 이동한다. 그리하여 이들 두 빔의 이동 거리의 차이 ΔL은 식 [4-16]과 같이 나타낼 수 있다.

$$\Delta L = \frac{4\pi \omega r^2}{nc} \quad \text{[4-16]}$$

여기서 ΔL은 광학 공진기를 이용하여 측정할 수 있다. 따라서 회전자의 각속도 ω를 구할 수 있다. 광학식 자이로스코프는 기계식 자이로스코프보다 열악한 환경에서 작동이 가능한 것이 큰 장점이다.

2 측풍 센서

측풍 센서(cross wind sensor)는 전차의 사격 통제시스템의 중요한 구성 요소이다. 전차포의 정확도를 높이기 위해 풍속과 방향을 측정할 때 사용하고 있다. 이 센서는 1980년대 초기 미국의 M1 에이브람스 전차에 처음 적용하였다. 당시의 측풍 센서는 전장 환경에서 먼지가 많고 습기가 있어도 영향을 받지 않는 와류 감지 방식(vortex sensing method)이었다.

풍속계는 피토관(pitot tube) 풍속계, 레이저 도플러 풍속계, 열선 풍속계(hot wire wind speed sensor) 등이 있다.[11] 피토관은 기압의 차이를 피토관으로 측정하여 풍속을 알아내고, 레이저 도플러 유량계는 레이저 빔의 도플러 효과(doppler effect)를 이용한 풍속계이다. 참고로 도플러 효과는 파동을 발생시키는 파원(레이저 광원)과 그 파동을 관측하는 관측자(레이저 감지기) 중 하나 이상이 운동하고 있을 때 발생하는 효과로, 파원과 관측자 사이의 거리가 좁아지면 파동의 주파수가 더 높게 나타나고 거리가 멀어지면 파동의 주파수가 더 낮게 나타나는 현상이다. 한편 열선에 의한 방법은 공기 통로를 유동하는 공기로 냉각되는 발열체 온도가 낮아져서 전기저항을 측정하여 풍속을 구하는 풍속계이다. 최근에는 공기 매질을 통해 전달되는 초음파의 특성을 이용하여 바람의 속도와 방향을 측정하는 초음파 풍속계도 있다.

이들 중에서 전차는 주로 열선 풍속계를 측풍 센서로 사용하고 있다. 일반적으로 전차의 측풍 센서는 〈그림 4.27〉 ①에서 보는 바와 같이 사격에 따른 포구 폭풍과 같은 충격파와 먼지 등의 영향을 줄이기 위해 포탑 후방에 설치하고 있다. 이 센서는 〈그림 4.27〉 ②와 같이 발열체 온도가 주위 온도

11 Junkyu Sung1 et al., "Hot Wire Wind Speed Sensor System Without Ambient Temperature Compensation," *Journal of the Korea Institute of Information and Communication Engineering*, Vol. 23, No. 10, 2019. 10, pp. 1188-1194.; http://j-tecassociates.com/military-tank-crosswind-sensor/(2020. 9)

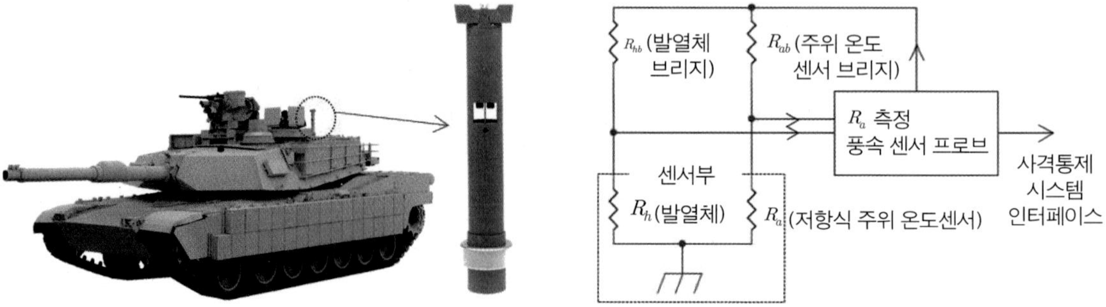

❶ 미국 M1A2 전차의 측풍 센서 ❷ 열선풍속계의 구성 회로

그림 4.27 측풍 센서의 형상과 작동원리

보다 일정하게 유지되도록 회로가 구성되어 있다. 그리고 풍속이 0m/s일 때는 센서 구동부의 출력은 일정하다. 하지만 바람이 불면 R_h를 통과하는 공기가 발열체 R_h를 냉각하여 R_h의 전기저항이 낮아진다. 그리하여 센서 구동부의 출력 전압이 높아져서 발열체에서 발열량이 증가한다. 그 결과 발열체 R_h의 전기저항이 높아져서 휘트스톤 브리지(wheatstone bridge)는 평형을 이룬다.

한편 센서 구동부에 있는 발열체와 주위 온도 센서에 구동 전압이 풍속에 미치는 영향을 알아보자. 먼저 임의의 풍속에서 구동 전압은 $V(f)$, 풍속이 0m/s인 구동 전압을 $V(0)$라고 정의한다면, 이들 전위차 ΔV만 측정하면 식 [4-17]과 같이 풍속으로 환산할 수 있다.

$$\Delta V = V(f) - V(0) \quad \text{[4-17]}$$

여기서 ΔV를 풍속을 환산하려면, 풍동실험으로 ΔV와 풍속의 상관관계식을 구하여 적용할 수 있다. 그리고 $R_a \gg R_h$의 조건이므로 $V(f)$의 증가에 의한 자체 가열에 의한 R_a의 증가는 미세하며, 이 영향에 의한 오차는 풍동실험에 의한 교정 시에 자동으로 해결된다.

열선 풍속계는 응답성이 좋고, 검출 소자가 작으며, 전기 변환과 신호 처리가 쉬운 장점이 있다. 하지만 시스템이 복잡하고 가격이 비싸다는 단점도가지고 있다. 참고로 측풍 센서는 풍향과 풍속뿐만 아니라 대기 온도와 압력, 그리고 상대습도를 측정할 수 있는 센서가 내장되어 있다.

3 포구 감지기

전차는 구경의 크기에 비해 포신 길이가 길어서 수평 상태에서도 미세하게 아래로 처져 있다. 특히 연속 사격 시에는 포신의 온도가 상승하고 포신의 부위에 따라 온도의 차이가 발생하여 휘어지거나 처지는 현상이 발생한다. 이러한 현상을 포신의 처짐 현상이라 한다. 이 처짐의 정도를 측정하는 장치가 포구 감지기(MRS, Muzzle Reference System)이다.

이 장치는 〈그림 4.28〉 ❶에서 보는 바와 같이, 포신의 끝에 장착하여 포신의 처짐의 정도를 포구의 기준점을 기준으로 측정하여 포신의 처짐에 의한 명중률의 저하를 방지하는 기능을 한다. 포수는 포수용 조준경을 통해 포구 감지기와 포수용 조준경에 나타난 조준선의 일치 여부에 따라서 포신의 처짐 정도를 알 수 있다. 만일 조준선이 일치하지 않으면 포신의 처짐이 발생한 것이다. 따라서 포수는 이 처짐량(deflection)을 측정하여 사격 통제용 컴퓨터(탄도 계산기)로 탄도를 수정할 수 있다. 이러한 장치는 정적 포구 감지기인데 포신의 처짐을 계속 측정하기 어려웠다.

최근 이러한 문제를 해결한 동적 포구 감지기(DMRS, Dynamic Muzzle Reference System)가 개발되어 활용 중이다. 이 장치는 〈그림 4.28〉 ❷에서 보는

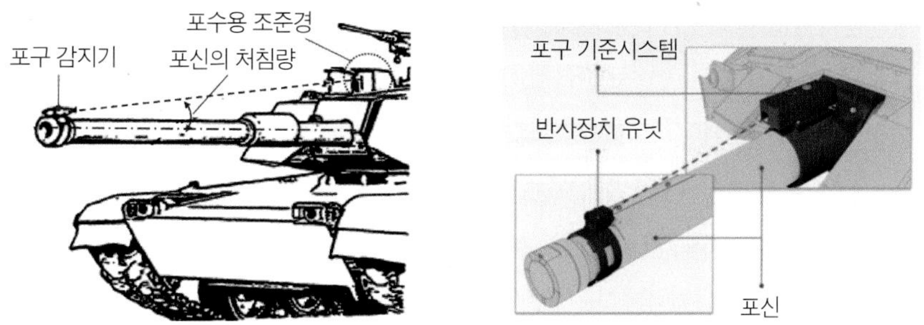

❶ 정적 시스템　　❷ 동적 시스템

그림 4.28 전차의 포구 감지기

바와 같이, 레이저 송수신기가 있는 포구 기준시스템과 레이저 빔을 반사하는 반사장치 유닛(reflector unit)으로 구성되어 있다. 작동과정은 포구 기준시스템에서 레이저 빔을 포신의 끝에 있는 반사장치에 조사하여 반사되는 레이저를 수신하여 포신의 처짐량을 측정한다. 이 처짐량을 탄도 계산기로 탄도를 수정하는 방법이다. 이 장치는 레이저로 포신의 처짐을 연속적으로 측정할 수 있다. 따라서 포탄이 포구를 이탈하는 순간 포신이 직선이 되도록 격발순간을 조절할 수 있다. 그 결과 포탄의 명중률을 크게 높일 수 있다. 이러한 장점이 있어서 최신 전차에 이 장치를 주로 채택하고 있다.

4 각속도 센서

전차, 장갑차 등 각종 차량의 자이로에 내장된 각속도 센서는 전자식 차량 안정성 제어 시스템에 핵심 센서 중 하나이며 다양한 방식이 있다. 그중에서 초소형 정밀기계 시스템 중 하나인 MEMS(Micro electromechanical Systems) 센서를 많이 사용하고 있다. 이 센서의 원리는 간단하다. 자이로가 회전하면 각속도가 변함에 따라 초소형 공명 질량이 회전하면서 낮은 전류의 전기신호가 발생하는데, 이 신호를 증폭하면 각속도를 측정할 수 있다. 이때 측정값은 초당 각도 또는 초당 라디안(rad/s)으로 표시한 각속도 변화량이다. 이 측정값은 전차나 장갑차 등 차량의 요(수직축에 대한 차량의 회전) 또는 롤(세로 수평축에 대한 차량 회전) 각도를 결정할 때 기준값으로 사용하고 있다.

이를 구체적으로 살펴보자. 〈그림 4.29〉는 MEMS형 압전 센서와 이 센서에 연결된 각속도 측정 시스템을 나타낸 그림이다. MEMS형 압전 센서는 압력의 변화에 따라서 전기가 발생하는 센서이다. 이 센서는 〈그림 4.29〉 ❶에서 보는 바와 같이, 회전판의 바깥쪽에 초소형 스프링과 공진 질량이 부착되어 있다. 회전판의 회전속도가 변하면 초소형 공진 질량체의 위치가 달라지고 이에 따라서 초소형 스프링의 변위가 변하게 된다. 스프링 변위에 따라서 전압의 세기가 변하는 센서를 〈그림 4.29〉 ❷의 구동기에 부착하면 각속도를 측정할 수 있다.

이 시스템의 작동과정을 살펴보면, 먼저 구동 발진기(drive oscillator)에 의

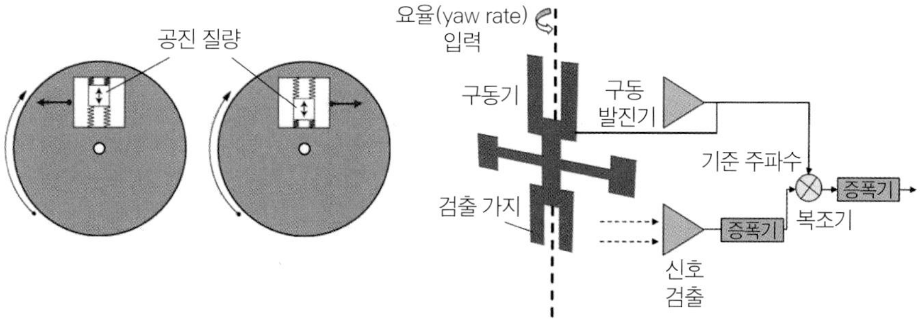

그림 4.29 MEMS 방식의 각속도 측정장치

해 설정된 주파수로, 구동되는 4개의 압전 센서(상단에 2개, 하단에 2개)가 포크 모양의 형상으로 구성되어 있다. 전차가 직선 경로를 주행하는 동안에는 기존 코리올리 힘이 없어서 상단 압전 센서가 주파수를 방해하지 않는다. 하지만 곡선도로를 주행하면 방향 이동으로 인해 소리굽쇠의 윗부분이 진동면을 벗어나 주파수 편차가 발생한다. 이 편차 신호를 검출하여 증폭 및 복조되어 진동 주파수와 구동되는 주파수 간의 차이를 결정할 수 있다. 증폭 및 처리의 추가 단계를 통해 센서는 요율과 진동 속도에 비례하는 전압을 생성한다. 그리고 전압의 극성은 곡선 주행 방향(왼쪽 또는 오른쪽)에 의해 결정할 수 있다.

5 가속도계[12]

가속도계는 실시간 가속도를 측정하여 차량의 주행 속도와 주행거리를 계산할 수 있는 장치이다. 이 장치에서 나오는 신호를 현가장치나 사격통제 장치 등에 연동하면 현가장치나 포탑 안정화 장치 등 능동제어가 가능하다. 따라서 가속도계는 안정화 시스템의 핵심 센서 중 하나이다.

12 DaeYi Jung et al., "Comparative Study of Piezoelectric and MEMS Accelerometers for Vibrational Measurements," *Journal of the Korean Society for Nondestructive Testing*, Vol. 39, No. 3, 2019, pp. 168-175.; https://www.designworldonline.com/what-are-inertial-sensors/

한편 가속도계는 압전소자 가속도계, 기계-전자 가속도계, MEMS 가속도계, 광학식 가속도계, 공명 가속도계(resonant accelerometers) 등이 있다. 이들 방식 중에서 전차나 차량 등에 많이 사용하는 기계식 가속도계와 최근에 개발된 광학 가속도계의 작동원리는 다음과 같다.

기계식 가속도계는 〈그림 4.30〉 ❶에서 보는 바와 같은 구조와 부품으로 구성되어 있다. 만일 그림에서 제시된 것처럼, 가속도계가 갑자기 상하로 움직이면 코일은 함께 움직인다. 하지만 검증 질량은 관성에 의해 거의 움직이지 않는다. 이때 코일을 지나는 자기장을 변하게 하고, 전자기 유도 현상에 의해 코일에 유도 전류가 흐르게 된다. 유도 전류의 변화를 감지해서 적분기(integrator)에 전송한다. 이때 적분기는 전류 변수를 시간에 대한 적분 값에 비례하는 값으로 출력하는데, 이 값이 전차의 속도 변화 값이다. 이 신호를 다시 적분기에서 처리하면 출력되는 값이 이동 거리이다.

광학식 가속도계는 광 검출기(광학 격자, 광섬유)를 사용하여 검증 질량의 변위를 측정하여 가속도를 계산하는 방식이다. 〈그림 4.30〉 ❷와 같이 검증 질량의 상부와 하부에 각각 스프링과 댐퍼(damper)가 연결되어 있다. 그리하여 검증 질량이 상하 운동을 하면, 가속도계 몸체와의 변위 차이를 측정하여 가속도를 측정하여 거리로 환산할 수 있다. 따라서 작동원리는 기계식과 비

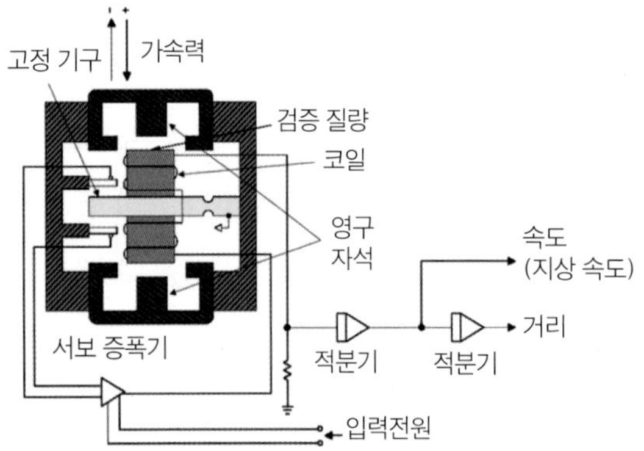

❶ 기계식 가속도계

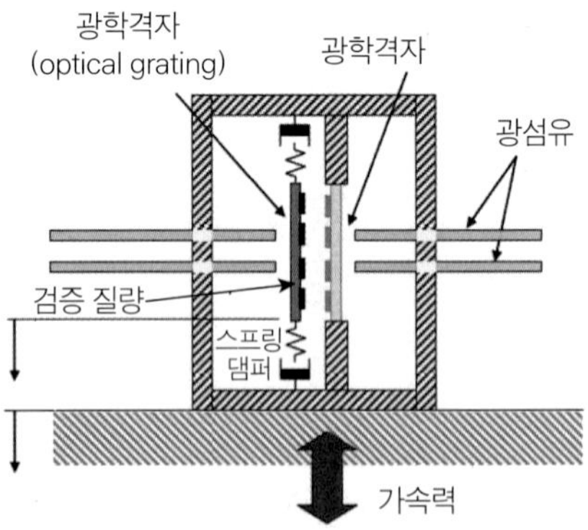

❷ 광학식 가속도계

그림 4.30 가속도계의 작동 개념

슷하나 변위량을 광학 방식으로 측정하는 점이 다르다. 이 방식은 정전기나 전자기 간섭이 없다는 장점이 있다.

6 레이저 거리 측정장치[13]

전차의 레이저 거리 측정기(laser range finder)는 주행 중에도 정확한 조준과 사격을 할 수 있도록 돕는 안정화 장치와 주간 관측용 광학 장치와 야간 관측용 열 영상장치, 포수용 조준경 등이 연동되도록 구성되어 있다. 이 측정기에 광원인 레이저(LASER)는 유도 방출에 의한 증폭된 빛(Light Amplification by the Stimulated Emission of Radiation)이라는 약어이다. 참고로 최초의 레이저는 1960년에 미국의 시어도어 메이먼(Theodore Maiman)이 개발하였다. 레이저 매질로 Cr3+가 포함된 산화알루미늄 막대, 즉 루비를 사용하였다. 섬광 램프로 가시광선을 광 펌프질하여 작동하여 파장이 694.3nm인 가시광선 펄스인 레이저를 만들었다. 이후 레이저 발생 장치는 급속히 발전하였다.

일반적으로 레이저 발생 장치는 〈그림 4.31〉 ❶에서 보는 바와 같이, 레이저 매질이 있는 공진기 양쪽에 거울이 달린 형태이다. 레이저 매질로는 고체, 액체, 기체, 반도체 등을 사용할 수 있다. 레이저는 매질을 구성하는 원자

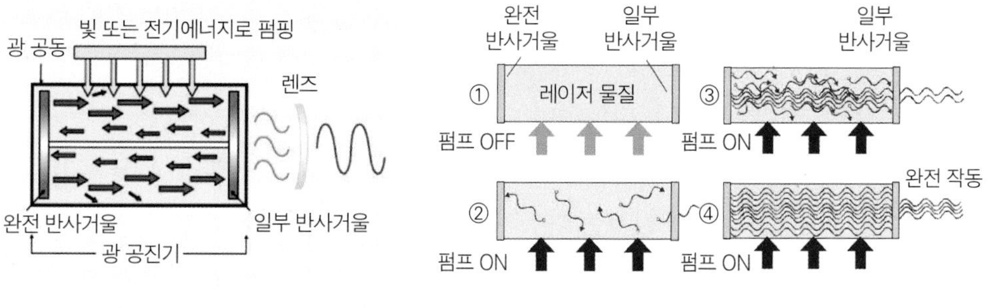

❶ 레이저 발생장치 구성

❷ 레이저 빔의 발생 단계

그림 4.31 레이저의 발생기의 작동원리

---

13 Raymond Chang, John W. Thoman, Jr.,"Physical Chemistry for the Chemical Sciences", University Science Books, 2014.

에 펌프로 특정한 에너지의 빛이나 전자를 조사하여 자극하면 매질 원자에서 빛이 발생한다. 레이저 매질은 두 개 거울로 구성된 공진기(resonator) 안에 들어있다.

공진기는 그림처럼 두 개 거울이 마주보고 있다. 공진기의 후방 거울의 반사율은 100%에 가까운 완전 반사거울이다. 그리고 출력 쪽 거울은 반사율이 낮아서 일부의 빛을 통과시키는 일부 반사거울이다. 이때 공진기에서 발생하는 모든 파장의 빛이 증폭되지 않는다. 공진기의 크기에 따라 공명 방식에 맞는 일부 파장만 증폭된다. 예를 들어, 공진기 축에 평행한 광자들이 공진기에서 왕복하는 반사를 일으킬 수 있고, 편광이 필요한 경우 특정 편광만 증폭할 수도 있는데 이는 레이저 공진기의 공진 조건이다.

공진기에서 발생 빛의 발생과정을 자세히 살펴보면, 〈그림 4.31〉 ❷와 같다. 최초에 ① 상태에서 펌프를 작동하면, ② 상태와 같이 매질의 원자에서 빛이 발생하면서 잇따라 다른 원자를 자극하면서 ③, ④ 상태와 같이 같은 파장의 또 다른 빛을 유도 방출시킨다. 이들 유도 방출된 빛이 겹쳐져서 파동의 결맞음(coherence of wave)이 이루어지면서 강력하게 증폭되어 일부 반사거울로 통과하면서 나오는 빛을 레이저라고 한다. 여기서 파동의 결맞음이란 파동의 골과 마루가 정확히 일치하면서 중첩되는 현상이다. 이 현상으로 파동이 중첩(간섭)되어 여러 파동이 상호 보강되어 합성된 파동이다. 이 합성 파동, 즉 레이저는 파장, 위상, 진행 방향이 같은 특성이 있다.

한편 레이저는 매우 다양하며, 가시광선 외에도 적외선, 자외선, X-선에 걸친 다양한 파장 영역의 레이저가 실용화되었다. 이들 중에서 전차의 거리 측정기에 상용되는 레이저는 다음과 같은 특성을 이용하였다.

예를 들어 〈그림 4.32〉와 같이 레이저 빔을 눈에 보이는 가시선 표적과 눈에 보이지 않는 비가시선 표적에 방사하면, 반송된 반사파는 그림에서 보는 바와 같이, 가시선 표적의 후방에 반사된 후방산란에 의한 과도신호와 가시선 표적의 신호를 검출기로 감지할 수 있다. 가시선 표적에서 반송된 신호를 분석하면 거리를 측정하거나 물체를 인식할 수 있다. 하지만 비가시선 표적에서 반사된 신호는 약하여 다른 신호와 식별할 수 있다. 이들 신호는 신

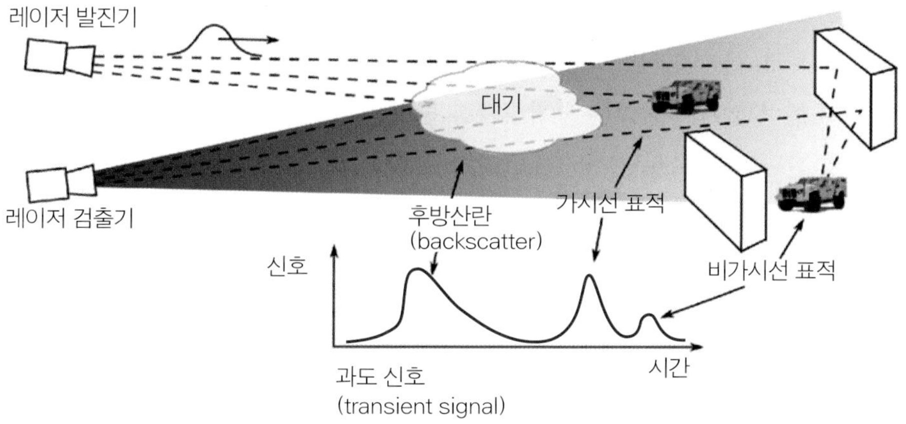

그림 4.32 레이저의 특성

호 처리기로 신호를 분석하여 측정하고자 하는 표적으로부터 반송되는 신호만 갖고 거리를 측정할 수 있다.

레이저 거리측정기는 광원에 따라서 〈표 4.7〉에서 보는 같이, 세 가지가 있다. 이들의 장단점은 표에서 보는 바와 같다. 〈표 4.7〉에서 Nd는 네오디뮴이며, YAG(Yttrium Aluminum Garnet)는 이트륨과 알루미늄이 주성분이다. 그리고 YAG 결정에 네오디뮴(Nd)이나 어븀(Er), 이터븀(Yb) 등 다양한 희유원소를 첨가한 물질이다. 이들 물질을 사용한 Nd:YAG 고체 레이저는 두꺼운 철

표 4.7 레이저 거리측정기 종류와 특성

광원 종류	파장(μm)	레이저의 특성과 적용
루비 레이저	0.69	• 가시광선 영역의 파장이어서 적에게 노출될 가능성이 있음 • 군사적 이용에 부적합
Nd:YAG 레이저	1.064	• 눈에 보이지 않는 근적외선 영역의 파장 영역이어서 군사적 이용에 적합 • 출력이 높으면서 소형 제작이 가능하여 1970년대부터 거리측정기에 적용 • 고출력이어서 훈련이나 정비할 때 안전사고 발생할 우려가 있으나 대부분의 현대 전차에 적용하고 있음(독일의 레오파드 2, 프랑스의 르클레르, 한국의 K1 전차 등)
CO_2 레이저	10.6	• 파장이 길어서 눈에 비교적 안전하나 Nd:YAG 레이저보다 출력이나 소형화 기술개발이 필요 • 짙은 안개나 우천 시 투과력이 부족하여 적합하지 않음

판을 절단하거나 용접할 정도로 고출력을 얻을 수 있어서 의료장비나 레이저 무기, 레이저 거리측정기 등에 이용되고 있다.

한편 레이저를 이용한 거리측정 방법은 다른 방법보다 빠르고 정확하면서 간편하다. 측정방법은 〈그림 4.33〉에서 보는 바와 같이 크게 두 가지 방법이 있다.

먼저 〈그림 4.33〉 ❶에서 보는 바와 같이, 레이저 펄스가 표적에 닿은 후 검출기로 반송되는 시간 t을 측정하여 레이저 전송기에서 표적까지의 거리 D를 계산하는 방법이다. 이때 적용하는 식은 식 [4-18]과 같다. 여기서 c는 광속이며 299,792,458m/s이다. 일반적으로 전차의 사거리를 측정할 때 이용하는 방법이다.

$$D=\frac{(t \times c)}{2} \quad \text{[4-18]}$$

두 번째로 〈그림 4.33〉 ❷와 같이 연속 발진방식 레이저 전송 빔과 반송 빔의 위상 차이를 측정하여 표적까지의 거리 D를 산출하는 방법이다. 이때 변조된 신호의 주파수 f_{mod}와 송수신 빔의 위상의 차 θ를 측정하면, 표적과의 거리 D를 산출할 수 있다. 이때 적용하는 식은 식 [4-19]와 같다. 이 방법은 연속으로 레이저 빔을 전송하기 때문에 거리는 물론이고 표적의 속도를 측정할 수 있는 장점이 있으나 적에서 탐지될 확률이 높다.

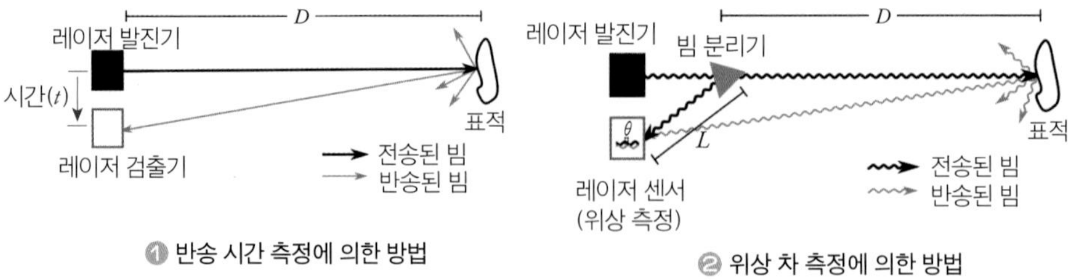

그림 4.33 레이저 거리측정 방법

$$D=[\frac{c}{(4\pi \times f_{\mathrm{mod}})}]\times\theta+L \quad \text{[4-19]}$$

7 열상장비

열상장비는 2차 세계대전에서 전차의 야간에 표적을 탐지하기 어려움의 한계를 절감한 후 본격적으로 개발한 장비이다. 초기에는 탐조등이나 적외선을 조사한 후 반사되는 반사파를 감지하는 능동형 관측 장비를 개발하였다. 이후 빛을 증폭시켜 관측이 가능한 미광 증폭 방식의 관측 장비가 출현하였다. 이 장비는 빛이 너무 약하거나 강한 경우에 관측이 어려웠다. 이러한 문제점을 해결하기 위해 적외선을 증폭시켜 영상화하여 관측할 수 있는 수동형 열상장비가 개발되었다. 현대 전차나 장갑차 등은 주로 이 수동형 방식을 사용하고 있다. 이 방식은 주간이나 야간에 빛이 있거나 없어도 물체가 방출하는 적외선 영역의 온도 차를 영상으로 만든다. 그리하여 표적과 주위 배경과의 방사되는 열에너지 차이(온도 차)를 이용하여 표적을 식별할 수 있다.

수동형 열상장비의 구성과 작동원리는 〈그림 4.34〉에서 보는 바와 같다. 열상장비는 광학렌즈, 수평 및 수직 주사장치(scanner), 검출기, 신호처리장치, 영상처리장치, 전시기로 구성되어 있다. 그림에서 순간 시야(Instantaneous Field Of View)는 검출기가 일순간에 커버하는 영역이다.

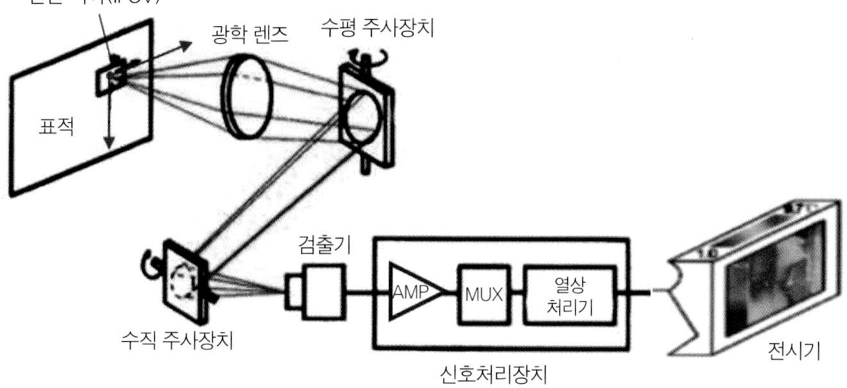

그림 4.34 열상장비의 구성과 작동원리

이 장비의 작동원리를 살펴보면 다음과 같다. 먼저 순간 시야에서 나오는 적외선을 광학렌즈와 주사장치로 집적시킨다. 이때 주사장치가 수평 또는 수직 방향으로 회전하면서 순간 시야에서 나오는 적외선을 집적하여 검출기 표면에 방사하게 된다. 이어서 검출기는 적외선 에너지를 전기신호로 변화시켜 신호처리장치에 전송한다. 신호처리장치는 증폭기(amplifier)와 멀티플렉서(multiplexer) 그리고 영상처리기로 구성되어 있다. 검출기로부터 입력된 신호는 증폭기로 증폭시킨 후 여러 신호 중에서 조건에 맞는 특정의 입력 신호 하나만 선택하여 출력 영상처리기로 보낸다. 영상처리기는 이들 신호를 영상정보로 변환시켜 전시기(display)에 전송한다. 마지막으로 전시기는 영상신호를 가시광선 화면으로 보이게 하여 물체의 윤곽을 볼 수 있다. 이러한 작동원리가 적용되기 때문에 수동형 열상장비는 연막, 안개 등이 있어도 표적을 효과적으로 탐지할 수 있다.

한편 검출기는 적외선 에너지를 전기적 신호로 변환시키는 장치이다. 따라서 검지 센서의 온도를 저온 상태로 유지해야 약한 적외선도 감지할 수 있다. 따라서 감지 센서의 냉각방식에 따라 냉각식과 비냉각식 열상장비로 분류한다.

냉각식 열상장비는 극저온 냉각장치가 내장되어 있다. 이 장치는 감지 센서의 온도를 극저온으로 냉각시켜 준다. 센서를 냉각시키는 이유는 회로 내부의 열잡음을 표적의 적외선 신호를 주위 배경에서 나오는 적외선 신호보다 더 낮은 수준으로 감소시켜서 정밀도가 높은 열화상을 구현할 수 있기 때문이다. 하지만 극저온 냉각장치는 고정밀 부품이어서 시간이 지나면 마모될 뿐 아니라, 내부에 있는 헬륨가스도 누설될 수 있는 단점이 있다. 하지만 이 방식은 감도가 극히 높아서 물체의 미세한 온도 차이라도 정확하게 검출할 수 있다.

비냉각식 방법은 검출기를 극저온으로 냉각시키지 않는다. 이 센서의 핵심은 검출기이며 이를 볼로 미터(bolometer)라고 부르기도 한다. 볼로 미터는 〈그림 4.35〉 ❶에서 보는 바와 같다. 이때 적외선 에너지는 P[W], 열용량(heat capacity)은 C[J/℃], 흡수물질 온도는 T[℃], 열 저항(thermal conductance)은

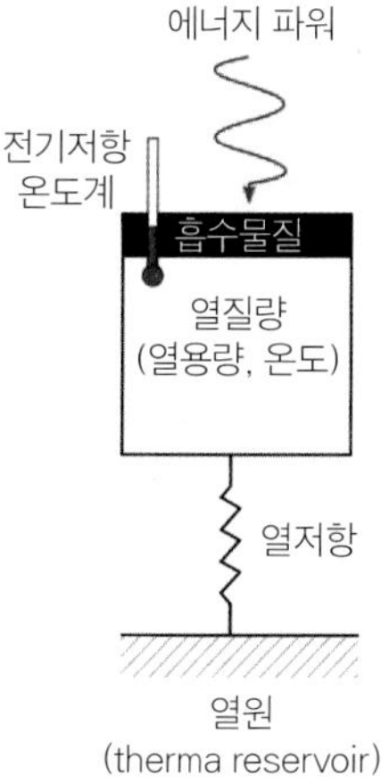

❶ 블로 미터의 작동 원리

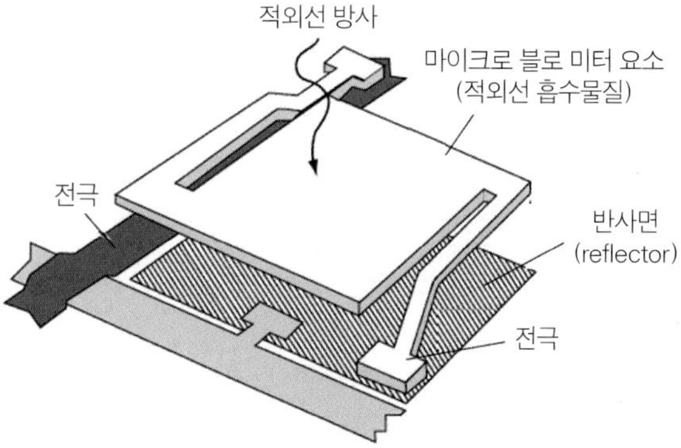

❷ 마이크로 블로 미터의 구성

그림 4.35 적외선 검출기의 구조와 작동원리

G[W/℃], 그리고 흡수물질에 저장된 열량을 열 질량(heat mass)이라고 하자. 그러면 볼로 미터의 원리를 쉽게 해석할 수 있다. 여기서 열용량은 흡수물질 온도를 1℃ 높이는 데에 필요한 열량이다. 즉, 적외선 에너지를 많이 흡수하면 그림에서 열 질량이 무거워져서 열 저항이 커진다. 이는 흡수물질이 적외선 에너지를 많이 흡수하여 가열되기 때문이다. 이때 열 질량은 열 저항을 통해 열원에 저장된다. 따라서 흡수물질의 상승온도 ΔT와 고유 열-시간 상수 τ는 식 [4-20]과 같이 나타낼 수 있다.

$$\Delta T = \frac{P}{G},\ \tau = \frac{C}{G} \qquad [4\text{-}20]$$

여기서 P는 저항 온도계(resistive thermometer)로 측정하여 산출할 수 있다.

한편 최근 기술의 발전으로 비냉각식 열상장비에 내장된 초소형 검출기인 마이크로 볼로 미터(micro bolometer)가 있다. 이 검출기는 〈그림 4.35〉 ❷에서 보는 바와 같이, τ값이 큰 산화바나듐으로 만든 초소형 저항기를 열용량이 작고 단열이 잘 되어있는 넓은 규소 소자 위에 장착한 센서이다. 이 센서는 만일 적외선의 강도가 변화하면 마이크로 볼로 미터 온도가 변화한다. 그리고 이 변화는 전기적 신호로 변환되어 다시 열화상으로 만들어진다. 이러한 원리를 이용한 방법을 비냉각식 방법이라 한다. 이 방법은 냉각식보다 구조가 간단하며, 소형 제작이 가능하고 가격이 저렴하다.

(2) 안정화 시스템[14]

1 차체와 주포 안정화 시스템

전차가 굴곡이 있는 지면이나 곡선 주행할 때 나타나는 차체의 포탑이 수평으로 움직이는 요잉(yawing) 운동과 주포가 고저각을 움직이는 포탑의 피칭(pitching) 운동 등을 자이로스코프로 감지할 수 있다. 그리고 이러한 외부교란에 의한 영향을 상쇄시켜서 주포와 포탑을 일정하게 유지하게 하는 장치이다.

일반적으로 전차에는 기준자이로라 불리는 포신 끝부분에 설치된 2개의 주포 자이로스코프(기준 자이로스코프)가 있다. 그리고 포탑과 차체의 앞쪽에 이송 자이로스코프가 있다. 이들 장치의 작동과정은 〈그림 4.36〉에서 보는 바와 같다. 만일 포수용 핸들로 주포와 포탑을 조종하면 구동 전자제어기에

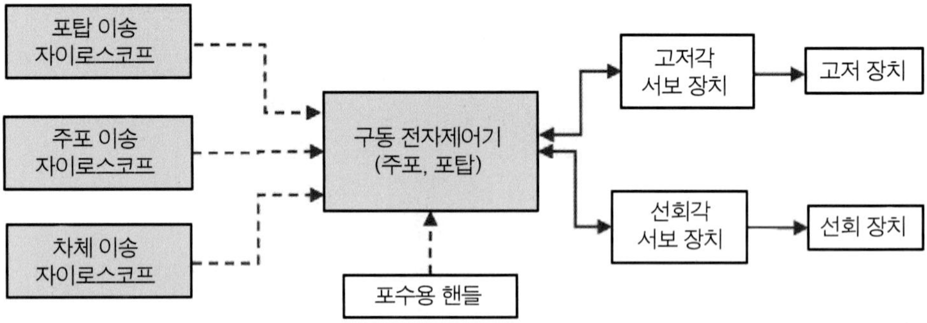

그림 4.36 안정화 장치 작동 개념도

14 Daewoon Kim, "Identification and Control of Command Panoramic Sight System," 2007-44SC-3-3, *Journal of the Institute of Electronics Engineers*, Vol. 44. 3rd edition, 2007. 4.

신호가 전달되어 주포와 포탑을 움직일 수 있다. 이때 주포 자이로스코프는 주포의 피칭과 포탑의 요잉 상태를 감지하는 기능이 있다. 그리고 차체 이송 자이로스코프는 전차가 기동할 동안 차체에 작용하는 선회방향 속도인 요잉을 감지하고, 포탑 이송 자이로는 포탑에 작용하는 고저각 방향의 속도인 피칭을 감지하는 기능이 있다. 이러한 감지기능으로 감지된 전기적 신호는 포와 포탑을 구성시키는 전자제어기에서 주포 자이로스코프에서 감지 신호와 비교하여 전차의 움직임으로 인해 변화된 값을 합성하여 서보 장치에 전송한다. 그리고 서보 장치는 유압 신호로 변환되어 주포와 포탑을 안정시키는 역할을 한다. 또 포탑과 차체에 각각 장착된 이송 자이로스코프로 전차의 요잉과 피칭을 상쇄시켜 주포와 포탑이 안정되도록 하는 기능이 있다.

주포의 안정화 시스템은 〈그림 4.37〉에서 보는 바와 같이, 전차가 어느 위치에 있어도 표적에 주포가 향할 수 있다. 따라서 기동하면서 사격을 할 수 있는 핵심 장치이다.

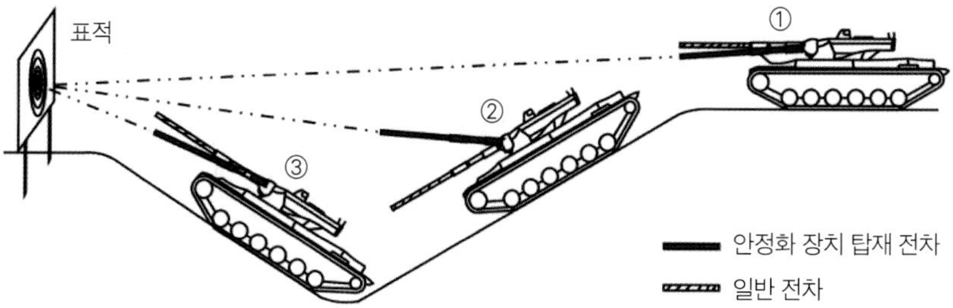

그림 4.37 주포의 안정화 장치의 기능

2 조준경 안정화 장치

전차장과 포수는 각각 조준경으로 방위각과 고저각 방향으로 2축의 안정화 시스템이 있어서 주포와는 독립적으로 안정화되는 기능을 이용한다. 이 시스템은 전차나 장갑차가 주행하면서 차체의 진동이나 기타 외부의 교란에도 불구하고 정확하고 안정된 표적을 관측하며 조준선(LOS: Line of Sight)을 유지하게 한다.

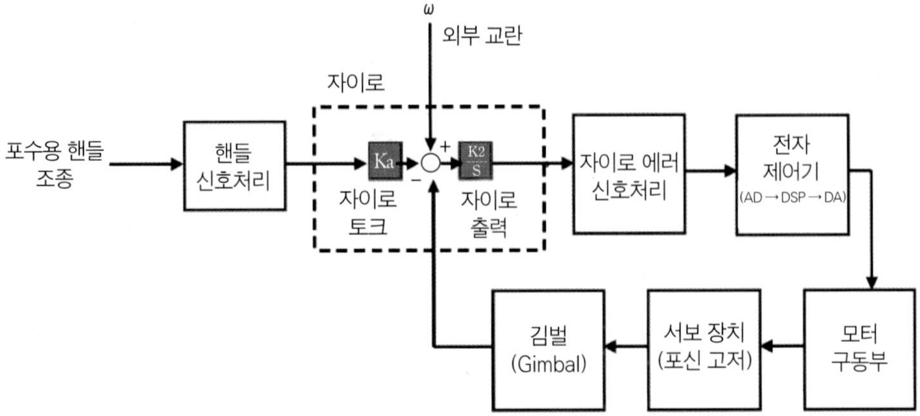

그림 4.38 조준경 안정화 장치의 회로 구성

예를 들어 〈그림 4.38〉에서 보는 바와 같이, 주행 시 발생하는 노면에 의한 진동, 장착된 포의 발사로 인한 발사 충격, 기타 장비의 여러 운용환경 등으로 인해 발생하는 비선형적인 외부교란에 대해서도 조준선과 표적을 정확하게 일치시키고, 조준경의 관측선을 안정시켜 사수가 표적을 계속 관측할 수 있도록 하는 시스템이다.

포수용 조준경은 사수가 표적을 관측하면서 관측선과 표적과의 오차를 제거하거나 이동표적을 추적할 수 있는 기능이 있다. 사수는 포수용 조준경으로 포신을 원하는 위치로 이동하기 위해 포수용 핸들을 구동한다. 그리고 이때 생성된 신호는 조준 시스템에 입력되어 포를 정밀하게 제어하게 된다. 포수용 핸들은 자이로에 속도 명령 신호를 인가하면 자이로 토커(torquer)가 이에 상응하는 방향으로 자이로 회전축(spin axis)을 기울여 준다. 회전축이 기울어짐으로 인하여 자이로 각도 검출기에서는 이에 상응하는 전기가 발생한다. 참고로 토커는 지령 신호에 응답하도록 하는 김벌(gimbal), 자이로 회전자, 또는 기준 질량에 토크나 힘을 인가하는 장치이다.

한편 포의 안정화 기능은 운용자가 조준경을 통하여 표적을 관측하고 있거나 움직이는 표적을 정확하게 추적하고 있을 때, 차량의 이동 등으로 인한 외부교란이 있을 때 사용할 수 있다. 이 교란은 조준경의 구조물을 통하여 김벌에 전달된다. 그리고 전달된 외부교란으로 김벌이 움직이면 거울과 연결된 자이로가 거울의 움직인 변위를 감지한다. 그 결과 제어기능의 신호 흐름과 같은 경로를 통하여 외부교란과 역상으로 거울을 움직여서 거울의 관측선을 최초의 위치에 유지시킬 수 있게 된다. 이러한 기능을 하는 자이로는 속도 자이로와 속도 적분 자이로로 구분할 수 있다. 속도 자이로는 직접 관성 속도를 측정하여 제어 루프에 쉽게 사용되지만 약간의 오차가 발생하기 때문에 속도 적분 자이로가 더 정확하다.

3 사격순간 제어시스템

전차 포신은 주행과 사격 등의 원인으로 휨 현상이 발생한다. 그리고 포신의 길이에 따라서 사격 또는 주행하면서 〈그림 4.39〉의 오른쪽 위에 있는 그래프에서 보는 바와 같이 시간에 따라서 일정한 파동처럼 포신에 처짐이 발생한다. 포신의 변화를 고려하여 사격한다면 명중률을 높일 수 있다. 이러한 원리를 적용한 시스템이 사격순간 제어시스템이다.

이 시스템은 포구 감지기로 실시간 포신의 굽힘 정도 데이터를 포신 상

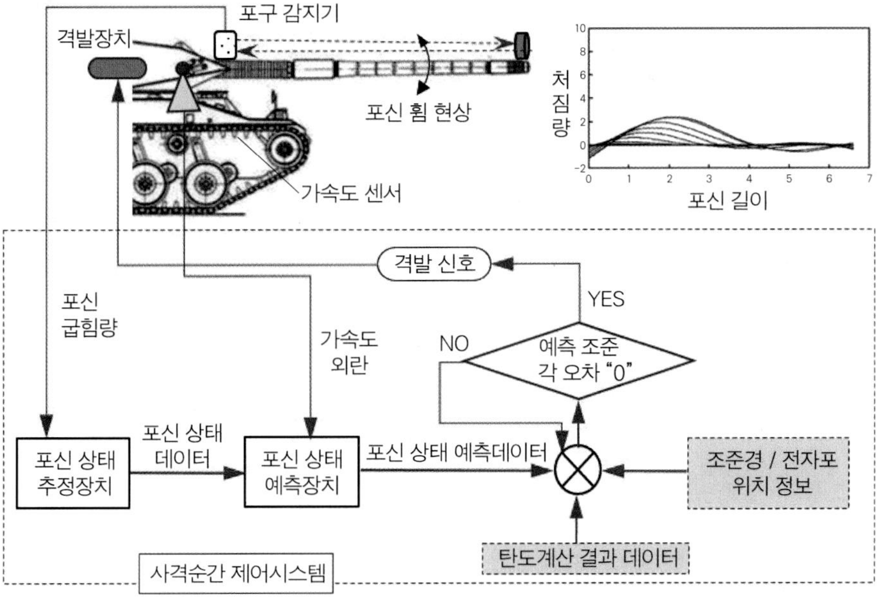

그림 4.39 사격순간 제어시스템의 작동원리

태 추정장치에 전송하여 실시간 포신의 각각의 위치에서의 굽힘량을 계산한 후 포신 상태 예측장치에 전송한다. 이 장치는 포이에 장착된 가속도 센서에 의해 포신의 가속도 변화를 측정한 데이터를 통합하여 포신의 길이에 따른 예상되는 굽힘량을 계산한다. 그리하여 이 계산 데이터와 포수가 조준하여 얻은 조준경과 전차포의 위치정보 그리고 사격 통제장치에서 계산된 탄도계산 데이터를 종합하여 정확한 격발시점을 결정한다. 만일 예측 조준각도의 오차가 "0"이면 격발장치가 작동하여 포를 발사한다. 따라서 포수가 격발했더라도 실제 격발신호가 전달되는 시점은 차이가 있을 수 있다. 포수가 격발한 시점과 격발장치가 작동된 시간의 차이는 수 m/s 이내로 매우 짧다. 따라서 포수는 이 시간 차이를 감지하기는 거의 불가능하다.

(3) 구동장치

스텝 모터(stepper motor)는 펄스를 입력하여 동작하는 일종의 디지털 전동기이다. 회전각도, 회전속도는 입력된 펄스의 수와 펄스 반복비율에 비례한다. 모터는 일종의 유도저항 모터이다. 스텝 모터에서 로터는 구동축과 함께 특정한 각도 또는 단계(step)로 회전한다. 스텝 모터의 구조에 따라 차이는 있으나, 최소 단계별로 정밀하게 각도를 제어할 수 있다.

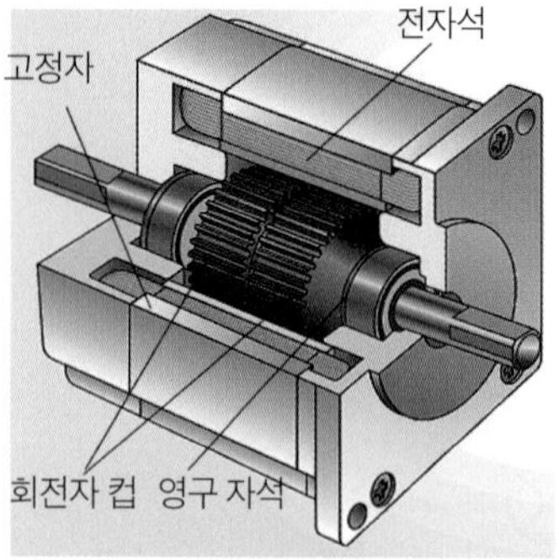

❶ 주요 구성품

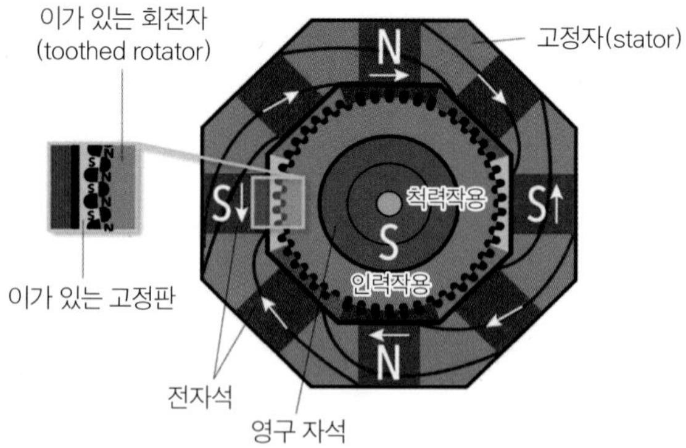

❷ 작동원리

그림 4.40 스텝 모터의 구조와 작동원리

(4) 탄약 자동장전장치[15]

1 발전과정

세계 최초의 자동장전장치를 채택한 전차는 1969년에 스웨덴이 개발한 S 전차(Strv 103B)이며, 주요 특징은 〈그림 4.41〉에서 보는 바와 같다.

이 전차는 자동장전장치 덕분에 분당 15발을 사격할 수 있었으며, 모든 승무원이 사격할 수 있는 시스템을 갖추었다. 그리고 레이저 거리측정기, 적외선 장치 및 새로운 490hp 가스터빈 엔진이 장착된 당시 최고의 전차였다. 특히 이 전차는 주포가 차체에 고정하여 장착되어 있으며 포탑 내부 공간(전투실)에 승무원과 탄약적재공간이 분리되어 있다. 그리고 차체의 앞쪽에 엔진을 탑재하고, 차체의 높이를 낮게 설계하는 등 승무원의 생존 가능성을 높이고 고속발사속도를 유지하도록 설계한 전차이다. 하지만 주포가 차체에 고정되어 전술적 융통성 측면에서 불리하였다.

오늘날 세계의 주력 전차는 수동식과 자동식 장전방식을 모두 채택하고 있다. 대표적으로 미국의 M1 계열 전차와 독일의 레오파드 전차가 수동식이다. 하지만 최근에 개발된 우리나라의 K2 전차나 러시아의 T-14 전차 등은 자동 장전방식이다. 이후 다양한 방식의 자동장전장치가 개발되었다. 자

그림 4.41 스웨덴의 S 전차의 형상과 특징

15 정상철, "주력 전차급 자동장전장치의 기술현황 및 발전전망", 《국방과 기술》, 2001. 4, pp. 34-43.

동장전장치가 있으면 발사속도가 향상된다. 전차는 견인포나 자주포와 같은 무기와 다르게 최초 발사된 탄에 의해 표적 파괴를 하지 못하면 후속 탄을 신속하게 사격해야 한다. 따라서 일반 화포와 다르게 재사격 능력이 매우 중요한 무기이다. 신속한 재사격을 위해서는 수동식 장전보다 장전속도가 빠른 자동식 장전이 유리하다. 특히 주포의 구경이 120mm급으로 증대되면서 자동장전방식의 채택이 증가하고 있다.

자동장전방식은 전차 설계자에 따라 구조와 형상은 차이가 있으나 일반적으로 〈그림 4.40〉에서 보는 바와 같이, 탄약 적재대의 회전축이 수직인 경우와 회전축이 권총 탄알집과 같은 수평 방식이 있다. 물론 그 밖에 물류창고처럼 수평으로 된 탄약통에 탄약을 적재한 후 필요한 탄약 종류를 자동으로 분류하여 주포 약실에 장전할 수 있는 방식도 있다.

2 carousel 방식

carousel 방식은 〈그림 4.42〉에서 보는 바와 같이, 포탑 하부와 연결된 차체 중앙에 포탄을 적재하는 방식이다. 이 장치는 회전식 탄약적재장치, 탄을 장전기까지 상승시키는 이송장치, 이송된 탄을 포신 내 약실에 장전하는 장전기, 그리고 이를 제어하는 제어장치 등으로 구성되어 있다. 탄약은 그림에서 보는 것처럼, 회전축과 같은 방향인 경우와 탄두부가 회전축의 중앙을 향하도록 적재하는 방식이 있다.

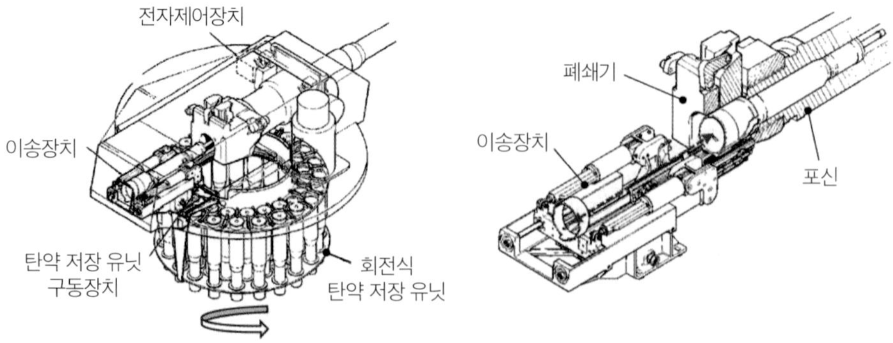

그림 4.42 carousel 방식 자동장전장치

이 방식의 작동과정은 다음과 같다. 먼저 포수가 표적의 특성을 고려하여 사격하고자 하는 탄약의 종류를 선택하여 자동장전장치에 입력한다. 동시에 회전식 탄약저장 유닛이 회전하면서 선택한 탄약이 선택된다. 이어서 포가 장전이 가능한 상태인 장전 고각에 도달하도록 구동된 후 잠금장치에 의해 포신이 고정된다. 그리고 이송장치가 이송한 탄을 장전기는 탄을 포의 후방에 정렬시킨 후, 탄을 약실에 넣은 후 복귀한다. 동시에 폐쇄기가 폐쇄되면서 격발준비 상태가 되는 것이다.

이 방식은 포탄을 포탑 아래 차체 중앙부에 배치하기 때문에 bustle 방식보다 안전하다. 하지만 탄이 차체 내부까지 관통하면 승무원과 자동장전장치 사이에 분리장치가 없어서 생존하기 어렵다. 이 방식은 러시아의 T-64, T-72, T-90, T-14 전차에 적용되었다. T-72 전차는 탄두가 회전축의 중앙을 향한 위치에서 22발의 탄이 하부에 있고, 동일 수량의 장약이 상부에 방사형을 분리하여 적재하는 방식이다. 탄통에는 3종의 탄이 적재되어 있다. 탄약의 종류를 선택하면 탄통이 초당 70도로 회전하면서 장전 탄의 탄두부와 장약이 이송장치와 이송 받침대에 의해 장전장치에 전달된다. 이때 구동은 전기모터와 감속기로 한 방향으로만 회전한다. 만일 수동으로 작동하려면, 탄통 구동 핸들을 돌리면 탄통을 회전시켜 사격하고자 하는 탄을 선택하여 이송 위치에 놓이게 할 수 있다. 그리하여 분당 6발에서 8발의 발사속도로 사격을 할 수 있다. T-80 전차는 유압모터로 탄통이 양방향으로 회전되면 탄두는 수평으로, 장약은 수직으로 적재되어 있다.

3 bustle 방식

bustle 방식의 대표적인 사례는 〈그림 4.43〉에서 보는 바와 같다. 이들 전차 중에서 우리나라의 K2 전차의 자동장전장치에 대해 알아보면 다음과 같다. K2 전차는 탄약 적재대에 저장된 탄약의 종류를 식별하고 선택하여 주포의 약실에 자동으로 공급하는 장치이다. 장치의 구성은 주 탄통, 장전기(rammer), 장전문, 탄약 적재장치, 서보증폭기, 적재 조정 상자, 장전제어기, 탄약 종류인식기 등으로 구성되어 있다. 이들 구성품의 기능을 살펴보면 다

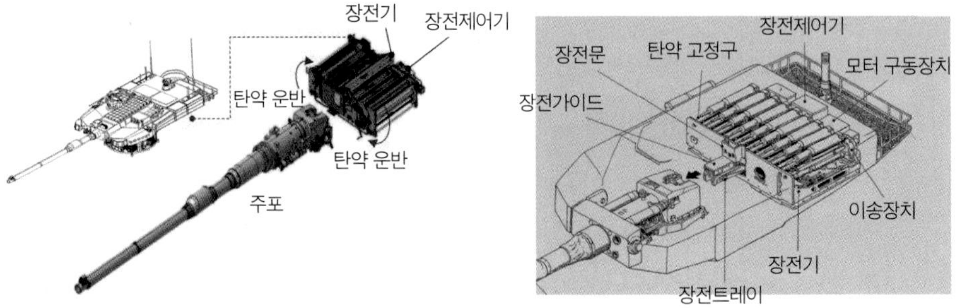

❶ K2 전차(대한민국) ❷ Type90 전차(일본)

그림 4.43 bustle 방식 자동장전장치

음과 같다.

주 탄통은 탄이 포의 정렬 선상에 위치하여 즉시 사용이 가능하다는 의미로 '선상 탄통'이라고도 한다. 이 구성품은 구동 모터에 연결되어 있으며 체인 기어에 의해 구동된다. 자동방식은 구동 모터에 의한 양방향으로 구동되는 자동방식과 수동손잡이를 이용하는 수동방식이 있다. 탄약 장전기는 포수가 선택한 탄약을 장전하는 기능을 한다. 구동 모터에 의해 자동으로 장전하고 복귀하는 자동방식과 수동손잡이를 이용하는 수동방식이 있다. 장전문은 개방한 상태에서 자동장전 경로를 제공한다. 그리고 폐쇄상태에서 탄약 저장실과 승무원이 있는 공간을 격리하여 승무원을 보호하는 기능을 한다. 장전문을 개방하는 방식은 구동 모터에 의한 자동방식과 폐쇄용 손잡이를 이용하는 수동방식이 있다. 탄약 적재장치는 전차 외부로부터 선상 탄통에 탄약을 적재하는 장치이다. 그리고 서보증폭기는 장전문, 선상 탄통, 장전기 모터를 구동한다. 탄약적재 조정 상자는 탄약을 적재하거나 제거할 때 사용하며, 장전제어기는 선상 탄통, 장전기, 장전문을 제어하는 장치이다. 그리고 탄약 종류인식기는 탄통에 적재된 탄의 바코드를 자동으로 인식하는 적외선감지장치로 인식된 시간과 탄약의 유무를 인식한다. K2 전차의 자동장전장치에는 16발이 적재되며 차체의 탄약 적재대에 23발, 플랫폼 탄약 적재대에 1발 등 24발의 예비탄약을 적재할 수 있다. 따라서 총 40발의 주포탄약을 적재할 수 있다. 그리고 자동장치의 모든 구성품은 기능이 정상

상태에서는 자동으로 작동되며, 기능 고장이나 자동장전 불가한 상태인 경우, 수동으로 탄약을 장전할 수 있다.

한편 bustle 방식은 탄약이 포탑 후방에 있어서 장전 소요거리가 짧다. 이 때문에 장전속도가 빠르다. 또 승무원이 탄약 적재장소와 분리되어 있어서 생존에 유리하다. 하지만 이 방식은 탄약을 포탑에 저장해야 한다. 따라서 포탑을 carousel 방식보다 높게 설계해야 하는 단점이 있다. 따라서 피격될 가능성 측면에 불리하다.

(5) 사격 통제시스템

1 전차포의 자세 제어장치

일반적으로 전차포의 제어장치는 〈그림 4.44〉에서 보는 바와 같이 구성되어 있다. 이때 유압식 평형기(hydraulic balancer)의 점 A 피벗(pivot)은 전차 차체에 연결되어 있고, 점 B 피벗은 포신에 고정되어있다.

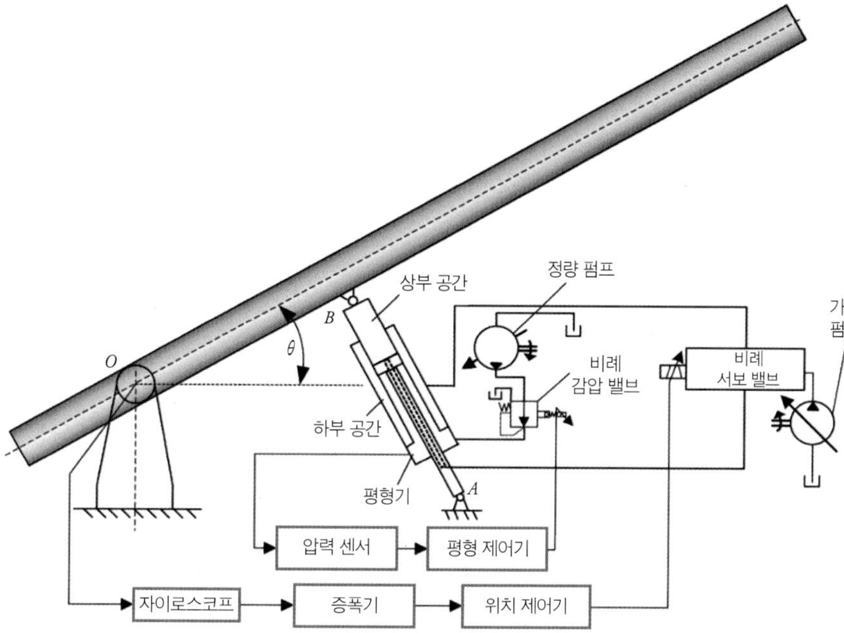

그림 4.44 전차포의 제어흐름도

전차포의 고각을 제어하는 과정을 살펴보면 다음과 같다. 먼저 포신 후미에 있는 포이(점 O)에 장착된 자이로스코프로 고각(θ)과 각속도를 측정한다. 이때 발생한 전기적 신호는 증폭기로 증폭한 후 위치제어기에 전송한다. 다음으로 위치제어기는 요구하는 위치를 비례 서보 밸브(proportional servo valve)로 가변 유압 펌프에서 발생시킨 유압을 조절하여 액추에이터인 평형기에 공급한다. 공급된 유압에 의해 평형기의 피스톤이 왕복운동을 하면서 고각을 변화시킨다. 동시에 평형기에 가해지는 유압유의 압력을 압력 센서가 측정하여 평형 제어기에 전달하여 필요한 유압만 작용하도록 감압밸브를 작동시킨다. 그리하여 실시간으로 필요한 고각을 유지할 수 있게 된다. 그리고 전차포의 제어장치는 사격통제장치와 연동하면서 실시간으로 포신을 제어할 수 있다.

2 전차포 사격시스템

현대 전차의 사격 시 제어과정은 〈그림 4.45〉에서 보는 바와 같다. 최초 포수가 표적을 조준할 때 시선, 즉 조준선과 실제 포탄을 표적에 명중시키기 위해 전차포가 향해야 하는 선, 즉 사격선은 차이가 난다. 따라서 조준선과 사격선 사이의 각도인 고각을 포수는 조준경과 레이저 거리측정기로 측정한다. 이때 측정된 각속도와 사거리는 사격 통제용 컴퓨터에 입력된다. 동시

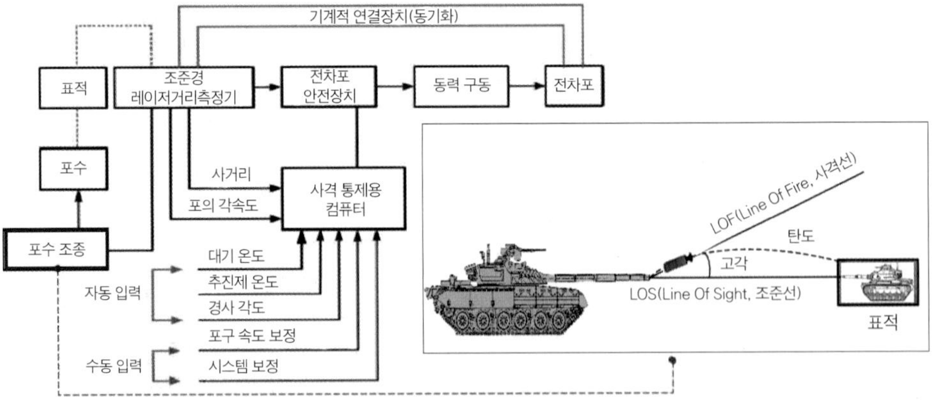

그림 4.45 전차포 사격 제어흐름도

에 전차포 안정화 장치에 전달하여 포의 자세를 안정되게 유지한다. 한편 대기 온도, 추진제 온도, 차체 경사각도 정보가 사격 통제용 컴퓨터에 자동으로 입력된다. 그리고 포구 속도 보정과 시스템 보정 데이터도 필요하면 사격 통제용 컴퓨터에 입력할 수 있다. 이러한 여러 정보는 사격 통제용 컴퓨터에서 처리하여 탄도를 계산한 후 전차포 안정화 장치에서 사격에 필요한 사격선을 유지하도록 동력 구동장치가 전차포를 제어한다. 이때 전차포는 포수가 조준경으로 조준한 조준선과 사격선을 계산하면서 실시간 동기화되어 움직여서 조준선 정렬상태를 유지할 수 있다.

한편 전차포 사격방법은 자동식과 수동식이 있으며, 그 차이점을 살펴보면 다음과 같다.

자동식 사격방법은 〈그림 4.46〉에서 보듯이 사격 과정이 복잡한 과정으로 작동된다. 포수가 포수용 조준경을 통해 사격하고자 하는 표적을 지정한다. 즉 현재 포의 위치를 전차포 제어기에 입력한다. 동시에 거리측정기

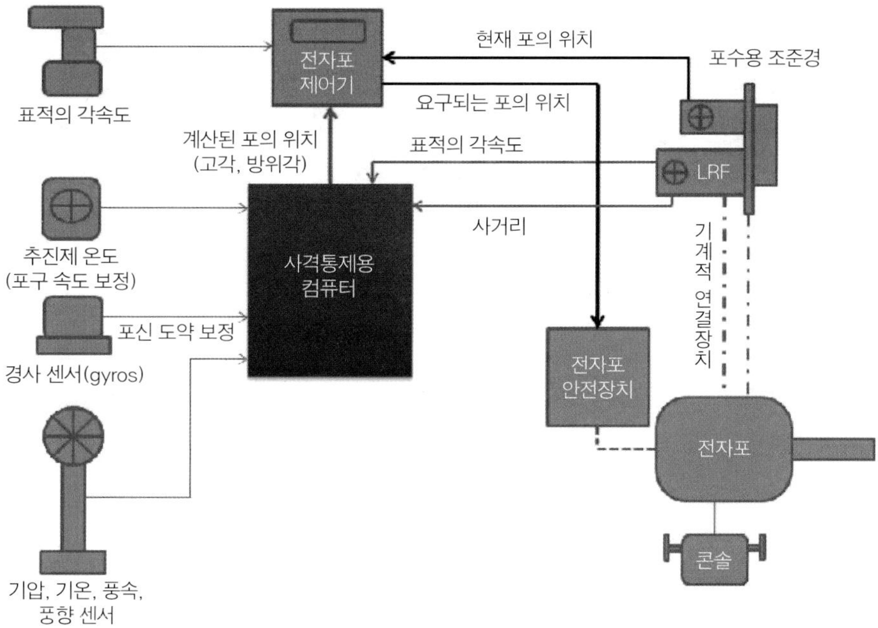

그림 4.46 자동사격 과정

(LRF)의 사거리와 표적의 각속도가 사격 통제용 컴퓨터에 입력된다. 그리고 사격 통제용 컴퓨터에는 추진제 온도, 경사 센서, 기상정보(측풍 센서)를 종합하여 전차포 제어기에 전달하여 전차포 안정화 장치로 전차포를 제어한다. 전차가 주행하면서도 자동제어가 되면서 조준 상태를 콘솔에 전시한다. 마지막 단계는 포수가 격발과정만 남게 된다. 자동식은 일단 조준경으로 표적을 조준하면 모든 과정이 자동으로 작동하는 방식이다.

수동식 사격방법은 〈그림 4.47〉에서 보듯이 자동식보다 사격 과정이 간단하다. 포수가 사격 통제용 컴퓨터에서 제시한 표적에 조준점을 일치하도록 포수용 조준경을 움직이면 기계적 연결장치가 작동하면서 전차포가 움직이는 방식이다. 따라서 포수는 전차가 주행하더라도 조준선 정렬을 계속해야 한다. 이 방법은 자동식보다 포수의 숙련된 기술과 경험이 요구된다. 특히 고속 주행이나 험로를 주행할 때 명중률이 낮은 단점이 있다.

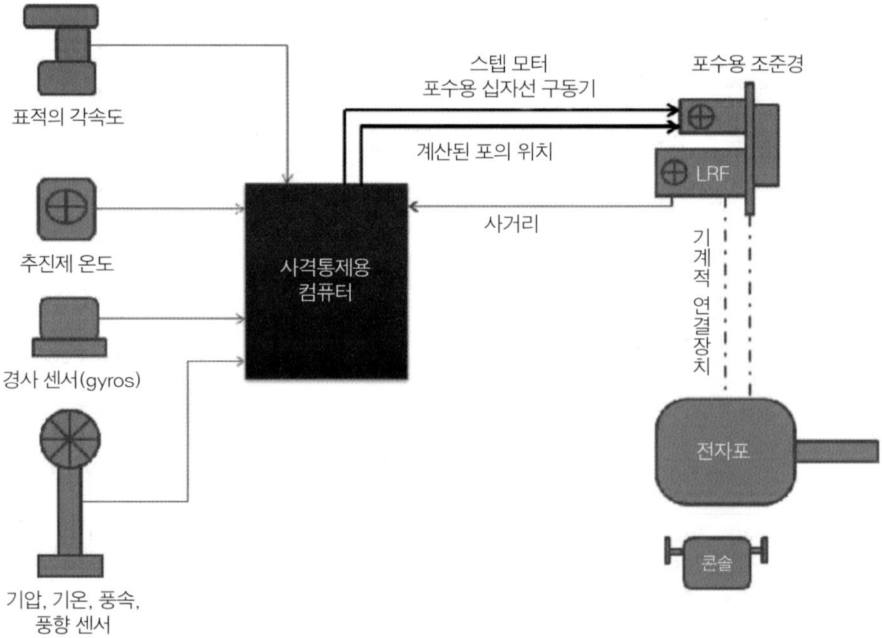

그림 4.47 수동사격 과정

5. 보호 장갑과 방호장치

전차의 장갑은 수동형 장갑과 반응 장갑 그리고 능동형 방호체계로 분류할 수 있다. 전차의 방호능력을 비교하려면 같은 재질의 장갑 두께로 환산해야 물리적 의미가 있다. 일반적으로 균질압연강판(RHA, Rolled Homogeneous Armor)의 두께로 환산한다. RHA는 강도를 증가시키기 위해 강철을 냉간압연 공정으로 만든 장갑 판재이다. 가장 일반적인 장갑 소재이며 표준장갑 재료이다.

전차포의 포구 속도와 구경 그리고 관통 두께를 비교해보면 〈그림 4.48〉과 같다. 1980년대 주력 전차에 주로 탑재되었던 구경 105mm 전차포와 2020년대 주력 전차에 탑재된 120mm급 전차포의 관통 두께는 평균 15cm 정도 차이가 난다. 그리고 포구 속도가 1.7km/s일 때 관통력이 가장 우수하다. 오늘날 일부 전차에는 125mm급 전차포를 사용 중이며 향후 구경이 증가하면 방호능력을 보강해야 하는 창과 방패 싸움처럼 끊임없이 장갑기술도 발전할 것이다.

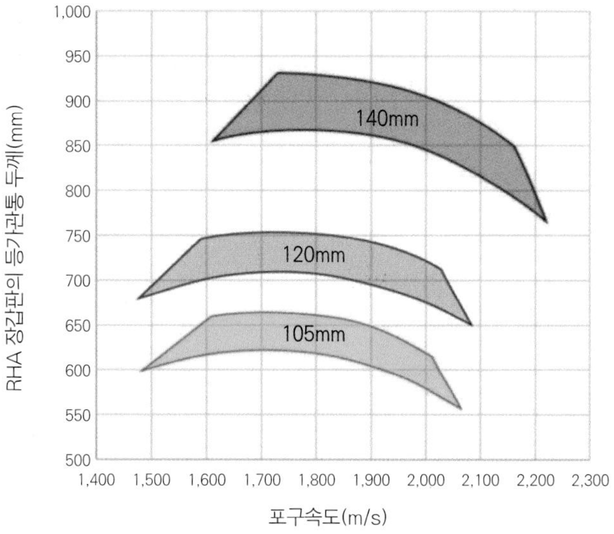

그림 4.48 전차포의 구경에 따른 관통 두께

(1) 수동형 장갑과 반응 장갑

수동형 장갑이란 위협 무기가 충돌할 때 일방적으로 에너지를 흡수하여 방호하는 방식이다. 이러한 장갑은 형상에 따라서 수직 장갑, 경사 장갑, 공간 장갑, 곡면 장갑 등으로 구분할 수 있다. 재질에 따라서는 단일 장갑, 복합 장갑, 반응 장갑으로 구분할 수 있다. 현대 전차에 가장 기본적인 장갑 재료로 사용하는 균일압연강판이 있는데, 이 소재는 전차나 장갑차의 차체 구조물을 제작할 때 많이 사용하고 있다. 주조 장갑보다 방어력이 우수하고 가격이 저렴하기 때문이다. 하지만 전차에 대한 위협 무기의 관통능력이 향상되면서 장갑의 소재와 형상을 개선하거나 다양한 방호방법이 개발되고 있다. 이들 방법 중에서 대표적인 사례는 다음과 같다.

첫째, 전차에 사용되는 장갑은 같은 재료를 사용하더라도 〈그림 4.49〉 ❶에서 보는 바와 같이, 경사지게 설계하면 장갑의 두께가 두꺼워지는 효과가 발생한다. 그리고 경사 장갑은 적이 발사한 발사체와 충돌하는 순간에 발사체 탄두의 일부분만 먼저 장갑에 충돌하기 때문에 발사체가 튕겨 나갈 가능성이 수직 장갑보다 높다. 하지만 경사 장갑은 전차의 내부공간이 좁아지는 단점이 있다.

둘째, 오늘날 장갑 재료로 사용하는 강판의 경도는 300~500BHN 수준이나 향후 600BHN 이상 강철이 실용화될 전망이다. 만일 이러한 초경도 장갑 소재를 사용한다면 장갑의 두께를 줄일 수 있어서 차량의 무게를 크게

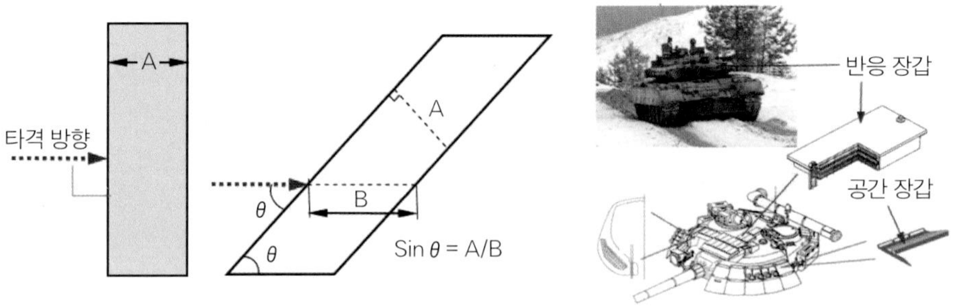

❶ 수직과 경사 장갑 ❷ 반응 장갑과 공간 장갑

그림 4.49 수동형 장갑의 구조와 원리

줄일 수 있다. 그 밖에 티타늄, 알루미늄 장갑 등도 신소재를 사용하고 있다.

셋째, 반응 장갑(explosive reactive armor)은 전차의 주 장갑에 덧붙여 사용하는 부가장갑이다. 이 장갑은 〈그림 4.49〉 ❷에서 보는 바와 같이, 두 개의 얇은 장갑 사이에 둔감 화약이 들어있다. 만일 대전차 고폭탄이 장갑에 충돌하면 둔감 화약이 폭발하면서 2개의 얇은 장갑을 밀어낸다. 이들 중 주 장갑에 밀착된 장갑은 움직일 수 없으므로 다른 쪽에 있는 장갑이 날아가면서 대전차 고폭탄에서 발생한 고온 고압의 플라스마제트의 흐름을 막는다. 그 결과 주 장갑의 관통력을 현저히 감소시킬 수 있다. 일반적으로 반응 장갑을 사용하면 관통력을 최대 75%까지 감소시킬 수 있다. 반응 장갑은 1982년 레바논전쟁에서 이스라엘군이 처음으로 사용하였다. 그 결과 이스라엘 전차는 소련제 AT-3 Sagger 유도무기 공격에도 생존할 수 있었다. 하지만 전차의 주변에 있던 보병들은 반응 장갑의 폭발 시 발생한 파편에 의해 피해를 보았다. 이후 이러한 문제는 해결되어 오늘날 각국에서 많이 사용하고 있는 방법이다.

한편 현대 전차는 〈그림 4.50〉과 같이 장갑은 포탑과 차체의 전면부 그리고 궤도 순으로 방호력이 강하도록 설계하고 있다. 특히 포탑은 승무원을 보호하기 위해 포탑과 차체 전면부는 〈그림 4.51〉에서 보는 바와 같이 이중 반응 장갑과 경사진 형태로 균질압연장갑(RHA)과 고분자물질 그리고 고경도 강판, 그리고 공간 장갑설계 등을 적용하여 방호효과를 높이고 있다.

전차의 측면에는 주로 반응 장갑을 장착하여 궤도와 차체를 보호하는 방

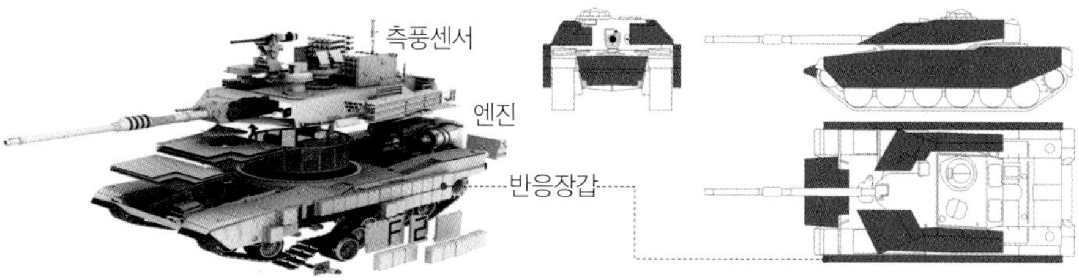

그림 4.50 현대 전차의 수동형 장갑의 방호 중점

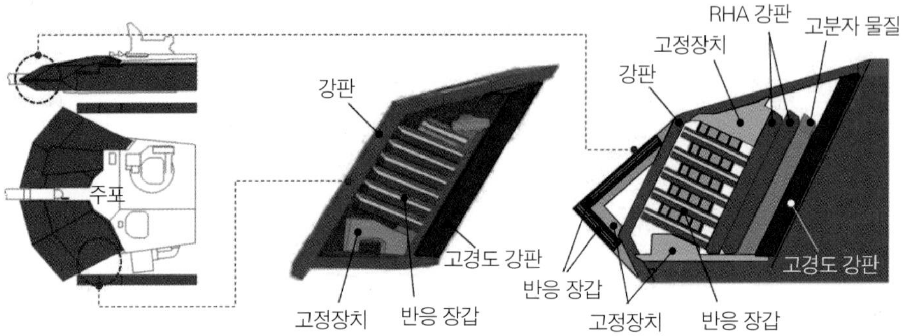

그림 4.51 포탑과 궤도 측면의 장갑 구조 사례

법을 채택하고 있다. 그리고 후면에는 탄약고를 격실 형태로 설계하거나 슬롯(slat) 장갑 등을 설치하는 추세이다.

(2) 능동형 방호체계

1 능동형 방호의 개념

능동형 방호체계는 적의 다양한 대전차 위협수단으로부터 전차의 생존을 보장하기 위해 조기에 위협을 탐지하여 대응하는 시스템이다. 능동형 방호체계는 하드 킬(hard kill) 방법과 소프트 킬(soft kill) 방법이 있다. 하드 킬 방법은 접근하는 미사일을 근거리에서 탐지하여 고속신호처리를 통해 접근하는 방위각과 고저각을 탐지 및 추적하여 미사일이 전차에 도달하기 전에 대응 파괴하거나 무력화시키는 것이다. 소프트 킬 방법은 적의 위협을 원거리에서부터 탐지하여 전차에 도달하기 전에 복합연막(적외선, 가시광선, 밀리미터파 연막)을 미사일의 공격 방향으로 분산 발사하여 차장 후에 적이나 미사일 자체가 조준이나 자체유도가 불가능하게 만든다. 동시에 전차는 신속히 기동하여 위험지역을 이탈하는 회피 기동을 하는 방법이다.

2 하드 킬 방법

하드 킬(hard kill) 방법 중에서 대표적인 사례로는 러시아의 T-80U 전차에 장착시킨 ARENA 방호체계가 있다. 이 시스템은 〈그림 4.52〉에서 보는

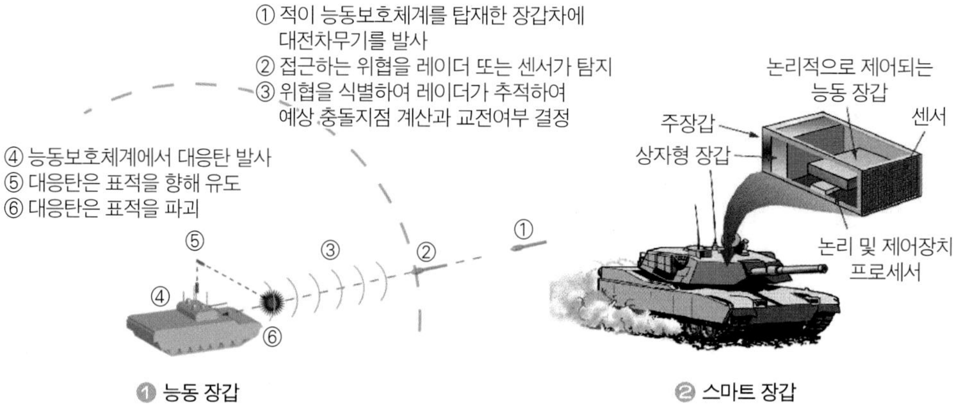

그림 4.52 능동형 장갑의 작동원리

바와 같이 포탑에 설치된 다기능 밀리미터파 레이더(MMR)로 미사일이나 로켓을 탐지한 후, 포탑 주위에 설치된 발사대에서 대응탄을 발사시켜 이를 요격한다. 이때 1개의 위협을 탐지하여 요격하기까지 약 0.07초가 소요된다. 그리고 시스템을 재설정하는 데 약 0.2~0.3초가 걸린다. 이 시스템은 표적이 전차로부터 50m 이상 떨어져 있거나 전차에서 멀어지는 경우 작동을 멈추는 안전장치가 있다. 그리고 표적의 크기가 소구경탄 정도 작으면 작동하지 않는다.

스마트 장갑은 센서와 초소형 중앙처리장치(microprocessor)를 결합한 미래의 장갑체계이다. 이 장갑은 위협수단의 특성에 맞는 최적화된 상호작용이 가능하도록 둔감 화약을 폭발시켜 방호할 수 있다. 따라서 반응 장갑보다 효과적인 방호가 가능하다.

3 소프트 킬 방법

소프트 킬(soft kill) 방법은 유도 교란 방법이라고도 하며 대표적인 사례로는 T-90 전차의 Shtora-1 능동방호체계가 있다. 이 체계는 레이저빔 신호를 감지할 수 있는 신호감지 장치와 적외선 방사체계(infrared radiation system)로 구성되어 있다. T-90 전차는 외부로부터 레이저 빔을 감지하면 연막탄발사기를 작동시켜 연막차장을 하면서 동시에 회피 기동을 할 수 있다. 그리고 전차로부터 나오는 적외선을 수신하여 접근하는 적의 미사일에 강력한 적외선을 발산하여 유도를 교란할 수 있는 기능이 있다.

(3) 미래의 반응 장갑

1 전자기 반응 장갑

전자기 반응 장갑(electric reactive armour)은 과거의 반응 장갑과 원리는 비슷하나 반응 조건과 방법이 전혀 다르다. 전자기 장갑은 평상시에는 장갑에 약한 전류를 투입한 다음에 장갑의 전자기력에 대한 변동을 감지한다. 만약 포탄이나 미사일이 장갑 근처로 오게 되면 장갑 주변의 전자기장 흐름에 아주 미세한 변화가 일어나게 된다. 전자기 장갑은 〈그림 4.53〉에서 보는 바와 같이, 대전차 탄약을 감지하는 순간 순간적으로 엄청난 전압의 전류를 장갑에 인가시켜서 이 전류로 포탄을 파괴하거나 감속시켜 주 장갑을 보호한다.

이 방식의 연구는 크게 세 가지 방향으로 추진 중이다. 첫째, 전자기력을 활용해서 장갑판을 마치 탄환처럼 발사시켜 포탄의 운동 에너지를 감소시키는 방법이다. 둘째, 장갑판 대비 특수하게 설계된 관통자를 장갑 안에 조밀하게 쌓은 다음 이것을 발사시켜 운동 에너지를 감소시키는 방식이다. 셋째, 장갑 내부에 전류가 흐르면 크게 부풀어 오르는 특수한 소재를 사용한다. 그 결과 내부 충진재의 작용으로 포탄을 감속시키는 방법이다. 최근까지

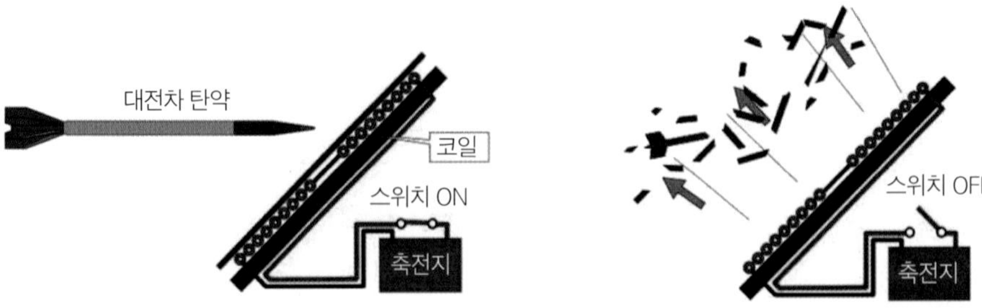

그림 4.53 전자기 반응 장갑의 작동개념

전자기 장갑을 성공적으로 개발한 사례는 2006년 영국의 FV510 장갑차용 장갑이 있다. 이 장갑은 장갑차의 양쪽 측면에 설치하는 방식인데, RPG-7 대전차 로켓의 공격을 방호할 수 있다. 특히 이 방식은 RPG-7의 성형 작약 탄두를 방호하면서도 기존 장갑차에도 약간의 개조만으로도 얻을 수 있을 정도로 전력 소모량이 적다. 하지만 텅스텐 관통자를 사용하는 날개안정 분리 철갑탄(armour-piercing fin-stabilized discarding sabot)은 방호할 수 없다.

2 플라스마 방어막

플라스마 방어막은 포탄이나 미사일 등이 폭발할 때 생기는 충격파를 막아 피해를 최소화하는 방식이다. 이 방식은 〈그림 4.54〉 ❶에서 보는 바와 같이, 포탄의 직접적인 충격을 막아주지는 못한다. 하지만 〈그림 4.54〉 ❷에서 보는 바와 같이, 포탄이 폭발할 때 발생하는 폭발 충격파의 크기와 강도를 센서로 감지하여 아크 발생 장치에서 공기를 플라스마 상태로 만들어 폭발 충격파의 충격에너지를 감소시키는 방법이다. 즉, 플라스마로 된 충격 완화 구역을 만들어 표적에 도달하는 포탄에서 발생한 폭발 충격파의 에너지를 감소시키는 방법이다. 이때 공기를 플라스마 상태로 만들려면 공기를 초고온 상태로 가열시켜 전자와 양전하를 가진 이온으로 분리해야 한다. 플라스마를 만드는 방법은 직류, 초고주파, 전자빔 등 전기적 방법이 있으며, 만일 플라스마 상태를 유지하려면 자기장을 이용하는 방법 등이 있다.

이 방식은 2012년 미국의 보잉사가 특허출원을 하였다. 군용 차량의 양

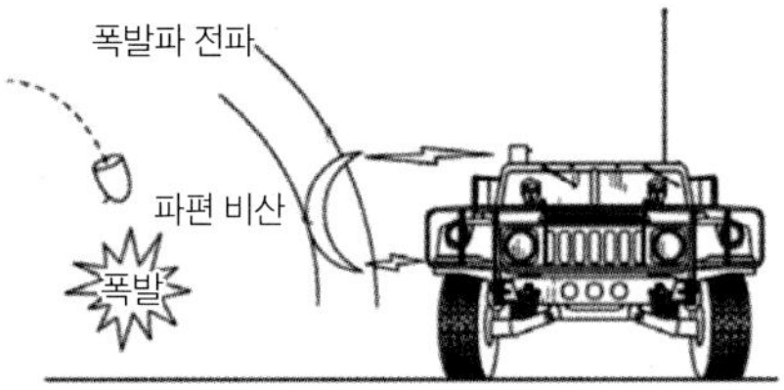

❶ 탄두 폭발 시 발생 현상 개념

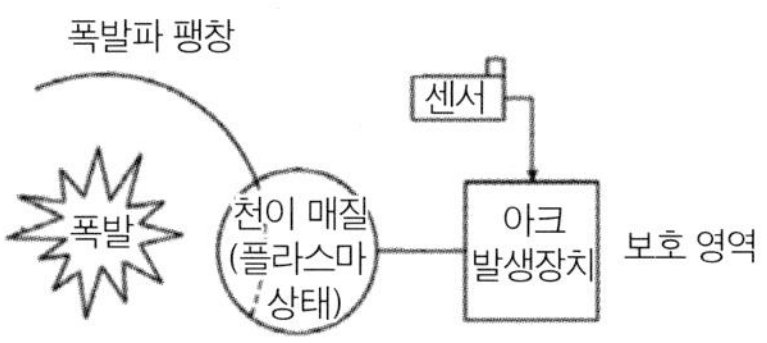

❷ 플라스마 방어장치의 작동개념

그림 4.54 플라스마 방어막 장치

끝에 특수한 전자 에너지 발사기를 장착하는데, 이 에너지 발사기는 특정 한 영역에 강력한 전기를 발사해서 대기 중 공기를 순간적으로 플라스마 장(plasma field)으로 바꾸어 충격을 완화하는 완충 구간을 만든다. 충격파나 파편이 이 완충 구간을 거치며 표적에 도달하는 순간 에너지를 잃게 만드는 원리이다. 이 방식은 전기에너지를 이용하여 방어할 수 있지만, 막대한 에너지가 필요하여 장시간 작동이 어렵다. 이러한 문제를 해결하려면 많은 연구가 필요하다.

6. 전차포 탄약

(1) 비유도 전차 탄약

현대 전차에 사용하고 있는 비유도 포탄은 〈그림 4.55〉에서 보는 바와 같이, 크게 둔감 고폭탄, 대전차 성형작약탄, 날개안정 감소구경탄, 분산탄, 점착탄 등이 있다. 이들 탄약의 작동원리와 특성을 세부적으로 살펴보면 다음과 같다.[16]

1 둔감 고폭탄

둔감 고폭탄(insensitive high explosive munition)은 보병에게 화력지원을 위해 개발하였으며, 구조와 형상은 〈그림 4.55〉 ①에서 보는 바와 같다. 탄약의 구조와 형상은 대구경 포탄과 비슷하다. 하지만 120mm급 전차포는 보통 활강식 포신을 사용하기 때문에 알루미늄 날개(fin)가 있다. 그리고 탄저부에 예광제와 점화제가 들어있는 트레이서(tracer)가 있다. 그리하여 탄이 비행할 때 날개에 의해 비행안정성을 유지할 수 있으며 트레이서에 나오는 불빛으로 전차승무원이 탄도를 관측할 수 있다. 그리고 105mm급 탄약에서 사용하는 구리합금으로 만든 탄피 대신 소진 탄피(combustible cartridge case)와 강철 탄피·받침대(cartridge base case)를 사용하는 추세이다. 소진 탄피는 추

16 www.defenseworld.net/news/21085/General_Dynamics

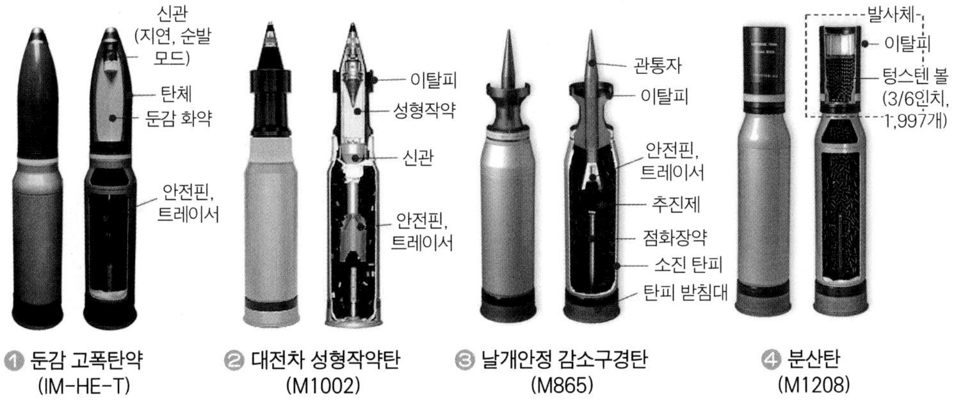

그림 4.55 미국의 120mm M1 계열 전차용 포탄

진제가 폭발하면서 포강 내에서 연소하며, 주요 성분은 나이트로셀룰로스(nitrocellulose), 펄프, 아크릴, 폴리에스터(polyester), 수지(resin) 등이다. 주요 장점은 탄피와 결합되어 있는 탄피 받침대를 제외하고 모두 연소하기 때문에 구리합금 탄피를 사용하는 일반 탄약보다 전차 내부공간의 활용성이 우수하다. 그리고 자동장전이 가능하고 방습기능이 우수하다.

둔감 고폭탄은 보병에게 강력한 화력을 제공하기 위해 벙커, 요새, 장갑차, 인원 등의 표적을 타격하는 용도로 개발되었다. 작동방식은 두 가지 작동 모드로 전환할 수 있는 신관을 사용하고 있다. 이 신관은 사격 직전에 탄약수가 수동식으로 설정한 후 발사하는 방식이다. 전차장이 최대 파편화와 폭발을 위한 지점에서 폭발하도록 순발 모드를 선택하거나 발사체가 표적에 침투 후 폭발하도록 하는 지연 모드를 선택할 수 있다.

2 대전차 성형작약탄

대전차 성형작약탄(high explosive antitank-shaped charge munition)은 〈그림 4.55〉 ②에서 보는 바와 같은 구조와 형상이다. 다만 일반적으로 성형작약탄에는 이탈피(sabot)가 없으나 최신 탄약에는 이탈피를 추가하는 추세이다. 이탈피는 포신 내에서는 압력에너지를 많이 받고, 포구를 빠져나온 후에는 〈그림 4.56〉에서 보는 바와 같이, 공기 저항력으로 발사체에서 분리되면서 단면적

그림 4.56 이탈피의 분리와 예광제의 발광 장면

이 감소하여 공기저항을 줄이는 역할을 한다. 그리하여 이탈피가 없는 기존의 탄약보다 속도가 빠른 장점이 있다. 이 탄약도 날개로 비행 시 안정을 유지할 수 있다.[17]

대전차 성형작약탄은 고성능 폭발물로 채워진 원통형 탄체와 한쪽 끝에 뇌관이 있고 다른 쪽에는 중공(hollow cavity) 상태의 원뿔형 라이너(conical liner)로 구성되어 있다. 원뿔형 라이너는 주로 구리합금이나 구리에 텅스텐 분말을 혼합하여 만든 금속으로 만든다. 만일 탄이 폭발하면 원뿔형 라이너가 녹아서 초고속(초당 수천 미터)으로 금속 제트가 분사된다. 그리고 금속 제트의 마지막 부분인 슬러그(slug)의 속도는 느리다. 금속 제트는 작약이 충전된 지름보다 수배 이상의 깊이로 침투할 수 있다. 이 관통 깊이는 작약의 충전지름(CD)과의 관계를 〈그림 4.57〉과 같이 나타낼 수 있다. 참고로 성형 충전물의 최대 관통 용량은 2차 세계대전 중에는 2에서 3의 캘리버 수준이었다. 하지만 오늘날에는 12 캘리버 수준으로 향상되었다.

일반적으로 성형작약탄의 침투 깊이는 금속 제트의 길이와 밀도에 따라 증가한다. 하지만 장갑의 밀도가 높을수록 침투 깊이는 감소하는 것으로 알려져 있다. 그리고 표적과 충돌하면서 성형작약탄에서 형성되는 금속 제트

17 Fredrik Johnsson, "Shaped Charge Calculation Models For Explosive Ordnance Disposal Operations", Swedish Explosive Ordnance Disposal and De mining Centre(SWEDEC), DOI 10.1515/jms-2016-0183., 2016.

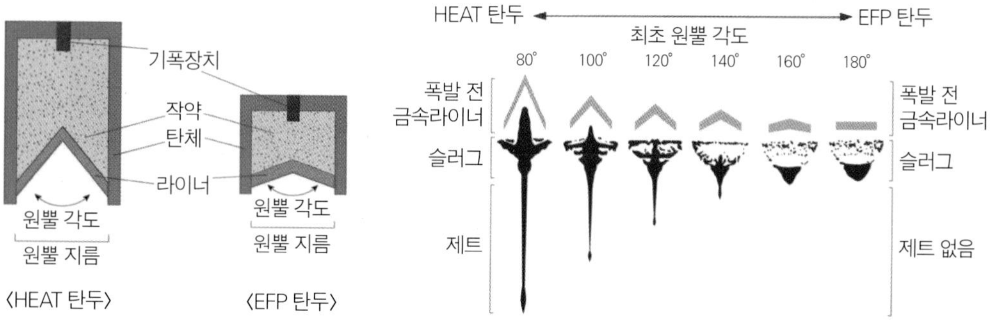

❶ HEAT 탄과 EFP 탄의 구조 ❷ 원뿔 각도에 따른 슬러그와 제트 비교

그림 4.57 성형 작약 탄두의 폭발 특성

출처: W. P. Walters & J. A. Zukas, *Fundamentais of Shaped Charges*, John Wiley & Sons, New York, 1989.

(metal jet)는 장갑 깊숙이 관통할 수 있다. 이때 관통 깊이는 원뿔 라이너의 형상에 따라 다르게 나타난다. 일반 강철로 만든 장갑판의 관통 두께는 성형작약탄 원뿔 라이너 지름의 2배에서 6배이다. 하지만 최근에 개발된 성형작약탄은 원뿔과 비슷한 유선형으로 라이너를 설계하여 관통 깊이를 라이너 지름의 11배에서 12배까지 증가시켰다.

한편 금속 제트 선단 속도는 초당 약 10km이다. 하지만 슬러그는 초당 약 2km로 운동한다. 따라서 금속 제트는 형성 후 빠르게 늘어나게 된다. 공기역학적 항력은 금속 제트를 형성하고 있는 입자 속도를 낮추고 퍼지게 하여 제트 선단을 더 느리고 넓게 만든다. 따라서 제트의 속도가 느려지고 분산되면서 급속히 관통력이 감소한다. 그러나 폭발 지점에서 멀리 떨어져 있는 사람에게는 여전히 위험하다. 금속 제트는 장갑에 충돌하기 전에 형성할 시간과 이격거리가 있어야 하지만 관통력이 공기역학적 항력에 의해 악영향을 받을 수준은 아니다. 그리고 최적의 제트 연신율이 있을 때 관통 효과가 가장 크다(〈그림 4.58〉 참조).

최적의 신장을 위한 시간을 제공하기 위해 탄두 끝과 라이너 사이의 물리적 간격이 있어야 한다. 이 간격, 즉 이격거리는 최적의 금속 제트의 연신율을 제공하는 최적 거리로 설계해야 관통 깊이가 최대가 된다. 이격거리는

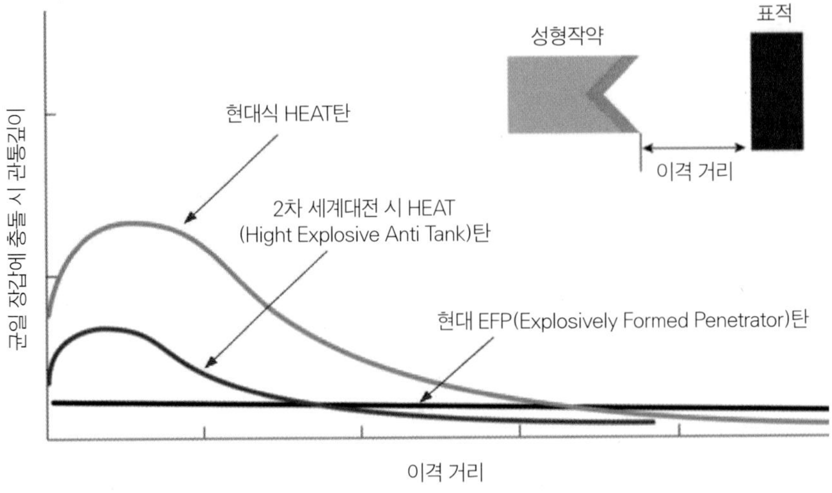

그림 4.58 탄약의 종류에 따른 관통 효과

폭발 순간의 성형작약탄의 탄두와 표적 사이의 최적 거리이다.

③ 날개안정 감소구경탄

날개안정 감소구경탄(armor piercing fin stabilized discarding sabot)은 〈그림 4.55〉 ③에서 보는 바와 같이 구조가 다른 탄약에 비해 단순하다. 탄이 발사되면 포강에서는 관통자와 이탈피가 결합된 상태로 추진 가스압력을 받아 가속된다. 하지만 포구를 이탈하면 공기저항 때문에 이탈피가 관통자에서 분리되면서 단면적은 급격히 감소한 화살 모양의 관통자만 초고속으로 날아간다. 그리고 표적에 충돌하면서 높은 충돌에너지에 의해 표적을 관통한다. 따라서 관통자는 밀도와 경도가 매우 큰 열화우라늄(depleted uranium)이나 텅스텐으로 만든다. 이 탄약도 포수가 트레이서에 의해 날아가는 동안 탄도를 관측할 수 있다.

④ 분산탄

분산탄은 〈그림 4.55〉 ④에서 보는 바와 같이 일반 탄약에 비해 특이한 형상이다. 일반 탄약은 공기저항을 최소화하기 위해 탄두를 유선형으로 설계하나 이 탄약은 탄이 포구를 이탈하면서 4개의 이탈피가 장미꽃 모양처럼 쪼개지면서 안에 들어있던 다량의 작은 텅스텐 볼(ball)이 전방으로 분산되면서 날아간다. 그리하여 적의 경장갑차, 전술차량 또는 밀집된 다수의 보병, 휴대용 로켓포탄 등을 동시에 제압할 목적으로 설계되었다.

(2) 유도식 전차 탄약

대표적인 사례로는 러시아의 T-90에 사용하고 있는 Cobra 9M119M 포탄이 있다. 이 포탄의 유도방식은 레이저 광원으로 포탄을 추적하는 무선지령 유도방식이다. 1975년 T-64 계열 전차에 채택한 이래로 T-80B 전차와 T-90 전차에서 사용하고 있다. 전차에 따라 포탄의 구조와 유도장치가 다소 차이가 있으나 기본적인 작동원리는 비슷하다.

T-90 전차에 사용하는 유도형 포탄의 작동원리는 〈그림 4.59〉에서 보는 바와 같이 나타낼 수 있다. 유도 장치는 포탄에 내장된 광 수신기와 제어부, 조준장치에는 레이저 빔 발생기와 변조기, 조준기 등이 있다. 이들 조준장치는 자이로스코프의 프레임에 연결되어 있어서 실시간 일정하게 기준이 되는 방향을 알 수 있다.

세부적인 작동과정은 〈그림 4.60〉에서 보는 바와 같다. 먼저 광변조기는 광원에서 오는 입사광을 외부의 전기신호로 변조를 가해서 빛의 정보를 입

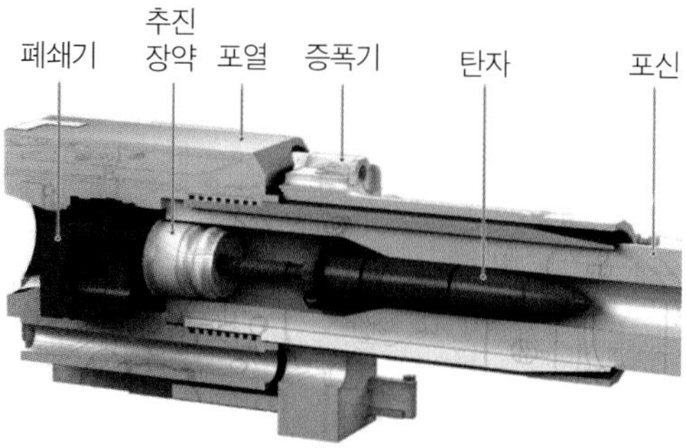

① 발사 직전의 전차포 단면도

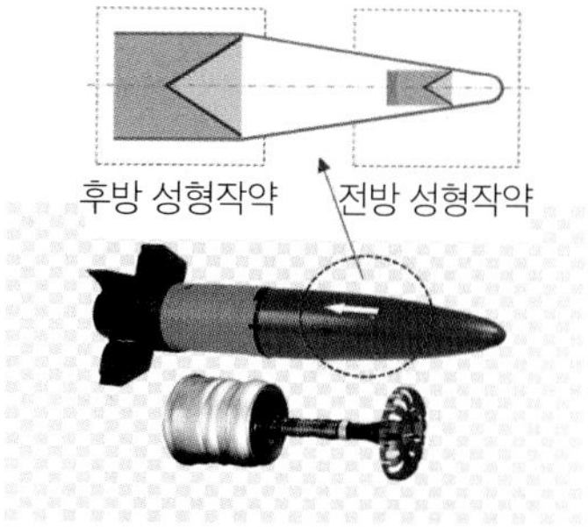

② 포탄의 형상과 다중 성형작약(텐덤)

그림 4.59 T-90 전차포의 구조와 유도형 포탄

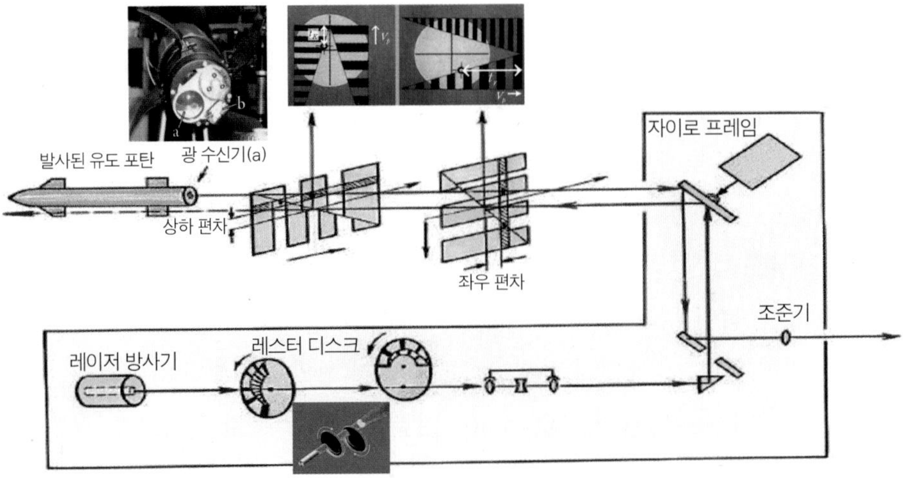

그림 4.60 작동 개념도

력한다. 그리고 빔의 단면적 내에서 원거리에 있는 포탄의 방향을 구현하기 위해 레이저 빔은 불투명한 레스터(raster)에 특수하게 제작한 회전식 디스크에 의해 변조된다. 변조된 레이저 빔은 다시 포수의 시야에 놓인 회전식 디스크(원판)를 통과하게 된다. 동시에 디스크의 레스터는 디스크가 회전할 때, 교대로 레스터 흐름이 번갈아 올라가서 옆으로 이동하는 방식으로 적용된다. 레스터는 불투명한 래스터를 선형 속도 VP로 이동하면 특정 주파수로 광속(luminous flux)을 차단하게 된다. 이때 빔의 차단을 포탄에 있는 광 수신기(photo receiver)에서 감지하게 됨으로써 빔의 정보 필드(information field)를 생성하게 된다. 그 결과, 특정한 주파수의 광 수신기에 존재하는 지속 시간을 측정한다. 이 시간은 빔의 중심으로부터 포탄의 편차의 크기를 결정할 수 있다. 만일 포탄이 빔의 중심으로부터 멀어지면 정보 주파수 펄스의 지속 시간이 길어진다. 반대로 포탄이 빔의 중심에 접근함에 따라 정보 주파수 펄스의 지속 시간이 짧아진다. 포탄의 광 수신기에서 검출된 신호는 수평 및 수직 평면(코스 및 피치를 따라)의 빔 축으로부터 포탄의 편차에 비례하여 전기신호로 변환시켜 제어부에 전달된다. 동시에 포탄의 제어부는 날개를 조종하여 탄도를 수정하게 된다. 이때 포수는 조준기를 통해 표적에 시선을 유지하면

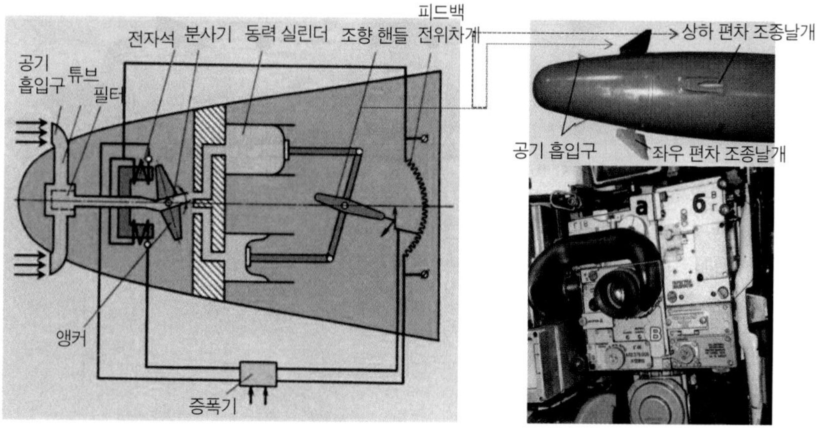

① 제어부의 구성 회로 ② 탄두 형상과 조준장치

그림 4.61 조종 날개의 제어 개념도

포탄을 목표물에 명중시킬 수 있다.

이 유도 포탄은 탄두 부분에 장착된 조종 날개(canard)로 방향을 제어하고 탄미 부분에 장착된 회전형 날개는 탄의 균형을 유지할 수 있게 되어 있다. 그 밖에 구성품은 날개를 제어하는 제어부, 타격을 가하기 위한 탄두부(고성능 폭약, 신관), 사격통제장치와 신호를 송신하거나 수신하는 송수신기로 구성된다. 하지만 전차포에서 발사하는 유도형 포탄은 반 능동 제어(semi automatic control) 방식이므로 통신부는 수신기만 있다.

한편 탄도를 수정하는 원리는 비행 중에 발생하는 공력을 이용하여 조종 날개를 제어하도록 설계되었다. 〈그림 4.61〉과 같이, 제어부는 공기 흡입구, 튜브(tube), 공기 필터(filter), 전자석(magnetic), 분사기(jetting), 동력 실린더(power cylinder), 조향 핸들(steering wheel), 피드백 전위차계(feedback potentiometer), 증폭기, 앵커(anchor) 등으로 구성되어 있다. 제어과정을 살펴보면, 포탄이 비행하게 되면 탄체 주위로 공기가 유동한다. 이때 탄두부 표면에 있는 공기 흡입구에 공기가 유입되면 튜브를 통해 필터를 통과하게 된다. 이때 필터는 지표면 부근에 있는 먼지나 연기 등 이물질을 걸러준다. 그리하여 분사기 노즐과 동력 실린더 입구 사이의 틈새로 유입을 방지하게 된다. 만일 분사기가 동력 실린더 A에 공기를 주입구에 접촉하면 공기 압력에 의해 동력 실린더에 있는 피스톤이 뒤쪽으로 움직이게 된다. 그 결과 조향 핸들이 시계방향으로 회전하게 되고, 조향 핸들에 연결된 조종 날개가 같이 움직이면서 포탄의 비행 방향을 수정할 수 있다. 만일 시계 반대 방향으로 조향 핸들을 회전시키려면 분사기를 동력 실린더 B에 일치하면 된다. 이때 분사기의 회전은 전자석에서 발생하는 자기력에 의해 이루어진다. 그리고 조향 핸들의 회전 각도에 따라 전위차계와 증폭기로 전압을 변화시킨다. 동시에 증폭기에서 증폭된 전기를 공급받은 전자석이 작동되면서 분사기를 구동시킨다.

참고로 1989년에 개발된 Cobra 9M119M 탄약의 제원은 다음과 같다. 유효사거리는 75m~5km이고 5km까지 비행시간은 17.5초 소요된다. 포구 속도는 400m/s이고, 평균 비행속도는 284m/s이다. 다중 성형 작약 탄두(tandem warhead)를 적용한 탄약의 무게는 24.3kg(로켓 17.2kg 포함)이고, 타격 각도가 90°인 경우 관통능력이 850mm이다. 그리고 명중률은 약 80%이며, 반능동 레이저 유도방식이다. 이 탄약은 비행시간이 너무 길고 로켓탄이 비행하는 동안 포수가 표적을 계속 조준하고 있어야 하는 단점이 있다. 하지만 원거리에서도 관통능력이 우수하고 명중률이 높다. 그리고 유도 장치를 기존의 플랫폼에 있는 조준기와 레이저 발생기 등을 통합하여 사용함으로써 경제성이 우수하다.

7. 포탑과 차체 제어장치

(1) 포탑 제어[18]

전차가 주행할 때 지면의 굴곡에 따라서 〈그림 4.62〉에서 보는 바와 같이, 요잉, 롤링, 피칭 그리고 상하 요동이 발생한다. 따라서 전차포의 안정성을 유지하려면 포탑을 안정시켜야 사격 시 명중률이 높다.

일반적으로 포탑을 안정시키는 제어방법은 선형제어를 기반으로 한다.

18 Jane's Land Warfare Platforms Armoured Fighting Vehicles, 2016~2017.

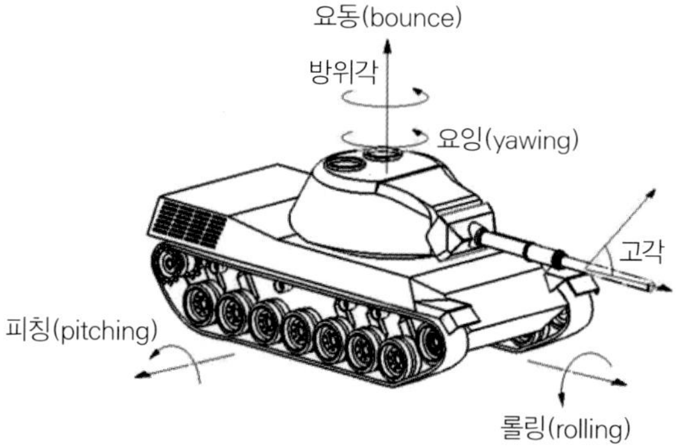

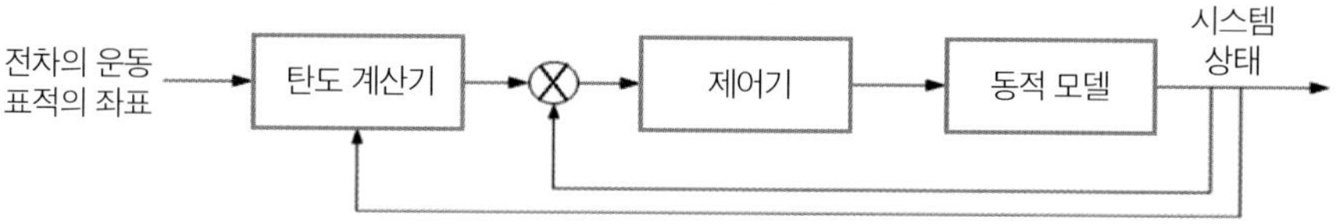

그림 4.62 포탑의 비례-적분 제어흐름도

이는 포탑의 각도 비율을 갖는 비례-적분 제어(proportional plus integral control) 방식이다. 이 제어방법은 비례 제어와 적분 제어를 함께 하는 방법이다. 비례 제어는 외란이 생겨서 부하의 변화가 계속해서 생기는 경우는 반드시 오프셋(off set)이 생긴다. 하지만 적분 동작을 가함으로써 편차가 지속하는 한 항상 편차를 0으로 복귀시키도록 동작시키기 때문에 편차가 생기지 않는다.

포탑의 제어과정은 먼저 전차의 운동과 표적의 좌표를 탄도 계산기에 입력하면 최적의 제어상태를 계산하여 제어기에 전송한다. 제어기는 동적 모델에서 최적의 시스템 상태를 계산하여 포탑안정 장치에 전송하여 제어한다. 동시에 시스템 상태를 실시간으로 측정하여 탄도 계산기와 탄도 계산기의 출력값에 반영하여 오차를 감소시켜 포탄의 안정성을 유지할 수 있다.

(2) 차제 제어

1 궤도 장력 조절장치

궤도 장력 조절기(track tension adjuster)는 궤도가 구동륜과 보기륜에서 이탈되지 않도록 궤도의 장력을 자동으로 조절하는 구성이다. 궤도는 〈그림

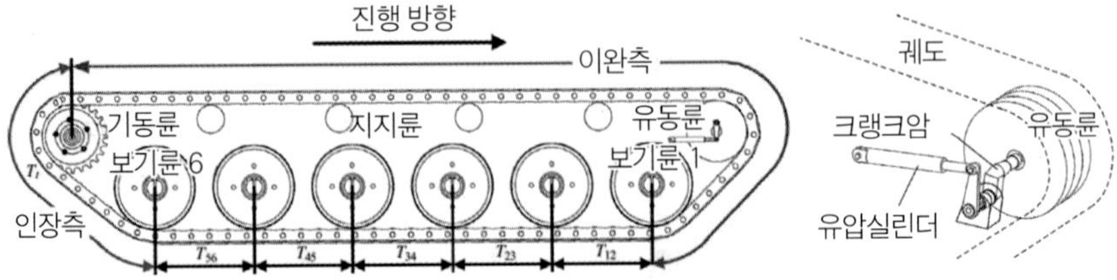

그림 4.63 궤도 장력 조절기

4.63〉에서 보는 바와 같이, 기동륜에 의해 궤도를 화살표 방향으로 회전시키면 궤도가 팽팽하게 인장이 되는 인장측(tight side)과 느슨해지는 이완측(slack side)이 생긴다. 이에 따라서 장력 조절기에 있는 유압실린더 작동하여 궤도에 일정한 장력을 유지하도록 하는 장치가 궤도 장력 조절기이다.

장력 조절기를 제어하는 장력 조절장치의 작동원리는 〈그림 4.64〉에서 보는 바와 같다. 보기륜에 장착된 센서에 의해 보기륜의 운동데이터, 현가장치에 있는 액추에이터와 서스펜션의 압력과 변위 데이터 등을 궤도 장력 예측장치에 전송하여 요구되는 궤도의 장력을 계산한다. 이 계산 결과를 궤도 장력 제어장치에 전송하여 전차의 주행조건과 주행방식을 종합하여 실시간

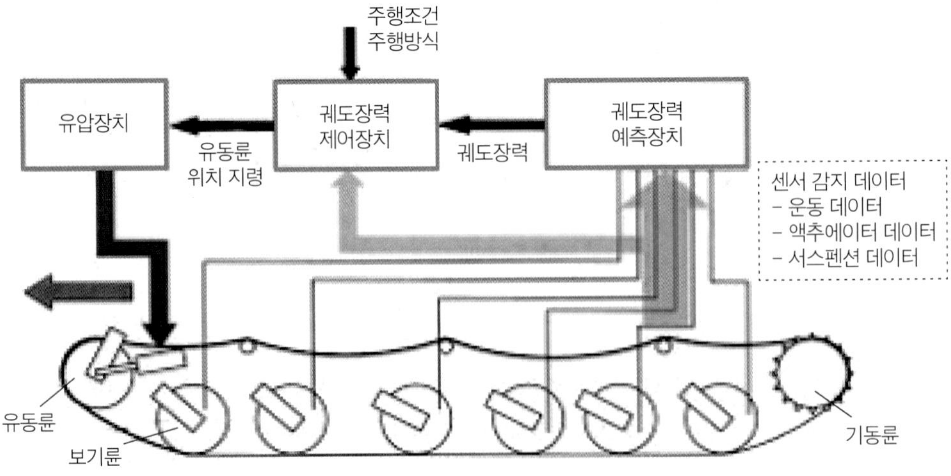

그림 4.64 궤도의 장력 제어과정

으로 필요한 궤도의 장력을 유지할 수 있도록 유압장치로 유동륜의 위치를 조절한다. 이러한 제어 방식으로 포장 또는 비포장 주행로 그리고 야지 등 다양한 주행 환경에서 최적의 주행이 가능하도록 궤도의 장력을 유지할 수 있다.

2 전차의 기동방식

전차의 기동방식은 〈그림 4.65〉에서 보는 바와 같이 크게 차륜형과 궤도형이 있다. 이들 기동방식에 다른 공칭 접지압력(NGP, Nominal Ground Pressure)을 비교하면, 전차에 주로 적용하고 있는 궤도방식의 특성을 알 수 있다.

차륜형은 〈그림 4.65〉 ❶에서 보는 바와 같다. 이때 타이어의 폭을 b, 하중에 작용하지 않은 상태에서 타이어의 반경을 R이라고 가정하자. 만일 타이어에 하중 W가 타이어에 의해 지면에 작용하는 공칭 접지압력 $\mathrm{NGP}_{\mathrm{tire}}$는 식 [4-21]과 같이 표현할 수 있다.

$$\mathrm{NGP}_{\mathrm{tire}} = \frac{W}{A} = \frac{W}{R \cdot b} \quad [kPa] \qquad [4\text{-}21]$$

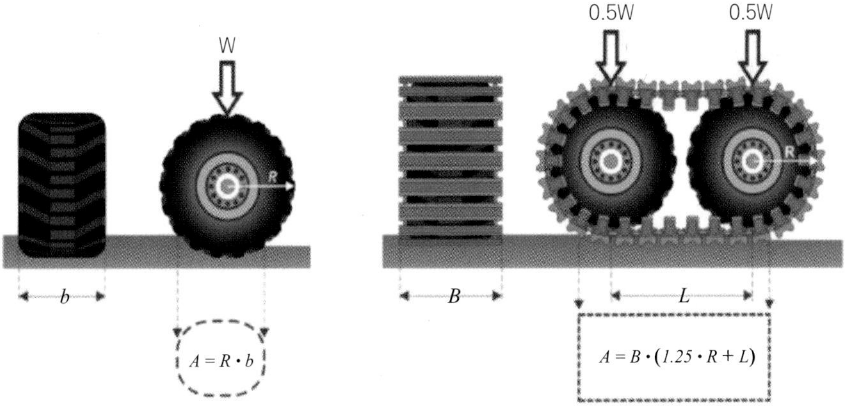

❶ 차륜형 ❷ 궤도형

그림 4.65 기동방식에 따른 접지압력 비교

그리고 평균 최대 압력(MMP, Mean Maximum Pressure), 길이, 폭, 궤도의 유형, 참호 돌파능력, 경사 및 상승(측면 경사 포함) 및 도섭 능력과 함수관계에 있다. 따라서 차륜 차량의 중량과 접지 면적의 비율은 NGP이다. 축이 여러 개인 차륜 차량의 MMP는 식 [4-22]와 같이 나타낼 수 있다.

$$MMP = \frac{3.3W}{2mbd\sqrt{\frac{\delta}{h}}} \ [kPa] \qquad [4\text{-}22]$$

여기서 δ는 견고한 지면에서 타이어의 변형량, d는 타이어의 지름, m은 축의 개수, b는 타이어의 림(rim)에서 하중이 작용하지 않았을 때 타이어 접지면(tread)까지의 거리를 나타내는 타이어 단면 높이(tire section height)이다.

하지만 〈그림 4.65〉 ❷와 같이, 타이어에 궤도를 장착한 상태에서 차량의 하중이 W라면 지면에 작용하는 공칭 접지압력 NGP_{track}은 식 [4-23]과 같다.

$$NGP_{track} = \frac{W + G_T}{B(1.25R + L)} \ [kPa] \qquad [4\text{-}23]$$

W는 휠에 작용하는 하중, L은 축과 축 사이의 거리, B는 궤도의 폭, G_T는 궤도의 무게이다.

❸ 현가장치

현가장치는 전차의 차체에 바퀴를 고정하여 노면의 진동이 직접 차체에 닿지 않도록 하는 완충장치를 말한다. 이 장치는 작동방식에 따라 수동방식과 능동방식 그리고 이들 방식의 중간 형태인 반-능동형 현가장치로 분류할 수 있다. 수동식은 전차의 차체를 스프링이나 액체나 기체의 압축력과 팽창력으로 지지하거나 상하 진동을 완화하여 차체를 안정시켜 승차감과 포의 안정성을 유지하는 방법이다. 능동형은 수동형 현가장치와 충격 장치는 비슷하나 가속도계로 충격을 감지하거나 예측하여 충격과 진동을 제어함으로써 차체의 안정성을 향상하는 방법이다.

한편 현가장치가 양쪽 차축이 일체화되어 있어 같이 움직이는 차축방식 현가장치와 바퀴별로 독립하여 움직이는 독립 현가장치로 분류할 수 있다. 독립 현가장치는 굴곡진 지면에서 모든 바퀴가 지면에 접촉할 수 있으며, 경사면에서 차체를 수평으로 유지할 수도 있는 등 많은 장점이 있다. 이 때문에 현대 전차는 독립 현가장치를 많이 채택하고 있다. 그리고 현가장치는 충격을 흡수하는 부품에 따라서 스프링식과 유압-공압식으로 분류할 수도 있다.

① 수동형 현가장치

전차의 개발 초기에는 기술적 한계 때문에 수동형 현가장치를 채택하였다. 대표적인 사례가 1922년 영국의 기술자 호스트만(Horstmann)이 개발한 현가장치이다. 이 장치는 〈그림 4.66〉에서 보는 바와 같이 매우 단순한 구조

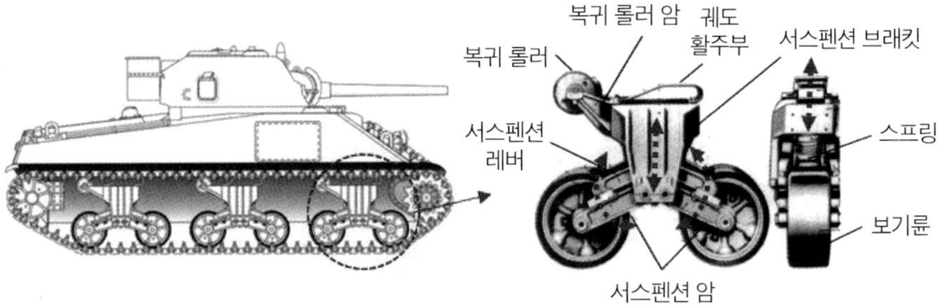

❶ Mark 2 전차

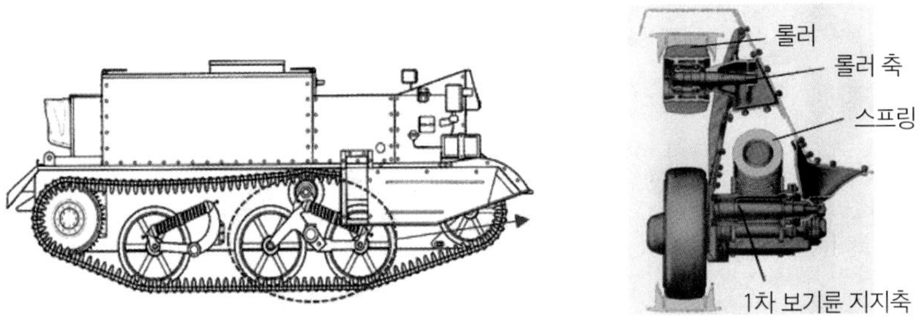

❷ Mark 3 전차

그림 4.66 호스트만이 개발한 수동형 현가장치

이다. 이 장치는 영국의 Mark 2 전차에 최초로 적용한 후 2차 세계대전 당시 활약한 전차에 널리 사용된 방식이다. 그 후 1950년대 후반까지 사용될 정도로 당시에 획기적인 현가장치였다.

호스트만 현가장치는 〈그림 4.66〉 ❶에서 보는 바와 같이, 두 개의 보기륜(road wheel)을 같이 연결하는 방식이다. 만일 이들 보기륜 중에서 하나가 장애물 위로 올라가면, 볼트(volute) 스프링이 다른 보기륜의 서스펜션 레버를 움직여서 볼트 스프링을 압축한다. 쌍을 이루는 서스펜션 암은 공유 볼트 스프링으로 인해 지면으로 힘을 증가시켜 하중을 분산시킨다. 이 작동 방향은 그림의 화살표 방향과 같이 동시에 작용한다. 한편 한쪽의 보기륜이 장애물을 지나 내려오면서 복귀 암에 의해 압축되어 있던 스프링이 팽창하면서 완충작용을 한다. 동시에 복귀 롤러와 궤도 활주부는 궤도의 처짐과 이탈을 막아준다. 하지만 궤도 활주부는 궤도와의 마찰이 심하여 주행 속도를 빠르게 할 수 없었고, 잦은 고장이 발생하였다. 이러한 문제점을 개선하여 Mark 3 전차에는 〈그림 4.66〉 ❷에서 보는 바와 같이 궤도 활주부 대신 복귀 롤러로 교체된 방식이 등장하였다. 이 방식의 장점은 스프링이 압축과 팽창 모두에서 작동하여 서스펜션의 총 이동 거리를 늘릴 수 있다. 그리고 유지 및 보수의 관점에서 스프링이 움직이지 않는 단일 지점에서 연결되고 독립적으로 작동하므로 현장에서 쉽게 제거하고 교체할 수 있다는 점이다. 또 바퀴 위의 볼트 스프링 위치는 내부 차체 공간에 거의 또는 전혀 침범하지 않고 매우 작다.

이후 1940년 소련이 개발한 T-34 전차는 〈그림 4.67〉에서 보는 바와 같이, 수평 스프링과 수직 스프링을 동시에 적용한 현가장치를 사용하여 승차감을 크게 개선하였다. 수직 스프링을 사용하는 방식은 미국의 기술자 Christie가 개발한 방식이다. 이 방식은 전차 차체 또는 내부에 스프링이 장착되어 더 긴 스프링을 장착함으로써 더 굴곡진 험한 지형에서 충격을 견딜 수 있게 되었다. 하지만 바퀴와 현가장치가 별도로 장착되기 때문에 유지관리가 더 어렵고, 파손된 스프링은 휠을 제거하지 않고는 교체를 할 수 없는 단점이 있다.

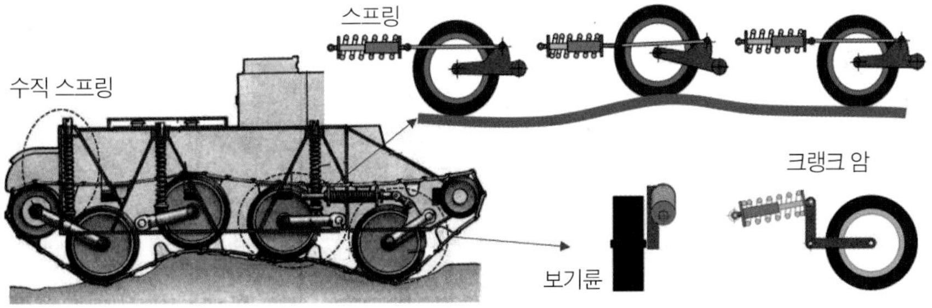

그림 4.67 T-34 셔먼 전차의 현가장치

한편 외형적으로 호스트만식 현가장치는 미국의 수직 볼트 스프링 현가장치(VVSS, Vertical Volute Spring Suspension)와 유사하다. 이들 방식을 모두 보기륜에 지지하는 점에서는 같으나 기계적으로는 매우 다르다. VVSS 바퀴는 독립적인 피벗 형식의 차체 연결부가 차체에 장착되고 각각 별도의 수직 스프링이 있다. 이후 미국은 2차 세계대전 후반에 코일 스프링을 VVSS의 볼트 스프링으로 대체한 Horstmann 방식 현가장치를 개발하였다.

이후 1942년 미국은 〈그림 4.68〉에서 보는 바와 같이, 수평 볼트 스프링 현가장치(HVSS, Horizontal Volute Spring Suspension)라고 하며, M4A3E8 전차에 최초로 적용하였다. 이 방식은 궤도가 지면의 굴곡에도 접촉면이 수직 충격에 대해서 완충효과가 우수하다.

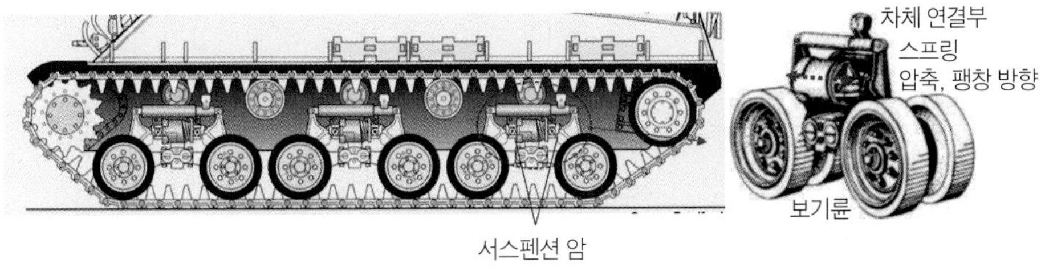

그림 4.68 M4A3E8 전차의 HVSS 현가장치

한편 1980년대 이후 개발된 전차의 현가장치는 대부분 〈그림 4.69〉와 같은 구조와 비슷하다. 그림에서 보는 바와 같이 충격을 흡수하는 장치가 토선

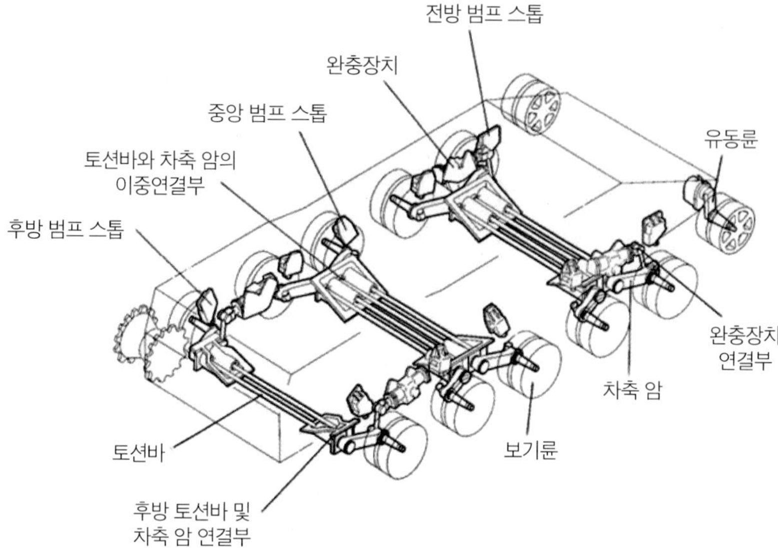

그림 4.69 일반적인 현대 전차의 현가장치

바(torsion bar), 완충장치, 범프 스톱(bump stop) 등으로 구성되어 있다. 토션바는 비틀림 탄성을 이용하여 완충작용을 하는 스프링이며, 스프링 강철로 만든 가늘고 긴 막대이다. 그리고 범프 스톱은 충격 흡수재료를 말하며, 일반적으로 발포 우레탄을 많이 사용한다. 이 장치는 현가장치의 작동 범위(stroke distance)의 한계까지 휘었을 때 휠로부터의 충격이 차체에 직접 전달되지 않도록 충격을 흡수한다. 또한, 토션 바와 차축 암은 이중연결부로 연결되어 차체의 상하, 좌우 충격을 효과적으로 흡수할 수 있도록 구성되어 있다.

② 능동형 현가장치

능동형 현가장치는 차량의 안정성과 승차감을 높여주는 기능을 한다. 하지만 반-능동형 또는 수동형 현가장치보다 비용이 많이 소요된다. 능동형 현가장치는 차량의 스프링 질량과 스프링 질량 사이에서 작동한다. 그리고 차량이 주행할 때 수직 가속도와 진동을 감소시켜 조향성과 차체 안정성을 향상하게 한다. 전차에 사용되는 능동형 현가장치는 유압 회로, 센서, 그리고 제어 시스템으로 구성되어 있으며, 액추에이터(actuator)는 전기-유압식을

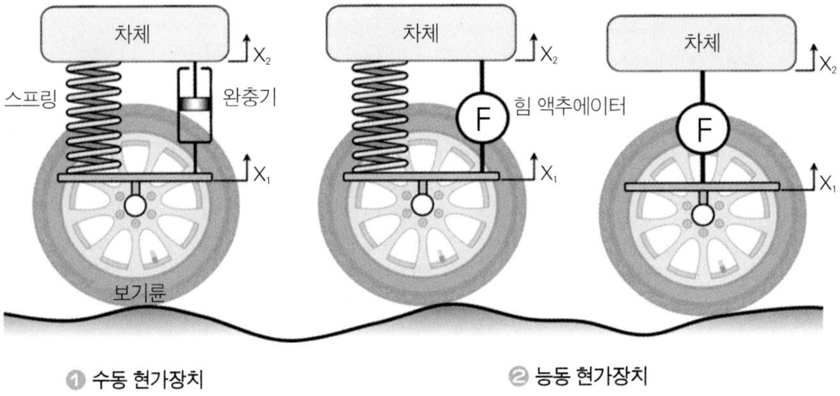

그림 4.70 현가장치의 차이점 비교

사용한다. 따라서 수동형과 능동형 현가장치의 구성은 〈그림 4.70〉에서 보는 바와 같다. 먼저 수동형 현가장치는 〈그림 4.70〉 ①과 같이, 힘 액추에이터가 없어서 스프링과 완충기(댐퍼)에 의해서만 완충과 진동을 감쇠시킨다. 반면에 능동형 현가장치는 수동형 댐퍼 또는 수동형 댐퍼와 스프링을 〈그림 4.70〉 ②와 같이 힘 액추에이터(force actuator)로 대체한 장치이다.

능동형 현가장치는 두 가지 형태가 있다. 첫 번째는 고속 능동형 현가장치 또는 고-대역폭(HB, high-bandwidth) 능동형 현가장치가 있다. 두 번째는 저속 능동형 현가장치 또는 저-대역폭(Low bandwidth) 능동형 현가장치이다.

고속 능동형 현가장치는 〈그림 4.71〉 ①에서 보는 바와 같이, 스프링 상(上) 질량과 스프링 하(下) 질량 사이에 설치되어 있다. 주요 기능은 전체 대역폭에서 현가장치를 제어한다. 특히 덜컹거리는 공간 주파수(10~12Hz)와 타이어의 튀는(hop) 주파수(3~4Hz) 등의 충격에 대한 응답성을 향상한다. 능동형 현가장치는 주로 전자 유압식 서보를 사용한다. 현가장치는 마이크로프로세서와 가속도 센서를 이용하여 제어한다. 특히 전차가 고속으로 주행하면 고주파 노면 입력으로 생성되는 진동을 감소시킬 때 효과적인 방식이다.[19]

19 Williams, R. A., Best, A., & Crawford, I. L, "Refined Low Frequency Active Suspension," In

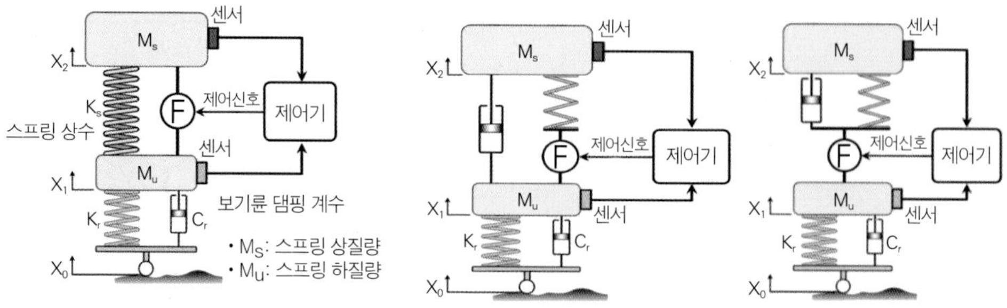

❶ 고속 능동 현가장치 ❷ 저속 능동 현가장치

그림 4.71 고속과 저속 능동형 현가장치 비교

저속 능동형 현가장치는 〈그림 4.71〉 ❷에서 보는 바와 같다. 이 방식의 특징은 액추에이터가 스프링이나 댐퍼와 직렬로 배치되어 있다. 그리고 3Hz 미만의 저 대역폭에서 적합한 장치이다. 예를 들어 전차가 덜컹거리는 노면을 주행할 때 적합한 방식이다. 그리고 더 높은 주파수에서 액추에이터는 효과적으로 잠기므로 보기륜이 튀는 동작은 수동으로 제어된다. 이 방식은 고속 능동형 현가장치보다 적은 에너지를 소비하기 때문에 기동하는 동안 차체의 롤링과 피칭 모두에서 효과적으로 진동을 감소할 수 있다. 만일 제어된 대역폭을 넘어 현가장치의 동작을 제공하려면 액추에이터를 기존 스프링과 직렬로 장착해야 시스템의 에너지 소모량이 줄어든다. 〈그림 4.71〉 ❷의 왼쪽 그림에서 볼 수 있듯이 액추에이터가 로드 스프링과 직렬로 배치되는 형태와 별도의 수동형 댐퍼가 있다. 다른 하나는 〈그림 4.71〉 ❷의 오른쪽 그림과 같이, 액추에이터가 스프링 및 댐퍼와 직렬로 연결된 방식이 있다.[20]

대표적인 전차의 능동형 현가장치는 전기-유압식 서보 밸브, 액추에이터, 가스 스프링, 선형 가변변위 변환기(LVDT, Linear Variable Displacement

International Conference on Vehicle Ride and Handling, paper C466/028/93, 1993, pp. 285-300.

20 Williams, R. A., "Automotive active suspension (Part 1: basic principles), and (Part 2: practical consideration)," *Proceedings of the Institution of Mechanical Engineers*, Vol. 211, Part D: *Journal of Automobile Engineering*, June, 1997, pp. 415-426, and pp. 427-444.

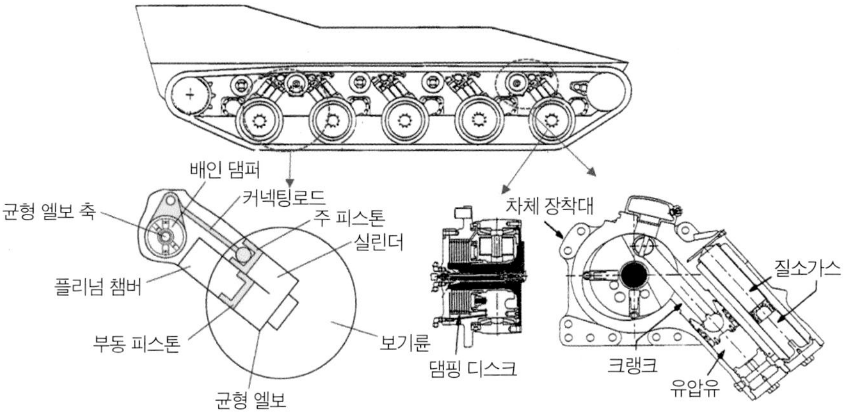

그림 4.72 능동형 현가장치의 액추에이터 사례

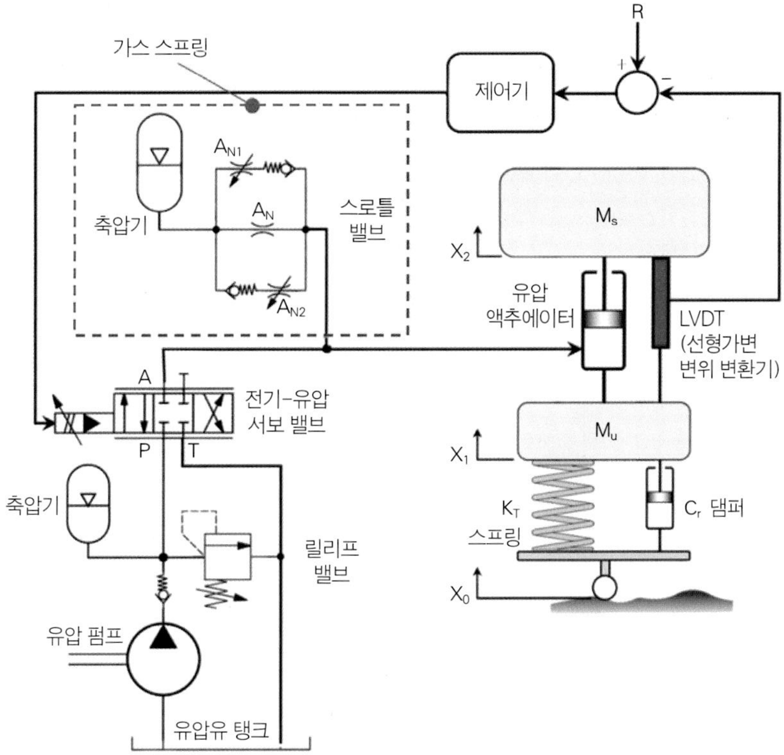

그림 4.73 능동형 현가장치의 제어흐름도

Transducer), 제어기 등으로 구성되어 있다. LVDT는 기계 운동 또는 진동, 특히 직선운동을 가변 전기신호로 변환하는 장치이다. 그리고 가스 스프링은 축압기에 저장된 가스를 스로틀 밸브를 이용하여 압력을 조절함으로써 수축력과 팽창력을 조절함으로써 마치 기계식 스프링처럼 감쇠 계수를 조절할 수 있다.

전기-유압식 서보 시스템(electro-hydraulic servo systems)은 유압유 탱크에 저장된 유압유를 유압 펌프로 가압시켜 전기-유압 서보 밸브에 일정한 압력으로 공급한다. 이때 정상작동에 필요한 유압보다 초과하면 릴리프 밸브가 열리면서 유압유 일부가 유압유 탱크로 회수한다. 그리고 서보 밸브는 제어기의 유압 액추에이터에 연결되면 스프링 상(上) 질량이 위로 상승한다. 이때 선형가변 변위 변환기는 상승 높이에 따라 발생이 되는 전기신호와 시스템의 상태 신호를 합쳐서 제어기로 전송한다. 제어기는 다시 서보 밸브를 작동시킨다. 이러한 과정은 전차가 주행하면서 실시간 진행된다. 이러한 능동제어 방법은 정밀제어가 가능하고 제어속도가 빠른 장점이 있다.

한편 차체의 진동이 발생하면 〈그림 4.74〉에서 보는 바와 같이 포신의 처

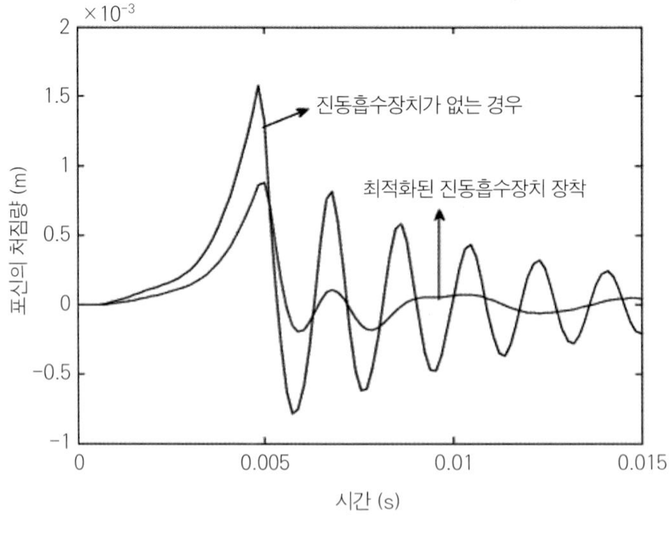

그림 4.74 차체 진동에 의한 포신의 처짐량

짐에도 영향을 미친다. 따라서 차체 진동을 흡수할 수 있는 흡수장치가 장착된 경우, 시간 경과에 따라 포신의 처짐량은 변동진폭은 급격히 감소시켜서 차후 사격이나 사격의 정확도를 높일 수 있다.

③ 반-능동형 현가장치

능동형 현가장치는 반-능동제어(semi-active control)와 능동제어(fully active control)로 구분할 수 있다. 반-능동제어 현가장치는 차량의 댐핑 특성을 제어하여 차체의 진동을 조절하는 방식이다. 반면에 능동제어 현가장치는 스프링을 포함하는 감쇠 장치를 대체하며, 액추에이터로 차량의 진동을 조절하는 방식이다. 이 방식은 반-능동제어 방식보다 승차감 제어와 자세제어가 쉽다. 하지만 비용이 많이 소요되며 에너지 소모량이 많다. 그리고 내구성이 낮고 유지 및 보수 비용이 많이 소요된다. 이러한 이유로 현대 전차는 주로 반-능동제어 현가장치를 사용하고 있다.

대표적인 사례로는 〈그림 4.75〉 ❶에 제시된 미국의 M1A1 전차의 현가장치가 있다. 이 전차에 수동식과 반-능동제어의 기동속도를 비교한 결과, 지표면 RMS 거칠기 3.5인치 이상의 거친 노면에서는 차이가 없었다. 하지

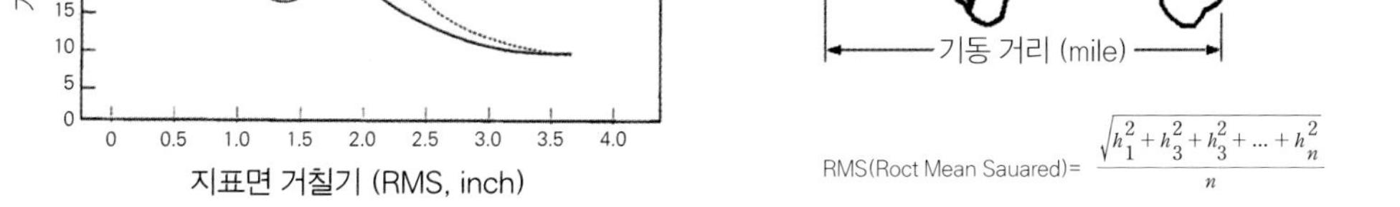

❶ 수동식과 반능동식 현가장치 비교

❷ RMS의 정의

그림 4.75 수동형과 반-능동형 현가장치의 기동 특성 비교

만 RMS가 3.0인치 이하인 양호한 노면에서는 수동식보다 기동속도가 훨씬 빠르다. 예를 들어 지표면 RMS 거칠기가 1.6인치인 도로주행 시 반-능동형 현가장치를 장착한 전차가 수동식 전차보다 약 26MPH(46km/h) 빠르게 주행할 수 있다.

(3) 화생방 방호시스템

현대 전차는 화재 및 화생방 공격을 대비하여 자동소화 설비와 공기정화 시스템을 장착하는 추세이다. 화생방 방호시스템(Nuclear Biological Chemical Protection system)은 〈그림 4.76〉에서 보는 바와 같이, 화생방 탐지장치, 공기정화장치, 해치 폐쇄장치, 엔진 정지/작동기구로 구성되어 있다. 사이클론(cyclone)은 화생방에 오염될 것으로 의심되는 외부 공기를 유입시켜 와류(vortex flow)를 만들어 공기 속에 있는 오염물질에 원심력을 작용시켜 분리하

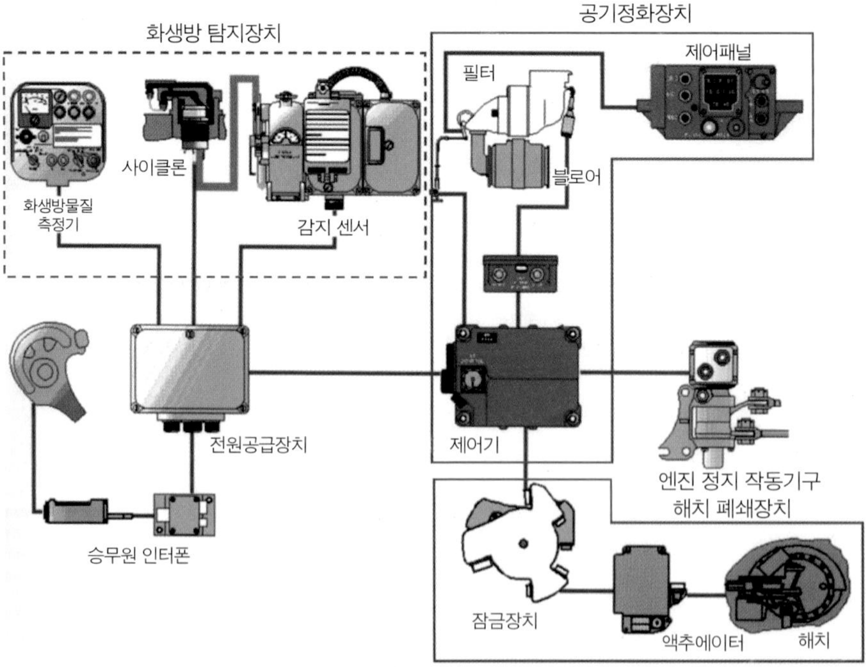

그림 4.76 전차의 화생방 방호시스템의 제어흐름도

여 포집하는 장치이다.

시스템의 작동과정은 다음과 같다. 먼저 승무원이 해치를 닫고 전차에 탑승하게 되면 해치폐쇄장치에서 제어유닛에 신호가 전달된다. 동시에 화생방 탐지장치는 사이클론으로 포집한 외부 공기를 감지 센서가 감지하여 화생방물질 측정기에서 오염도를 계산하여 공기정화장치에 있는 제어기에 전송한다. 이때 제어기는 외부의 공기를 블로어로 흡입시켜 필터를 통과시켜 오염물질을 여과하도록 공기정화장치를 작동시킨다. 그리하여 전차 내부에 청정 공기를 공급하게 한다. 이때 전차 내부 기압이 외부 공기의 압력보다 약간 높게 함으로써 오염된 공기가 차내로 들어오지 못하도록 한다. 즉 차내 공기압을 대기압보다 높게 하는 장치이다. 따라서 보통 화생방 양압 장치(NBC Positive Pressure Device)라고 부른다. 한편 이러한 과정은 제어판에 있는 제어장치로 제어할 수 있다.

제4절 전차의 발전추세

1. 현대 전차

최근 세계의 주력 전차, 특히 미국과 이스라엘의 전차는 치명성이나 기동성보다 방호능력을 우선하여 설계하였다. 이는 직접 및 간접 발사 무기와 급조폭발물(IED)과 정확도가 높은 대전차무기의 확산에 따른 영향이다. 전차는 주포용 자동장전 장치를 통합하여 승무원 수가 줄이고 차량이 경량화 하였다. 자동 장전장치의 탑재로 포탄의 발사속도는 더 빨라졌으나 수동 장전보다 주포의 작동에 방해가 될 위험이 더 크다. 승무원 인원수가 감소한 장점은 있으나 상황인식 능력이 감소하고 전차를 유지하는 물리적 능력이 감소하였다.[21]

능동방호 시스템(Active Protection System)은 차량 장갑과 함께 증가하는 위협으로부터 승무원의 생존능력을 향상하는 수단 중 하나이다. 특히 이스라엘 Mk4 전차와 러시아 T-14 전차는 능동방호 시스템을 중심으로 방호설계를 하였다. 그 이외의 전차는 대부분 능동방호 시스템을 보조 방호수단으로 채택하고 있다. 일부 러시아, 중국 전차는 미국, 유럽국가 전차보다 더 큰 구경의 전차포를 사용하여 이론적으로 다양한 장갑 표적에 관통능력을 제공할 수 있다. 그러나 전차포 탄약의 품질과 성능도 전차의 치명성에 매우 중요한 역할을 한다는 관점에 유의해야 한다. 더 큰 구경의 전차포 중 일부는 전통적인 전차포 탄약에 추가하여 대전차 유도 미사일을 발사할 수 있어 치명성을 더욱 높일 수 있다. 그리고 사격 통제시스템에 FLIR(Forward Looking Infrared Radar), GPS(Global Positioning System), 야간탐지기술 등을 사용하고 있다.

2020년대 세계의 주력 전차의 주요 제원은 〈표 4.8〉에서 보는 바와 같

---

21 A. Hafeexur Rahman et al., "Design configuration of a generation next main battle tank for future combat," *Defense Science Journal*, Vol. 67, No. 4, 2017. 7, p. 343.; http://auto.howstuffworks.com/self-inflating-tire.htm/printable; http://www.janes.com/

표 4.8 세계 주력 전차의 제원 및 특성

구분	M1A2 SEP V2(미국)	T-14 (러시아)	MBT-3000 (중국)	Leopard 2A7(독일)	Merkava Mk4 (이스라엘)	K2 (한국)
전력화	1992년	2015년	2012년	2016년	2004년	2014년
승무원	4명	3명	3명	4명	4명	3명
전투중량	69.5ton	48ton	57ton	67.5ton	65ton	55ton
최고속도	68km/h	96km/h	69km/h	72km/h	64km/h	70km/h
항속거리	426km	500km	500km	500km	500km	450km
주포	120mm (활강포)	125mm (활강포)	125mm (활강포)	125mm (활강포)	120mm (활강포)	120mm (활강포)
탄약 장전	수동식	자동식	자동식	자동식	자동식	자동식
특수탄약	열화우라늄탄 다목적 탄약	GUN 발사 대전차 유도탄	레이저 유도 고폭탄	다목적 관통 유탄 (HE PELE)	GUN 발사 유도탄	지능형 상부 공격탄
사격 통제 시스템	열상 조준경, 레이저 거리 측정기(LRF)	Kalina FCS 열상 조준경, LRF	열상 조준경, 관성항법장치 LRF	라인메탈 FCS 열상 조준경	Mk4 FCS 열상 조준경	열상 조준경 LRF
보호 장갑	특수 장갑판	모듈방식 복합강판	반응 장갑	특수 장갑판	특수 장갑판	특수 장갑판 비활성 반응 장갑
능동 방어체계	-	○ (하드/소프트 킬)	-	-	○ (하드 킬)	○ (소프트 킬)
NBC 보호	○	○	○	○	○	○
특징	원격조정 무기 시스템 (RCWS), 시가전 생존 세트	무인 포탑, 주포사거리 연장 (5km 이상)	원격조종 12.7mm 기관총	방호 세트 (지뢰용, 시가용, RPG용)	차량 앞쪽에 엔진 배치	전기식 포탑

다. 이들 전차의 특징은 전차포의 구경을 증대시키는 것보다 특수탄약, 사격 통제시스템, 능동방호 시스템 등으로 화력과 방호능력이 되었다. 하지만 기동성은 이들 전투 수행 기능과 비교해볼 때 2000년대 초반에 개발된 전

차와 비슷한 수준이다. 전투중량은 55톤 내외이고, 전차포는 120mm 또는 125mm 활강포를 장착하고 있으며, 승무원 수는 3~4명이다. 그리고 전술지휘통신체계가 탑재되어 체계 반응 시간이 짧아졌다. 하지만 하드 킬 체계는 일부 전차에만 장착되어 있다.

2. 미래 전차

(1) 화력 증대와 정밀 타격 능력의 향상

전차포는 기존에 개발한 추진제로는 포구 속도를 더 증가시킬 수 없다는 한계를 극복하기 위하여 전열포, 레일건, 레이저 포 등 새로운 포가 탑재될 가능성이 크다. 그리고 전차포 사격은 더욱 자동화되어 보다 초고속, 초정밀 사격이 가능하게 될 것이다. 열 영상 탐지장치와 신호처리장치의 발전에 따른 자동표적탐지 기능이 고도화되어 정밀 공격으로 인한 치명성이 크게 향상될 것이다.

한편 드론이나 무인정찰기, 인공위성 등 탐지수단에 의한 전장 정보를 효율적으로 이용할 수 있도록 전장 감시체계, C4I[22]체계, 정밀타격체계 등이 통합될 것이다. 그리하여 전차는 정밀 타격이 가능하여 전투효율의 극대화될 것이며, 다차원 동시통합 전투 수행능력이 향상될 것이다.

(2) 기동력 향상과 스텔스 기능 추가

미래 전차는 소형화 및 경량화 추세로 발전하여 전투중량이 40ton급으로 될 가능성이 크다. 이에 따라서 현대 주력 전차보다 기동력이 크게 향상될 것이다. 미래 전차의 전체 시스템은 전기 구동 방식으로 엔진과 변속기를 전자 제어하여 지형에 적합한 출력제어로 고속 기동, 연비 향상, 차체 안정성이 향상될 것이다.

한편, 미래의 전차는 생존을 보장하기 위해 복합엔진(hybrid engine)을 사용

22 Command, Control, Communications, Computers and Intelligence

하는 등 저소음 기동이 가능하거나 디스플레이기술을 활용하는 등 전차의 스텔스 기능도 갖추게 될 전망이다. 만일 전차에 복합엔진을 탑재하면 원거리에서 교전 지역까지는 내연기관으로 기동하다가 교전 예상지역에서는 전기모터에 의해 스텔스 기동이 가능할 것이다. 그리고 엔진 2개를 동시에 구동시키면 내연기관만 사용하는 전차에 비해 장애물 돌파능력이 우수한 장점이 있다. 그리고 능동형 현가장치를 채택함으로써 고속 주행 시에 차체의 안정성이 크게 향상될 것이다. 끝으로 강철 궤도를 고무 궤도로 대체함으로써 마찰소음이 획기적으로 감소할 것이다.

(3) 방호 및 생존능력 향상

미래 전차는 동력장치의 소형화와 엔진 출력 증대로 피탄 면적의 감소와 회피 기동으로 생존능력이 향상될 것이다. 그리고 사격지휘 통제 자동화, 탄약 장전과 사격 자동화, 탐지기능 자동화 등으로 승무원 수를 2명 이하로 감소시켜 승무원의 생존능력이 향상될 것이다. 그리고 다양한 능동방호 시스템(레이저, 플라스마, 전자기 등 이용)을 장착이 전차가 등장할 것이다.

(4) C4I 연결 가속화와 무인 전차 등장

현대 전차의 승무원 수가 3~4명이지만 미래 전차는 작동시스템을 자동화하여 인원을 점차 감소시킬 것이다. 그리고 결국 무인화 단계로 진입할 것이다. 일반적으로 예상되는 무인화 단계는 초기에는 유무인 자율주행 전차나 종속 주행이 가능한 형태로 출발할 가능성이 크다. 그리고 점차 완전 자율주향 그리고 무인 전투가 가능한 전차가 등장할 것이다.

미래 전차는 전장을 실시간으로 지휘할 수 있는 전술 C4I에 연결될 것이다. 오늘날 최첨단 전차는 이러한 기능이 있으나 전투정보 기능이 고도화될 것이다. 특히 인공지능과 빅 데이터를 활용과 교육 훈련 기능도 전차에 포함될 것이다. 가까운 미래에 유인 전차와 무인 전차가 동시에 사용되는 시기는 기술적인 문제보다 비용적 측면과 사회변화의 추세에 따라 결정될 것이다. 예를 들어, 미국은 이러한 전투기술은 1990년대부터 미래 전투체계 구축사

업을 추진하면서 획기적인 성과를 얻었다.

(5) 동력장치의 다양화

미래 전차는 내연기관과 전기모터를 혼합한 복합엔진이나 가스터빈, 또는 수소연료전지, 전기엔지, 무선 전력수신 엔진, 소형 원자력엔진 등 다양한 동력원이 등장할 가능성이 크다. 하지만 이들 동력원 중에서 복합엔진을 탑재한 전차가 가장 먼저 등장할 것이다.

연 / 습 / 문 / 제 EXERCISE

1. 전차와 일반 장갑형 전투차량의 차이점을 기동, 화력, 방호, 지휘 및 통제, 작전 지속지원의 측면에서 비교하여 설명하시오.

2. 현대전에서 군사 작전의 유형에 따른 전투유형에 따른 전차에 가하는 위협수단을 설명하시오.

3. 전투 장갑차의 개발 시 고려 요소는 무엇이 있는가? 그리고 이들 고려 요소를 우리나라의 K2 전차와 미국의 M1 전차에 적용하여 설명하시오.

4. 전차의 운용과 기술의 특성 중에서 기동성에 미치는 기술적 특성의 관계를 설명하시오.

5. 전차의 설계 시 고려 요소 중 무장 체계가 전차의 형상에 미치는 영향을 구체적인 사례를 들어서 설명하시오.

6. 현대 전차의 방호개념의 거리별로 그림을 그려서 설명하시오.

7. 궤도형과 차륜형의 장단점을 비교하시오. 그리고 궤도차량의 총 중량과 공칭 접지압력(nominal ground pressure), 평균 최대 압력(MMP, mean maximum pressure)의 물리적인 개념을 설명하시오.

8. 야지 기동성을 나타내는 지수인 원뿔지수의 측정원리와 적용사례를 설명하시오. 그리고 원뿔지수와 재성형 지수의 차이점과 측정방법을 설명하시오.

9. 전차의 전투 수행 기능별 구성과 발전추세를 기동, 화력, 방호, 지휘 및 통제 기능 측면에서 설명하시오.

10. 현대 전차의 주요 구성품과 이들 구성품의 기능을 설명하시오.

11. 전차포의 포열, 차열관, 포강 제연기, 주퇴 제동기, 복좌기, 포이, 포미 장치, 탄피 방출보호대의 작동원리와 기능을 간단히 설명하시오.

12. 미래의 전차포 중에서 전열포와 전자기식 포의 구조와 작동원리 그리고 기존의 화포와의 차이점을 설명하시오.

13. 광학식 자이로 스코프의 작동방식을 그림을 그려서 설명하시오.

14. 전차의 측풍 센서, 포구감지기, 레이저 거리측정기의 기능과 작동원리를 설명하시오. 그리고 열선 풍속계의 측정원리를 간단히 설명하시오.

15. 전차의 차체 안정화 장치과 주포의 안정화 장치의 기능과 작동원리를 설명하시오.

16. 전차의 사격 순간 제어 시스템의 구성과 작동원리 그리고 기능을 설명하시오.

17. 탄약의 자동장전방식의 종류와 이들 방법의 장단점을 설명하시오.

18. 전차포의 자세제어 장치의 구성과 작동원리를 설명하시오. 그리고 수동식과 자동식 사격 과정의 차이점을 설명하시오.

19. 수동형 장갑과 능동형 방호체계의 종류와 특성 그리고 각각의 작동원리를 그림을 그려서 설명하시오.

20. 미국의 M1 계열 전차용 포탄의 종류와 특성 그리고 용도를 설명하시오.

21. 궤도장치의 구성품과 이들의 기능, 그리고 궤도 장력조절 장치의 작동원리를 그림을 그려서 설명하시오. 그리고 공칭 접지압력의 정의와 물리적인 개념을 구체적인 사례를 들어 설명하시오.

22. 전차의 수동형 현가장치와 능동형 현가장치의 차이점과 장단점을 그림을 그려서 설명하시오. 그리고 능동형과 반-능동형 현가장치의 차이점을 설명하시오.

제5장 자주포와 대공포

제1절 자주포

제2절 대공포

제1절 자주포

자주포(self-propelled artillery)는 차량 위에 탑재된 포를 말한다. 견인포는 다른 차량 등에 의해서 견인되며, 사격하려면 견인 차량에서 분리한 후 화포를 발사하게 되어 있다. 하지만 자주포는 무한궤도와 엔진이 있어서 이러한 절차가 없이 어떠한 곳에서나 쉽게 사격할 수 있다.

1. 자주포의 구조와 특성

(1) 자주포의 발전과정

화포는 17세기까지 마차로 사격지역까지 운반한 후 각 부품을 조립하여 사용하였다. 이후 말이 고무 타이어를 장착한 포를 끄는 견인포가 개발되었다. 1916년 영국에서 Mark I 전차를 개조한 최초의 Gun Carrier Mark I 자주포를 개발하였다. 당시 이 자주포의 전투중량은 28.5ton이었으며, 포는 60파운드 포탄을 발사할 수 있는 포신과 6인치 곡사포 포신을 탑재한 두 가지 모델이 개발되어 포병 4명이 운용하였다. 하지만 1차 세계대전에서는 트럭으로 견인하는 견인포가 더 많이 사용되었다. 이후 2차 세계대전에는 전차와 보조를 맞춰서 화력지원을 위해 자주포가 본격적으로 활용되기 시작하였다.

(2) 자주포의 구조와 특성[1]

현대 자주포는 전차와 비슷한 구조와 형상이다. 하지만 전차는 직사포로 근거리 표적을 타격하는 무기체계로서 우수한 기동성과 화력 그리고 방호능력을 갖추었다면, 자주포는 곡사포로 원거리 표적을 타격할 수 있는 화력

---

1 U.S army, "Tactics, Techniques, and Procedures for Field Artillery Target Acquisition," FM 3-09.12(FM 6-121), MCRP 3-16.1A.; "Artillery Radar System ARTHUR," Ministry of Defence & Armed Forces of the Czech Republic, 2016. 7.; https://fas.org/man/dod-101/navy/docs/fun/part11.htm(2020. 10)

과 기동력을 갖춘 무기이다. 전술적인 측면에서 전차는 가시선 근접전투 임무를 위해 개발되었고 자주포는 비-가시선 사격지원용으로 개발된 무기이다. 현대 전장에서는 전차, 장갑차 등의 기동무기와 협동작전을 수행할 수 있도록 기동성이 필요하다. 또한, 대-포병 탐지 레이더(Counter-Battery Radar), 음파 탐지장치 등이 개발되면서 사격 후 진지를 신속히 이동해야 하는 기동 및 방호력을 갖춘 화포가 필요하게 되었다. 그 결과 현대 자주포는 전차와 비슷한 구조와 탑재장치를 갖추게 되었다. 하지만 자주포는 기동하면서 사격을 하지 않기에 포수용 조준경, 레이저 거리 측정기, 능동방호 장치 등을 탑재하지 않아서 전차보다 구조가 단순한 편이다. 전차에는 기동사격을 위한 차체와 포탑 안정화 장치가 탑재되어 있다. 하지만 정지 사격을 하는 자주포에는 이들 장치의 구조가 전차보다 단순하며, 안정화 성능 수준이 낮다. 이는 자주포의 전술적 필요성과 비용 대 효과를 고려했기 때문이다.

현대 자주포는 〈그림 5.1〉에서 보는 바와 같이, 전차처럼 주포를 탑재한 포탑과 차체로 구성되어 있다. 일반적으로 주포에는 포구 제동기(muzzle brake)와 주퇴장치, 그리고 포강 제연기(muzzle extractor) 등이 있다. 여기서 포구 제동기는 포구 끝에 장착되어 포강 내부에서 팽창하여 포구 바깥으로 나오는 추진가스 일부를 편향시켜 주퇴력을 감소시켜 사격 충격력을 줄이는 장치이다. 그리고 포강 제연기는 주포 사격 시 포신 내부에 남아있는 추진

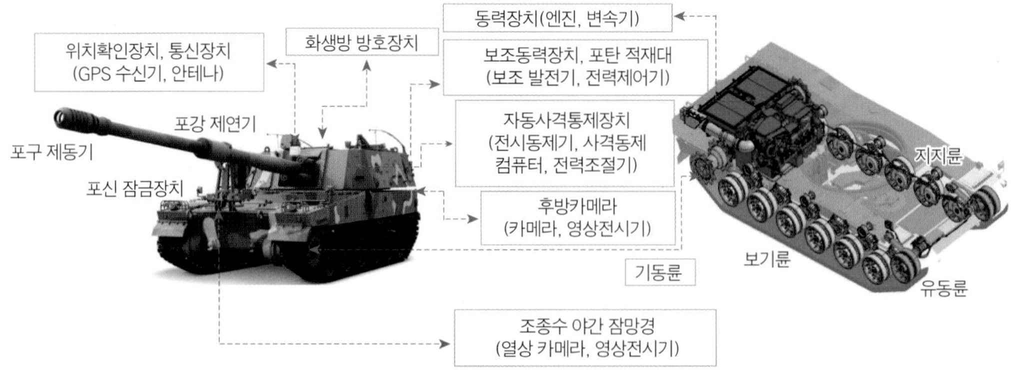

그림 5.1 우리나라의 K9 자주포의 주요 장치

가스를 외부로 배출시켜 폐쇄기가 개방되었을 때 가스가 포탑 내부로 들어오는 것을 방지하는 구성품이다. 또한, 조종수가 야간에 차량 전방을 볼 수 있는 야간 잠망경과 후진 시 후방을 볼 수 있는 후방카메라가 있다. 그리고 사격에 필요한 포의 위치를 자동으로 확인할 수 있는 GPS(Global Positioning System) 장치와 탄도를 자동으로 계산하여 고각(angle of elevation)과 방위각을 제어할 수 있는 자동사격 통제기, 포탑 구동장치가 있다. 여기서 고각은 포강 축선과 조준선이 이루는 각이다. 또한, 사격을 위해 적재된 포탄을 자동으로 이송하는 자동이송장치와 자동으로 탄약을 적재 및 이송하는 송탄장치 그리고 탄약을 적재할 수 있는 적재장치가 있다. 자주포의 동력원은 주동력인 엔진과 변속기와 보조동력원인 보조 발전기로 구성되어 있다. 그 밖에 전차의 엔진은 일반적으로 차체 후방 쪽에 있으나 자주포는 주퇴 운동과 탄약의 장전 등에 필요한 공간을 확보하기 위해 차체 전방 쪽에 배치한다. 따라서 기동륜이 차체 전방에 위치하고, 유동륜은 후방에 있도록 설계하는 경우가 많다. 그 밖에 포병대대 전술 지휘체계(battalion tactical command system)가 설치되어 무선으로 연동할 수 있어서 동시통합 화력지원이 가능하다.

한편 현대 자주포는 〈표 5.1〉에서 보는 바와 같이 전차와 비슷한 기동성을 갖추고 있다. 그리고 자주포의 구경은 155mm급 강선포를 탑재하고 있으며, 승무원은 4~6명, 자동식 탄약 장전이 가능하고 화생방방호기능이 가능하다. 하지만 동시 탄착 사격이 가능한 모델은 한국의 K9 자주포와 독일의 PzH2000 자주포뿐이다.

하지만 이들 자주포의 기동성과 보호 장갑의 방호능력은 비슷한 수준이다.[2]

---

2 https://www.hanwha-defense.co.kr/eng/products/firearms-system-k9.do(2020. 10); https://aselsan.com.tr/Fire_Control_System_4413.pdf(2020. 10)

표 5.1 세계 주력 자주포의 제원 및 특성

구분		M-109A6 (미국)	2 S19 MSTA-5 (러시아)	AS-90 (영국)	PzH 2000 (독일)	K9 (한국)
전력화		1992년	1989년	2003년	1998년	1999년
승무원		4명	5명	5명	5명	5명
전투중량		35ton	42ton	50ton	61ton	47ton
최고속도		64km/h	60km/h	55km/h	60km/h	60km/h
항속거리		320km	500km	370km	420km	360km
주포		155mm	155mm	155mm	155mm	155mm
탄약 장전		수동식	자동식	자동식	자동식	자동식
사거리	일반 탄약	23km	24km	30km	30km	18km
	개량 탄약	40km	30km	40km	60km	40km
지속 발사 속도(1시간)		4발/분	7~8발/분	6발/분	10발/분	6발/분
사격 통제 시스템(FCS)		디지털	디지털	디지털	디지털	디지털
보호 장갑		알루미늄	강철	강철	강철	강철
NBC 보호		○	○	○	○	○
동시 탄착 사격		–	–	–	5발	3발

2. 특수 유도형 포탄

자주포는 견인포에 사용하는 고폭탄, 이중목적 고폭탄 등 대구경 화포에서 사용한 탄약과 같은 탄약을 사용한다. 따라서 본 절에서는 자주포뿐만 아니라 각종 화포에 사용하는 특수탄약을 설명하고자 한다. 여기서 특수탄약이란 주로 사거리 연장과 명중률을 높이기 위해 개발된 탄약이다.

(1) 활공-유도 포탄[3]

활공-유도 포탄(Gliding Guided Artillery Munition)은 기존 탄약의 회전 안정운동(spinner)과 날개안정 운동(finner)으로 작동하는 유도 포탄이다.[4] 작동 순서는 〈그림 5.2〉에서 보는 바와 같다. 먼저 ①은 초기 상승단계로서 빠른 회전을 통해 비행 안정을 유지하며 상승 비행한다. ②는 탄도가 정점에 도달하기 직전에 수납된 조종 날개를 전개하여 회전을 단시간 내에 감쇠시키는 단계이다. ③은 회전이 거의 사라진 상태에서 활공 날개를 전개하여 비행자세를 안정화하는 단계이다. ④는 위성항법장치(GPS)와 관성항법장치(INS, Inertial Navigation System)를 통합한 항법과 비행 제어를 통해 사전에 장입된 목표물까지 유도되는 단계이다. 마지막 ⑤는 종말 단계로 종말 탄착 각도를 고려하여

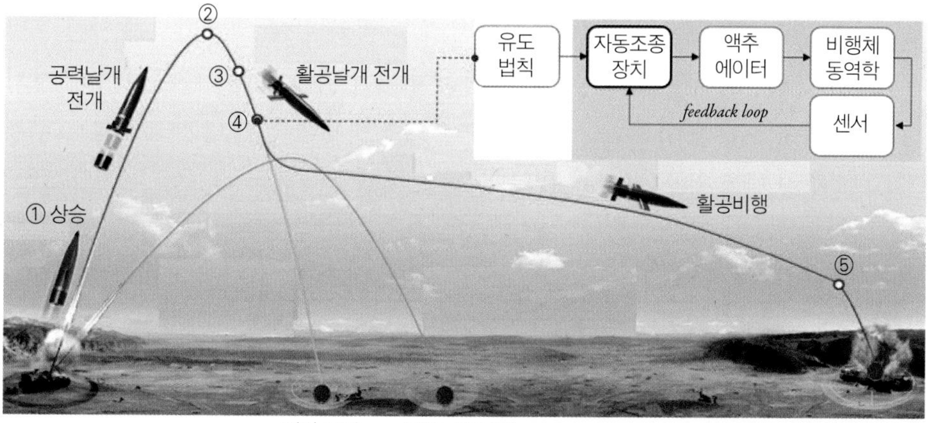

그림 5.2 활공-유도 포탄의 작동개념도

---

3 "Laser-Guided Bomb Kits," Israel Aerospace Industries. Retrieved 20 February 2013.; http://articles.janes.com/articles/Janes-Ammunition(2020. 11); Hamilton, Richard, "Precision guided munitions and the new era of warfare," Air Power Studies Centre, Royal Australian Air Force, 2009. 2.

4 Jaeho Kim, et al., "A study of gliding artillery shell for extended(in Korean)," 10th Seminars for ground weapon system, Nov. 2002.; Seunghan Lim, "Development of Flight Control System for Gliding Guided Artillery Munition," *J. of The Korean Society for Aeronautical and Space Sciences*, 42(3), 2014, pp, 221-228.

목표물까지 유도되어 최종임무를 종결하게 되는 단계이다.

활공 유도 포탄은 화포에서 발사된 탄이 회전 안정화 이후에 활공 비행체로 전환되는 과정을 갖는데, 이는 기존 포탄이나 스마트탄약과는 다른 방식이다. 특히 탄도의 정점(최대 탄도고)에서부터 활공 유도 비행한다. 기존 탄약은 탄도 곡선이 일정하다. 따라서 대-포병 레이더로 탐지하여 탄도를 역추적하면 발사원점을 신속히 파악할 수 있다. 하지만 유도 포탄은 정점부터 활공 유도를 한다. 따라서 포탄이 정점을 지나서 탐지하면 발사원점을 추적하기 어렵다.

(2) 탄도수정 포탄

1 작동 개념

탄도수정 포탄은 〈그림 5.3〉에서 보는 바와 같이, 화포에서 발사된 포탄이 상승단계에서 GPS 장치가 작동하여 자기 위치를 파악한다. 이후 탄도가 정점에 도달한 이후부터 활공하다가 종말 단계에서 귀 날개로 탄도를 수정하면서 낙하하여 표적에 도달하는 유도 포탄 중 하나이다.

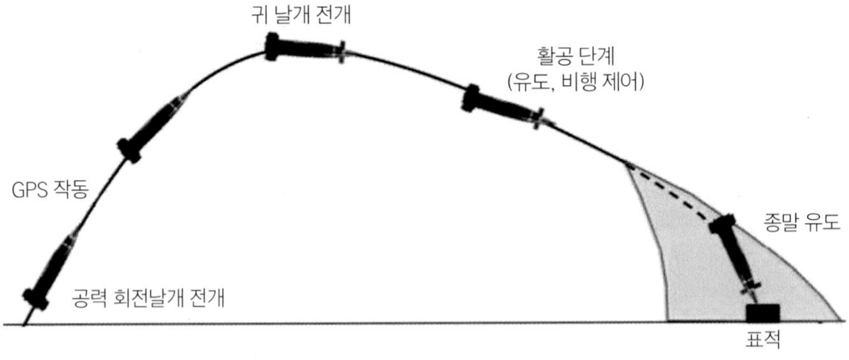

그림 5.3 탄도수정 포탄의 작동 개념

2 작동원리[5]

포탄의 구조와 기능은 포탄의 신관, GPS/INS(Inertial Navigation System) 장치, 귀 날개, 공력 날개, 슬립 회전대(slip driving band), 모듈형 탑재공간으로 구성되어 있다. 신관은 표적 위치정보를 입력할 수 있는 입력장치와 모듈형 탑재공간에 내장된 자탄(이중목적 대인 개량 자탄)을 방출시킬 때 필요한 기폭장치와 배제(방출) 장약이 있다. GPS/INS 장치는 실시간 자기 위치정보를 생성하며, 생성된 위치정보가 내장 컴퓨터로 탄도를 계산하여 귀 날개를 제어하여 탄도를 수정한다. 공력 날개는 포탄이 포구를 이탈하기 전까지는 접힌 상태로 있다가 포구를 이탈하는 순간 펼쳐지면서 공기역학적으로 비행안정성을 유지하는 역할을 한다. 그리고 슬립 회전대는 강선포에서 포탄이 발사할 때 포탄을 겉돌게 하여 회전하지 않도록 하는 역할을 한다. 끝으로 자탄은 각각 통상 금속날개가 장착되어 있는데, 이는 자탄이 일정 고도에서 포탄에서 방출된 후 자탄의 탄두부가 지면을 향하면서 낙하하도록 위해서이다.

한편 이 포탄의 작동과정은 다음과 같다. 먼저 발사 전에 표적의 위치정보를 신관에 입력한 후 사격을 한다. 이후 포탄이 비행하면서 GPS 또는 INS 장치에서 정보를 실시간으로 받아서 추력 장치와 날개를 조종하게 된다. 일정한 위치를 통과하면 안전 모드에서 무장상태로 전환되고, 귀 날개(canard)를 구동하여 탄도를 수정하면서 표적을 향해 낙하한다. 동시에 내장 컴퓨터에서 계산된 정보를 유도조종 소프트웨어에 입력하여 실행한 신호로 추력 장치와 날개를 제어할 수 있다.

3 주요 특성

미군이 개발한 구경 155mm 유도 포탄과 이중목적 대인 개량포탄(DPICM, Dual-Purpose Improved Conventional Munition)의 시험평가 결과는 〈표 5.2〉에서 보는 바와 같다.

---

5 "Excalibur Precision Projectile," globalsecurity.org. 2020. 5.; "Guided artillery missile with extremely long range," patentstorm.us. 2004. 8.

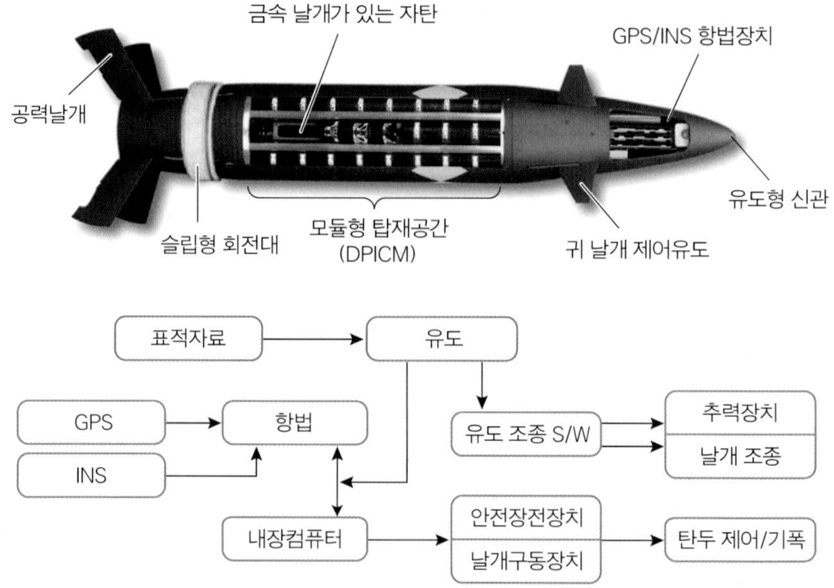

그림 5.4 미국의 155mm M982 Excalibur 포탄

표 5.2 일반 포탄과 유도 포탄의 시험평가 결과

탄약 종류	사격횟수	소요량	발사시간	M109A6 자주포 적재소요량
일반 포탄 (DPICM탄)	317회	5,706발	307분	25.5대
유도 포탄	13회	234발	3분	1대

〈표 5.2〉는 같은 표적을 파괴할 경우 M109A6 자주포 1개 포병대대(18문)로 가상 적군 1개 기계화 여단(전투차량 203대 구성)의 전투력을 30% 손상을 입힐 수 있는 사격횟수, 탄약 소요량, 발사 소요시간을 비교하였다. 그 결과 유도 포탄을 사용할 경우 M109A6 자주포 1대가 필요하지만 DPICM 탄약을 사용하면 25.5대가 필요한 것으로 분석되었다. 그리고 유도 포탄을 사용하면 탄약 수송과 저장하는 소용되는 비용이 감소하였다.

(3) 감응장갑-파괴 포탄[6]

감응장갑-파괴 포탄(SADARM, Sense and Destroy Armor)은 탐색 장치와 조향 제어장치가 내장되어 있어서 종말 단계에서 표적에 타격하기 전까지 자체 유도하면서 표적을 식별하여 타격한다. 이 탄약은 다수의 전차나 장갑차가 정지 또는 이동 시에 공격하기 위해 개발하였다.

포탄의 구성은 〈그림 5.5〉와 같이 신관, 방출 장약, 자탄(통상 2~3개), 탄저 항력감소(base bleed) 발생기, 회전대 등으로 구성되어 있다. 자탄은 센서, 신호처리기, 성형 작약, 금속 라이너, 낙하산, 회전 감속 날개로 구성되어 있다. 자탄은 능동 또는 수동형 밀리미터파(MMW, millimeter wave) 센서와 적외선(IR, Infrared Ray) 센서를 결합한 다중 융합 센서를 사용하고 있다. 이를 통해 표적탐지의 정확도를 높이고 있다. 그리고 폭발성형 관통자(Explosively Formed Penetrator)는 보통 탄탈륨(Ta, tantalum) 재질의 솥뚜껑처럼 생긴 원반 모양이다. 그리하여 자탄이 전차 상부에 메탈 제트(metal jet)에 의해 관통 효과를 높일 수 있다.

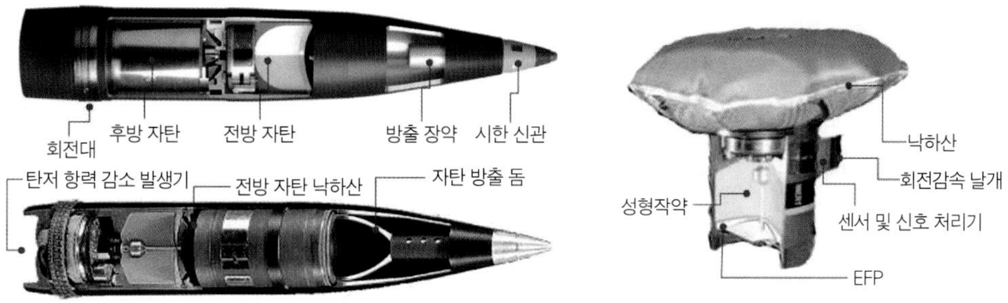

그림 5.5 감응 장갑파괴 포탄의 주요 구성

포탄의 작동과정을 살펴보면 〈그림 5.6〉에서 보는 바와 같이 이루어진다.

1단계는 발사 전에 표적의 위치정보를 갖고 예상 탄도를 계산하여 신관에 자탄 분리 시간을 장입한 후 발사하는 단계이다. 2단계는 발사 직후 포탄

---

6 https://www.globalsecurity.org/military/systems/munitions/sadarm.htm(2020.10)

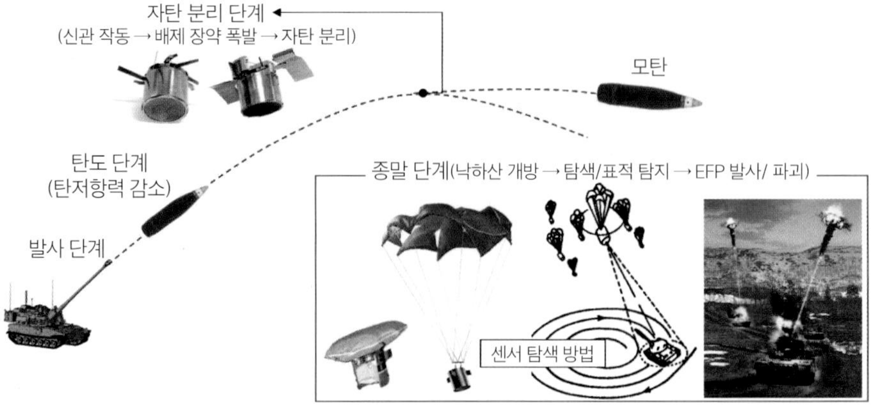

그림 5.6 감응장갑-파괴 포탄의 작동과정

은 탄저 항력감소 기능이 작동되어 포탄의 탄저부에 로켓연료가 연소하면서 공기저항력을 감소시켜 사거리를 증대시키는 상승단계이다. 이어서 3단계는 자탄 분리 단계이다. 이 단계는 포탄의 신관이 작동하면서 방출 장약이 폭발하면서 자탄 방출용 돔이 순간적으로 고압가스 압력에 의해 포탄의 후방으로 자탄이 방출된다. 동시에 각 자탄에 들어 있는 열전지가 작동된다. 열전지는 충격에너지를 전기에너지로 변환시키는 장치이며 자탄에 전원을 공급한다. 자탄의 측면에는 적외선 센서가 있는데 낙하산이 전개하는 방출과 동시에 탄체 측면에서 튀어나온다. 그리고 회전 낙하산이 전개되면서 자탄의 직선 속도와 회전속도가 감소한다. 이때 자탄이 방출된 탄체와 신관만이 남아있는 모탄은 관성력에 의해 일정한 거리까지 날아간 후 낙하하게 된다. 4단계는 표적을 타격하기 위해 센서가 작동되는 종말 단계이다. 센서는 자탄이 150m 내외의 고도까지 낙하하면 작동이 시작된다. 일반적으로 자탄 낙하속도는 10m/s 내외의 속도이며, 회전하면서 지상에 있는 표적을 탐지한 후 표적의 상부를 공격하여 파괴한다. 자탄의 회전은 자탄 상부의 한쪽 끝에 낙하산과 연결되어 있어서 낙하와 회전이 동시에 일어난다. 참고로 통상 지면에 도달하기 20m 내외의 고도에서 표적이 탐지되지 않으면 자폭하도록 안전장치가 되어 있다. 대표적인 감응장갑-파괴 포탄으로는 독일의 155mm 곡사포용 SMArt 155 포탄이 있다. 이 포의 자탄은 2발이고 전파방해를 고려하여 수동형 적외선 센서와 능동 및 수동형 MMW 센서로 표적을 탐지할 수 있다(〈그림 5.5〉 참조).

(4) 관측 포탄

포 발사용 관측 포탄(Artillery Launched Observation Rounds)은 정찰이나 교전 후 적의 전투 효율성을 결정하는 전투피해평가를 수행하기 위해 개발한 포탄이다.

1 무인기 방식

미국이 개발한 155mm 곡사포용 "QuickLook" 관측 포탄의 작동과정은 크게 4단계로 작동된다. 1단계는 포탄이 발사되어 2km 정도 날아가서 고도가 약 1km에 도달하면, 조종 날개와 주 날개 그리고 프로펠러가 전개되면서 엔진이 작동하여 프로펠러를 구동시킨다. 2단계는 GPS를 이용하여 10여 분 동안 표적 지역을 향해 290km/h의 속도로 비행하는 단계이다. 3단계는 표적 지역에 도달하게 되면, 비행속도를 225km/h까지 감속시키면서 약 30분간 표적 지역의 상공을 비행하면서 지상을 관측하는 단계이다. 이때 표적의 상공에서 촬영한 영상데이터를 전술 작전센터에 송신한다. 5단계는 관측 포탄으로부터 수신한 영상정보를 전술 작전센터에서 다른 데이터와 종합분석하여 표적과 표적 지역의 상태를 분석할 수 있다.

2 낙하 체공 방식[7]

낙하 체공 방식은 자탄이 포탄(모탄)에서 방출된 후 낙하하면서 지상을 관측할 수 있도록 설계되었다. 이 방식은 원뿔형 낙하산으로 서서히 낙하하는 낙하산 방식과 동력 패러글라이딩 방식으로 체공하는 방식이 있다.

7 ㈜풍산, "포탄발사식 관측 자탄의 비행 제어장치 및 방법", 등록 특허 10-1374309, 2014.3.

① 무동력 낙하산 방식

무동력 낙하산 방식은 〈그림 5.7〉에서 보는 바와 같이, 포탄에서 발사된 관측 포탄이 일정 고도에 도달하면 신관이 작동하여 자탄(1개)이 방출된다. 이때 자탄은 20,000G 수준의 충격에도 견딜 수 있다. 그리고 자탄에는 고속 회전상태를 감소시키기 위한 회전감소 날개가 3개 장착되어 있다. 이 회전감소 날개가 원심력에 의해 펼쳐지고 회전 반대 방향으로 강한 공기저항을 유발하여 초기 포구에서 포탄의 회전속도 18,000rpm이 300~400rpm까지 감속된다. 그리고 자탄에 달린 원뿔형 낙하산이 펼쳐지는데 이를 통해 천천히 낙하하면서 자탄에 있는 영상카메라로 촬영한 영상정보를 통합전자모듈을 통해 지상 장비에 실시간 전송할 수 있다.

한편 자탄에 내장된 통합전자 모듈은 비행 제어시스템(FCS, Flight Control System)과 영상 모듈, 무선송신 모듈이 있다. 비행 제어시스템은 자이로스코프(gyroscope), 가속도계 등 여러 센서로 6축 좌표계 자세 정보를 감지할 수 있다. 그리하여 추진 모터와 조종 모터를 조정하여 자탄의 자세를 안정화되게

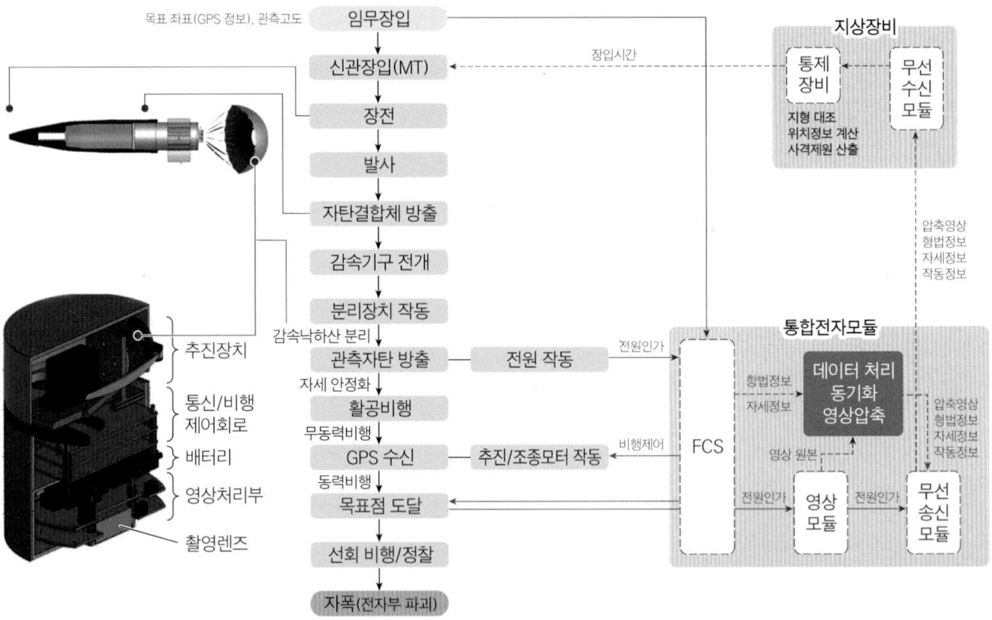

그림 5.7 낙하산 체공 방식의 관측 포탄

할 수 있다. 그다음 GPS 신호를 수신하여 자탄의 질점계(mass system) 위치정보를 감지하여 비행할 수 있다. 그 밖에 자세한 내용은 〈그림 5.7〉에 제시되어 있다.

② 동력 패러글라이딩 방식

동력 패러글라이딩 방식은 낙하산 방식과 같은 방식으로 발사할 수 있다. 하지만 낙하산 방식은 일정한 자탄을 일정한 고도에서부터 작동할 수 있으나 이 방식은 자체 동력으로 프로펠러를 작동시켜 양력을 발생시킬 수 있다는 점이 특징이다.

작동과정은 〈그림 5.8〉에서 보는 바와 같이, 낙하산 방식처럼 자세 안정화 단계를 거쳐서 GPS 신호와 자세 추정기에 의해 계산된 제어 신호로 패러글라이더와 프로펠러를 구동시켜 비행하게 된다. 만일 GPS 신호가 수신되지 않으면, 6축 좌표계 자세 정보를 누적한 관성 유도정보를 통해 비행할 수 있다.

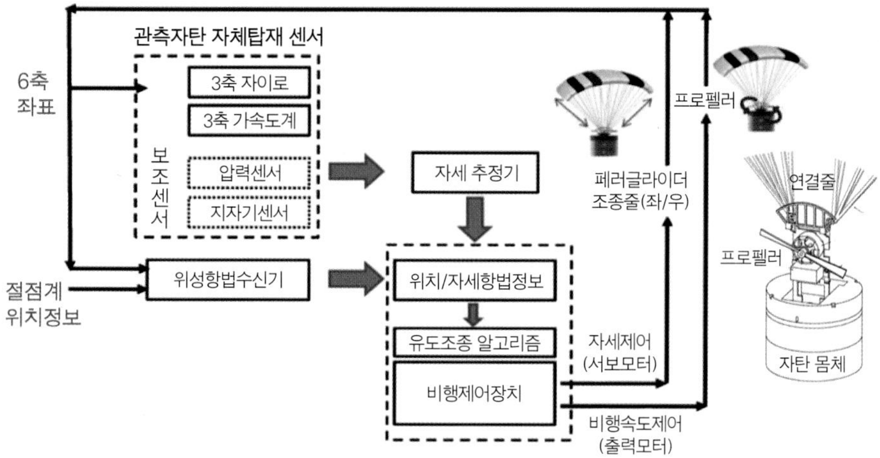

그림 5.8 패러글라이딩 방식 관측 포탄

3. 자주포의 발전추세

자주포의 발전추세는 다음과 같이 요약할 수 있다.

첫째, 무인 포탑이나 원격운용, 그리고 무인 운용과 복합엔진의 탑재, 지능형 무인화와 레일건이나 레이저포 등으로 발전할 것이다. 그리고 대포병 레이더뿐만 아니라 무인 항공기, 특수 포탄 등에 의해 표적 정보를 획득할 것이다.

둘째, 포탄은 기존의 사거리 연장 탄약 위주에서 활공 유도탄, 상부 공격용 포탄, 탄도수정 포탄, 관측 포탄, 램제트 포탄 등 정밀하면서 사거리가 긴 탄약을 개발하여 사용할 것이다. 또한, 소형 로봇이나 여러 가지 기능을 통합한 다목적 포탄 등이 개발될 것이다. 그리고 발사속도가 빨라져서 아군의 노출 시간이 감소할 것이다.

셋째, 현가장치는 반-능동형 현가장치 위주에서 완전 능동형 현가장치로 전환되어 차량의 주행속도가 증가하고 전차처럼 기동하면서 사격 가능한 자주포가 등장할 것이다. 그리고 궤도형 자주포는 고무 궤도를 채택하여 스텔스 기동을 갖추게 될 것이다. 또한, 그리고 가상현실이나 혼합현실 장치로 실사격을 대체한 교육 훈련 기능이 자주포에 추가될 것이다.

넷째, 자주포 상부에 능동장갑이나 반응장갑 등이 추가될 것이며, 고출력 고효율 엔진을 탑재하여 사격 후 회피기동 능력이 더 향상될 것이다.

다섯째, 운용 요원의 감소 또는 원격 제어, 무인화 단계로 발전할 것이다. 특히 완전자동장전 시스템 탑재 및 탄약운반 차량 사용이 증가할 것이다.

여섯째, 전술 지휘통신체계와 연동된 원격 자동사격이나 기동이 가능할 것이다. 또한, 인공지능기술과 사물인터넷이 장착되어 지능형 사격 통제와 유지 보수 등의 효율성이 향상될 것이다.

제2절 대공포

1. 대공포의 발전과정

(1) 대공 무기 출현

1870년 보불전쟁 당시, 기구를 타고 공격해오는 적을 격퇴하기 위하여 65mm 고사포(anti-aircraft artillery)를 사용한 것이 최초의 대공포라고 전해오고 있다. 그 후 1897년에 프랑스군은 표적의 진행속도를 고려하여 사전에 폭발시간 장입이 가능한 75mm 고사포를 사용하였다. 이 고사포 포탄은 최대 7km까지 도달하였다.

(2) 1차 세계대전

1차 세계대전에서 비행선, 항공기에 의한 폭탄 투하가 본격화되자, 원거리 사격이 가능하고 포구 속도와 발사속도가 향상된 대공포가 출현하게 되었다. 그 당시 구경 75~120mm급 고사포계열의 대구경 화포가 대공 무기의 주축이었다.

대표적으로 1912년 독일은 75mm 야포를 개조한 고사포가 있다. 이어서 1913년 프랑스는 105mm 야포를 포탑/포가 방식 고사포를 개발하였다. 이 포는 최대 150km/h 속도로 수평으로 비행하는 항공기에 조준사격이 가능하였다. 하지만 1차 세계대전 말기까지 고사포의 명중률은 낮았다.

(3) 2차 세계대전

1930년대 항공기의 발전으로 대공화기의 성능은 상대적으로 뒤떨어졌다. 2차 세계대전 초기의 고사포는 구경은 85~90mm, 포구 속도는 800~1,000m/s, 유효 사격고도 6km 수준이었다. 또한, 포신의 수명은 3,500발~1,000발이어서 총열을 자주 교체해야 했다. 하지만 포수는 전동장치만 조작하면 되었고 원격조작에 의한 직접조준 자동사격법이 가능한 수준까지 발전하였다.

한편 2차 세계대전 이후에는 대공미사일 출현으로 대구경 고사포는 구경 20~40mm급 소구경의 저고도 대공포로 대체되었다.

(4) 중동전쟁

1967년 3차 중동전쟁 당시에 이스라엘군은 전자장비와 첨단 항공기를 동원하여 대공방어 체계가 취약한 이집트군을 기습공격으로 격파하였다. 이는 세계가 대공방어 체계의 필요성을 절감하게 한 전쟁이었다. 그 후 1973년 4차 중동전쟁에서 이집트, 시리아 등 중동국가들은 3차 중동전의 패배를 교훈 삼아 소련으로부터 대량의 대공방어 무기체계를 도입하여 배치하였다. 그 당시 이스라엘 공군은 고고도 방공무기를 회피하여 저고도로 침투하는 전략을 구사하였다. 이집트군은 SA-6(게인풀), SA-7(그레이) 등 저고도 SAM(Surface-to-Air Missile)과 ZSU-23-4 등 대공포로 대규모 통합 방공망을 구성하여 저고도로 침투하는 이스라엘 공군기를 격추하였다. 이스라엘 공군기가 개전 1일 차에 골란고원에서 40대, 시나이반도에서 50대가 격추되었으며, 저고도 방공무기체계의 중요성이 부각이 되었다.

(5) 레바논전쟁

1982년 레바논 전쟁(베카계곡 전쟁)에서 이스라엘군은 정보와 타격을 결합한 전장 자동화 추구로 시리아군 SAM(Surface to Air Missile) 기지를 제압하였다. 그 당시 이스라엘군은 전장 자동화로 전과를 크게 확대하였다.

이스라엘군은 E-2C 호크아이를 이용한 효과적인 지휘 통제와 대(對)-레이더 미사일(ARM, ; Anti Radar Missile)을 이용하여 시리아군 SAM기지 최우선으로 제압하였다. 그리고 RPV(Remotely Piloted Vehicle)를 이용하여 위험지역 정찰 등 효과적인 정보를 수집하여 획기적인 전과를 달성하였다. 이 전쟁을 통하여 개전 초기에 전쟁의 주도권 장악하려면 SAM기지 제압이 무엇보다 중요하다는 것을 인식하게 되었다.

(6) 걸프전쟁, 이라크전쟁

1990년 걸프전쟁에서 미군은 패트리엇 미사일을 사용하여 이라크군이 발사한 스커드미사일을 요격에 성공하였다. 이 전쟁은 무인 항공기, 순항미사일, 탄도미사일 등이 사용되어 대공포(유도무기)의 임무가 확대된 전쟁이었다. 그리고 2013년 이라크전쟁에서는 걸프전쟁에 사용된 대공 무기가 고도화되고 다양한 무기가 활용되었다.

2. 자주대공포의 구조와 작동원리

(1) 대공 표적의 특성

대공포는 공중위협의 특성변화에 따라 이에 대응할 수 있도록 발전하고 있다. 대공포의 대상 표적은 크게 탄도미사일, 순항미사일, 로켓, 무인 항공기, 헬기, 고정익 항공기로 구분할 수 있으며, 레이더 단면적(radar cross section)과 원형공산오차(circular error probable)가 감소함에 따라 표적을 탐지하거나 추적하기가 더욱더 어려워지고 있다. 여기서 레이더 단면적은 목표에 대한 타격의 가능성을 결정하는 요소로, 무기체계 사격의 정확도를 나타내는 지표이다.

(2) 대공포의 작동원리

대공포는 화포처럼 포신의 탑재 방법에 따라 고정식 대공포, 견인식 대공포, 자주식 대공포로 분류한다. 현대 대공포는 자주포처럼 차륜이나 궤도 차량에 탑재하는 자주대공포를 많이 사용하고 있다. 자주대공포는 기동부대와 협동작전을 하기 쉽고 작전의 유연성 등 고정식 대공포보다 장점이 많기 때문이다. 자주대공포는 궤도 또는 차륜형 차체에 포탑이 있는 측면에서 전차나 자주포와 비슷하다. 다만 자주대공포는 대공사격에 특화된 무기이기 때문에 표적을 추적하는 탐지 및 추적 장치와 공중표적의 특성상 체계 반

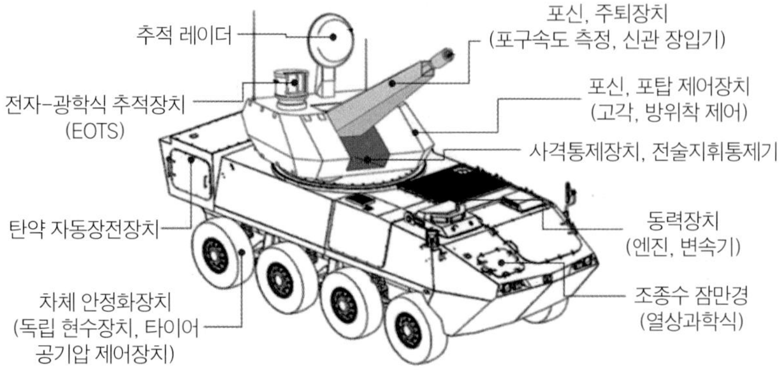

그림 5.9 자주대공포의 주요 구성

응시간이 짧아서 탐지, 추적, 사격이 자동으로 작동되도록 설계되어 있다.[8]

대표적인 자주포의 형상과 주요 장치는 〈그림 5.9〉에서 보는 바와 같다. 먼저 차체에는 동력 및 조향장치(엔진, 변속기, 배터리 등), 조종수용 잠망경, 차체 안정화 장치(독립 현가장치, 타이어 공기압 조절장치 등), 탄약 자동장전 장치, 화생방 방호장치, 자동 소화 장치 등이 탑재되어 있다. 포탑에는 포신 및 주퇴기와 포탑 제어장치, 사격통제장치, 전술 지휘/통제장치, 전자-광학 추적 장치, 표적추적 레이더 등이 탑재되어 있다. 특히 추적 장치는 기상에 영향을 받지 않는 레이더와 악천후에는 다소 제한이 되지만 정확도가 높은 전자-광학 추적 장치를 동시에 사용함으로써 표적의 추적 정밀도를 높이는 추세이다. 또한, 도시지역 작전이 증가하고 기술의 발전으로 기동방식은 차륜방식이 많아지고 있으며, 현가장치도 능동형 현가장치를 채택하는 추세이다.

자주대공포는 〈그림 5.10〉에서 보는 바와 같이, 표적을 추적 레이더와 전자-광학 추적 장치로부터 실시간 표적의 위치정보를 사격 통제기에 입력되어 고각과 방위각을 계산한 후 포신을 제어한다. 포수는 전기식 방아쇠로 포탄을 격발하면 포탄이 포구를 이탈하면서 포구 속도를 측정하여 사격 통제기에 전송한다. 동시에 사격 통제기로 계산된 탄두 폭발시간을 탄두 신관에

8 https://www.globalsecurity.org/military/world/rok/k-30.htm(2020.7)

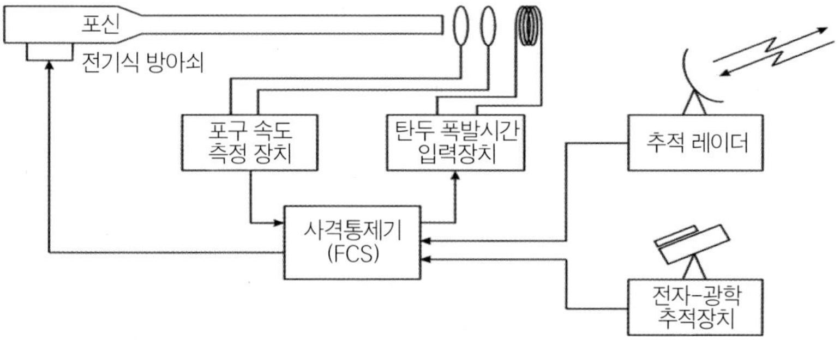

그림 5.10 자주대공포의 작동과정(시한신관 방식)

입력한 후 탄두는 표적을 향해 날아간다.

한편 자주대공포에는 탑재하는 포신의 수량에 따라서 포신 1개만 있는 단열포와 2개가 나란히 탑재된 쌍열포가 있다. 이때 단열포는 총열이 〈그림 5.11〉과 같이 회전식 포신에 의해서 발사되는 방식과 소총처럼 하나의 포신에서 모든 포탄이 발사되는 방식이 있다. 회전식 총열은 포탄은 연발로 발사되지만, 각 포신이 회전하면서 교대로 탄을 발사시키기 때문에 포신이 과열되지 않고 연발 사격이 가능하다. 대표적인 예로는 구경 20mm 벌컨포가 있다. 하지만 구경 30mm급 대공포에서는 사격의 명중률을 향상하기 위해 하

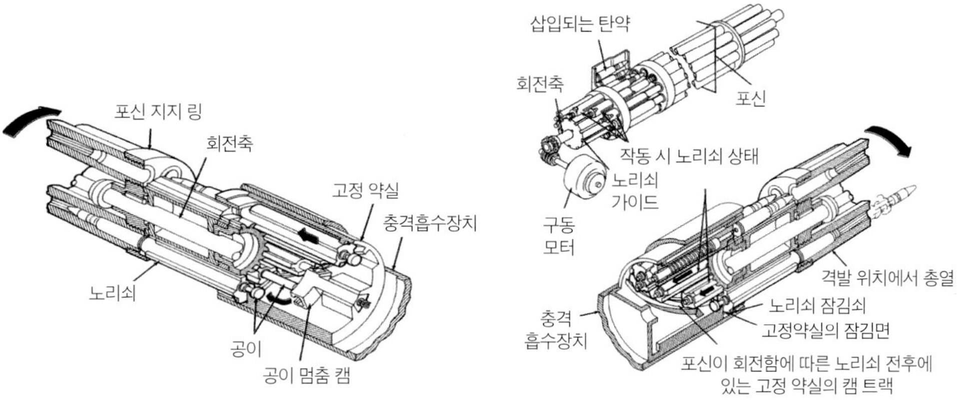

❶ 격발 준비 과정　　❷ 격발 과정

그림 5.11 회전식 총열의 구조와 작동원리

나의 포신만으로 탄을 발사시키거나 쌍열포를 탑재한다. 대표적인 사례로는 단열포인 스위스의 스카이 레인저 자주대공포, 쌍열포인 우리나라 비호 자주대공포가 있다.

(3) 사격 절차

사격에 필요한 데이터는 탐지 및 추적 장치에서 사격통제장치에 자동으로 입력되는 데이터와 승무원이 직접 사격통제장치에 입력하는 데이터로 구분한다. 일반적으로 사격에 필요한 데이터는 환경 정보(공기 온도, 압력, 풍속 등), 탄약 정보(탄약 종류, 탄약 제원, 포구 속도 등), 표적 정보(사거리, 방위각, 고각, 거리변화율, 방위 각속도, 고각 각속도, 피아식별 등), 체계상태 정보(잔여 탄약 수량, 탄약 장전 상태, 사격 차단구역, 포신의 구동 각도 등), 방공통제 명령 정보(방공 경보, 방공 작전구역, 무기 통제 상태, 사격 금지구역 등)가 있다.

한편 대공포의 사격 시 주요 과정은 다음과 같이 세 가지 과정이 필요하며, 현대 자주대공포는 대부분 자동화되어 있다.

첫째, 환경정보, 탄약 정보, 표적 정보 등을 입력하여, 탄도를 계산하고, 포구를 사격 방향으로 지향하여, 사격하는 과정이다.

둘째, 사거리, 방위각, 고각을 직각좌표계로 변환하는 과정이다.

셋째, 표적의 운동궤적과 포탄의 탄도와의 교차점의 해를 구하는 계산(사표를 저장하여 처리)한 과정이다. 이러한 사격 절차는 대부분이 자동화되어 있다.

3. 탐지 및 추적시스템

오늘날 대공포는 탐지, 표적획득 및 조준, 추적, 사격이 자동으로 진행된다. 그리고 단계별 소요시간은 시스템의 특성에 따라 다르며, 탐지 및 추적 방법도 다양하나 대부분 레이더, 적외선 광학 장치 방법을 주로 사용하고 있다.

(1) 레이더 추적 및 탐지 방식

1 기본 원리와 적용

레이더(RAdio Detecting And Ranging)라는 용어는 1940년 미국 해군 중령 Tucker와 Furth가 공식적으로 처음 사용하였다. 이 장치는 반사된 전자기 에너지를 사용하여 물체의 존재를 감지하는 전자장비를 말한다. 일부 조건에서 레이더 시스템은 이러한 물체의 방향, 고도, 거리, 코스 및 속도를 측정할 수 있다. 레이더에 사용되는 전자기 에너지는 안개와 구름에도 침투한다. 최신 레이더는 대상의 에코 신호에서 더 많은 정보를 추출할 수 있다. 레이더는 지연 시간을 측정하여 범위의 계산 성능이 가장 중요한 기능 중 하나다.

레이더의 작동원리는 음파의 반사 원리와 매우 비슷하다. 예를 들어, 바위 협곡이나 동굴에서 물체가 있는 방향으로 소리를 지르면 소리가 반사되어 메아리를 들을 수 있다. 만일 공기 중의 소리 속도를 알고 있다면 대상 물체의 거리와 일반적인 방향을 예측할 수 있다. 메아리(echo)가 반사되어 되돌아오는 데 필요한 시간을 측정하고 음속을 곱하면 거리를 계산할 수 있다. 전자기 에너지 펄스를 이용하는 레이더도 음속을 대신하여 전파속도를 적용하면 측정하고자 하는 대상 물체의 거리를 알 수 있다. 무선 주파수 에너지는 반사 물체로 전송되고 반사된다. 반사된 에너지 일부가 레이더에 감지되고 이 반송된 에너지를 에코(echo)라고 한다. 레이더는 에코를 측정하여 물체(표적)의 방향과 거리를 측정할 수 있다.

한편 대공포에 탑재하는 레이더는 탐지와 추적 레이더를 별도로 탑재하거나 이들 레이더를 통합한 방식이 있다. 최근 이들 레이더는 통합하여 자동으로 탐지한 후 추적하는 자동 탐지 및 추적방식을 많이 사용하고 있다. 그리하여 표적의 좌표를 실시간 측정하여 표적의 위치와 경로 그리고 예상 위치를 추정할 수 있는 위치정보를 얻은 후 이를 사격통제장치와 연동되어 정밀사격을 할 수 있다.

2 종류와 특성

일반적으로 표적을 추적하기 전에 표적을 탐색하여 포착하는 탐지한 후 추적하게 된다. 이러한 기능이 있는 추적 레이더는 1개의 표적을 연속적으로 추적하는 방식과 하나 이상의 여러 표적에 대한 이산적인 데이터를 제공하는 주사(TWS, track while scan) 방식이 있다. 그리고 표적을 추적하는 방법은 추적 오차 신호를 이용하여 안테나를 구동하거나 조작하는 서보 기구를 사용한다. 이때 오차 신호를 발생하는 방법으로서 로브 전환(lobe switching) 방식, 동시 로빙(simultaneous lobbing) 방식, 단일 펄스(mono pulse) 방식, 원뿔형 주사(conical scan) 방식 등 다양한 방식이 활용되고 있다. 여기서 로브(lobe)란 안테나에서 방사되는 전파의 에너지 분포가 여러 방향으로 분산된 경우 각각의 방사 패턴(radiation pattern) 말한다. 방사 패턴은 〈그림 5.12〉 ❶에서 보는 바와 같이, 방사 에너지의 최대가 되는 방향의 로브를 주 로브(main lobe)라 하고, 그 이외 방향의 방사 패턴을 부 로브(sub lobe) 또는 측방 로브(side lobe), 안테나 후방 쪽에도 방사되는 에너지는 후방 로브가 있다.

안테나의 빔 주사 방법은 크게 네 가지 방식이 있으며, 다음과 같다. 첫째, 로브 전환방식은 〈그림 5.12〉 ❷에서 보는 바와 같이, 표적을 조사하는 신호 변화를 만들어 내기 위해 방향성 방사 패턴인 로브의 위치를 주기적으로 이동시키는 방식이다. 그리하여 방사 패턴의 평균 위치를 기준으로 하여, 표적 변위의 크기와 방향 정보를 신호 변화로 얻는다. 둘째, 동시 로빙 방식은 레이더에 있어서 동시에 그리고 부분적으로 겹쳐진 신호 로브의 수신 에너지를 이용하는 방위 결정 기술이다. 이 경우에 표적에서 2개의 수신 신호

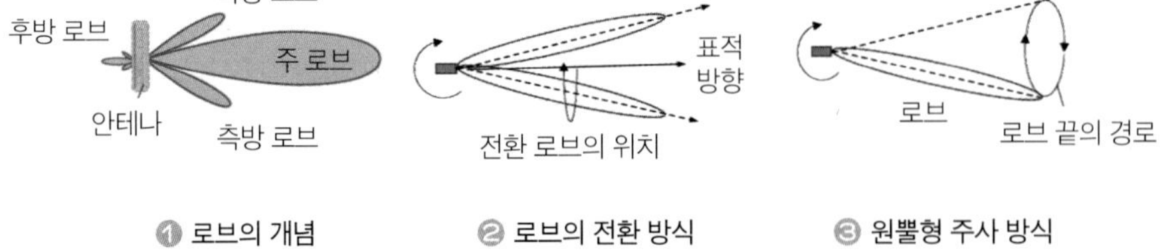

그림 5.12 로브 전환방식과 원뿔형 주사 방식

의 상대 위상 또는 상대 전력이 같은 위상이거나 같은 신호 방향으로부터의 표적의 각도 변위량이 된다는 원리를 이용한 방법이다. 셋째, 단일 펄스 방식은 복수의 로브를 수신함으로써 고정밀도의 방위 정보를 얻는 방식이다. 넷째, 원뿔 주사 방식은 〈그림 5.12〉 ❸에서 보는 바와 같이, 방향성 방사 패턴이 원뿔 모양으로 주사하는 방식으로 가장 많이 사용하는 방식 중 하나이다.

이 방식을 적용한 레이더의 구성과 작동과정은 〈그림 5.13〉과 같이 나타낼 수 있다. 시스템은 크게 빔을 주사하는 안테나와 에코를 감지하는 수신기, 송신기, 검파기(detector), 거리 게이트(range gate) 등으로 구성되어 있다. 여기서 송신기는 안테나에 의해 고출력 RF 펄스를 생성하며, 수신기는 수신된 RF 신호를 증폭시켜 영상신호로 변환하거나 거리 게이트(range gate)에 전송한다. 수신기에 있는 자동 이득 제어기(AGC, automatic gain controller)는 무선수신기나 증폭기 입력 신호의 진폭 변동을 검출하여 출력 신호의 진폭이 항상 일정하게 유지되도록 이득을 자동으로 조절한다. 이어서 검파기에서 주파수에 대해 비례하는 출력 신호를 거리 게이트에 전달한다. 그리고 거리 게이트는 어떤 거리의 부분만을 표시하기 위해 거리에 동기화(synchronization)하여 전기신호를 발생한다. 이 전기신호로 표적까지의 거리를 산출하거나 안

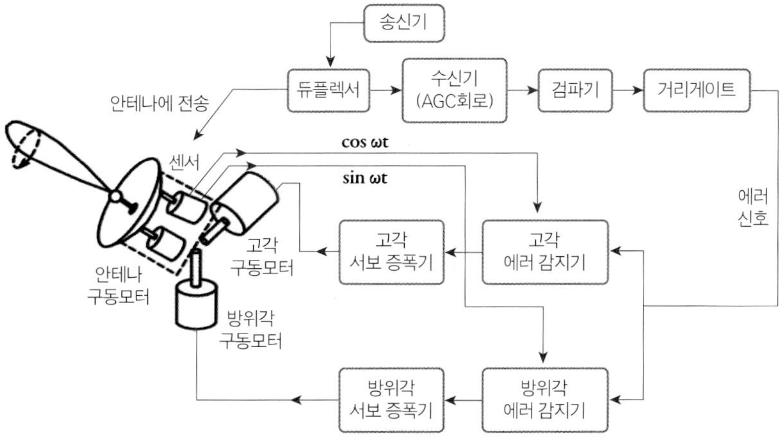

그림 5.13 원뿔형 주사 방식 추적 레이더

테나의 고각, 방위각을 제어하게 된다. 그리고 안테나에는 송신기와 수신기를 공동으로 사용한다. 이때 하나의 안테나를 송신과 수신에 공동으로 사용하기 위하여 듀플렉서(duplexer)를 사용하며, 이 장치는 송수신 전환기라고도 하며, 송신기의 출력을 안테나에 전달하고 안테나에 의해 수신된 신호를 수신기에 전달한다. 한편 빔을 주사하는 방향을 제어하는 제어과정은 안테나의 고각과 방위각을 제어하는 액추에이터(구동 모터), 서보증폭기, 감지기, 각속도 센서 등에 의해 작동된다. 표적의 위치가 변하면 거리 게이트에서 에러 신호와 센서에서 측정한 고각과 방위각을 에러 감지기에서 처리하여 안테나의 주사 방향을 제어한다. 이때 산출한 고각, 방위각, 거리를 사격통제장치에 제공하는 원리이다.

최근 전자기술의 발전으로 대공포에도 전투기나 미사일에 사용하는 능동형 전자 주사 배열 레이더(AESA, Active Electronically Scanned Array Radar)를 자주대공포에 적용하는 추세이다. 일반적인 레이더는 같은 주파수를 가진 전파만 주사할 수 있었다. 하지만 AESA는 임의의 방향으로 임의의 주파수를 가진 전파를 주사할 수 있다. 레이더는 특정 주파수를 가진 신호를 발사하는 장치이므로 일정한 주파수를 가진 전파가 발사되면 해당 전파의 발사지점을 역추적하여 레이더의 위치를 알아낼 수 있다. 하지만 AESA는 다수의 주파수를 복잡하게 섞어 자연적으로 발생하는 배경전파와 구분하지 못하게 위장할 수 있다. 그 결과 적군이 레이더로 추적하기 매우 어렵다. 특히 몇 가지 주파수 중에서 선택한 전파를 보내야 하는 비-능동형 레이더와 다르다. AESA는 특정 주파수로 적이 재밍(jamming) 공격을 하는 경우, 임의의 다른 주파수로 변경하면 간단히 해결할 수 있다. 여기서 재밍 공격은 레이더 신호를 감추기거나 변형시키기 위해 레이더의 수신 대역 내의 주파수로 송신되는 방해 신호, 즉 잡음 신호를 사용하는 전자 방해 공격(Electronic Counter Measures) 중 하나이다.

(2) 전자-광학 방식[9]

1 주요 기능

전자-광학 추적 장치(EOTS, Electro-Optic Imaging and Tracking Systems)는 가시광선이나 적외선 또는 이들 모두를 측정하여 표적을 측정하는 방식이다. 이 추적 장치는 대공 표적을 탐색하여 포착한 후 추적하여 사격통제장치에 영상과 표적의 위치정보를 송신한다. 일반적으로 장치의 구성은 영상 센서 장치와 센서 제어장치로 구성된다. 영상 센서 장치는 표적 지향, 표적 거리 측정 및 영상 획득 등의 기능이 있다. 그리고 센서 제어장치는 영상 센서 장치에 지령을 내리고 수신된 영상과 위치 데이터를 사격통제장치에 제공한다. EOTS에서 얻어진 표적의 위치정보는 〈그림 5.14〉에서 보는 바와 같이 신 제어장치에 전달하여 실시간으로 포신이 표적을 추적할 수 있다.[10]

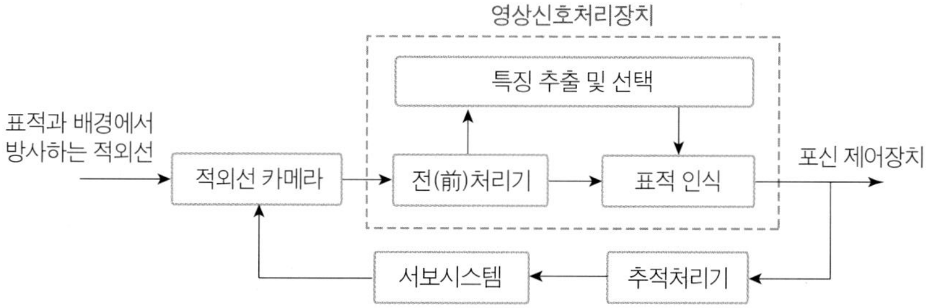

그림 5.14 포신 제어장치 구성과 작동과정

9 Sang Eun Lee, et al., "A Study on the Mechanical Shock Response of an Image Sensor Unit in an Electro-Optical Targeting System Mounted on a Military Vehicle," *KSME*, Vol. 42, No. 4, 2018, pp. 391-398.

10 Seung-Woo Chun, et al., "Research on the Implementation of Infrared Threat Surrogate for DIRCM Performance Analysis", Jl of KSCI Vol. 20(3), pp. 97-106, 2015.3.

2 작동원리와 특성

이 장치는 적외선 카메라와 같은 센서 모듈과 이 모듈의 고각과 방위각을 제어하는 김벌(gimbal) 제어장치가 EOTS의 성능을 크게 좌우한다. 따라서 대공포에 주로 적용하고 있는 센서 모듈과 김발 장치를 살펴보면 〈그림 5.15〉 ①과 같다. 이 장치는 수많은 부품으로 구성되어 있으나 크게 내부 김발과 외부 김발(outer gimbal) 그리고 영상정보 획득을 위한 센서 모듈(Sensor Module)이 있다.

먼저 센서 모듈에 대해 알아보면, 센서 모듈은 적외선 카메라, 가시광선 카메라(전자 광학카메라), 레이저 거리 측정기, 그리고 안정화 제어를 위한 자이로 조립체 등으로 구성된다. 내부 김발과 외부 김발은 각각 고각, 방위각 방향의 2 자유도 회전 운동을 통하여 원하는 위치를 탐색한다. 이때 내부 김발은 외부 김발보다 안정화 제어가 요구될 정도로 더 정밀한 구동이 필요하다. 따라서 백래시(backlash) 발생이 없는 직 구동 방식을 사용한다. 내부 부품을 보호하는 외부 김발은 영상 센서 장치를 구동해야 한다. 따라서 구동 토크(driving torque)가 크면 보통 감속기어가 사용된다. 그리고 김발이 내부 2축, 외부 2축으로 구성되어 있으면 4축 김발 시스템이라고 한다. 이 시스템의 내부 김발에 연결된 방진 장치는 대공포 차체의 진동이나 충격에 대한 센서 모듈의 응답을 감쇠시키는 역할을 한다. 만약 방진 장치의 강성과 댐핑을 잘 설계한다면 안정화 제어가 가능하여 표적 지향 및 추적의 정확도를 높일 수

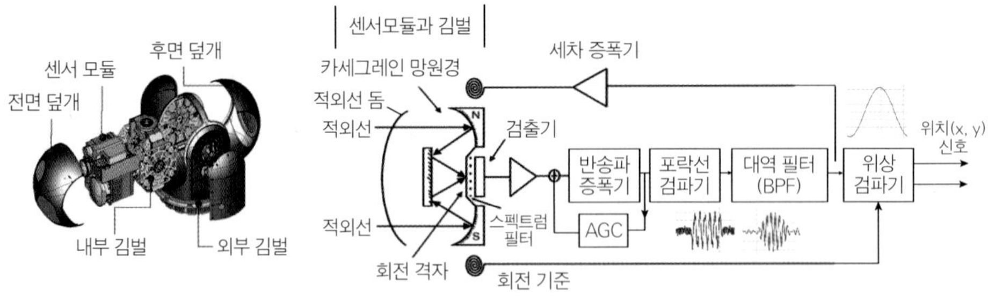

① 센서 모듈과 김벌 ② EOTS의 작동원리

그림 5.15 전자-광학 추적 장치의 작동원리

있다. 일반적으로 자주대공포에 장착하는 영상 센서 장치는 차량의 기동 및 사격에 의한 충격 등의 가혹 조건에서도 영상의 선명도 및 표적추적 기능에도 성능이 저하되지 않도록 설계하는 것이 중요하다.

검출기는 단소자 검출기로 아날로그 신호로 출력된다. 이러한 이유로 2D 영상으로 출력되는 열상 카메라와는 다르게 시계(FOV, Field of View)상에 어느 위치에 표적이 존재하는 것인지 알기가 곤란하다. 그러므로 1세대 탐색기의 경우 〈그림 5.15〉 ❷와 같이 검출기 앞에 회전하는 격자를 적용하여 검출기 파형과 기준파형을 비교하는 방식으로 위상차를 계산한다. 그리고 표적의 방향을 알아내는 구조의 반사 광학계가 있다. 그리고 회전 격자는 구동 모터에 의해 일정한 속도로 회전시키는 방식이다. 주요 구성품의 기능은 다음과 같다.

먼저 카세그레인 망원경(Cassegrain telescope)은 거울의 반사 성질을 이용하여 빛을 모으는 반사망원경의 일종으로 오목 주 거울과 볼록 부 거울로 이루어져 있다. 위상검파기(phase-sensitive detector)는 주파수의 위상을 분석하여 측정한다. 이 구성품은 원래의 반송파(carrier wave)와 동기화한 반송파를 가해서 신호 전파를 재생한다. 반송파는 저주파의 신호 전파를 실어서 전송하기 위해 사용하는 고주파 전류이다. 포락선 검파기(envelop detector)는 반송파가 신호 전파에 의해 변조되어 모양이 달라진 변조파의 포락선(최대 진폭을 이은 선)에 비례한 신호 전파를 발생한다. 회전 격자(spinning reticle)는 망원경 경통의 방향과 물체의 위치를 나란히 하려고 사용하는 기구이다.

한편, 검출기의 신호를 처리하는 방법은 〈그림 5.16〉에 나타내었다. 먼저 적외선을 검출하는 광학계는 〈그림 5.16〉 ❶에 보는 바와 같이, 광학계 중간에 일출(rising sun) 패턴의 회전 격자(spinning reticle)를 삽입하여 일정한 속도로 회전시켜 광학계로부터 집광이 되는 표적의 적외선 신호를 차폐시킨다. 표적과 광학계 FOV 중심으로부터 상대적인 위치에 따라 진폭 변조(Amplitude Modulation) 신호가 발생된다. 그리고 광학계의 FOV 전체가 회전 격자 위에 상이 맺히도록 조절하면 광학계의 순시 시계(Instantaneous FOV)와 전체 시계(Total FOV)가 일치한다. 하지만 일치하지 않으면 〈그림 5.16〉 ❷와 같이 신호가

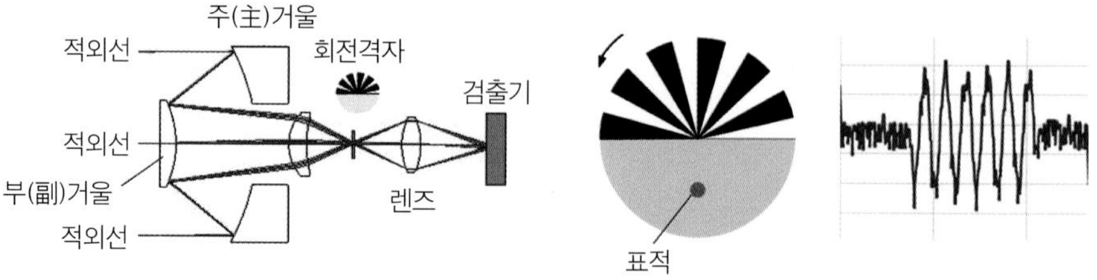

❶ 광학계 구조 ❷ 회전격자의 패턴과 검출기 신호

그림 5.16 1세대 추적기의 구조와 검출기 신호

발생하게 된다. 이런 방식의 추적기를 1세대 추적기라 한다. 이 방식은 표적이 FOV 중심에 있으면 검출기에 표적 신호가 생성되지 않는 단점이 있다.

한편 〈그림 5.16〉 ❷ 오른쪽과 같이 검출기에서 나오는 신호를 대역 필터와 위상검파기로 신호 처리하면 정현파 신호가 발생한다. 이때 도출된 정현파와 기준정현파의 위상을 비교하면 표적의 방향과 에러 크기를 출력하게 된다. 이 결과는 표적이 있는 위치로 X축, Y축 성분으로 표현할 수 있다. 이를 이용하여 표시기에 페이저 다이어그램(phasor diagram)을 전시할 수 있다. 그리고 에러 신호는 추적 구동 제어장치에 전달하면 표적을 추적할 수 있다.

2세대 적외선 탐색기는 〈그림 5.17〉에서 보는 바와 같이, FOV 영역 중 표적 위치를 알기 위해 고정이 되어 있는 Wagon-wheel 패턴 격자에 기울어진 부 거울을 회전시켜 상을 맺게 한다. Wagon-wheel 패턴 격자는 대칭형으로 1세대의 일출 패턴에서 나타나는 표적 광이 50% 통과하는 위상 영역(phasing sector)이 없다. 그리고 순시 시계가 격자를 중심으로 회전하면서 원뿔 주사하여 전체 시계 구성하게 된다. 2세대 적외선 탐색기의 경우 표적의 FOV 중심에 대한 상대적인 위치에 따라 〈그림 5.17〉 ❸에서 보는 바와 같이, 세 가지 패턴의 검출기 출력이 생성된다. 에러가 없으면 캐리어 주파수의 정현파를 발생하고, 에러가 일정 값 이하로 작으면 FM 변조된 파형이 생성된다. 만일 에러가 크면 FM+AM, 복합적으로 변조된 파형이 나타난다. 이 신호 패턴을 모두 복조하여 신호로부터 에러 신호를 생성할 수 있다. 2세

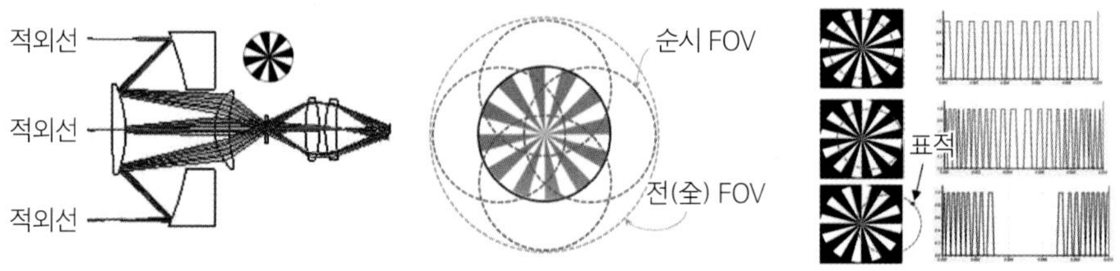

❶ 광학계 구조 ❷ FOV 구성 방법 ❸ FOV 내 표적 위치와 신호 검출 패턴

그림 5.17 2세대 적외선 탐색기의 작동원리

대 추적 신호 처리부 〈그림 5.17〉 ❷와 같이, 포락선 검파기와 자동이득제어(AGC, Automatic Gain Control), 대역 필터(BPF, Band Pass Filter), 위상검파기를 통과하면서 정현파가 발생이 된다.

한편 전자-광학식 추정장치는 열상장비와 전자공학 기술의 발전으로 3, 4세대 장치가 개발되어 항공기, 미사일의 탐색이나 추적 장치에 적용하고 있다.[11]

4. 자주대공포의 발전추세

자주대공포의 발전추세는 다음과 같이 크게 일곱 가지로 요약할 수 있다.

첫째, 견인 또는 궤도방식보다 차륜형 기동방식의 적용사례가 증가하고 있으며, 이에 따른 생존능력과 기동성이 향상되고 있다. 또한, 동력장치나 현가장치 등은 전차나 자주포와 비슷하게 발전할 것이다.

둘째, 자동화 방공지휘/통제(C2A, Command Control Alert) 체계의 연동함으로써 표적탐지, 피아식별, 표적획득 및 추적정보를 조기에 획득하여 체계 반응시간을 단축하는 추세이다.

셋째, 탐지 레이더는 C2A 체계의 연동으로 대체하거나 탐지와 추적 기능을 동시에 하는 방식으로 발전하고 있다. 특히 추적 장치는 여러 방식을

11 http://www.lockheedmartin.com/us/products/F-35LightningIIEOTS.html(2020.2)

통합하여 센서 융합기술의 적용이 증가하고 있다. 그 결과 탐지와 추적의 정확성이 증가하고 있다. 또한, 전자전이나 악천후 등 다양한 상황에서 정밀추적이 가능하도록 발전하는 추세이다.

넷째, 3차원 레이더와 C2A 체계를 연동시켜서 드론이나 박격포탄과 같은 초소형 표적에 대한 교전 능력을 향상될 것이다. 또한, 일부 대공포에만 적용하고 있는 전방 분산탄약(AHEAD) 등과 같은 탄약을 사용할 수 있는 자주대공포 위주로 발전하게 될 것이다.

다섯째, 지대공미사일, 레이저포, 지향성 전자파 발생기 등의 다양한 타격수단을 탑재한 복합 자주대공포가 개발될 가능성이 크다.

여섯째, 자주대공포에 시뮬레이터 기능이 추가될 것이다. 전천후 훈련이 가능하고 경비 절감과 운용 요원의 전투력이 향상될 것이다.

끝으로 원격 조종 또는 무인 자주대공포가 개발될 것이며, 인공지능 기술의 적용된 지휘/통제체계와 연동시켜서 사격 또는 기동 시 인간의 개입이 거의 없게 될 것이다.

연 / 습 / 문 / 제 EXERCISE

1. 자주포와 견인포란 어떤 기동무기인가? 그리고 이들 무기의 구조와 장단점을 비교하시오.

2. 자주포와 전차를 화력, 기동, 방호, 지휘 및 통제 통신 기능 측면에서 비교하여 설명하시오. 그리고 자주포의 발사속도가 빠를수록 유리한 점은 무엇인가?

3. 포구 제연기와 포구 제동기의 구조와 작동원리를 설명하시오.

4. 활공 유도 포탄의 작동원리를 그림을 그려서 설명하시오.

5. 대표적인 자주포인 우리나라의 K9 자주포와 독일의 PzH2000 자주포의 주요 제원과 기동, 화력, 방호 측면에서 비교하여 설명하시오.

6. 탄도수정 포탄의 구조와 작동원리를 설명하고, GPS와 INS 시스템의 차이점과 장단점을 설명하시오.

7. 감응장갑-파괴 포탄의 구조와 작동원리 그리고 적용사례를 설명하시오. 그리고 모탄에서 장탄이 방출된 후 작동과정을 그림을 그려서 설명하시오.

8. 관측 포탄 중에서 낙하산 방식과 무인기 방식의 장단점을 설명하시오.

9. 자주포와 자주대공포의 발전추세를 도표를 그려서 비교하시오. 그리고 스카이 레이저 자주대공포에서 사용하고 있는 전방 분산탄약의 작동원리와 장점을 설명하시오.

10. 지상 표적과 대공 표적의 특성을 비교하여 설명하시오.

11. 시한신관 탄약을 대공포에서 발사하는 경우의 작동과정을 설명하시오.

12. 단열포와 쌍열포의 적용사례를 설명하고 이들 방식의 장단점을 설명하시오.

13. 원뿔형 주사 방식을 적용한 추적 레이더의 작동원리를 설명하시오.

14. 전자-광학 방식 추적 레이더의 구성과 작동원리를 설명하시오. 이 방식이 추적 레이더 방식보다 장점은 무엇인가? 그리고 회전 격자의 기능에 대해 그림을 그려서 설명하시오.

15. 탐색 레이더와 추적 레이더, 탐지 레이더의 적용사례와 차이점을 설명하시오. 그리고 능동형 전자 주사 배열 레이더와 일반 레이더의 작동원리의 차이와 장단점을 비교하시오.

참고문헌

노상우 외, "4차 산업혁명 대응을 위한 국방기술기획 분석 및 개선방안 연구", 《한국산학기술학회 논문지》 제19권 4집, 2018. 4, pp. 551-556.

오돈석, "3D 프린팅 기술을 넘어선 4D 프린팅의 세계 기술현황 및 국방 분야 적용방안", 이용수 외, 《국방과 기술》, 2017. 7, pp. 83-91.

이진호, 《무기 공학》, 북코리아, 2020.

이진호, 《미래 전쟁》, 북코리아, 2011.

이진호 · 김우람, 《무기체계 제4판》, 북코리아, 2019.

한국방송통신전파진흥원, "3D 프린팅 기술현황과 응용사례", 《방송통신기술 이슈&전망》, 2013.

Cebrowski, A. K., The Implementation of Network Centric Warfare, Office of Force Transformation, US DoD, Washington DC, 05, 2005. 1, pp. 15-21.

Future Force Concept, Joint Concept Note 1/17, Ministry of Defence, United Kingdom, 2017. 7, p. 6.

"Joint Doctrine Indian Armed Forces, Directorate of Doctrine", Headquarters Integrated Defence Staff, 2017. 4, p. 13.

K. Schwab, "The Fourth Industrial Revolution", World Economy Forum, 2016.

Lee, H. et al., "Analysis of Field Conditions and Requirements for Deploying Smart Factory", *Jl of Korean Society for Precision Engineering*, Vol. 34, No. 1, 2017, pp. 29-34.

Meryn, Richard, "How the 3D Printed Aircraft Will Revolutionize Aircraft Design Economics," 2011. 8.

US Department of Defense, "FY2009-2034 Unmanned Systems Integrated Roadmap", 2009.

Strategy for Operating in Cyberspace, US DoD, 2011. 7, pp. 1-5.

https://fas.org/irp/program/collect/service.pdf (2020. 8)

http://futurewars.rspanwar.net/21st-century-warfare-from-battlefield-to-battlespace/ (2020. 12)

https://medium.com/@archaicfly/leadership-with-the-lights-out-afdbeb26d79c (2020. 9)

https://news.usni.org/2018/08/30/pentagon-unmanned-systems-integrated-roadmap-2017-2042 (2020. 10)

https://en.wikipedia.org/wiki/Battlespace (2020. 10)

https://www.airuniversity.af.edu/Portals/10/ASPJ/journals/Chronicles/Satterly.pdf (2020. 10)

https://www.compositesworld.com/articles/the-outlook-for-unmanned-aircraft (2020. 9)

http://www.fas.org/irp/program/collect/docs/mav_auvsi.htm (2020. 8)

찾아보기

ㄱ

가속도계 257, 261
가스작용방식 소총 52
각속도 센서 256, 259
감응장갑-파괴 포탄 327
강선포 131
강선포 시대 126
강외 탄도학 68
강외 탄도학 해석 185
강철탄심 41
걸림탄피 37
걸프전쟁 17, 335
격발 작용 51
견인포 139
견인포의 포가 154
고성능 폭발물 97
공동화(cavitation) 현상 89
공중 영역 20
공포탄 43
관측 포탄 329
관통이론 91
구식 소총 29
국지전 17
궤도 장력 조절장치 295, 299
궤도차량 224, 227
규칙적 오차 159
근접전투 임무용 탄약 43
기계식 대포 113
기관총 64
기관총 탄약 41

ㄴ

낙하 체공 방식 329
날개안정 감소구경탄 290, 294
납 코팅 포탄 130
냉각식 열상장비 264, 267
노리쇠 후퇴 지연방식 59
능동방호 시스템 310, 313
능동형 방호체계 282, 286
능동형 현수장치 302, 306

ㄷ

단속-나선식 폐쇄기 150
단순 역류방식 56
달팽이 전술 47
대전차 성형작약탄 287, 291
독립식 주퇴장치 142
동력 패러글라이딩 방식 331
둔감 고폭탄 286, 290

ㄹ

레바논전쟁 334
레이더 추적 339
레이저 거리 측정장치 259, 262
리볼버 46

ㅁ

매그너스 힘 78

맹도 시험 107
머스킷 총 32
모의탄 43
무동력 낙하산 방식 330
무인기 방식 329
무인 무기 23
무장 체계 218, 220
미래 전쟁 19
미래 전차포 248, 251
민감도 시험 102
밀폐장치 152

ㅂ

반걸림탄피 37
반-능동형 현수장치 307, 311
반자동식 44
발리스타 113
발열량 시험 108
발화-진각 방식 58
방출 작용 51
방호장치 279, 282
벨트형 탄피 37
보호 장갑 279, 282
복좌 운동 140
복합 타격체계 22
복합타격체계 15
분산탄 290, 294
불규칙적 오차 160
비냉각식 열상장비 264, 267
비유도 전차 탄약 286, 290
비점성 유동 169
빔 스크린 68

ㅅ

사거리 연장 포탄 202
사격순간 제어시스템 269, 272
사격 오차 156
사격 통제시스템 249, 252
사물인터넷 13
사이버 물리 시스템 14
사이버 영역 21
사이버전 23
센서 13
소구경 탄약 35
소구경 화기 34
소총의 작동 71
소총 탄약 39
소프트 킬 방법 283, 287
송탄 작용 49
수동식 44
수동식 사격방법 278, 281
수동형 장갑 280, 283
수동형 현수장치 299, 303
수석총 30
스마트공장 13, 14
스텝 모터 270, 273
슬라이딩 쐐기방식 폐쇄기 151
승무원 수 216, 219
승수효과 23

ㅇ

아지랑이 관측법 83
아프가니스탄전쟁 17
앙등 현상 75
액체 추진제 화포 245, 248
야지 기동성 측정 227, 230
약실 37
양력 78
연괴(lead block) 시험 106
연소속도 시험 108
연식 주퇴장치 60
열상장비 263, 266

예광탄 42
완전 자동식 44
요잉 현상 90
우주 영역 21
운동학 이론 71
원뿔지수 측정법 228, 231
원형공산오차 161
유도무기 241, 244
유도식 전차 탄약 291, 295
유도형 정밀포탄 203
유압-기압 방식 144
유압-기압 방식 주퇴장치 142
유압-스프링 방식 144
유압-스프링 방식 주퇴장치 141
이라크전쟁 17, 335
인공지능 13

ㅈ

자동식 사격방법 277, 280
자동장전식 주포 244, 247
자이로스코프 249, 252
자주대공포 335
자주포 139, 319
작동손잡이 149
잠김 작용 51
장전 작용 50
재성형 원뿔지수 232, 235
저성능 폭발물 97
전면전 17
전자기 반응 장갑 284, 287
전자기포 247, 250
전자전 23
전장 19
전차의 기동방식 297, 301
전차포 241, 244
전차포 사격시스템 276, 280
전투공간 19
전투중량 217, 220
정상 유동 169
정확도와 정밀도 157
조준경 안정화 장치 267, 271
종속식 143
주퇴력 75
주퇴 운동 140
주퇴 작용 61
중간 구경 39
중구경 탄약 40
중동전쟁 334
지상 영역 20
진공 탄도 167

ㅊ

차제 제어 295, 299
철갑탄 42
총구 폭풍 현상 74
총의 정밀도 84
총, 전장식 31
최종 탄도학적 해석 192
추출 작용 51
충격식 총 31
측풍 센서 253, 256

ㅋ

코킹(cocking) 작용 51

ㅌ

타원형 강선 129
탄도수정 포탄 324
탄도학 이론 116
탄약 37
탄약 자동장전장치 271, 274
탄피 36

탐지 레이더 347
텀블링(tumbling) 현상 78
텀블링 현상 90
투석기 115
특수 유도형 포탄 322

ㅍ
파편화 현상 90
편류 현상 81
평가 원뿔지수 232, 235
폐쇄기 뭉치 149
포강 제연기 243, 246
포구 감지기 255, 258
포탄의 매그너스 효과 해석 191
포탄의 양력 해석 189
포탄의 장전과정 154
포탄의 전복 모멘트 해석 190
포탄의 항력 해석 186
포탑 제어 294, 298
폭발성 탄약 198
폭발속도 시험 102
풀림 작용 51
풍향과 풍속 측정법 82
플라스마 방어막 285, 288
피스톨 46
피스톨 권총 48

ㅎ
하드 킬 방법 282, 286
항력 78
해상 영역 20
현수장치 298, 302
화생방 방호 시스템 308, 312
화약식 대포 124
화포의 탄도학 163
활강포 131
활강포 시대 125
활공-유도 포탄 323
회전 댐핑모멘트 해석 187
후장식 총 31

123
1차 세계대전 333
2차 세계대전 333
3차원 레이더 348

ABC
bustle 방식 273, 277
carousel 방식 272, 275
CRH 180
French 강선 129
Vavasseur 강선 128
Whitworth 강선 129
Woolwich 강선 128